개정판

최신 에너지 공학 개론

Introduction to
Energy Engineering

하백현·남인식·이영무 지음

교문사

청문각이 교문사로 새롭게 태어납니다.

PREFACE

　현대 문명을 누리고 있는 우리는 에너지 없이는 잠시도 살아갈 수 없는 데도 불구하고 에너지 문제의 상식 정도도 잘 알지 못하는 경우가 많았다. 1974년, 1979년 두 번의 석유파동으로 겪었던 혼란을 기억하고 있다. 그 당시 대체에너지를 개발해야 한다는 목소리가 컸으나 40년이 지난 지금도 기대한 만큼 큰 성과를 이루지는 못한 채 이제 유가가 배럴당 100달러 이상의 고유가 시대까지 갔다가, 미국의 새로운 석유 개발과 이에 대응하려는 중동의 양산이 맞부닥쳐 유가가 크게 등락하고 있다. 따라서 고유가의 체제에 맞춰 생산 시설과 경영을 바꾸어 놓는다거나 저유가에 맞추어 바꾸어 놓는 일은 기업들에게 큰 부담이 아닐 수 없다.

　원자력발전소를 건설하는데 있어서도 지역주민들의 반발로 어려움이 있었고, 방사능 폐기물저장소 건설에도 많은 곤란을 당한 적이 있다. 더구나 최근 일본 지진으로 발생한 후쿠시마 원자력발전소의 사고가 원자력발전소 건설에 문제점을 던져 주고 있어 신재생에너지의 확대 등 이에 대한 강한 새로운 에너지 정책을 고려하는 추세이다.

　화석연료의 소비에서 발생하는 환경문제는 우리에게 에너지 절약과 신재생에너지 사용을 더욱 재촉하고 있다. 이렇게 변화하는 매우 중요한 실정의 현재에 와 있으며 에너지를 이제 어떻게 절약하고 효율적으로 사용하여야 하는지 그리고 신재생에너지의 사용이 크게 팽창하고 있는데, 이것이 앞으로 얼마나 그리고 어떻게 변화할 것인지 잘 파악하지 않으면 안 되는 시점이기도 하다. 또 에너지 사용으로 환경에 미치는 영향이 얼마나 큰지 그리고 지구환경의 온실 효과와 국지의 산성비 문제가 또 어느 정도 심각한지 잘 파악하는 것도 중요하다. 그리고 도시 쓰레기 문제의 심각성과 그것이 우리 생활에 미치는 영향 그리고 자원화 가능성에 대해서도 공부할 필요가 있는 것이다. 이런 의미에서 이 책을 집필한 것이다.

따라서 이 책은 공과대학의 교양과목은 물론, 강의하기에 따라 내용 중에서 일부 전문적인 것만 빼면 대학 전체의 교양강좌를 위해서 사용할 수도 있고, 일반 에너지 분야에 관심이 있는 분들에게도 읽어보면 많은 도움이 될 것이라고 생각한다.

이 책에 포함된 내용을 약간 추려보면 발전 효율이 향상되는 시스템의 랭킨 사이클과 가스터빈 신기술의 열역학, 우리나라 에너지의 흐름도, 석탄 화력발전소의 에너지 효율 향상기술, 우리나라 원자력발전의 현황과 4세대 원자로 개념과 안전성, 석유공업에서 정유 부분의 단위공정기술, 산업체에서 에너지 선택의 다변화와 효율적 연소 그리고 제철, 시멘트 공정, 화학단위 공정, 제지 공정 등의 에너지의 효율적 이용, 화학식 히트펌프의 신기술, 화석연료 사용으로 인한 산성비와 온실가스 문제 그리고 바이오에너지의 새로운 발전 등 최신 자료를 사용하여 내용을 다루려 애썼다. 특히 우리나라 실정을 세계자료와 비교하여 학생들도 우리 사정을 잘 이해할 수 있도록 최선을 다하였다.

매해 급변하는 에너지 사정에 맞추어 책의 내용을 가급적 최신 내용, 특히 우리나라 실정의 데이터를 반영하는데 많은 노력을 기울였으나 부족한 점이 많다고 생각한다. 더구나 전판(前版)의 내용에서 문제점들을 수정하였으나 아직 보완해야 할 점들이 더 있다고 생각하며 독자들의 귀중한 조언을 계속 들어 고쳐 나가겠다.

끝으로 이 책에 필요한 자료를 제공해 주신 분들에게 감사드리며, 이 책이 어려운 실정에 있는 우리나라 에너지 사정과 에너지 관련 기술의 미래를 파악하고 이해하는 데 조금이나마 기여가 되었으면 하는 마음이다. 이제 4차 산업혁명이 시작되었다고 말한다. 여기에 혁명적으로 발전해야 할 상당 부분이 에너지 관련 분야라고 할 수 있는데, 그의 기초지식의 뒷받침을 이 책의 내용이 했으면 하는 마음이다.

2016년 8월
대표저자 하 백 현

CONTENTS

Chapter 5

석 유

Chapter 6   천연가스

Chapter 7   원자력

Chapter 8   재생성에너지

Chapter 12   에너지의 수송과 저장

Chapter 13   초전도 기술

Chapter 17 폐기물의 자원화

부 록

Chapter

1

에너지의 개념

↘ 1.1 에너지의 분류

우리가 보통 에너지라고 말하면 석유, 석탄, 원자력, 전기 같은 것을 연상하게 된다. 옛날 원시인에게는 이러한 에너지의 개념이 없었다. 손으로, 그리고 몸으로 밀치거나 당기고 해서 힘을 내어 그것으로 일을 했다. 즉 밭을 갈고 씨를 뿌리고 추수했다. 그래도 농사를 본격적으로 시작했을 때는 이미 자연의 힘이나 가축을 이용하는 방법을 터득한 후부터였다.

바람이 불어서 나무가 쓰러지고, 장마가 지면 엄청난 토사가 나고 나무가 뽑혀 나가는 것을 보고 어떻게 하면 이러한 큰 능력을 지혜로 이용할 수가 있을까를 생각하면서부터 사람의 손으로 할 수 있었던 한계적인 능력을 극복하게 되었다고 생각할 수 있다. 이러한 에너지 이용에 재미가 든 후부터 그의 이용을 넓혀 보려고 하였지만, 자연의 에너지 이용기술에는 한계가 있어서 침체된 상태에 있다가 영국에서 제임스 와트(James Watt, 1765년)가 소형증기기기관차를 발명하면서부터 에너지 이용의 한계를 넘어서게 되었다. 즉 혁명적인 에너지 이용이 가능하게 되었고 이제는 인공위성을 발사하는 로켓이나 점보제트기 그리고 항공모함의 에너지 이용뿐만 아니라 160만 kW급 원자력발전소가 가동되는 시대가 된 것이다.

그럼 과연 이러한 에너지의 실체는 무엇일까? 보통 학술적으로 따져 보면 우선 에너지의 종류는 다음 몇 가지로 구분할 수가 있다.

저장에너지는 자연환경에서 비교적 안정되게 존재할 수가 있는 화석연료와 우라늄 등의 에너지를 말한다. 그대로 방치되더라도 변화를 거의 받지 않는 형태의 것이다. 그러나 저장에너지는 에너지로서의 역할을 하려고 하면 온도, 산소, 압력, 중성자, 전류 등 적당한 외부로부터의 활성화 에너지를 가하지 않으면 안 된다. 저장에너지는 우리가 공장이나 지역난방 등에서 사용하는 축열기, 어큐뮬레이터, 플라이휠 그리고 댐과 같이 일시적으로 저장되는 에너지와는 다르다. 이러한 일시적으로 저장되는 에너지는 상당한 세월이 지나면 에너지의 손실이 발생해서 없어지고 만다.

표 1.1 | 에너지의 분류

저장에너지	• 생물연료: 신탄, 목탄, 바이오가스(메테인 등), 식량 • 화석연료: 천연가스, 석유, 석탄 • 핵연료: 핵분열연료, 핵융합연료 • 전지: 1차전지, 2차전지 • 화학에너지: 결합에너지, 가연물 • 농도차: 용액

(계속)

불규칙에너지	• 열에너지: 잠열, 현열, 고온체, 지열, 해양열, 열풍, 온수, 증기, 배기열 • 압력에너지: 고압가스, 진공 • 한랭에너지: 냉수, 액화가스, 얼음, 드라이아이스
역학에너지	• 운동에너지: 풍력, 파력, 조력, 수차, 고속유체, 고속회전체, 플라이휠 • 위치에너지: 고낙차, 탄성에너지 • 진동에너지: 진동체, 초음파
전자기에너지	• 전류에너지: 모터, 열전대(熱電帶) • 정전에너지: 번개, 정전기 • 자기에너지: 지자기, 영구자석
복사에너지	• 태양열: 집열기, 태양전지 • 전자파: 텔레비전, 라디오, 레이저, 광 • 음파: 마이크, 스피커 • 방사능선: 원자핵 전지 • 탄성파: 지뢰파

불규칙에너지는 물질을 구성하는 분자, 원자 등이 여러 방향으로 진동하고 비교적 자유롭게 불규칙적으로 움직이기 때문에 생기는 에너지로서 거시적으로는 온도와 압력으로 에너지 수준이 나타난다. 이러한 에너지를 내부에너지라고도 한다.

역학에너지에는 물질의 운동에너지와 위치에너지 또는 회전운동 및 스프링의 탄성에너지가 포함된다.

자기에너지는 전압과 전류량의 곱으로 얻어지는 에너지, 즉 전기에너지를 말한다. 전환 시 90% 이상이 역학적인 에너지로 전환이 가능하다. 손실이라고 한다면 전기저항에서 생기는 열과 주변으로의 자연방전이 있다.

복사에너지는 대표적인 예가 지구에 도달하는 태양에너지이다. 가시광보다 파장이 큰 전자파에너지는 전계와 자계로부터도 얻어진다. 감마 및 X선 에너지는 주파수에 비례하여 계산되며 비례상수가 플랑크 상수이다. 즉 $\varepsilon = hv$이다. 음파와 탄성파는 진폭과 진동수의 제곱에 비례하는 에너지를 방출한다.

⌐ 1.2 에너지의 역할

에너지는 형태도 여러 가지가 있지만 또 여러 가지 방법으로 사용되어 왔다. 그 사용방법을 분류하면 다음과 같다.

• 생물활동: 호흡, 순환, 소화, 운동, 감각, 사고

- 기계적인 일: 하역, 추진, 기계가공, 압축, 파쇄, 탈수
- 화학적인 일: 정련, 정제, 분해, 화학적 가공, 화학변화
- 물리적인 상태보전: 냉난방, 급탕, 취사, 건조, 가열, 냉동, 제습, 용해
- 에너지 복사: 조명, 방송, 통신, 방사선 가공, 복사선 계측, 음향 발생

위에서 보면 현재 우리가 모두 경험하는 에너지들이기 때문에 그 에너지의 성격을 쉽게 개념적으로는 벌써 이해했으리라고 생각할 수가 있지만 이렇게 구분하게 될 때까지는 상당한 인류의 경험이 이를 가능하게 한 것이다.

↘ 1.3 에너지의 변환과 보존

인류 초기에 에너지는 열과 사람의 힘밖에는 없었다. 1978년 럼퍼트(Rumfort, Graf von)가 포신을 깎을 때, 여기서 발생되는 열을 보고 포신을 수중에서 깎아서 물의 온도가 올라가는 것을 측정하여 일의 양과 여기서 발생하는 열의 양의 관계를 발표했다. 이때부터 실질적으로 에너지에 대한 새로운 개념이 생겨났다. 그 후 1842년에 독일의 마이어(Mayer, Julius Robert)에 의하여 '에너지 보존법칙'이 확립되었다. 때를 같이 하여 마이어와 줄(Joule, James Prescott)이 열의 일당량을 정확히 구하게 된다.

결국 열과 일 사이에는 상호전환이 가능하다는 것이다. 우리는 석유를 태워서 고압의 증기를 발생하고 이것으로 터빈/발전기를 돌려서 전기를 생산하는 것을 알고 있다. 따라서 에너지란 말은 결국 이런 여러 형태의 것을 총칭해서 1853년 랭킨(Rankine, William John Macquoron)이 붙인 말이다. 에너지(energy)란 단어는 그리스어의 에르곤(ergon)으로부터 만들어진 것으로, 이 에르곤이란 말의 뜻은 일, 일이 행해지는 상태 또는 원기가 넘쳐흐르는 상태를 의미한다. 에너지의 단위인 에르그(erg)도 이 에르곤에서 나온 말이다.

마이어의 에너지 보존법칙이 생겨나면서부터 라부아지에(Lavoisier, Antoine Laurent de, 1784)에 의한 '질량 보존법칙'과 나란히 우주의 두 개의 기본 법칙이 되었다. 그러나 1896년에 퀴리(Curie) 부부가 방사능을 발견함에 따라 이 법칙에 모순되는 사실이 밝혀졌다. 즉 1905년 아인슈타인(Einstein, Albert)의 상대성 이론에 의하여 질량과 에너지에는 상호변환이 가능하다는 것이 밝혀진 것이다. 이 관계를 아인슈타인은 다음과 같이 나타내었다.

$$E = mC^2$$

여기서 E는 에르그(erg)로 나타내는 에너지, m은 그램으로 나타내는 질량, C는 광의 속

도 3×10^{10} cm/s 이다. 따라서 1그램의 질량이 소비되면서 에너지를 생산한다고 하면 $E = (1)(3 \times 10^{10})^2 = 9 \times 10^{20}$에르그가 된다. 이 양은 kWh로 환산하면 2,500만에 상당한다. 석유로 환산하면 2,000톤에 해당하는 어마어마한 양이다. 이런 질량이 에너지로 변하여 나타나는 것은 보통 일어날 수 있는 것이 아니다. 원자로라든지 태양 내부 같은 특수한 여건에서만 일어나는 것이다. 따라서 일상생활에서는 이러한 현상, 즉 질량이 에너지로 변하는 일은 일어나지 않는다. 따라서 에너지 사이에 변화가 있더라도 합한 에너지는 일정하고 질량의 변화도 없으며, 질량 보존법칙 및 에너지 불변의 법칙이 그대로 성립한다.

↘ 1.4 운동에너지와 위치에너지

두 개의 물질이 서로 대립되어 있으면 두 물체 사이에 항상 에너지가 존재한다. 지구는 태양과 대립하고 있으며 자신의 자전과 태양 주변을 공전한다. 태양도 자전과 동시에 혹성을 따라서 거대한 속도로 우주공간을 움직이고 있다. 따라서 지구니 태양이니 하는 물체의 운동에너지가 서로 어떤 조화를 이루어 안정한 상태의 태양계를 만들고 있는 것이다. 정지되어 있는 물체도 인력이 작용하고 있다. 뉴턴이 사과가 떨어지는 것을 보고 만유인력을 발견했다지만 책상 위에 있는 물체가 방바닥으로 떨어지는 것만 보아도 물체 사이에 인력이 있음을 알 수가 있다. 떨어질 수 있는 높은 위치에 있는 것은 방바닥에 있는 것보다 떨어질 때 운동을 할 수 있지만 방바닥의 것은 운동을 할 수가 없기 때문에 높은 위치에 있는 물체는 위치에 의하여 에너지가 상대적으로 크다고 할 수가 있고 위치에너지는 운동에너지로 바뀔 수가 있다.

↘ 1.5 열에너지

우리 주변의 모든 물체는 열을 가지고 있다. 그럼 왜 뜨겁지 않느냐고 물을 것이다. 그것은 주변의 모든 물체들의 온도가 우리 몸의 온도와 차이가 적기 때문에 그 물체로부터 열이 몸으로 들어오거나 나가는 양이 적기 때문이다. 온도가 높으면 열이 몸으로 많이 들어오기 때문에 심한 자극을 느끼고 매우 찬 물건을 만질 때에는 많은 열을 몸으로부터 뺏겨서 자극을 느끼게 된다.

이러한 열도 실은 그 물체를 구성하고 있는 분자의 운동에너지와 관계된 것이다. 물체의 온도가 상승한다는 것은 그 물체의 분자나 원자의 불규칙한 운동에너지(고체의 경우는 진동에너지)가 커져서 사람의 손이 가서 닿았을 때 몸의 원자나 분자에 충돌하여 몸의 분자나 원자에 운동에너지를 강하게 주게 된다. 강한 운동에너지, 즉 높은 온도의 물체가 닿으면 몸을 이루는 분자나 원자가 파괴되는데, 이것이 화상이다.

↘ 1.6 에너지의 흐름

물리적인 변화나 화학적인 변화는 모두가 반드시 에너지의 이동을 수반하게 된다. 우리 생활 주변에서 볼 수 있는 움직이는 현상은 에너지의 흐름과 변환에서 일어나는 현상이다. 자연에서 움직이는 현상은 그 근원이 태양에너지의 이동과 변환에 기인하는 것이다. 인공적으로 책상 위에 있는 물체를 움직이려면 사람의 손이 닿아야 한다. 사람이 움직여서 내는 에너지는 태양이 만들어낸 열매나 식물을 먹고 전달된 에너지에 기인한 것이다. 자동차나 항공기가 움직이려면 대량의 연료를 소비해야만 한다. 이것도 태양에너지가 화석에너지의 형태로 저장된 것을 소비하는 것으로, 에너지의 흐름이다.

책상 위에서 떨어진 물체는 땅에 닿은 후 정지된 상태에서 머무른다. 그렇다면 그의 운동에너지는 어디로 간 것일까? 이것은 바닥과 부딪치면서 열을 발생하는데, 그 열이 대기 중으로 발산하는 것이다. 그 열량이 적을 때는 사람이 느끼지 못할 뿐이다. 이때 발산한 에너지만큼 운동에너지를 주어야 책상 위로 다시 올려놓을 수가 있는 것이다.

포크레인은 수백 명의 할 일을 혼자서 해치운다. 이것이 동력이다.

책상 위에 있는 물체에 힘을 가해서 찌그러뜨려도 기계적인 에너지를 주는 것이며, 이때 가한 에너지는 열로 소실되고 만다. 좋은 예가 철사 줄을 끊기 위해서 계속 휘었다 펴보면 열이 나는 것을 바로 알 수가 있다. 또 전기 드릴로 쇠를 뚫어보면 쇠가 깎이는 주변이 빨갛게 달아오르는 경험도 할 수가 있다. 그래서 드릴을 쓸 때에는 물로 식히면서 사용해야 한다.

이러한 우리 주변에서 생동하는 현상은 바로 에너지의 흐름과 변환인 것이다.

물질의 상태변화, 즉 물이 언다거나 물이 끓을 때 열의 출입이 크게 일어난다. 이때 출입하는 열량을 잠열이라고 한다. 물이 끓을 때는 열을 필요로 하지만 증기가 반대로 응축할 때는 열이 그만큼 발생한다.

석유를 정제하거나 알코올을 농축할 때는 증류라는 정제법을 쓰는데, 증류는 잠열의 흐름이 있기 때문에 많은 열에너지를 필요로 한다.

에너지 특히 열에너지가 가장 많이 방출되는 화학변화, 즉 이러한 에너지의 흐름은 연료의 연소반응이다. 연소가 가능한 탄화수소가 공기 중에 있는 산소와 결합하면서 탄산가스와 물을 생성할 때 대량의 열을 방출하며 높은 온도를 발생시킨다. 현재 우리가 이용하기 가장 쉬운 에너지가 화석연료인 것이다. 연간(2014년 기준) 42억 TOE의 석유와 39억 TOE의 석탄(유연탄 기준) 그리고 30억 TOE의 천연가스(LNG)가 타며 ~353억 ton의 탄산가스의 방출을 하며 매해 지구상에서 타고 있다.

물질 중에는 화학결합의 형태로 에너지가 숨어 있다. 이 잠재된 에너지를 화학에너지라고 한다. 연소반응과 같이 자연히 진행되는 변화는 결국 과잉으로 포함하고 있는 에너지가 안정 상태로 가면서 열을 방출하는 현상이다. 그런데 우리가 주변에서 사용하는 공산품의 대부분은 에너지의 과잉상태가 대부분이다.

따라서 보통 생산 공장에서 공산품을 만들기 위하여 수행하는 합성공정에는 외부로부터 다량의 에너지를 공급해서 에너지의 수준을 올리지 않으면 안 된다. 화학공업에서 열과 전력의 형태로 에너지가 투입되고 있는 것은 바로 이러한 이유에서이다.

우리 일상생활에 있어서 그리고 문명사회의 존재도 모두 물리적인 변화와 화학적인 변화의 집합체이다. 여기에는 물질의 변화와 동시에 에너지의 흐름이 계속해서 개재된다. 자연계의 물리적인 변화와는 달리 생물, 특히 인류에 있어서는 에너지 준위가 낮은 상태에서부터 높은 상태로 가고 있다. 따라서 외부로부터 에너지가 투입되지 않으면 안 된다.

우리가 음식을 먹으면 단백질의 일부와 무기질은 몸을 이루는 구조재료로 되고 전분, 당류 등의 탄수화물과 지방은 모두 체내에서 생화학적 연소를 통해서 열을 만들어 몸을 따뜻하게 한다. 그래서 이 열을 기계적인 힘으로 변화시켜 가며 생산 활동을 하고 있다. 인류사회에서 이루어지는 생산, 건설 그리고 교통에 막대한 양의 에너지를 공급하고 있다. 만일 이러한 에너지의 공급이 중단된다면 현 사회활동의 패턴이 일순간에 깨지고 말 것이다.

수퍼에 진열된 상품. 이들은 모두 에너지가 투입되어 내장되어 있다.

자전거는 10~100 W, 오토바이는 5~10 kW, 자동차는 500~1,000 kW의 에너지 소비가 필요하다.
걷기나 자전거 타기는 국산 에너지의 이용이라고 할 수 있다.

⊿ 1.7 생활 속의 동력

그림 1.1은 에너지 투입으로 이루어지는 각종 인류의 문명설비의 동력, 즉 단위시간당 투입되는 또는 소비되는 에너지량(동력이라고 하며 와트, Watt)을 비교한 것이다.

지구상에 떨어지는 태양에너지는 1 m^2당 약 1 kW이다. 우리가 일상생활에서 사용하는 전

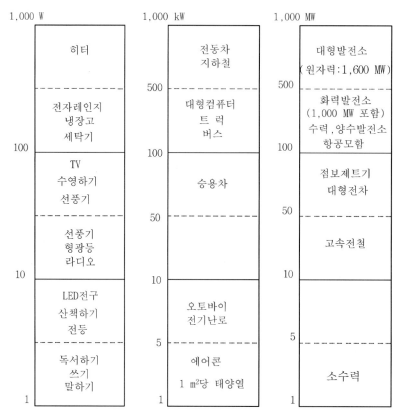

그림 1.1 | 생활 속에서 활용되는 동력의 비교

자레인지, 다리미, 전기 히터, 전기 드라이어 등은 모두 1 kW 정도이다. 태양에너지만 잡아서 쓸 수 있다면 좋겠지만 실제 태양전지의 태양광의 전환효율만 하더라도 15% 내외(계속 증가 하고 있음)이고 가격도 일반 전력보다 아직은(앞으로 크게 개선될 것임) 비싸다. 보통 TV, 컴퓨터, 세탁기, 냉장고 정도가 100 W 단위 정도의 동력을 사용한다.

1.8 화석연료의 전환

현재 우리는 실생활과 생산에 여러 가지 형태의 에너지를 사용하고 있지만 그의 대부분은 석탄, 석유, 천연가스 등의 화석연료 외에 바이오매스의 연소열로부터 출발하고 있다. 수력, 원자력, 태양에너지의 직접적인 이용 그리고 지열 등도 있지만 화석에너지에 비하면 아직 적은 양에 불과하다. 태양에너지의 이용기술이 최근 많이 개발되어 있지만 태양전지 및 풍력 발전, 조력 발전 등 모두 하고 있으나 아직 그 량이 우리사용 에너지의 몇%대가 고작이 지만 앞으로 2030년까지 우리나라는 전체 에너지의 11% 정도를 이런 대체 에너지에서 얻으려 하고 있다. 아직 집열 되는 열에너지는 미미 하다. 그리고 자연의 식물 즉 바이오 에너지를 크게 사용할 의무를 갖고 있다. 바이오매스 에너지가 방출 하는 탄산가스 량은 상대적으로 적고 이 때 생성된 탄산가스는 다시 바이오로 되돌아가기 때문에 즉 그만큼의 화석연료에서 나온 탄산가스의 량을 줄일 수가 있다. 따라서 그의 용도가 그만큼 화석연료의 대체성을 갖게 된다.

연료가 연소되면 이것은 열에너지의 형태로 방출되며, 이 열에너지를 그대로 이용할 경우도 있지만 수증기를 발생시켜 터빈을 돌리면 열에너지는 운동에너지로 변하며, 다시 터빈의 힘으로 전동기(발전기)를 회전시키면 운동에너지가 전기에너지로 변환된다. 여기서 얻어진 전기는 전선을 타고 소비지로 송전된다. 송전되어 온 전기에너지는 전기모터를 움직여 운동에너지를 되살려 전동차를 달리게 하고 공장의 기계를 움직이며, 전기로나 전열기에 들어가면 열에너지로 변해서 금속의 가공 또는 난방 등에 사용된다. 백열전구, 형광등 그리고 LED 전구에 전기가 흐르면 빛에너지를 발산한다. 이러한 광은 광전관이나 텔레비전 카메라에 닿으면 전기에너지가 되어 전자파로 변하고 다시 브라운관이나 LCD, LED에서 TV영상으로 나타난다. 결국 에너지의 변환과 흐름이다.

연료가스, 즉 증발된 휘발유나 분무된 디젤유는 공기와 혼합되어 점화되면 빠른 속도로 연소해서 고온을 발생하고, 이때 발생한 열로 인해서 가스가 급팽창하여 폭발을 일으킨다. 이때 큰 압력이 만들어지고 이것이 기계적인 일을 만들어 낼 수 있다. 가스엔진, 휘발유엔진, 디젤엔진 등은 이러한 현상을 이용한 동력을 만드는 장치이다.

우리가 휘발유 자동차를 타고 달리는 것은 연료에너지가 소비되면서 자동차 위치를 변화시키는 것이다. 연료가스가 강하게 노즐을 통해서 폭발적으로 분사되는 것도 그 반작용의 힘 때문에 운동에너지로 변환되는 것이다. 즉 로켓이 발사될 수 있는 것이다.

점보수송기는 한 번에 여객 500명 정도를 수송할 수가 있다.
에너지 소비가 크므로 비행노선과 기종선택에서 지혜를 가져야 한다.

배는 해상수송에 필요하다. 용도에 따라 쾌속성과 크기의 선택을 잘 해야 한다.

열은 분자가 갖는 운동에너지로서 무질서하게 운동하기 때문에 이것을 기계적인 일로 변화시키기 위해서는 분자의 열운동에 질서를 주어야 한다. 이 때문에 필요한 에너지를 밖에서 제공하지 않으면 안 되나 열기관에서는 연료의 연소로 발생된 에너지에서 공급된다. 여기서 대부분의 열을 무효화시키면서 일부분의 열만을 기계적인 힘으로 변화시킨다.

이와 같은 사정이 있기 때문에 열기관에서는 열에너지를 기계적인 일로 변환시킬 때 열효율이 50% 이상으로는 할 수가 없게 된다. 열기관에서 열효율의 한 예를 보면, 증기기관차의 열효율이 6%, 일반 피스톤식 증기기관에서 16%, 내연기관의 휘발유의 엔진에서 25%, 디젤 엔진은 35%, 가스터빈 30%이다. 이러한 효율을 개선하기 위하여 종래 열기관과는 별도의 원리를 이용한 에너지의 변환장치, 예를 들면 연료전지 같은 수소의 직접 이용기술이 크게 실용화되어 가고 있다.

1   태양에너지가 지구에 유입되었다가 흘러나가는 에너지의 흐름을 정성적으로 설명하여라.
    (농토, 산, 바다, 사막, 도시, 강등에서 태양에너지가 변환되는 형태를 생각한다.)

2   각자 하루에 자기가 섭취하는 음식량을 합해서 cal 및 Joules로 나타내어라.(밥, 빵 종류별
    로, 찌개, 우유, 고기 등을 분류한다. 실제 각 음식의 열량은 인터넷을 참조한다.)

3   식물의 성장에서 탄소동화작용을 설명하여라.

4   각자 자기 집에서 사용하는 가전제품의 전력(W)의 크기를 순서대로 나열하여라.
    예 냉장고, 에어컨, 전자레인지, 전등(종류별로), 전화(전기 사용), 다리미, 전기주전자, 전
       기장판, 전기밥솥, 전기히터, 가스 및 석유보일러, 기타

Chapter 2

한국의
에너지

우리나라는 우리가 사용하는 석탄, 석유, 가스 및 원자력은 외국에서 수입 하여야 한다. 우리나라 자체에서 얻을 수 있는 에너지는 수력, 태양에너지(태양전지 및 열), 풍력에너지, 조력에너지 그리고 동해남쪽의 바다 가스전이 고작이어서 2014년 현재 사용 에너지의 97%를 수입 하고 있고 이중 석유가 14억 bbl로 우리가 외국으로부터 수입 하는 에너지에 지급 하는 금액의 56%(유가에 따라 변화)를 석유가 차지하며 우리나라 경제를 지탱하고 있다.

그런가 하면 이러한 화석 연료를 사용하면 필연적으로 발생 하는 지구 온난화 가스(Green House Gas, GHG; CO_2, CH_4, N_2O 등)를 발생하기 때문에 이를 처리해서 감소 시켜야 하는 국제적인 의무와 압력을 받고 있다. 그래서 대체에너지의 개발이 어느 때 보다 더 심각 하게 대두 되고 있는데 이러한 문제들을 해결 하는 데는 국가적인 차원에서 발전 하는 경제를 뒤지지 않게 하면서도 이러한 의무를 이행 하여야 하는 것이다. 더구나 국제 에너지기구인 IEA권고 사항을 지키면서 국익이 되는 경제정책을 가져야 한다. 그럼 우선 우리나라 에너지 현황부터 일부 보기로 하자.

⬇ 2.1 우리 에너지의 생산과 수입에너지

우리나라에서 생산되는 에너지는 무연탄, 신탄(바이오 등) 및 수력 발전이다. 그러나 최근 에는 신 재생에너지로 매립가스, 부생가스, 연료전지, 태양광(열 및 발전), 풍력 및 소각에서 발생하는 에너지도 그 량이 증가하고 있다. 표 2.1에서 그의 소비현황을 보여주고 있는데 신재생에너지가 약간 증가하고 있고 앞으로 더 증가 할 것으로 예상 된다. 1979년 제2차 석유파동 이후(표 2.2에서는 1985년 참조) 석탄 즉 유연탄과 무연탄(대부분 유연탄)의 수입이 급증한 것을 알 수가 있다. 원자력 발전량도 80년대 초반부터 크게 증가하고 있다. 그리고 상대적으로 석탄의 사용도 늘어나고 있다.

⬇ 2.2 우리나라의 에너지 흐름

에너지는 생산에서 시작해서 실제 우리 손에서 소비될 때까지 여러 단계의 변환과정을 거치는 경로를 밟게 된다. 그림 2.1은 2013년도 우리나라의 이러한 에너지변환 경로를 나타내고 있다. 출발에너지원으로는 원자력, 수력, 석탄, 석유, LNG, 신재생(+ 기타)이 공급되며 전환 부분은 발전과 산업, 가정/상업/공공 및 수송에 소비과정을 거쳐 사용되며 최종에서 보면 손실 약 50%가 발생한다.

표 2.1 | 우리나라의 에너지 소비

| 연도 | 총 에너지 소비량(1,000 TOE) | | 1차 에너지원별 구성(%) | | | | | |
	1차 에너지	최종 에너지	석탄	석유	LNG	수력	원자력	신재생
1966	13,056	12,158	46.2	16.6	–	1.9	–	35.8
1968	15.822	14,252	34.2	34.8	–	1.5	–	29.5
1969	17.593	15,929	30.9	42.3	–	2.0	–	24.8
1971	20,868	18,845	28.1	50.6	–	1.6	–	19.7
1973	25,010	22,364	30.2	53.8	–	1.3	–	14.7
1975	27,553	23,424	29.3	56.8	–	1.5	–	12.4
1977	34.214	29.527	28.2	61.7	–	1.0	0.1	9.1
1979	43,242	36,971	27.4	62.8	–	1.3	1.8	6.7
1981	45,718	38,952	33.3	58.1	–	1.5	1.6	5.5
1983	49,420	41,337	33.4	55.9	–	1.4	4.5	4.8
1984	53,382	44,845	37.2	51.8	–	1.1	5.5	4.4
1985	56,296	46,998	39.1	48.2	–	1.6	7.4	3.6
1986	61,462	50,524	38.0	46.4	0.1	1.6	11.5	2.4
1987	67,878	55,197	34.8	43.7	3.1	2.0	14.5	1.9
1988	75,351	61,033	33.4	47.0	3.6	1.2	13.3	1.5
1989	81,659	65,875	30.0	49.6	3.2	1.4	14.5	1.3
1990	93,191	75,107	26.2	53.8	3.2	1.7	14.2	0.9
1991	103,622	83,803	23.7	57.5	3.4	1.2	13.6	0.6
1992	116,010	94,623	20.4	61.8	3.9	1.0	12.2	0.6
1993	126,879	104,048	20.4	61.9	4.5	1.2	11.5	0.5
1994	137,235	112,206	19.4	62.9	5.6	0.7	10.7	0.7
1995	150,437	121,850	18,7	62.5	6.1	0.9	11.1	0.7
1996	165,226	132,054	19.5	60.5	7.4	0.8	11.2	0.7
1997	180,638	145,773	19.3	60.4	8.2	0.7	10.7	0.7
1998	165,932	132,128	21.7	54.6	8.4	0.9	13.5	0.9
1999	181,362	143,060	21.0	53.6	9.3	0.9	14.2	1.0
2000	192,887	149,852	22.2	52.0	9.8	0.7	14.1	1.1
2002	208,636	160,451	23.5	49.1	11.1	0.6	14.3	1.4
2004	220,238	166,009	24.1	45.7	12.9	0.7	14.8	1.8
2006	233,372	173,584	24.3	43.6	13.7	0.6	15.9	1.9
2008	240,752	182,576	27.4	41.6	14.8	0.5	13.5	2.2
2009	243,311	182,006	28.2	42.1	13.9	0.5	13.1	2.2
2010	263,805	195,587	29.2	39.5	16.3	0.5	12.1	2.3
2012	278,698	208,120	29.1	38.1	18.0	0.6	11.4	2.9
2013	280,290	210,247	29.2	37.8	18.7	0.6	10.4	3.2
2014	282,938	213,870	29.9	37.1	16.9	0.6	11.7	3.9

• 1차 에너지: 어떤 전환이나 변형이 이루어지지 않은 형태의 에너지
• 최종 에너지: 이용 가능하도록 가공하여 만들어진 에너지
• 신재생에너지: 신탄 외에 최근에는 매립가스, 부생가스, 연료전지, 태양광, 풍력, 소각에너지가 포함된다.
자료: 한국에너지 경제 연구원 통계연보 2015

표 2.2 ┃ 우리나라의 에너지 생산과 수입

연도	국내 생산					수입				
	계 1,000 TOE	무연탄 1,000 t	LNG 1,000 t	수력 GWh	신재생 1,000 t	계 1,000 TOE	석탄 1,000 t	석유 1,000 bbl	원자력 GWh	LNG 1,000 t
1965	10,480	10,091	–	710	18,364	1,532	117	9,952	–	–
1975	11,397	15,945	–	1,683	12,214	16,156	786	105,119	–	–
1985	13,393	22,710	–	3,659	7,255	42,903	17,823	189,191	16,745	–
1995	4,836	5,367	–	5,487	1,051	145,601	38,985	677,210	67,029	7,087
2000	5,403	4,158	–	5,610	2,130	187,484	62,367	742,557	108,964	14,557
2006	8,192	4,596	355	5,219	4,358	225,180	83,231	765,520	148,749	24,264
2007	8,141	4,035	271	5,042	4,856	228,313	90,093	794,946	142,937	26,393
2008	8,553	4,134	181	5,563	5,198	232,200	100,064	760,941	150,958	27,258
2009	8,639	3,114	383	5,641	5,480	234,672	105,265	778,480	147,771	25,770
2010	9,161	2,508	415	6,472	6,064	254,644	118,521	794,278	148,596	25,699
2012	11,116	2,288	334	7,652	8,036	267,582	125,858	827,679	150,328	38,151
2013	12,145	2,054	355	8,394	8,987	268,145	127,500	825,202	138,784	39,923
2014	13,667	1,642	247	7,820	10,956	269,271	131,680	821,457	156,407	36,389

석탄＝무연탄＋유연탄
자료: 한국에너지 경제 연구원 통계연보 2015

　발전과정에서 보면 실제 화력발전의 2013년도 발전효율은 약 40%이고 송전전단 기준 효율이 약 37%로 위와 비슷하다. 연료는 산업체, 수송, 가정의 최종 소비 등으로 흘러 내려가고 산업공정에서는 열의 이용 효율에 따라 손실이 일어나고 있다.

　에너지가 흐르는 과정에서 변환 시에는 물론 최종 사용에서도 손실을 초래하여 실제 이용 효율은 몇%에 지나지 않는 곳도 있다. 이 이용 효율을 높이는 것이 에너지 절약의 가장 중요한 과제이다.

　그림 2.1의 하단에서 나타낸 수출은 휘발유, 등유, 중질중유, JA-1(항공유), 나프타, 아스팔트, 윤활기유 등 제품(2012년 540억불)이고 국제 벙커링은 외국 국적의 선박/항공기에 주유한 것을 말한다.

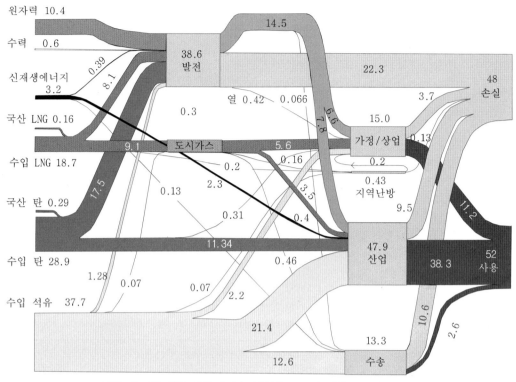

가정: 1) 가정+상업+공공 에너지 사용효율 75%, 2) 산업 80%, 3) 수송 20%
계산기준: 1차 에너지 소비(TOE), 변환과정의 자가 손실 생약(1% 내외)
단위: 1차 전 에너지 투입량에 대한 백분율(%)
이 그림에서 제외된 수출 및 국제벙커링은 1차 에너지 기준으로 약 21% 정도 된다.

그림 2.1 │ 우리나라의 에너지 흐름도(Sanky) 2013

2.3 국내총생산(GDP)과 에너지 소비량

국내총생산은 일정 기간에 국내에서 생산된 재화(財貨) 및 서비스의 총액을 말한다. 생산 과정에서 쓰인 원료나 연료 등은 공제하며 생산에 사용된 설비기계의 소모분은 공제하지 않는다. 이러한 경제지표는 그 나라의 소득을 말하는 데 사용할 수 있고, 특히 국민 1인당 GDP(per capita Gross Domestic Product)는 국민의 생활수준을 대표하는 파라미터가 된다.

에너지의 사용은 대개 상식선에서 보면 GDP의 증가율에 따라 에너지 증가율도 증가하는 것이 보통이다. 그러나 반드시 그런 것은 아니다. 만일 도로를 건설하고, 최근 우리나라와 같이 신도시를 많이 건설하는 등 사회간접투자에 힘을 기울이게 되면 GDP 증가율보다 에너지 소비증가율이 더욱 늘어나게 될 수도 있다.

표 2.3 | 우리나라의 에너지 / GDP 탄성치

구 분	1991	2001	2006	2008	2011	2013	2014
에너지 소비량 (1,000 TOE) (a) 증가율(%)	103,619 (11.2)	198,409 (2.8)	233,372 (2.0)	243,311 (2.3)	276,636 (4.3)	280,290 (0.57)	282,938 (0.34)
GDP (b) 증가율(%)	426,955 (9.7)	587,990 (4.0)	1,087,876 (5.2)	1,179,771 (2.3)	1,082,096 (3.7)	1,380,833 (2.9)	1,426,540 (3.3)
탄성치 (a)/(b)	1.2	0.75	0.38	1.0	1.16	0.19	0.1

주: GDP는 2010년도 연쇄가격 10억 원

표 2.3은 우리나라 GDP와 에너지 소비량 그리고 이들의 증가율을 나타내고 있다. 또한 이들 증가율의 비(GDP에 대한 에너지 탄성치라고 말함)를 같이 보이고 있다. "에너지 증가율/GDP증가율", 즉 탄성치가 1인 경우는 GDP 증가율만큼만 에너지의 사용증가율도 늘어난다는 뜻이 된다.

따라서 이 값은 1보다 작아야 바람직하다. 그러나 최근에 국가의 경제 사정에 따라 에너지 증가율이 크게 달라질 수가 있기 때문에 탄성치가 그 나라의 에너지 사용 증가율의 사정을 그 나라의 경제성장과 함께 평가해서 단순히 비교하기는 힘든 일이다. 위 표에서 보면 에너지 GDP 탄성치가 1991년에 1.2로서 1보다 크나 그 이후는 감소하고 있는 추세이다.

표 2.4는 에너지/GDP 탄성치의 국가 간의 비교를 나타내고 있다. 물론 이 데이터로 국가 간의 경제 성장률에 대한 에너지 증가율을 일률적으로 비교할 수는 없다. 경기가 일시 침체인 나라가 있을 수도 있다. 표에서 보는 바와 같이 에너지 증가율에서 '-', 즉 감소를 가져오는 나라가 많이 있다. 특히 2000년대 세계경제의 변화로 미국, 독일, 일본 및 프랑스의 경우가 그러한데 에너지 대책과 절약에서 이런 결과가 나오는 것으로 여겨진다. 그러나 중국과 같은 경우는 계속 경제 성장 일로에 있기 때문에 '-'를 보이지 않는다.

표 2.4 | 각국의 에너지 / GDP 탄성치의 비교

구 분	2000	2001	2005	2006	2008	2011	2012	2013	2014
한 국	0.71	0.75	0.95	0.38	0.25	1.16	0.37	0.19	0.1
중 국	0.41	0.41	1.0	0.96	0.83	0.35	0.32	0.30	0.27
미 국	0.54	- 2.3/0.75	0.01	- 0.83/3.5	- 2.5/1.1	- 0.8/3.7	- 2.4/4.1	0.73	0.30
일 본	0.57	- 0.29/0.2	0.2	0.04	- 1.6/0.7	- 5/7.4	- 2.2/0.82	0.82/ - 17	2.9/ - 6.4
독 일	0.12	1.4	- 1.6/1.1	0.68	0.58	- 4.0/10	2.4/ - 6.0	0.47	- 4.5/3.2
프랑스	0.25	0.67	- 0.15/1.2	- 0.87/1.9	4.0	- 3.4/8.1	0.2/ - 6.3	0.22	- 3.9/0.6

◹ 2.4 1인당 에너지 소비와 GDP

산업구조적으로 보나 국민의 에너지 씀씀이로 보나 1인당 에너지 소비를 알아보는 것은 매우 중요하다. 다음 표 2.5는 선진국과 한국을 비교한 1인당 에너지 소비량을 나타낸 것이다.

1인당 에너지 소비에서 보면 북미 지역인 미국과 캐나다가 가장 에너지를 많이 사용하는 것을 알 수 있다. 우리나라는 2014년에 5.2 TOE/인 소비했다. 다른 나라들과 비교해 보면 우리나라가 많은 양을 쓰는 것이다. 이것은 우리나라 산업구조, 즉 중화학공업의 비중이 크기 때문이고 이제 국민소득이 어느 정도 증가함에 따라 국민의 생활 패턴에서 에너지 사용 성향이 커진 것도 한 원인으로 여겨진다.

표 2.5 ┃ 각국의 1인당 에너지 소비량 (단위: TOE)

구 분	2000	2002	2004	2006	2008	2009	2011	2013	2014
한 국	4.1	4.3	4.5	4.8	4.9	4.9	5.2	5.2	5.2
미 국	8.0	7.8	7.8	7.6	7.4	7.0	7.0	6.9	7.4
캐나다	9.8	9.6	9.8	9.8	9.9	9.3	7.3	7.1	8.5
영 국	3.8	3.7	3.7	3.7	3.4	3.2	2.9	2.9	2.9
독 일	4.0	4.0	4.0	4.0	3.8	3.5	3.8	3.8	3.5
프랑스	4.3	4.3	4.3	4.2	4.1	3.6	3.8	3.8	3.8
러시아	4.2	4.4	4.5	4.7	4.8	4.5	5.1	–	5.0
중 국	0.76	0.82	1.1	1.3	1.5	1.6	2.0	–	1.8
일 본	4.0	4.0	4.0	4.0	4.0	3.6	3.6	3.5	3.5
대 만	4.2	4.3	4.7	4.8	4.8	4.5	–	–	–

표 2.6 ┃ 각국의 연 1인당 교통, 가정, 전기, 가스(LNG)의 에너지 소비(*2013년)

구 분	교통(가솔린 L)	가정(kg-oil)	전기(kWh)*	가스(LNG m^3)*
한 국	188	386	9,165	1,012
미 국	1,618	911	12,185	2,163
캐나다	1,196	970	14,350	2,367
영 국	396	728	5,071	809
독 일	354	774	7,191	928
프랑스	224	753	6,986	724
러시아	732	772	7,285	3,209
중 국	44	256	3,925	110
일 본	449	391	6,763	885
대 만	–	–	10,368	700

표 2.7 ┃ 각국의 1인당 GDP (단위: US$)

구 분	2000	2005	2007	2009	2010	2011	2012	2013	2014
한 국	11,349	15,038	21,655	17,078	22,151	23,749	23,679	24,329	27,970
미 국	34,105	41,031	44,732	46,436	48,374	48,147	49,601	53,101	54,629
캐나다	23,602	34,956	43,282	39,599	46,473	50,714	51,688	51,990	50,271
영 국	25,079	37,790	45,995	35,165	38,362	39,604	38,891	39,567	45,603
독 일	23,161	33,856	40,252	40,873	41,726	44,558	42,625	44,999	47,627
프랑스	22,467	35,187	41,998	41,051	40,708	44,401	42,793	42,520	42,736
러시아	1,771	5,339	9,019	8,676	10,675	13,296	14,078	13,861	12,736
중 국	946	1,704	2,545	3,744	4,515	5,184	5,898	6,560	7,594
일 본	36,837	35,718	34,384	39,727	42,909	45,774	46,972	38,491	36,194
대 만	14,519	15,714	16,855	16,400	–	21,592	20,502	–	–

그리고 표 2.6은 교통, 가정, 전기, 가스(LNG)의 1인당 에너지 소비를 나타낸 것이다. 여기서 보면 교통은 주로 자동차에 관련된 것으로 자동차의 보유 대수와 관계가 있고 차 크기에도 관계가 있다. 가정 에너지소비에서는 주로 난방에 소요되는 에너지로서 생활수준의 척도가 될 수 있는데 대륙성 기후인데다 생활수준의 향상으로 겨울에 난방비가 증가한다고 볼 수 있다. 전기사용에서 보면 상당한 수준을 보이는데 이는 우리나라 기후조건이 여름에 몹시 덥고 겨울에 몹시 추운 조건으로 인해서 일어나는 현상이다.

각국의 1인당 GDP를 표 2.7에 나타낸다. 1인당 에너지 소비량과 1인당 GDP를 보면 프랑스의 경우 1인당 GDP가 42,736달러를 넘는 소득에 에너지는 약 3.8 TOE(2013년)인 데 반해, 한국은 GDP 27,970(2014년)달러 소득에 에너지는 약 5.2 TOE(2014년)를 소비하고 있다. 같은 소득 수준으로 따져 보면 우리가 훨씬 많은 양의 에너지를 사용해야 한다. 이는 앞서 말한 바와 같이 몇 가지 이유가 있을 수 있다. 하나는 에너지 소비에 취약한 사회(산업)구조를 가지고 있기 때문이다. 즉 자동차 대수가 늘어나고 중화학공업의 비중이 크기 때문이다.

다른 하나는 생산시설이나 주택과 건물에서 에너지 사용 시 효율이 매우 떨어지는 경우를 생각할 수도 있다. 또 대형아파트가 최근에 많이 건설되고 대형 빌딩도 많이 늘어나고 있는데 이들은 에너지소비가 매우 크고 효율도 많이 떨어지지 않나 생각된다.

또 다른 하나는 아직 사회간접투자가 많은 신도시 건설 등으로 에너지 소비가 증가하고 있고 주거 면적이 커지는 것 또는 독신 주택이 많이 늘어나는 것, 즉 생활수준의 향상이 원인이라고 볼 수 있다. 그럴수록 우리가 얼마나 현재 자원과 에너지를 절약 하고 있나 생각해 보아야 한다.

↘ 2.5 국제 유가와 경제 성장률

그림 2.2에 1970년도부터 최근 2015년까지의 세계 유가변화와 우리나라 경제 성장률을 나타내고 있다. 경제 성장률에서 보면 1970년대 14.8%(피크)의 고도성장에서 GDP가 상승해 가면서 강하하여 최근에는 6.5%의 피크치도 보이고 있고 2016년으로 외삽(extrapolation)하면 평균 약 2.5%대가 된다. 석유파동과 IMF위기 때 성장률이 크게 감소하는 모양과 글러벌 금융위기 그리고 최근에 미국의 타이트오일의 증산과 중동의 석유 증산이 유가를 크게 하락 시킨 것을 볼 수 있다. 그러나 이러한 변화가 우리나라의 경제가 회복 불가능한 형태의 어떤 변화를 가져오지는 않았다. 이것은 한국 경제의 저력의 한 면을 보이는 것으로 생각되어 진다.

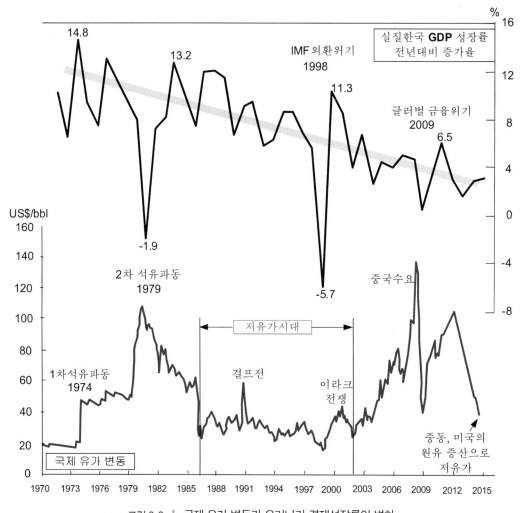

그림 2.2 | 국제 유가 변동과 우리나라 경제성장률의 변화

↘ 2.6 우리나라 에너지 정책

기본적으로 앞으로 석유는 고갈 될 것이고 지금의 석유에 전적으로 의존해 국가 장래를 둔다는 것은 미련 한 것이다. 더구나 화석연료 사용에서 오는 GHG로 인한 지구의 온난화가 심상치 않게 지구의 기상 변동을 일으키고 있어 이에 대한 대책을 국제기구(IEA)에서 다루고 있다. 에너지를 절약 하고 효율적으로 사용 하자는 각국의 정책은 화석연료를 절약 하자는 것은 물론 지구환경을 동시에 생각해야 하는 여러 가지 대책이 국제적으로 대두되어 1997년 교토 프로토콜에 이어 2015년 12월 195개국 당사국이 파리에서 기후변화에 관한 유엔기본협약을 했는데 2100년 까지 산업화 이전과 비교해 2℃보다 온도 상승폭을 더 작게 제한 한다는 것이다.

국가 정책은 물론 환경단체등도 적극 나서 탄소제로(또는 탄소 뉴트랄, Carbon Neutral)운동 같은 것을 세계적으로 펼치고 있다. 이 운동은 내가 배출한 탄산가스의 량을 계산 하고 그 탄소의 량만큼 나무를 심어 흡수 시키거나 풍력과 태양전지 등의 이용으로 결국 발생량을 제로가 되도록 하는 운동을 말한다. 그리고 탄소 배출 거래제를 이제 우리나라도 2015년 부터 실시하고 있다.

더구나 화석연료를 줄이거나 탈피하기위한 대체 에너지의 개발에서 통상 우리가 사용해온 원자력과 수력 외에 재생에너지인 바이오매스, 태양에너지, 풍력, 조력, 지열, 쓰레기의 자원화 등 가능한 것은 다 개발해서 사용해 보자는 노력이 많은 국가에서 이뤄지고 있고 설치/사용이 빠른 속도로 증가 하고 있다. 그러다 보니 전력도 각기 다른 특성을 갖는 대체 전기 에너지원이 복합적으로 얽히게 되어 분산형으로 발전이 진화하기 때문에 공급 망을 지능화 하는 스마트전력망의 도입이 시작 되는 등 이들에 맞는 에너지 정책이 새로이 구체화되기 시작 하고 있다. 그러면 우리나라의 이에 대한 대처하는 정책의 중요한 출발점을 몇 가지 보자.

먼저 우리나라 정부가 이와 관련해 만든 것은

- 에너지법
- 저탄소 녹색 성장 기본법

의 두 가지 법이 있다. 내용에서 중요하게 생각 할 수 있는 에너지관련 사항만을 키워드로 간략하게 추려 보면

- 안정적인 에너지 공급(에너지 수급)
- 신/재생에너지 사용 확대(화석연료 대체)

- 미활용에너지 자원의 개발/사용(특히 바이오, 최근 빠르게 증가 하고 있음)
- 에너지 소비절약과 에너지 이용효율 향상(특히 대형건물과 산업체)
- 국제협력 강화(수급과 기술이전)
- 온실가스 감축 기술개발 및 실용화 촉진(새로운 투자)
- 온실가스 감축을 위한 교통체계 및 이용의 개선
- 녹색건축물 건설(에너지 원단위 향상)
- 친환경 농수산 환경 조성

등이 있으며 이외 여러 가지 실천계획을 세워 정부 및 기업이 실행하기 시작했다.

우리나라도 이처럼 환경을 고려한 에너지 정책을 펴기 시작해서 2008년부터 60년간 한국 경제를 발전시키는데 국가 비전으로 하고 있다. 최근 주목되는 것은 온실가스배출을 BAU(Business As Usual, 해당년도 기준 배출량)기준으로 2030년까지 37% 감축 목표 안을 파리 회의에 제출한 상태이다.

1 우리나라에서 2015년에 사용한 에너지의 양을 Q(Quad)로 환산하고, 전기량인 kWh로 나타내어라. (부록 I 참조)

2 우리나라의 1965~2014년 사이의 에너지원별 소비 변화(%로)를 그래프로 나타내고 그 변화의 특이한 점을 관찰하여라.

3 우리나라의 1인당 에너지 소비를 선진 여러 나라와 분석적으로 비교해 보아라. 선진국보다 많이 쓴다고 하면 그 이유가 무엇인가?

4 각자 자기 집의 에너지(전기 및 열) 흐름도를 정성적으로 작성하여라.

5 우리나라 에너지/GDP 탄성치가 감소하는 이유는 무엇이라고 생각하는가?

6 각자 자기 가정에서 손쉽게 절약할 수 있는 에너지 절약방법이 있다면 무엇이 있는지 나열해 보아라.

7 우리나라 정부 부처별 그리고 대기업 중요 에너지기술 및 GHG 감소계획에는 어떤 것들이 있는지 조사하여 나열 하시오.

8 선진국 5개국을 임의로 선정 하고 주요 에너지 정책을 나열하시오.

Chapter 3

에너지와 열역학

우리 주변에는 항상 에너지의 흐름이 있다. 이 에너지는 때로는 열의 상태로 흐르기도 하지만 다른 형태의 에너지로 그 모습을 바꾸어 가며 흐르기도 한다. 현재 우리가 대부분 이용하는 화석연료는 연소과정을 통해서 열을 발생하지만 태양에너지는 핵반응에 의하여 발생된 에너지를 복사선의 형태로 지구상에 퍼부어 댄다. 태양에너지는 식물의 형태로 저장되거나 바다의 파도를 일으킨다. 이러한 바람 때문에 돛단배의 범선 또는 기범선(機帆船)뿐만 아니라 대륙 간 운행하는 최신형 대형화물선에도 보조적으로 돛을 달고 항해한다. 바람을 잘 만나면 50% 정도의 연료가 절약된다고 한다.

화석연료는 보일러에서 연소되어 높은 온도의 연소가스를 만들고, 이 열은 열교환기를 거쳐서 물을 끓여 스팀을 만들고 터빈을 돌려서 발전한다. 석유화학공업에서는 스팀을 증류탑에 공급하여 혼합성분을 분리하는 데 사용하거나 원유를 정유한다. 바닷물을 농축시켜 소금을 생산하기도 하고 중동 같은 곳에서는 마실 물을 생산하기도 한다. 석탄이 연소되어 나오는 열로 발전은 물론 석회석을 구워서 시멘트도 만든다.

이러한 모든 에너지의 흐름 현상은 다음의 몇 가지 열역학의 법칙을 따르게 된다. 이 열역학의 법칙은 그 동안 인류가 오랫동안 경험을 통해서 얻은 소중한 법칙이다. 이에 대해 간단히 그 기초를 알아보기로 하자.

↘ 3.1 열역학 제1법칙

열역학의 제1법칙은 에너지 보존법칙이다. 경험에 의하면 계와 계 사이에 에너지의 출입이 있을 경우 이 계의 에너지의 합은 일정하며, 에너지는 상호 전환만으로는 창조도 될 수 없고 소멸도 될 수 없다는 것이다. 한쪽의 에너지가 많아지면 그만큼 다른 쪽의 에너지는 줄어들어 그 변화의 합은 0이 된다.

▌상태함수 엔탈피

어떤 일을 할 수 있는 ① 정적인 계로, 즉 피스톤의 실린더 내에 가스가 들어 있다고 하자. 여기에 열을 가하면 내부 가스가 팽창하며 외부에 대하여 피스톤이 일을 할 수가 있다. 이것을 열역학 제1법칙으로 써 보면 이 계에 가한 열량 Q는 실린더 내의 내부에너지의 변화 ΔU와 외부에 한 일 W의 합이 되어야 한다. 따라서

$$Q = \Delta U + W \qquad\qquad 3.1$$

가 된다. 여기서 W는 피스톤이 일정한 압력에서 외부에 한 일의 양이므로

$$W = \int_1^2 P\,dV = P(V_2 - V_1) \qquad\qquad 3.2$$

이다. 따라서

$$Q = U_2 - U_1 + P_2 V_2 - P_1 V_1 = (U_2 + P_2 V_2) - (U_1 + P_1 V_1)$$
$$단 \; P_1 = P_2 \qquad\qquad 3.3$$

로 쓸 수가 있으며 결국 피스톤에 가해진 열량은 $(U + PV)$라는 양의 변화로 주어지게 된다. 이를 엔탈피(enthalpy)라고 하며 상태량으로 h(kJ/kg)로 쓰자. 위 식은 $h = U + PV$이고 등압과정에서 1 kg당 가해진 열량 Q(kJ/kg)는 식 3.3에서

$$Q = h_2 - h_1 \qquad\qquad 3.4$$

이 된다. 즉 피스톤에 가해진 열량을 엔탈피의 상태량의 변화 차로 나타낼 수 있다.

유체가 ② 유동계인 경우는 위치에너지와 운동에너지가 포함된다. 따라서 열역학 제1법칙은 이 계에 가해진 열량을 Q라 하고 유동계가 외부에 한 일을 W (kJ/kg)라 하면

$$(유동계에 가해지는 총 에너지)_1 = (그 계를 나가는 총 에너지)_2 \qquad 3.5$$

가 되어야 한다. 따라서

$$U_1 + P_1 V_1 + (운동에너지)_1 + (위치에너지)_1 + Q$$
$$= U_2 + P_2 V_2 + (운동에너지)_2 + (위치에너지)_2 + W \qquad\qquad 3.6$$

가 된다.

그런데 유체의 유속이 보통 50 m/s 이하이면 입·출구 운동에너지의 차이가 거의 없고 위치에너지 변화도 보통 단순한 계에서는 차이가 나지 않으며 두 항은 모두 무시할 수가 있다. 따라서

$$U_1 + P_1 V_1 + Q = U_2 + P_2 V_2 + W \qquad\qquad 3.7$$
$$Q = h_2 - h_1 + W \qquad\qquad 3.8$$

가 된다. 만일 계가 단열이면 $Q = 0$이고

$$W = h_1 - h_2 \qquad\qquad 3.9$$

가 된다. 즉 단열일 경우 외부에 한 일을 유체 내부의 엔탈피의 변화로 나타낼 수가 있다.

↘ 3.2 열역학 제2법칙

제2법칙의 성격을 이해하기 위하여 예를 들어 설명해 보자. 100℃ 1 kg의 물과 50℃ 2 kg의 물이 있다고 하자. 열역학 제1법칙에 의하면, 이 두 경우 에너지의 절대량은 같은 것이다. 그런데 100℃ 물은 0℃의 물 1 kg을 가해서 50℃의 물을 만들 수 있지만, 반대로 50℃의 물 2 kg으로는 100℃의 물을 만들 수는 없다. 만들려고 하면 가열, 즉 에너지를 투입하여야 한다.

이 말은 결국 뜨거운 물을 찬물과 혼합한다는 것은 그 역이 불가능하기 때문에 무엇인가 손실을 의미하는 것이다. 바로 이 '무엇인가'를 엑서지(Exergy)라고 한다. 이 엑서지는 열뿐만 아니라 전기, 광, 파, 화석연료, 핵연료에도 포함되어 있다.

엑서지를 정의해 보면 다음과 같다.

어떤 에너지로부터 이론적 그리고 가역적으로 끄집어 낼 수 있는 최대의 유용한 역학적 일에 상당하는 양

여기서 가역이란 말은 다음과 같은 현상을 말한다. 지금 두 종류의 에너지가 엑서지 수준이 거의 서로 같은 상태에서 상호변환이 일어난다고 하자. 이때는 어느 쪽으로 가도 주변에 아무런 변화를 주지 않고도 상호변환이 가능하다. 그러나 엑서지에서 차이가 크면 낮은 쪽에서 높은 쪽으로 갈 때는 외부의 변화, 즉 에너지의 투입이 없이는 불가능하게 된다. 이 경우 우리는 전자를 가역변화라고 하고 후자를 비가역이라고 한다. 그러니까 실제로는 가역변화는 없고 대부분 자연현상은 비가역으로 일어나기 때문에 결국 엑서지는 보통 감소하게 된다. 이것을 열역학의 제2법칙이라고 한다. 말을 바꾸어 보면

에너지의 변화는 반드시 엑서지의 합계가 감소하는 쪽으로 진행한다.

에너지에는 전달량과 상태량이 있다. 에너지로서 열량과 일 같은 것은 전달량이고 위의 엔탈피 그리고 다음의 엔트로피는 온도, 압력, 비용적, 조성과 함께 상태량이다.

▮ 상태함수 엔트로피

"엔트로피(entropy)는 어떤 자연적인 변화과정에서 항상 증가하는 방향으로 진행된다"고 말한다. 이 말은 어떤 계에 열의 출입이 있을 경우 그 열량의 이용가치가 변화과정을 거치면서 질적으로 떨어진다는 말이 된다. 위에서 말한 엑서지가 감소한다는 이야기와 같다. 이

엔트로피는 일하는 경로를 나타낼 수 있는 P-V 선도상에서 상태 1에서 상태 2로 가역적으로 갔다가 다시 다른 경로로 되돌아올 경우에도 양에는 변화가 없는 상태량이다. 이때 출입하는 열량을 dQ라고 하고 온도가 일정하다고 하자. 이때 변화하는 엔트로피로 정의되는 S는 상태량의 변화인 $dS = dQ/T$로 나타낼 수 있다. 만일 계가 어떤 사이클 과정에서 어느 한 부분에 비가역성(엑서지 감소, 엔트로피 증가)이 포함되면 전체 사이클에 대한 것은

$$\int 가역 dQ/T - \int 비가역 dQ/T < 0 \qquad 3.10$$

이 되며

$$dS > 0 \ (비가역) \qquad 3.11$$
$$dS \geqq 0 \ (비가역 \ 및 \ 가역) \qquad 3.12$$

가 된다. 단열의 경우는 $dS = dQ/T$에서 $dQ = 0$로 $dS = 0$가 되어 S는 일정하다. 비가역성이 있으면 $S_2 - S_1 > 0$로 엔트로피는 증가한다. 우리가 접하는 모든 계의 변화는 비가역성을 띠고 있기 때문에 엔트로피는 증가뿐이고 엑서지는 감소한다.

↘ 3.3 엑서지와 아네르기의 개념

카르노(Carnot)의 정의에 따라 그림 3.1과 같이 비가역성을 띠고 에너지를 변환하는 열기관이 있다고 하자. 이 기관이 절대온도 T의 열원으로부터 열량 Q를 받아서 절대온도 T_o의 외계로 열을 내보내면서 일을 할 때 얻어지는 최대의 일 W는

$$W_{\max} = Q \frac{T - T_o}{T} \qquad 3.13$$

로 계산된다. 여기서 $(T - T_o)/T$는 Carnot의 효율로서 최고의 열기관(가역)효율로서 0보다 크고 1보다 작은 값이다. 즉 $(T - T_o)/T$는 Q라는 에너지가 계에 투입되었을 때 얻을 수 있는 유효한 일의 최대 분율이 된다. 따라서 $W_{\max}$를 온도 T에서 전달열량 Q가 가지는 엑서지 E(Exergy)라고 하며 결국 T가 클수록 큰 값을 가진다. 즉

$$E = W_{\max} \qquad 3.14$$

열역학 제1법칙인 에너지 보존법칙에 의하면 열기관에 주어진 열량 Q는 그 열기관이 발생한 역학적인 일 W와 열기관으로부터 빠져나간 열량 Q_o의 합이 되므로

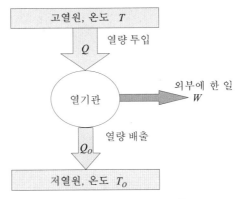

열기관이 외부로부터 열 Q를 받아 W만큼 일을 하고 Q_o는 배출한다.

그림 3.1 │ 열기관

$$Q = W + Q_o \qquad\qquad 3.15$$

만일 이상적인 열기관을 사용했다고 하면 밖으로 빠져나간 열량은 최소가 되고 이것을 $Q_{\min}$이라고 하면

$$Q = E + Q_{\min} \qquad\qquad 3.16$$

이 된다. 따라서

$$Q_{\min} = Q - E = Q\left(1 - \frac{T - T_o}{T}\right) = \frac{T_o}{T}Q \qquad\qquad 3.17$$

여기서 $(T_o / T)Q$를 아네르기(Anergy)라고 한다. 이 아네르기는 실질적으로는 일(work)을 하기에는 가치가 없는 온도 수준의 낮은 에너지를 말한다.

바꾸어 말하면 절대온도 T에서 투입되는 열전달량 Q는 $Q(T - T_o)/T$의 일을 할 수 있는 능력이 있는 엑서지와 $Q(T_o / T)$의 동력을 만들 수 없는 아네르기 에너지의 합으로 이루어진다.

◥ **3.4** 엑서지의 손실

에너지 보존법칙에 의하면 에너지는 불생불멸로서 생길 수도 없고 소멸되지도 않는다. 바꾸어 말하면 에너지는 변환하여 형태만 달리할 뿐 변화 전후의 에너지의 합은 일정해야 한

다는 것이다.

이에 대하여 엑서지의 합은 변화과정에서 일정하게 유지되는 것이 아니라 감소하는 것이 일반적이며 결국은 소멸하는 운명을 가진 것이다. 즉 한 엑서지의 손실 변환과정에서 그의 일부분이 유용한 일로 사용되는 것이 아니라 방산하며 소멸되는 것이다. 결국 우리가 에너지 절약이라고 말하는 것 중 하나는 이와 같은 엑서지의 손실을 억제하고 엑서지를 최대로 유용하게 이용하려는 노력이라고 볼 수가 있다.

엑서지의 손실을 제 2 종의 손실이라고도 하는데, 이것은 열역학 제 2 법칙과 관련하여 붙여진 이름이다.

⊿ 3.5 생산공정에서 엑서지의 손실

우리가 필요한 제품을 생산하기 위해서는 에너지가 투입되는 흐름이 없이는 불가능하다. 그러나 생산 공정에서의 에너지 흐름은 비가역적인 변화이어서 엑서지의 손실이 항상 수반된다. 즉 생산공정에서 연소, 열전달(열교환), 증발, 팽창, 혼합 등 다양한 에너지와 물질의 흐름이 수반되며 엑서지가 감소한다.

이런 흐름에서 보면 엔탈피의 변화는 없으나 엔트로피는 증가하며 결국 엑서지가 감소한다. 생산 공정에서의 엑서지 감소가 일어나는 과정을 예를 들어 몇 개로 분류해 보면

- 고온으로부터 저온으로의 열의 흐름
- 고압으로부터 저압으로의 유체의 팽창
- 고농도로부터 저 농도로 물질의 희석 확산
- 높은 위치로부터 낮은 위치로 물체의 이동
- 높은 전위로부터 낮은 전위로의 전하의 이동

등이며, 생산 공정에서 항상 일어나는 과정이다.

⊿ 3.6 에너지 흐름의 경계와 계

엑서지를 사용해서 에너지의 흐름을 해석하는 경우를 생각해 보자. 에너지의 흐름이 그의 대상계와 외계를 구분해서 어떤 경계면을 통과한다고 하자. 이때 우리는 경계로 둘러싸인 부분을 '계'라고 한다. 계에는 고립계, 폐쇄계, 개방계의 세 가지가 있다. 고립계는 경계면을

통해서 물질과 에너지가 전혀 이동되지 않는 계이다. 폐쇄계는 경계면을 통해서 열과 역학적인 일의 이동은 있지만 물질의 수수가 없는 계이다. 개방계는 물질과 에너지가 모두 이동되는 계를 말한다. 엄밀히 말해서 개방계는 없지만 밀봉 그리고 단열이 잘된 냉장고 등은 고립계의 한 예라고 볼 수가 있다. 보통 건물은 개방계이지만 그 중에 설치된 냉방장치의 작동유체의 순환계는 폐쇄된 서브시스템(sub-system)으로 볼 수가 있다.

또한 화력발전소는 개방계이지만 그 중의 급수 → 증기 → 응축의 순환계는 폐쇄된 서브시스템이고 그리고 연료 → (연소) → 연소가스 → (전열) → 배기가스 → 대기는 개방된 서브시스템이다.

어떤 계에 에너지를 공급한다고 하자. 이 에너지에 포함된 엑서지는 유용한 역학적인 일 또는 유용한 형태의 엑서지로 이용되는 일 외에 계 내에서 소멸되기도 하고 경계면을 통해서 방출되기도 한다.

보통 엑서지가 계 외로 방출되는 경우에는 두 가지 형태가 있다. 하나는 엑서지가 물질과 같이 따라 나가는 것이고, 다른 하나는 역학적인 일, 전기에너지, 열복사, 열전도 등과 같이 물질의 이동은 없이 에너지만 방출되는 경우이다.

⬂ 3.7 연소과정에서 엑서지의 손실

연소는 연료가 가지고 있는 화학에너지가 열에너지로 변환되는 현상이다. 연료(목재, 코크스, 각종 탄화수소, 가연성 폐기물)가 산소와 결합해서 열에너지를 방출하며 탄산가스와 물을 생성한다. 일반적으로 연소가 진행될 때 엔탈피의 손실이 없다고 가정한 공정을 단열연소라고 한다. 그러나 발생된 엔탈피는 연소생성물에 주어지나 여기서 엔트로피는 증가하고 엑서지는 일부 소멸된다.

⬂ 3.8 전열에서의 엑서지의 손실

전열에는 가열과 냉각이 있다. 가열에는 고온을 사용하는 공업용 가열 외에 낮은 온도의 것을 사용하는 난방, 취사 등이 있으며 연소가스, 뜨거운 공기 또는 여러 열원으로부터 열이 이동될 수가 있다. 냉각에는 공업용 냉각, 냉동 외에 냉방, 냉장 등이 있으며 대부분은 압축식 냉동기, 흡수식 냉동기의 흡열장치 등이 있어 여기서도 열이 이동해야 한다. 그 외 일반 열교환기에서는 가열하는 측과 냉각되는 측이 있어서 그 경계에서 열이 이동한다.

이론적으로는 열원과 피가열체의 온도가 거의 같으면 열의 이동은 거의 없으나 약간 높은 쪽에서부터 낮은 쪽으로 서서히 적은 양이 이동할 수 있는데, 이런 이동을 앞서 말한 대로 가역과정이라고 할 수 있다.

실제 가열-냉각과정에서는 이러한 미소한 온도차로는 열교환을 하지는 않는다. 상당한 온도차가 있지 않으면 열교환기가 커져서 제구실을 할 수가 없으며 실제는 상당한 온도구배를 주어 열교환기를 가급적 적게 만들려고 한다. 왜냐하면 생산공정에서는 고온에서 저온으로 열이 빨리 이동해야 생산성이 증가하기 때문이다.

지금 절대온도 T_1의 고온으로부터 절대온도 T_2의 저온체로 미소열량 dQ가 이동했다고 하자. 단, 외기의 절대온도는 T_o로 $T_1 > T_2 > T_o$가 성립한다. 이때 T_1으로부터 열량 dQ가 갖는 엑서지는 $[(T_1 - T_o)/T_1]dQ$이고 T_2에 있어서는 $[(T_2 - T_o)/T_2]dQ$가 되기 때문에 전열에 의하여 생긴 엑서지의 변화 dE_{12}는

$$dE_{12} = \left[\frac{T_2 - T_o}{T_2} - \frac{T_1 - T_o}{T_1} \right] dQ = T_o \left[\frac{1}{T_1} - \frac{1}{T_2} \right] dQ \qquad 3.18$$

로 표시된다. 여기서 열량의 방산손실이 없고 $T_1 > T_2$라고 생각하면 dQ가 T_1으로부터 T_2로 이동함에 따른 엑서지 변화는 $dE_{12} < 0$가 되고 결국 전열에서는 엑서지가 항상 저감하고 있다는 것을 말해주고 있다.

↘ 3.9 혼합에 의한 엑서지의 손실

순수한 한 물질이 다른 물질과 혼합됨으로써 균질한 혼합물이 될 경우 화학반응은 일어나지 않고 엔탈피의 증감도 없으나 엑서지 손실만은 일어난다. 또한 어떤 조성의 기체가 외기 중에 확산해서 외기와 같은 조성이 될 경우도 엑서지의 손실이 일어난다. 보통 담수가 바다에 흘러들어 갈 경우에도 엑서지의 손실이 일어난다. 이와 같은 혼합, 확산에 의한 엑서지의 손실은 그렇게 큰 값은 아니지만 반대로 혼합된 상태에 있는 물질로부터 몇 가지 성분을 분리해서 목표로 하는 조성물질을 만드는 데 필요한 에너지의 양은 매우 커서 이론적인 일의 양과 비교할 때 수백 배에 달한다.

따라서 오염문제에 있어서 발생원을 통제해야지, 임의 발생된 것을 정화하려면 발생원을 통제하는 것에 비해 몇 백 배에 달하는 비용을 지불해야 정화할 수 있다.

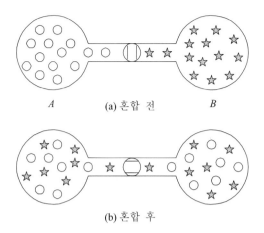

그림 3.2 | 혼합과정. (a)는 순수한 A와 B가 분리되어 있다. (b)는 코크를 열어 놓아서 A와 B가 스스로 혼합되게 한 것이다. 이것을 다시 나누려면 에너지의 투입이 없이는 불가능하다.

그림 3.2의 혼합과정을 살펴보자. 통 A에는 산소, 통 B에는 질소가 들어 있었다. 두 통을 관을 통해서 연결하면 A와 B가 양방향으로 이동한다. 자연 발생적으로 혼합이 일어난다. 그러나 A, B 혼합가스를 둘로 다시 분리하려면 자연 발생적으로는 불가능하며 에너지가 투입되어 갈라놓아야 하는데, 바로 이 투입되어야 하는 에너지가 엑서지로서 혼합과정에서 자연적으로 손실된 에너지인 것이다.

3.10 에너지 사용 효율의 정의

에너지가 변환될 경우 투입되는 단위에너지 변화 당 얻어지는 다른 형태의 에너지 양, 즉 효율, 원단위 엑서지 및 성능계수가 변환효율로 사용된다.

1. 효율

효율은 에너지변환 시스템에서 잘 사용되며 변환율의 양부(良否)의 지표로 편리한 값이다.

$$효율 = \frac{다른 \ 형태로 \ 변환된 \ 유용에너지}{공급된 \ 에너지} \qquad 3.19$$

여기서 에너지의 정의로는 넓은 의미로 열량, 일, 화학에너지, 운동에너지, 전기량, 엑서지량 등 여러 가지 에너지를 포함한다. 유용에너지는 보일러에서는 공급수가 증기 또는 온수로될 때까지 얻어진 엔탈피이며, 발전소에서는 송전단 전력량, 용해로에서는 용융금속이 원료로부터 완전히 용융된 상태로 될 때까지의 필요한 열량이다.

에너지 효율은 열역학 제1법칙에 기초하는 것과 열역학 제2법칙에 기초하는 것으로 나뉘며, 전자는 열효율(η), 엔탈피효율(η_H)이라고 하며 또 제1종 효율(η_I)이라고도 한다. 후자의 경우를 엑서지효율(기호 ηE) 또는 제2종 효율(η_{II})이라고 한다.

따라서

$$\eta_I = \frac{출력\ 엔탈피}{입력\ 엔탈피} \qquad\qquad 3.20$$

$$\eta_{II} = \frac{출력\ 엑서지}{입력\ 엑서지} = 1 - \frac{미이용엑서지 + 소멸엑서지}{입력엑서지} \qquad 3.21$$

열병합발전소와 같이 한 플랜트에서 2종 이상의 출력이 있을 경우에 복합효율은

$$\eta_{II}\Sigma = \eta_{II1} + \eta_{II2} + \cdots \qquad\qquad 3.22$$

$$= \frac{출력\ 1의\ 엑서지 + 출력\ 2의\ 엑서지}{전\ 입력엑서지}$$

보일러 → 터빈 → 회전축 → 발전기 → 송전과 같이 출력시스템이 직렬로 되어 있을 경우에는

$$\eta_{II} = \eta_{II1} \times \eta_{II2} \times \cdots \qquad\qquad 3.23$$

2. 열에너지 종합이용 효율

그림 3.3의 (a)처럼 열이용을 온도레벨에 따라 네트워크를 만들어 고온열원으로부터 낮아지는 순으로 이용하는 시스템을 열이용 콤비나트라 하고 그의 엑서지량을 E_{total}이라고 하자. 그리고 그림 3.3의 (b)와 같이 콤비나트로 하지 않고 토털에너지 시스템으로 해서 각 플랜트마다 별개로 에너지를 중앙에서 공급하는 시스템이 있다고 하자. 엑서지량 E_{total}은 플랜트별로 엑서지 E_i를 공급한 ΣE_i보다 적어지게 된다. 즉,

$$\Delta E = \Sigma E_i - E_{total} \qquad\qquad 3.24$$

이 콤비나트 시스템을 형성함으로써 생기는 에너지 절약이 클수록 시스템의 구성(특히 공정산업)이 효율적으로 되어 있다고 말할 수 있다.

즉 공정 중 어떤 계의 남는 유효에너지를 유효에너지가 모자라서 새로운 에너지를 사용해야만 하는 다른 계에 주도록 공정을 구성하는 열이용 콤비나트는 많은 열교환기가 필요하게

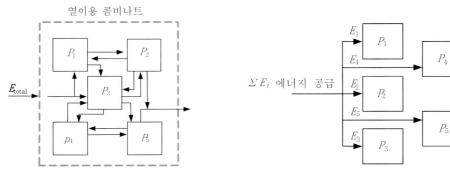

열이용 콤비나트

(a) 각 공장에서 서로 에너지를 주고 받는다.　　　　(b) 각 공장에 에너지를 각각 분배

그림 3.3 ┃ 열이용 콤비나트와 토털에너지 시스템 에너지 공급의 비교

목동지역 난방 시스템. 발전과 열을 동시에 이용함은 물론 쓰레기도 소각하여 얻은 열을 이용하는 토털 시스템이다. 중앙의 원통형 탑은 수요조절을 위한 스팀 저장용기이다.

되고 또 버려지는 에너지를 이용하여 발전시스템을 구성할 수도 있어서 전기에너지로 회수하여 필요한 곳에 공급하기도 한다.

3. 성능계수

동력을 사용해서 저온열원으로부터 고온열원으로 열량을 올려 보낼 경우 그의 능력 판정의 지표로 다음과 같이 정의되는 성능계수(COP, Coefficient Of Performance)가 사용된다.

$$\text{COP} = Q/W \qquad\qquad 3.25$$

여기서 Q는 단위시간당 이동한 열량이고 W는 그 열량이동에 사용된 동력을 의미한다. 보통 히트펌프에서는 압축동력에 W의 전기를 공급하고, 열교환기에서는 Q의 열이 이동하여 이용된다. W만큼 에너지가 공급됨으로써 온도차가 발생하여 Q의 열량이 흐르는데, 이 열량이 공급된 W보다 크면 COP 값은 1보다 크게 된다. 보일러의 경우는 투입된 연료에너지에 대하여 생성된 스팀의 에너지를 생각해 보면 COP 값으로 볼 때 항상 1보다 작다. 그러나 히트펌프의 경우는 온도 변화로 실제 흐른 에너지가 온도 변화를 주기 위하여 투입된 전기에너지 W보다 큰 경우가 생기며 COP의 값이 1보다 커지는 경우가 많다. 외기의 온도가 비교적 높을 경우 실내공기의 난방 시 COP=3~5 정도 되는 경우도 있다.

↘3.11 에너지 계통의 흐름도

공장에 에너지가 투입되어 흐르는 모양을 시각적으로 보기 위하여 보통 에너지의 흐름도가 사용된다. 에너지의 흐름도는 다음과 같이 만든다. 먼저 해석의 대상인 에너지 플랜트의

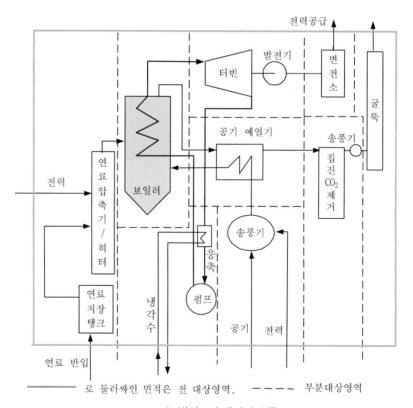

그림 3.4 │ 발전소의 에너지 흐름도

대상영역(control surface)을 정한다. 다음에 이 에너지 플랜트를 구성하는 장치 중 에너지의 발생 – 소비 – 변환에 관계하는 장치를 쪼개서 부분 플랜트로 하여 각각을 구분하는 부분 대상영역(sub-control surface)으로 만든다. 예를 들면 화력발전소를 에너지 플랜트라고 한다면 연료처리시설(연료의 반입, 저장, 공급), 증기발생기(보일러), 증기터빈, 발전기, 변·송전시설 등이 서브 플랜트가 된다. 각 부분 플랜트의 명칭, 형식, 주요 사양, 사용조건 등 설비 개요의 리스트를 만들고 여러 측정값을 나타낸다.

각 부분이 플랜트로 구성된 공정은 각각의 서브 제어면 으로 나누어 나타내며, 각 대상영역을 통과하는 에너지의 흐름을 선으로 나타내어 그의 상태량, 에너지 값을 보통 표시하고 될 수 있는 한 엑서지량을 나타낸다. 이와 같은 그림을 에너지 흐름도라고 하며 여기에서 플랜트의 상호관계를 명확히 알 수 있다.

그림 3.4는 어떤 발전소에 대한 에너지 흐름 계통도(양적 표시 생략)의 한 예이다.

↘ 3.12 엑서지 아네르기 흐름도

역학적인 일의 흐름을 나타내는 Sanky 열 흐름도는 주로 엔탈피를 취급하는 에너지 흐름도이다. 엔탈피는 유용한 엑서지와 무가치한 아네르기의 합이기 때문에 Sanky의 흐름도는 엑서지와 아네르기를 식별할 수 있도록 한 것이다. 이것을 엑서지 아네르기 흐름도라고 하며, 그림 3.5와 3.6이 그 대표적인 예이다.

보일러의 경우는 엑서지가 연소에서부터 연소손실, 전열손실 그리고 배관 기타 손실을 거치면서 엑서지와 아네르기의 합이 감소하고 있지만 히트펌프가 설치되면 아네르기 량이 생산된다. 후자는 발전에 의하여 생산된 전기로 히트펌프를 작동하는 예이다.

발전소의 연소장치에서는 아네르기가 발생하고 엑서지가 감소하고 있지만 히트펌프에 와서는 전력에 의하여 아네르기가 추가 생산되고, 결국 전력에 비하여 난방에 공급되는 엔탈피(엑서지 + 아네르기) 열량은 늘어나게 된다. 즉 온도가 낮아 아네르기로 평가되는 열량도 일은 할 수 없지만 난방에는 사용이 가능하다. 따라서 이런 경우 COP값으로 따지면 1보다 크게 된다.

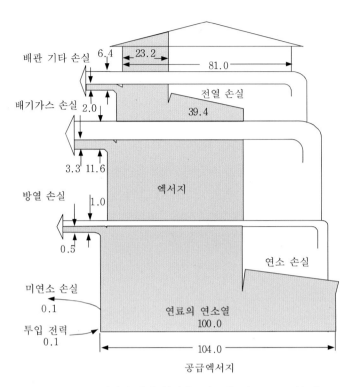

배관 기타 손실 6.4   23.2   81.0

전열 손실

배기가스 손실 2.0   39.4

3.3 11.6

엑서지

방열 손실 1.0

0.5

연소 손실

미연소 손실
0.1

연료의 연소열
100.0

투입 전력
0.1

104.0

공급엑서지

그림 3.5 ┃ 보일러의 엑서지/아네르기 흐름도(Sanky 흐름도)

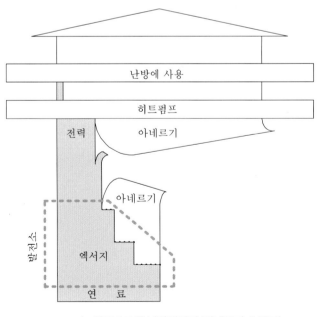

난방에 사용

히트펌프

전력   아네르기

아네르기

발전소

엑서지

연   료

그림 3.6 ┃ 히트펌프의 난방엑서지(아네르기 흐름도)

van Lier는 에너지 변환 프로세스의 양부 및 손실의 원인을 해명하기 위하여 열에너지 Q 를 횡축에, 그리고 열매의 절대온도의 역수 $1/T$을 종축으로 하는 선도를 사용할 것을 제안 했다. 그러나 일본의 Nobsawa는 횡축에는 열매에 주어지는 공급 열에너지를 취하고 종축에 는 무차원의 카르노 계수

$$C(T) = \eta_{carnot} = (T - T_o)/T \qquad\qquad 3.26$$

를 취했다. 여기서는 후자를 사용한다.

따라서 종축은 $T = \infty$ 일 때는 $C(T) = 1$, $T = T_0$ 일 때는 $C(T) = 0$이 된다. $T_0 < T < \infty$에 대해서는 η_{carnot}는 $0 < C(T) < 1$이 되며 $T < T_0$에 대해서는 $C(T) < 0$ 이다. 그림 3.7에 연소과정에 이와 같은 관계를 나타낸다. 이 그림에서 미소구간 dQ의 면적(검은 색 부분)은 $C(T)dQ$로서 공급되는 dQ 열량에 대한 엑서지(유효에너지)의 양이고 전 엑서지 의 양은 적분에 의하여 구할 수 있다.

그림 3.8은 보일러의 평가 선도이다. 공기비 $m = 1.2$이고 A중유를 사용했을 때의 것으로 횡축 OB는 연료에 의하여 공급된 에너지 Q이다. OACB 면적은 연소 전의 공급연료의 엑서 지, DB는 저발열량 Q_L이다. BB'C'C 면적은 연료의 미연분의 발열량으로 연소의 열손실이다.

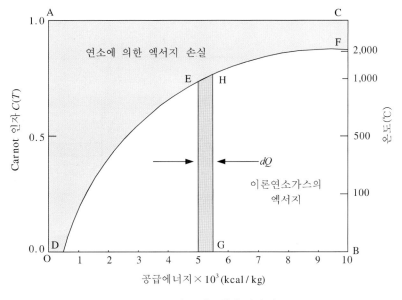

그림 3.7 │ 이론 연소에서 평가 선도

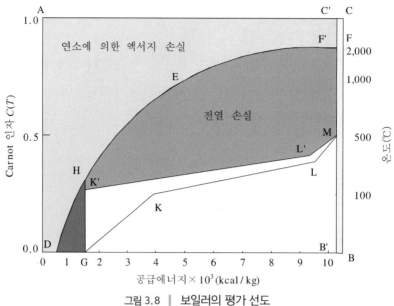

그림 3.8 │ 보일러의 평가 선도

곡선 DHEF′은 연료 1 kg으로부터 공기비 $m = 1.2$에서 연소된 연소가스에 주어지는 온도이고 대응하는 Carnot 계수와의 관계를 나타낸다. 따라서 이 곡선 밑에 면적 DHEF′B′GD는 연료 1 kg으로부터 얻어지는 연소가스의 엑서지에 상당한다. 따라서 OACF′EHDO로 둘러싸인 상부 면적은 연소에 의하여 소멸된 엑서지를 나타낸다. DHG는 연도로 배출되는 연소가스의 엑서지를 말한다.

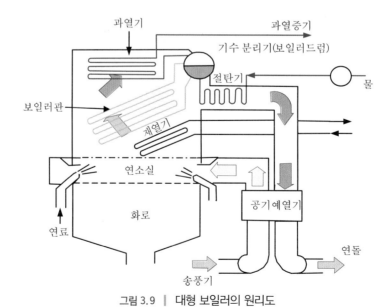

그림 3.9 │ 대형 보일러의 원리도

산업용 보일러

다음 하부의 GKLMB′G로 둘러싸인 면적은 상온에서 공급된 보일러 급수가 100 kgf/cm^2, 500℃의 과열증기로 보일러를 나갈 경우 물이 얻는 엑서지를 나타낸다. 한편 GK′L′MB′G로 둘러싸인 면적은 100 kgf/cm^{2}의 압력으로 보일러에 공급된 포화수가 100 kgf/cm^2, 500℃의 과열증기로 나갈 때 얻는 엑서지를 나타낸다.

따라서 중간에 GHEF′MLKG(또는 K′HEF′ML′K′)로 둘러싸인 부분의 면적은 연소가스로부터 증기로의 전열 시 엑서지의 손실을 나타낸다. 이 평가 선도는 열교환기 등 많은 에너지 플랜트에 적용되며 엑서지 손실의 크기를 바로 알 수가 있고 에너지 진단결과를 나타내는 데 편리한 표현의 도표이다.

3.14 열기관 조작의 열역학적 표현

열을 이용하여 동력을 발생하는 장치는 내연기관과 외연기관으로 나눌 수가 있다. 내연기관은 자동차 디젤엔진이 대표적이고, 외연기관으로는 증기/터빈시스템 그리고 화학연료를 순간적으로 폭발시켜 움직이는 로켓 등이 있다.

1. 화력발전소/기력(汽力)

우리나라의 화력발전소는 대부분 화석연료를 보일러에 공급하여 연소열로 물로부터 스팀을 발생시키고 이것으로 터빈을 돌려 발전하는 형식의 기력발전이다. 화석연료로는 석탄을 주로 사용하나 석탄 그리고 석유의 혼소발전도 이용된다. 경우에 따라서는 목재나 목재각(木材殼), 쓰레기 등 연소 가능한 것은 모두 포함될 수가 있다.

기본적인 이러한 외연기관은 작동유체가 사이클을 구성하여 동력을 발생하는데, 그 구성요소를 보면 다음과 같다.

- 외부로부터 열을 공급받아 증기를 발생하는 보일러
- 증기로 동력을 내는 터빈(발전)
- 터빈에서 나온 포화증기를 액화하는 응축기(복수기라고도 함)
- 응축수를 압축하여 보일러에 송입하는 펌프

여기서 매체가 순환을 이루며 동력을 연속적으로 생산한다.

이러한 외연기관에는 매체로서 물, CFC, 암모니아 같은 유체가 개입되나 물이 임계점도 높고 가장 화학적으로 안전하고 저렴하며 효율 향상에도 좋은 특성을 가지고 있다. CFC나 HCFC 같은 것은 냉동이나 저온 사이클에 적합하다. 이 작동유체가 일정한 순환(사이클)을 하는 과정에서 열을 받고 내보내면서 압력과 용적의 변화가 생기고 이를 이용하여 동력을 얻는 것이다.

그림 3.10은 몇 가지 작동 매체의 증기압을 나타낸다. 물은 포화상태 범위가 크고 임계점이 높아 동력생산의 매체로서 유리하다. 암모니아나 CFC 등은 저온에서 적합하고 알칼리 금속 등은 고온에서 사용될 수 있다.

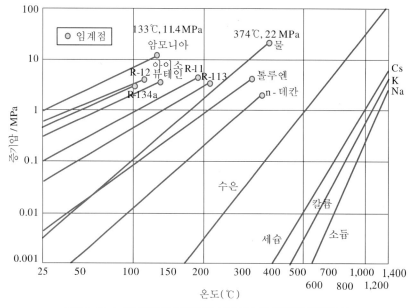

그림 3.10 | 몇 가지 외연기관에 사용 가능한 매체의 증기압선

물을 매체로 사용하여 보자. 보일러에서 연료의 연소열을 열교환기를 통해서 보일러 내의 물에 가하며, 즉 들어온 압축된 응축수를 보일러 내의 비점으로 가져가 증발하여 포화증기로 한 후 이를 과열기를 통해서 과열하여 터빈으로 보내서 발전기를 회전시킨다. 이때 터빈 내에서는 증기의 압력이 내려가며 포화증기압 근처까지 또는 그 이상으로 내려가며 응축하기 쉽게 된다.

이에 따라 포화증기는 터빈 내에서 작은 액적을 형성하여 터빈날개에 손상을 주어 그의 수명을 단축시킬 뿐만 아니라 터빈의 효율을 저하시키게 된다. 이렇게 물방울을 가진 증기를 습증기(wet steam)라고 한다. 그러나 액적을 포함하는 증기를 재가열하여 과열하면 액적이 없는 건증기(dry steam)가 된다. 따라서 터빈 내에서는 건증기를 유지해야 한다. 다음에 온도가 떨어지고 압력이 저하된 터빈에서 나오는 습증기는 응축기에서 응축하여 포화액(비점액)을 만들어 보일러에 압력을 가하여 다시 송입함으로써 사이클을 완료한다.

이와 같이 작동유체가 액상으로부터 기상을 거쳐 순환하는 것을 증기사이클이라고 하며 그 기본형이 랭킨사이클(Rankine Cycle)이다. 여기서는 이 책에서 가장 많이 나오는 바로 이 외연기관의 ① 랭킨사이클 외에 ② 가스터빈 사이클인 브레이턴 사이클, ③ 압축식 냉각/히트 펌프사이클, ④ 내연기관의 디젤엔진을 열역학의 기본으로 간단히 고찰하고자 한다.

이 네 개의 사이클 조작은 모두 이상적인 과정을 밟는 것으로 가정하고 취급하기로 한다. 예를 들면 터빈이나 공기의 압축이나 팽창 그리고 펌프의 압축에서 실제는 엔트로피가 약간 증가하나 일정하다고 가정하고 유체에 포함되는 운동에너지나 위치에너지도 모두 무시하는 것 등이다

2. 저임계 증기 랭킨사이클

저임계(sub-critical), 즉 물의 임계점 이하에서 형성되는 랭킨사이클을 저임계 사이클이라고 하자. 그림 3.11에 전형적인 그의 랭킨사이클의 구성도를 나타냈다. 그리고 이 구성시스템 내에서 작동하는 유체의 순환과정을 열역학적 상태량으로 나타낼 수가 있는데

- 압력과 부피변화(P-V diagram)
- 엔탈피와 엔트로피(h-S diagram)
- 압력과 엔트로피(P-S diagram)
- 온도와 엔트로피(T-S diagram)

의 변화 등을 가지고 열로부터 동력이 얻어지는 상태를 정량적 상태량으로 나타낼 수가 있다. 이 책에서는 네 번째인 온도와 엔트로피 즉 T-S 선도를 주로 사용하기로 한다. 그림 3.12에 전형적인 랭킨사이클의 P-V 및 T-S 선도를 나타내었다.

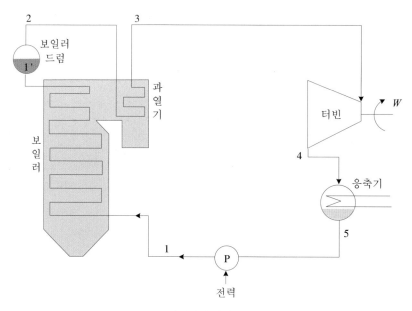

그림 3.11 │ 전형적인 랭킨사이클의 구성도

랭킨사이클의 T-S 선도에서 각 과정의 의미

5-1과정(터빈에서 나온 응축수를 보일러에 송입하는 펌핑)

이 과정은 펌프가 보일러에 모터동력을 사용하여 포화응축수를 단열적(이상적으로)으로 송입하는 과정이다. 열역학 제2법칙으로부터 단열이므로 $dQ = 0$이고 $dS = dQ/T$에 의하여 $dS = 0$, 즉 S는 일정하다.

1-1′ 과정

이 과정은 보일러에 송입된 응축수가 포화수가 되는 과정이며, 따라서 $dQ > 0$이고 T와 S는 증가한다.

1′-2 과정

이 과정은 비점의 물이 보일러 내에서 증발하는 과정으로 잠열을 보일러 연소열로부터 공급받아 포화증기가 되는 것이다. 따라서 $dQ > 0$, T, P는 일정하고 S는 증가한다.

2-3 과정

이 과정은 포화증기(습증기)가 보일러에 설치된 과열기에서 열을 받아 과열증기(건증기)가 된다. 즉 $dQ > 0$이고 등압으로 T와 S가 모두 증가한다.

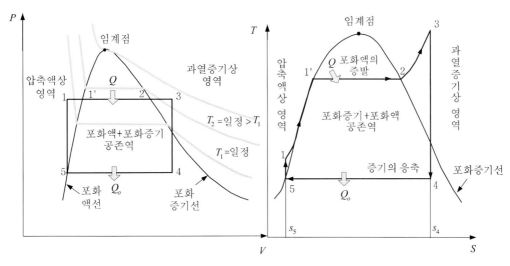

그림 3.12 ┃ 전형적인 랭킨사이클의 P-V 및 T-S 선도

3-4과정

이 과정은 과열증기가 터빈에서 단열팽창하며 동력 W를 생산한다. 단열이라고는 하지만 터빈 내에서는 동작유체 간의 마찰, 주위로의 열손실 그리고 난류 등으로 등엔트로피가 될 수 없으나 이상적으로 본 것이다. 따라서 $dQ = 0$, 압력과 T는 강하하고 $dS = 0$, S는 일정하다.

4-5과정

이 과정은 응축기가 터빈에서 나오는 포화증기(습증기, 점 4)를 냉각수로 냉각하여 포화수로 만드는 과정이다. $dQ < 0$이고 압력과 T는 일정하고 S는 감소한다.

이렇게 해서 랭킨의 사이클이 완성되며 연속 사이클을 구성하고 열을 연속적으로 일로 바꿔 가게 된다.

그림 3.12의 $T\text{-}S$ 선도를 보면 선의 모양과 상태변화 사이에 일반적으로 다음 관계가 있음을 알 수 있다.

• 수평한 선부분: 매체의 상변화, 즉 증발, 응축이 일어나는 부분으로 온도는 일정하다.
• 경사선 부분: 매체가 일정한 압력에서 온도가 상승한다.
• 수직선 부분: 압력의 변화가 있는 펌프나 터빈 내에서의 단열변화
• 포화선: 임계점 좌측의 평형선은 액의 비등의 시작점이고 우측의 평형선은 증기의 응축의 시작점이 된다. 따라서 평형선아래 포위되는 범위는 기액의 포화공존의 영역이다.

이 랭킨사이클의 효율을 앞부분에서 다룬 엔탈피(1 kg의 유체가 갖는 열함량) $h(= U + PV)$로 나타내자. 시스템 전제적으로 보아 열효율을 따지려 할 때는 터빈에서 얻은 동력은 액순환 펌프에서 소비된 동력을 터빈동력에서 빼 주어야 실제 얻어지는 동력이 되므로 $W = (h_3 - h_4) - (h_1 - h_5)$로 나타낼 수가 있다.

따라서 이론 열효율은

$$효율 = W/Q \qquad\qquad 3.27$$
$$\eta = [(h_3 - h_4) - (h_1 - h_5)]/(h_3 - h_1)$$

실제 펌프의 투입된 동력(일부러 크게 그림)은 터빈에서 생성된 동력의 1~3% 정도에 지나지 않으므로 $(h_3 - h_4) \gg (h_1 - h_5)$라고 가정하고 무시하면

$$\eta \fallingdotseq (h_3 - h_4)/(h_3 - h_1) \qquad\qquad 3.28$$

이 된다. $T\text{-}S$ 선도에서 s_5-5-1-1´-2-3-4-s_4-s_5를 잇는 선 내 면적은 $Q = \int_{열공급선} TdS$로 공급열의 입력이고, s_5-5-4-s_4-s_5를 잇는 선의 면적은 방출열, 즉 $Q_o = \int_{열방출선} TdS$이다. 두 면적의 차를 전면적 공급열 Q로 나눈 값, 즉 $\eta = (Q - Q_o)/Q$가 열효율이 된다. 즉 이 효율을 올리려면 열의 공급선 1에서 3 사이의 평균온도를 크게 하고 점 4에서 5 사이의 평균온도를 작게 할수록 두 면적의 차이가 커진다.

이를 위해서는 열의 공급평균온도($T_m = [(\int_{열공급선} TdQ)/Q]$)를 높게 하고 방출열의 양 $Q_o = \int_{열방출선} TdS$를 적게 할수록 효율에 유리해진다.

다음에 이 T_m을 올리기 위한 몇 가지 방법을 설명한다.

3. 재열사이클을 갖는 랭킨사이클

랭킨사이클의 효율을 올리는 과정 중 T_m을 올리는 방법으로 재열기를 설치하는 것이 우선이다. 이것은 터빈을 고압의 터빈(HP)과 저압의 터빈(LP)으로 나누고, 보일러에서 얻어진 과열 증기로 HP에서 우선 동력을 생산한다. 그리고 이때 HP에서 나오는 증기는 압력과 온도가 낮아지며 습증기로 거의 되었기 때문에 이를 전부 그림 3.13과 같이 보일러에 다시 보내서 재가열하는 방법이다.

이의 $T\text{-}S$ 선도를 그림 3.14에 나타내고 있는데 과정 4-5가 재열 피크이다. HP에서 증기는 4까지 떨어진 상태에서 포화선에 근접하므로 습증기가 포함될 수 있어 재가열하여 HP와 같은 축상에 있는 LP 터빈에 보내서 함께 가동함으로써 동력을 향상시키는 것이다. 이 경우 이론 열효율을 보면

$$\eta = (Q - Q_o)/Q = W/Q = (W_{HP} + W_{LP} - W_p)/(Q_{보일러} + Q_{재열기}) \quad 3.29$$

$$= [(h_3 - h_4) + (h_5 - h_6) - (h_1 - h_7)]/[(h_3 - h_1) + (h_5 - h_4)]$$

$$\fallingdotseq [(h_3 - h_4) + (h_5 - h_6)]/[(h_3 - h_1) + (h_5 - h_4)] \quad (펌프동력 \ 무시)$$

$$= 면적_{7-1-1'-2-3-4-5-6-7}/면적_{s7-7-1-1'-2-3-4-5-s6-s7}$$

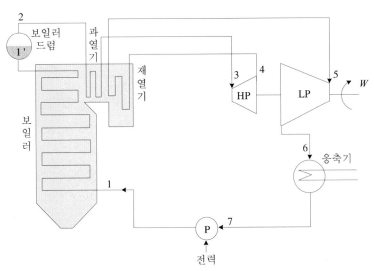

그림 3.13 ❘ 재열기를 갖는 랭킨사이클의 구성도

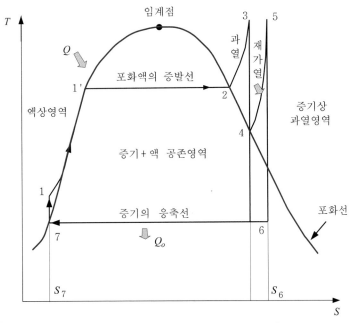

그림 3.14 ❘ 재열기를 갖는 랭킨사이클의 T-S 선도

4. 재생사이클과 재열사이클을 갖는 랭킨사이클

이 랭킨사이클을 재생·재열사이클이라고 한다. 재생사이클이란 터빈 내의 팽창과정에 있는 증기의 일부분을 뽑아서 급수를 가열하는 방법이고, 재열사이클은 앞서 다룬 바와 같이 고압터빈 내에서 증기가 팽창하는 도중 습증기가 되기 전에 증기를 모두 추출해서 재가열하여 저압터빈에서 팽창시켜 효율을 올리는 방법이다.

이 두 사이클을 갖춘 구성도를 그림 3.15에, 그의 T-S 선도를 그림 3.16에 나타내었다. 그림 3.15에서 11과 10점이 고압 및 저압터빈의 중앙에서 일부의 증기, 즉 m_1과 m_2(보일러 초기 공급물량 1 kg에 기준한 분율)의 증기를 추출해서 LP와 HP 급수가열기에 각각 보내서 보일러 급수를 가열하는 방식으로 이를 재생과정이라고 한다. 그리고 3-4점이 HP에서 나온 증기 전부를 추기해서 재열기에서 다시 가열하여 LP터빈에 공급하는 재열과정이다. 이것을 T-S 선도에서 보면 재생 사이클은 HP터빈의 추기가 11-9선이 되고 LP의 추기는 10-7선으로 모두 LP와 HP가열기에 들어가 공급액의 온도를 올림으로써 T_m을 올리고 있는 것이다.

그리고 HP증기의 재열과정은 3-4로서 LP의 출구온도가 5지점이 되어 효율을 증가시키고 있다. 앞서 말한 바와 같이 점 5가 증기평형선 밑으로 있는 것이 바로 습증기가 포화되었음을 의미한다. 이론 열효율은 펌프입력의 동력을 무시하면

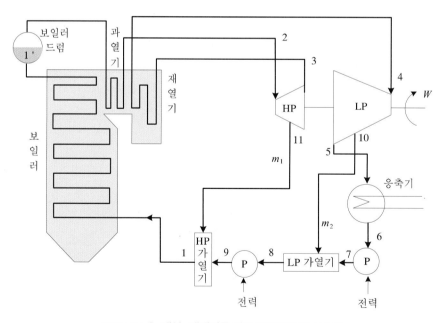

그림 3.15 | 재열·재생기를 갖춘 랭킨사이클 시스템

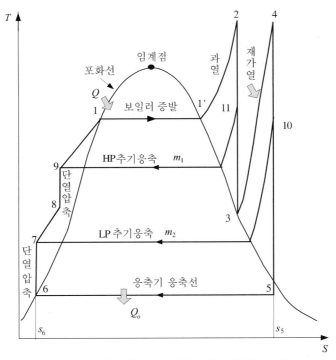

그림 3.16 | 재열·재생기를 갖춘 랭킨사이클의 T–S 선도

$$\eta = (Q - Q_o)/Q = W/Q \qquad\qquad 3.30$$
$$= (w_{2-11} + w_{11-3} + w_{4-10} + w_{10-5})/[Q_{2-1} + (1 - m_1)Q_{4-3}]$$
$$= (h_2 - h_{11}) + (1 - m_1)[(h_{11} - h_3) + (h_4 - h_{10})] + (1 - m_1 - m_2)(h_{10} - h_5)/$$
$$[(h_2 - h_1) + (1 - m_1)(h_4 - h_3)]$$
$$= 면적_{6\text{-}7\text{-}8\text{-}9\text{-}1\text{-}1'\text{-}2\text{-}3\text{-}4\text{-}5\text{-}6}/면적_{s6\text{-}6\text{-}7\text{-}8\text{-}9\text{-}1\text{-}1'\text{-}2\text{-}3\text{-}4\text{-}5\text{-}s5\text{-}s6}$$

이 된다.

5. 초임계 증기의 랭킨사이클

T_m을 더 올리기 위하여 공급수의 상태를 초임계상태(CS, Super-Critical)로 가져가는 것이다. 이를 위하여 보일러에는 그림 3.17에서 보는 바와 같이 기액 평형분리상태를 보여주는 보일러드럼이 없다. 이미 보일러에 들어가는 물은 초임계상으로 온도가 상승된 상태(점 1)에 있으며 이 초임계상이 보일러에서 열을 받고 HP터빈에 들어간다. 이 구성 사이클의 T-S 선도를 그림 3.18에 나타낸다.

역시 시스템의 구성은 재생·재열사이클을 가지고 있다. 그러나 급수선의 점 9-1과정, 즉

HP가열기에서 임계점을 넘어 점 2의 HP터빈 입구온도가 되고 있다. 따라서 이를 초임계증
기터빈/발전방식이라고 말한다. 석탄을 사용하는 경우가 최근 많이 도입되고 있으며 보통

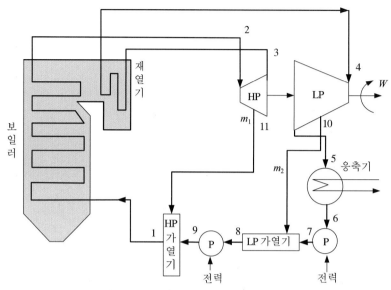

그림 3.17 │ 재열·재생기를 가진 초임계 랭킨사이클 시스템의 구성

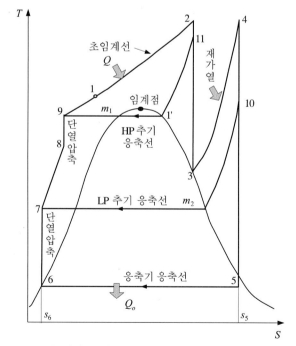

그림 3.18 │ 재열·재생기를 가진 초임계 랭킨사이클의 T-S 선도

압력과 온도가 246 kg/cm², 583℃ 정도이다. 이때 효율이 38% 정도가 되는데 저임계 사이클 발전의 36%보다 약 2~3% 증가한다. 그러나 온도와 압력을 2단 재가열, 즉 700℃로 일차 가열하고 다시 720℃로 2차 재가열하며, 압력이 300~400 kg/cm²의 초초임계(USC, Ultra-Super-Critical) 사이클 발전으로 하면(4장 석탄 참조) 55%까지 효율이 증가한다.

$$\eta = (Q - Q_o)/Q = W/Q \hspace{3cm} 3.31$$
$$= (w_{2-11} + w_{11-3} + w_{4-10} + w_{10-5})/[Q_{2-1} + (1 - m_1)Q_{4-3}]$$
$$= \{(h_2 - h_{11}) + (1 - m_1)[(h_{11} - h_3) + (h_4 - h_{10})]$$
$$+ (1 - m_1 - m_2)(h_{10} - h_5)\}/[(h_2 - h_1) + (1 - m_1)(h_4 - h_3)]$$
$$= 면적_{6-7-8-9-1-2-3-4-5-6}/면적_{s6-6-7-8-9-1-2-3-4-5-s5-s6}$$

가 된다.

6. 가스터빈 발전의 브레이턴(Brayton) 사이클

공기를 압축하고 여기에 연소가스를 주입해 연소하고 이때 발생된 연소가스를 가스터빈에서 팽창시킴으로써 그 동력으로 발전을 하는 형식이다. 여기에는 두 가지 형식이 있는데 개방계와 닫힌계가 있으며, 그림 3.19에 나타낸다.

보통 가스발전소에서 사용하는 계는 개방계로서 LNG를 연료로 사용하는 경우가 대부분이다. 개방계의 P-V 및 T-S 선도를 그림 3.20에 나타낸다.

여기서

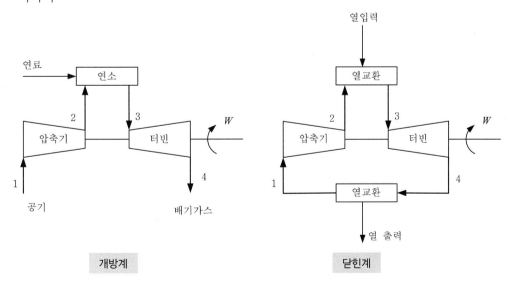

그림 3.19 ┃ 가스터빈 발전기의 원리도(열린계와 닫힌계)

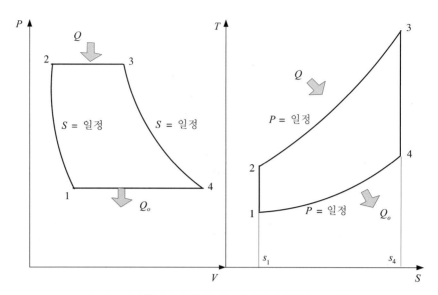

그림 3.20 │ 가스터빈 발전기의 원리도(브레이턴 사이클의 P–V 및 T–S 선도)

- 1-2과정은 공기의 압축으로 단열이고 마찰이 없는 이상적인 상태를 가정한다. 따라서 엔트로피는 일정하고 가스터빈과 같은 축에 의하여 터빈동력으로 공기가 압축된다.
- 2-3과정은 등압과정으로 압축된 공기에 연료가 들어가고 공기와 고압에서 혼합되어 연소하는 과정으로 연소생성물의 온도가 올라간다. 이 과정은 등압가열로 생각한다.
- 3-4과정은 연소실에서 나온 가스가 단열팽창으로 터빈에서 일을 하며 발전기를 회전시킨다. 등엔트로피 과정으로 가정한다.
- 4-1과정은 연소된 가스가 터빈으로부터 대기로 배출되는 과정(개방계의 경우)으로 압력은 일정하고 새로운 공기를 1에서 다시 흡입하여 2까지 압축한다. 열효율은 다음과 같이 표시할 수 있다.

$$\eta = w_{3-4}/Q_{2-3} = (Q - Q_o)/Q \qquad 3.32$$
$$= 1 - (1/\phi)^{(k-1)/k} \ (\text{다른 문헌 참조})$$
$$= [(h_3 - h_4) - (h_2 - h_1)]/(h_3 - h_2)$$

단, 여기서 $\phi = P_2/P_1$는 터빈의 압축비이고, $k = C_p/C_v$는 등압·등용비열의 비이다. 따라서 효율을 크게 하려면 터빈의 입구압력 P_2가 커야 한다.

7. 재열·재생기를 갖는 브레이턴 사이클

일반적으로 가스터빈 발전, 즉 브레이턴 사이클 발전은 온도가 높으면 재료의 영향에 한계가 있어서 온도를 올릴 수가 없어서 비교적 열효율(20~30%)이 낮다. 따라서 터빈의 입구 압력을 올리고 랭킨사이클 때처럼 재가열을 한다거나 터빈 배출가스 폐열로 압축기에 들어가는 공기를 예열하여 폐열을 재생하는 방법 등이 있다. 이의 한 예의 구성도를 그림 3.21에, 그리고 그의 *T-S* 선도를 그림 3.22에 나타낸다. 단 재생기에서는 8-9 터빈에서 나오는 배기 열의 온도가 3~4 압축기에서 나오는 압축공기보다 온도가 높아야 한다. 두 공기압축기 사이의 중간 냉각기는 흡입되어 들어가는 공기의 밀도를 크게 하여 터빈 입구의 압력을 증대시키고자 하는 것이다.

이렇게 함으로써 가스터빈의 낮은 효율을 올릴 수는 있겠으나 투자비가 커지는 것을 상쇄할 수 있겠느냐가 문제이다. 보통은 다음에 말하는 증기사이클과 결합한 복합발전이 유리하다.

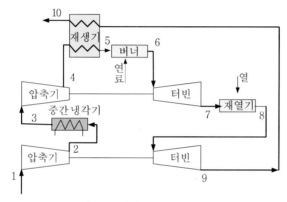

그림 3.21 ┃ 재열·재생기가 달린 가스터빈 발전 시스템

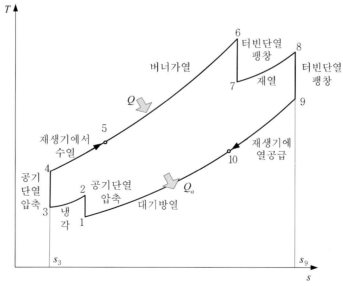

그림 3.22 ┃ 재열·재생기가 달린 가스터빈 발전 시스템의 T-S 선도

8. 복합발전

가스터빈의 배기가스는 보통 900℃를 상회한다. 따라서 이를 회수하는 수단으로 스팀의 랭킨사이클을 가스터빈의 배기열 라인에 구성하는 것이다. 이을 복합발전이라고 하며 가스터빈의 효율을 올리는 방법의 하나이다. 그림 3.23에 시스템의 구성도, 그리고 그의 $T\text{-}S$ 선도를 그림 3.24에 나타낸다.

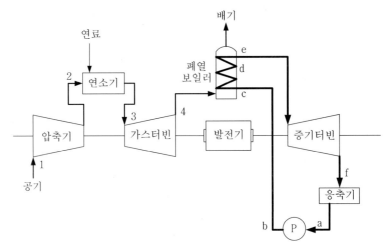

그림 3.23 | 가스 복합 화력발전 시스템

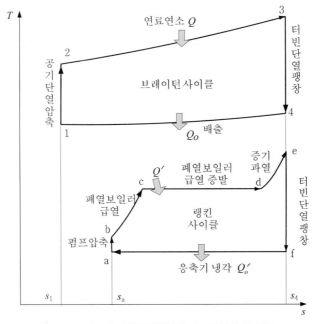

그림 3.24 | 가스복합화력발전 시스템의 T-S 선도

이 경우 효율은 간단히 s_1-1-2-3-4-s_4-s_1의 면적을 Q로 하면 W는 브레이턴 사이클 W브레이턴과 랭킨사이클 W랭킨의 합이 된다. 공기압축과 펌프동력을 무시하면

$$\eta = (W\text{브레이턴} + W\text{랭킨})/Q \qquad\qquad 3.33$$
$$= (\text{면적}_{1\text{-}2\text{-}3\text{-}4\text{-}1} + \text{면적}_{a\text{-}b\text{-}c\text{-}d\text{-}e\text{-}f\text{-}a})/\text{면적}_{s1\text{-}1\text{-}2\text{-}3\text{-}4\text{-}s4\text{-}s1}$$

가 된다. 보통 가스터빈은 효율이 적어 30%선이지만 복합사이클을 형성함에 따라 55%대로 효율을 올릴 수가 있다.

9. 디젤엔진

디젤엔진은 내연기관으로서 엔진에 피스톤과 실린더, 밸브 두 개(흡인, 배출)로 이루어진 점화플러그가 없는 엔진이다(기하학적 구조는 다른 문헌 참조). 디젤엔진의 P-V 및 T-S 선도를 그림 3.25에 나타낸다. 여기서 보면

- 1-2과정은 피스턴이 받아들인 공기를 등엔트로피 상태로 단열 압축한다.
- 2-3과정에서는 상사점(피스톤이 최상부에 위치)에서 등압으로 연료를 분사하여 점화 연소시킨다.
- 3-4과정에서는 피스톤이 등엔트로피로 연소가스가 팽창하면서 일을 한다.
- 4-1과정에서는 피스톤이 하사점(피스톤이 최하부에 위치)에 이르며 배기밸브가 열려 실린더의 압력이 대기압 상태로 되돌아간다. 등용상태이고 열전달은 없는 것으로 가정한다.

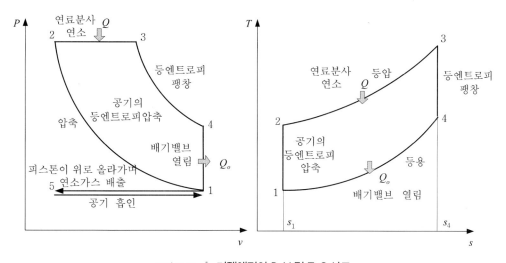

그림 3.25 | 디젤엔진의 P-V 및 T-S 선도

- 1-5과정에서는 배기밸브가 열린 상태에서 피스톤이 위로 올라가 연소된 내용물을 배출시킨다. 등압과정이다
- 5-1은 상사점에서 배기밸브를 닫고 흡기밸브가 열리며, 피스톤이 아래로 움직이면서 공기를 새로 받아들인다.

10. 냉동사이클/열(히트)펌프

열펌프란 상온의 공기의 온도를 분리시켜 고온과 저온의 두 영역으로 나누는 시스템을 말한다. 즉 전동기에 전기를 공급하면 히트펌프 내의 매체를 압축 – (냉각) – 액화 – (팽창) – 증발시켜 고온과 저온으로 분리시킨다. 공급된 전동기의 에너지양이 실제 온도가 분리될 때 이동한 에너지양보다 적으면 그의 효율 COP는 1보다 커진다. 이 히트펌프는 저온을 이용하면 냉장고/냉방[chiller(액체냉각) 또는 cooler(공기냉각)]이고 고온을 이용하면 온장고 즉 난방(이때를 일반적으로 압축식 heat pump라고 함)이 되며 둘을 동시에 사용하면 이 COP효율이 크게 향상된다.

이 히트펌프의 구성요소는 압축기와 팽창기 그리고 증발기와 응축기의 4종으로 이루어지며 이를 그림 3.26에 나타내고, 그의 T-S 선도를 그림 3.27에 나타내었다.

이 압축식 히트펌프에는 냉매로 여러 가지가 사용되어 왔는데 보통 CFC(R-11, R-12 등)가 그 대표적인 예이나 최근 지구환경문제와 관련되면서 HCFC(R-134a, CF_3CH_2F)로 대체되거나 이마저도 암모니아 등 다른 것이 검토되고 있다.

그림 3.26과 3.27에서 보자.

- 1-2과정은 모터동력에 의하여 단열압축, 즉 등엔트로피 변화를 하며 압축기에 의하여 냉매가 압축되며 열이 발생하고 온도가 올라간다.
- 2-3과정에서는 압축된 냉매가 응축기에서 냉각/액화되어 엔트로피는 감소하고 응축/액화 하면서 응축열을 외부로 발산한다. 즉 외부에서 응축잠열의 고온을 얻는다.
- 3-4과정은 팽창기에서 응축된 고압의 액체가 팽창하면서 온도가 내려간다.
- 4-1과정에서는 주변으로부터 열을 받아 증발기에서 냉매가 증발하면서 일정한 온도에서 주변을 냉각시킨다.

이때 COP는 분리된 온도의 냉열을 이용하느냐 고온을 이용하느냐에 따라 다음과 같이 쓸 수 있다.

$$COP_{cooling} = Q/W = (h_1 - h_4/(h_2 - h_1) \qquad 냉동(공조) \qquad 3.34$$

$$COP_{heating} = Q_o/W = (h_2 - h_3)/(h_2 - h_1) \qquad 열펌프 \qquad 3.35$$

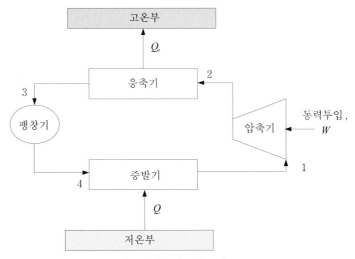

그림 3.26 ┃ 압축식 히트펌프의 구성도

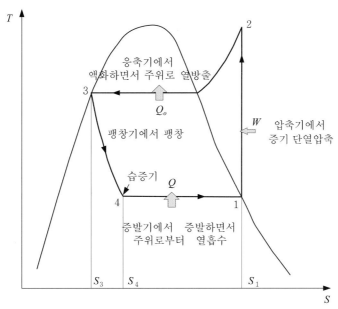

그림 3.27 ┃ 압축식 히트펌프의 T–S 선도

1 화석연료의 소비되어 가는 과정을 엔트로피의 법칙을 적용하여 설명하여라.

2 태양에너지가 지구에 퍼부어 대는 에너지는 지구상의 엔트로피를 감소시킨다고 한다. 그 럼에도 불구하고 지구의 엔트로피는 증가한다. 그 이유를 설명하여라. 증가하는 내용과 감 소하는 내용을 리스트로 작성하여라.

3 석탄과 석유를 사용하여 보일러를 가동할 때 그의 효율을 증가시키기 위하여 그 보일러(가 스보일러, 석유보일러, 석탄보일러(유연탄+무연탄), 쓰레기연료보일러 등)를 사용하는 사 람이 해야 할 일(보일러운전 및 관리)이 무엇이 있는지 각각 설명하여라.

4 우리나라는 많은 신도시에 지역난방 시스템을 도입하고 있다. 개별난방에 비하여 에너지 효율이 올라가는데 그 이유를 설명하고, 장점과 단점을 들어라.

5 냉장고의 사용에서 에너지 효율을 올리려면 어떻게 하면 좋을까? 설치 시, 사용 시, 관리측 면에서 설명하여라.

6 각자 자기 집에 열의 출입이 있는 가전기기에 적용될 효율을 COP로 나타내는 것을 찾아 보아라.

7 우리 생활 속에서 엔트로피가 증가하는 현상을 예를 들어 세 가지만 설명하여라.

8 스털링(Stirling) 사이클과 오토(Otto) 사이클의 개요를 찾아 공부하고 그 원리를 설명하 여라.

Chapter 4

석 탄

↘ 4.1 석탄의 분포

산업발전, 즉 산업혁명은 석탄의 사용에서부터 출발했다. 석탄을 캐서 인류가 사용하기 시작한 것은 3,000년의 역사를 가지고 있는데, 중국에서는 기원전 1,000년에 이미 사용했다고 한다. 본격적으로 사용이 시작된 것은 17, 18세기부터라고 말할 수 있는데, 철을 생산하기 위해서 목탄을 사용하던 것에서 한계를 느끼고 석탄을 사용하여 코크스를 만들고 지금의 용광로 제철법을 탄생시킨 것이다. 인구 증가와 함께 자연히 철의 생산량도 크게 늘어나게 되었으며 산업혁명과 더불어 석탄을 사용하는 증기관(철로 만듦)이 나오게 되었다. 이것을 계기로 인류는 새로운 문화를 만들게 된 것이다. 증기관은 자체가 석탄을 소비할 뿐만 아니라 석탄을 캐는 데 동력으로 이용되었으며, 지하수를 퍼 올리게 함으로써 석탄 생산을 가속화시켰다. 더 많은 석탄의 생산은 결국 더 많은 소비를 가져오게 된 것이다. 따라서 석탄의 생산은 19세기에 와서는 미국과 서유럽의 산업발전에 크게 이바지하게 되었다. 20세기에 들어와 석유가 생산되

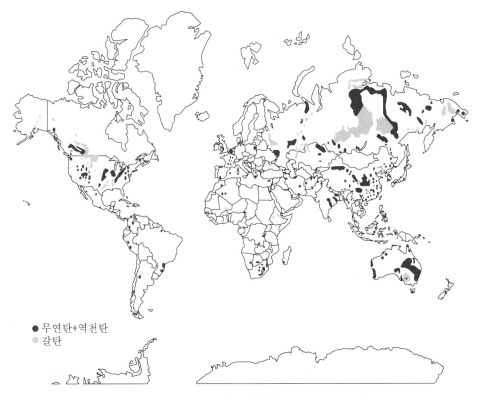

● 무연탄+역천탄
● 갈탄

그림 4.1 | 세계 석탄광상 분포도

기 시작하면서 이의 도전을 받아 석탄의 생산량은 감소하기 시작했는데, 이는 특히 미국의 석유 생산과 그 활용이 두드러지게 늘어나게 되면서부터이다. 많은 나라들이 미국으로부터 기술을 도입해 감에 따라 급격한 석유 소비 증가가 석탄의 사용을 반비례적으로 감소시켜 오게 된 것이다.

4.2 석탄의 매장량

석탄의 매장광상 분포를 표 4.1에 나타내었다.

석탄 부존량은 10.8조 톤으로 이 중 포함된 전 에너지를 열량으로 나타내면 30,000 EJ(1 Mt =0.0258 EJ)이 된다. 확정 매장량은 1.4조 톤으로 표 4.1에서처럼 이 중 약 8,935억 톤이 현재 기술과 가격으로 채굴이 가능하다고 볼 수가 있다. 추정 부존량이 확정 가채 매장량에 비해서 매우 큰 것은 석탄자원의 특징이다. 앞으로 탐사노력, 기술발전에 의하여 10.8조 톤 부존량 중 궁극적으로는 50%가 이용 가능할 것으로 보고 있다.

전 석탄자원의 부존량의 대부분은 실제 북위 30° 이북지역에 존재하며 미국, 러시아, 중국 세 나라가 세계의 90%를 차지하고 있다. 특히 러시아의 부존량은 전세계의 50%를 차지하고 있다. 나머지 반이 아프리카, 라틴아메리카, 오세아니아, 중국을 제외한 아시아, 특히 캐나다, 인도, 남아프리카 그리고 호주에 존재한다.

표 4.1 | 여러 나라의 석탄 가채매장량(2013년)　　　　　　　　　　　　　　　　　(단위: Mton)

국 가	무연탄+유연탄	반유연탄+갈탄	계	share%	가채연수 R/P(년)
미 국	108,501	128,794	237,295	26.6	254
러시아	49,088	107,922	157,010	17.6	441
중 국	62,200	52,300	114,500	12.8	30
남아공	30,156	-	30,156	3.4	116
캐나다+멕시코	4,334	3,459	7,793	0.8	95
유럽+유라시아 (러시아 제외)	43,469	110,059	153,528	17.2	189
아시아 태평양 (중국 제외)	95,603	78,225	173,828	17.4	114
아프리카 (남아공 제외)	2,566	214	2,780	0.3	166
중남미	7,282	7,359	16,641	1.0	103
계	403,199	488,332	893,531	100	119

표 4.2는 세계 각국의 석탄 무역량을 나타내고 있다. 수입을 가장 많이 하는 나라는 역시 전에는 일본이었지만 지금은 중국이고, 철강산업이 우위에 있는 우리나라도 세계 4위로 많은 석탄량을 수입하고 있다. 실은 우리나라가 2008년만 하더라도 세계에서 두 번째로 수입을 많이 하였다. 수출국으로서는 인도네시아, 오스트레일리아(호주)가 가장 크고 우리나라는 호주에서 많은 양의 석탄을 수입해 오고 있다.

그림 4.2는 에너지원의 사용에 대한 변천을 나타내고 있는데, 석탄은 1950년 이전의 주력 에너지인 것을 알 수가 있다. 그러나 현재는 천연가스와 석유가 아직은 주력 에너지원임을 보여주고 있으나 최근에는 재생성(바이오, 태양, 지열, 풍력, 폐기물 등) 에너지도 약간 증가하는 추세이고 발전에 있어서는 석탄 사용이 크게 증가할 것으로 예상된다.

표 4.2 | 세계 각국의 석탄 무역량

수 입	백만 톤(2013)	수 출	백만 톤(2014)
중 국	292(229 + 63)	인도네시아	410(408 + 2)
인 도	239(189 + 50)	호주	375(195 + 180)
일 본	188(137 + 51)	러시아	155(133 + 22)
한 국	131(97 + 34)	미국	88(31 + 57)
대 만	67(60 + 7)	콜롬비아	80(79 + 1)
독 일	57(47 + 10)	남아공	76(76 + 0)
영 국	41(35 + 6)	캐나다	35(4 + 31)

자료: IEA(2015), 괄호 안은 (스팀용 + 코크스용)을 의미함

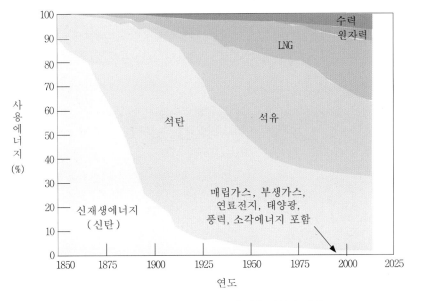

그림 4.2 | 세계 에너지의 종류별 사용 변천의 개략도

↘ **4.3** 우리나라의 지질구조와 무연탄의 매장량

우리나라 무연탄의 매장량은 13.5억 톤이며 가채량은 약 3.2억 톤으로 현재(2013)의 생산 수준인 연간 181.5만 톤을 기준으로 하면 상당히 오랫동안 공급할 것으로 예상되지만 생산 여건이 악화되고 탄질이 저하되고 있다. 따라서 1978년부터는 외국 무연탄의 수입이 시작되 었으며 현재(2013) 소비가 224만 톤이나 되어 수입을 여러 나라(중국, 베트남, 호주, 러시아, 인도네시아, 필리핀 등)로 확대하고 있다. 무연탄은 우리나라 가정의 주종 에너지로서 1963 년에는 총 에너지 수요의 40% 정도나 차지한 바 있다.

우리나라 무연탄은 90%가 고생대 페르미안기에 형성되었으며 10%는 삼척기 후반에서 중생대 쥐라기 초에 형성되었다. 고생대층은 7~8개의 엷은 탄층을 구성하고 그 중 1~3개 를 채굴하고 있는 반면에 중생대층에 있어서는 30개의 엷은 탄층 중 10개 정도를 채굴하고 있다.

한국에는 현재 개발 중인 9개 탄전을 포함하여 13개 탄전이 있는데, 충남탄전 및 문경탄전 의 일부가 중생대층을 포함하고 있으나 실제 고생대층에서 생산되고 있으며 고생대 탄층은 중생대 탄층에 비하여 비교적 층이 두껍고 탄질도 좋다. 또 한국에서 가장 큰 탄전인 삼척탄 전은 탄층이 두껍고 전체 매장량의 32.6%를 차지한다.

또 한국의 탄전은 탄층이 매우 불규칙적이고 급경사 및 불연속적인데다가 습곡과 단층이 반복된다. 탄층의 경사는 주로 30~90도를 이루고 있으며 탄층의 길이는 삼척탄전의 경우 100 km에 이른다.

강원도 지역의 무연탄을 채광/하역하는 시설

↘ **4.4** 석탄 수요와 그의 공급

1955년까지 무연탄의 생산은 수백만 톤 정도였으나 표 4.3에서 보는 바와 같이 1986년에 와서 2,400만 톤이 생산되었다. 그러나 석유, 유연탄 그리고 가스의 수요가 늘어 상대적으로 그 수요가 감소하면서 1992년에는 1,200만 톤, 그리고 1997년에는 크게 감소하여 450만 톤 정도 생산되었다. 위에서 언급한 바와 같이 갱의 심부화에 따른 갱 내 온도 상승, 지압 증가 등 채탄 여건의 악화로 매년 감소하여 2000년대에는 가정용 약간을 포함하여 발전용에 대부분 사용되며 300만 톤대로 줄어들었다.

무연탄은 대부분 가정 연료로 쓰이며 일부는 발전용과 산업용으로 사용되고 있다. 소비면에서 보면 1970년에는 1,239만 톤을 소비했는데, 그 중 90% 이상이 민수용, 나머지는 발전용 그리고 산업용으로 사용되었다. 1977년까지는 연간 국내 생산량은 1,700만 톤으로 국내 수요와 균형을 이루었으나 1978년부터 수급의 불균형으로 매년 외국 무연탄을 수입하게 된 것이다. 한편 내수용 유연탄은 전량 수입에 의존하며 2014년도 총 소비량은 1억1,622만 톤으로 그 중 3,205만 톤은 제철용, 708만 톤은 시멘트용, 7,969만 톤은 발전소용으로 소비되고 있다. 유연탄은 발전소용으로 계속 수입이 증가할 것으로 보고 있다.

표 4.3 | 석탄의 생산과 수입 　　　　　　　　　　　　　　　　　　　　　　　　(단위: 1,000 M/T)

연 도	무연탄				유연탄			
	분탄 생산	수 입	가정/상업	발전용	수 입	발전용	제철용	시멘트/기타
1970	12,394	–	9,910	574	80	–		80
1977	17,268	–	16,047	1,244	2,100	–	1,795	305
1986	24,254	3,914	24,250	2,285	16,437	5,363	6,995	2,932
1992	11,970	400	11,069	1,945	29,208	6,322	14,375	5,520
2002	3,318	–	1,175	2,558	64,640	40,134	20,097	8,024
2006	2,824	–	2,327	2,356	70,888	50,199	20,731	7,068
2009	2,519	190	1,941	1,360	92,952	71,091	20,734	6,776
2010	2,084	170	1,859	839	106,096	76,674	25,423	6,490
2012	2,094	192	1,833	591	114,654	79,136	31,487	7,040
2014	1,815	265	1,917	323	116,222	79,692	32,053	7,087

자료: 한국에너지 경제 연구원 통계연보 2015

연탄은 가격이 저렴하며 개인 주택에서 사용할 경우 유리하다. 더구나 노인들을 위하여 24시간 난방 할 경우 좋고, 특히 아랫목은 따뜻하여 노인들에게 적합한 연료이다.

4.5 석탄의 이용 계통

석유가 석탄을 대체한 것으로 여겨졌으나 1973년의 1차 석유파동과 1979년의 2차 석유파동으로 인해서 석유 가격의 불안정 요소가 발생하자 선진국에서 석탄 개발이 활발히 진행되었다. 1990년대 중반에는 석유 가격이 안정 내지는 하락세를 유지하는 듯했지만 상당한 불안정 요소를 가지고 2011년에는 100 $/bbl선까지 상승하며 등락하고 있다가 2015년 현재는 오팩의 증산과 미국의 쉐일오일 등 석유 증산으로 급격히 하락 하여 2016년 현재 20~60불 대를 지속 하고 있다. 그러나 석탄 이용은 탄산가스의 회수 시설을 가추고 초초임계압 발전을 하는 등 사용이 증가 하고 또 그의 세계매장량이 커서 주력 에너지 사용이 되어 증가 할 것으로 예상된다. 석탄의 사용은 현재 석유 사용 체계를 가지고 있는 모든 에너지 이용 시설에 그대로 사용할 수 있도록 하기 위하여 가스화 또는 액화에 대한 연구가 핵심을 이루고 있다. 직접 사용할 때는 석탄 내에 포함된 많은 양의 무기질의 고체분이 많은 회분을 발생해서 대기 중에 먼지의 농도를 증가시킨다. 또한 황분이 많아서 아황산가스를 발생시킨다. 석탄으로부터 가스를 만들거나 액화시켜 액체를 만들면 고형분과 황분을 떼어 낼 수가 있어서 이런 문제를 해결할 수 있다.

석탄의 이용 계통을 보면 그림 4.3과 같다. 여기서 보면 석탄의 이용을 크게 두 가지로 나누어 생각할 수 있다. 하나는 직접 연소하여 열로 이용하거나 열에 의하여 스팀을 발생시켜 스팀 터빈/발전하는 경우이다. 다른 하나는 석탄화학의 원료로 사용하는 경우이다.

사용량에 있어서는 물론 연소/발전의 경우가 크겠지만 부가가치 측면에서 보면 화학적인 이용이 훨씬 큰 것이다. 화학원료로서의 이용에 대해서는 그 동안 많은 연구가 진행되어 왔다. 제1차 세계대전 이전에는 독일에서 강도 높은 연구를 수행하여 화합물의 합성원료로 사용 했지만 지금은 제철소에서 코크스를 만들 때 나오는 건류물을 이용하는 형태로 발전되었다.

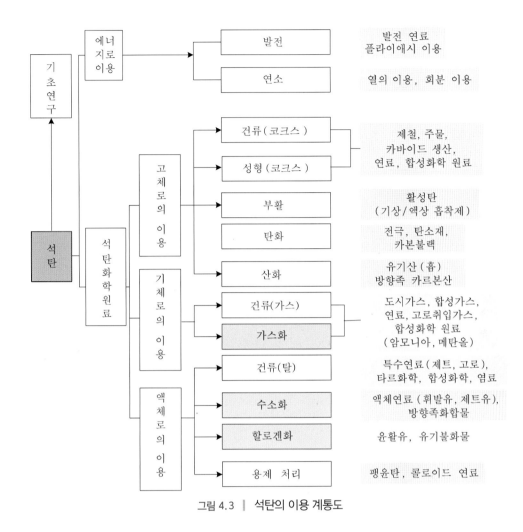

그림 4.3 | 석탄의 이용 계통도

우리나라에도 제철화학이라고 이름이 붙은 회사가 바로 석탄화학회사라고 말할 수가 있다. 석탄(유연탄)으로부터 코크스를 만들 때 건류물은 가스/액상 그리고 타르질이 생성되며 가스분은 대부분 제철소의 연료로 사용하고 일부 합성화학 원료로 사용이 가능하다. 액상이나 타르질은 이로부터 방향족 화합물을 추출하여 염료나 합성화학의 원료로 사용한다. 액상 중에는 벤젠, 톨루엔 그리고 자일렌이 포함되어 있다. 그리고 나프탈렌도 많이 포함된다. 고체로의 이용은 고체를 만드는 방법에 따라 제철소의 코크스는 물론이고 활성탄이나 카본블랙 등 많은 용도를 가지고 있다.

석탄으로부터 만든 활성탄은 공기 중에 포함된 용제 회수나 수중에 포함된 유기질 성분을 흡착하는 데 탁월해서 환경정화용으로 생산해서 현재 쓰이기도 한다. 물론 활성탄은 목재나 야자각을 건류해서 만든 것보다는 못하지만 물 처리용으로 경제성이 있다.

석탄은 연소하는 데 필요한 양보다 적은 양의 산소를 사용하여 산화시키면 그림 4.4에서 보는 바와 같은 탄화수소의 거대 분자가 부분 산화되면서 방향족 고리가 열려 방향족의 카르본산(휴산)이 많이 생성된다. 산소가 더 들어가 가스화 시키면 CO/H_2의 합성가스가 생성된다. 합성가스는 적절한 촉매를 써서 메틸알코올을 생산하거나 Fischer-Tropsch법에 의하여 액상 및 기상의 탄화수소를 만들 수도 있다.

우리나라에서 생산되는 무연탄의 경우는 건류물이 거의 없다.

유연탄의 외형

$C_{103}H_{87}O_3NS_2$
$H/C = 0.84$
분자량 = 1,449

그림 4.4 ┃ 석탄(유연탄)의 화학구조

↘ 4.6 석탄의 조성

석탄은 옛날에 번성했던 식물이 습지에 매몰되고 대기에 의하여 산화를 받지 않고 땅속에서 탄화된 것으로, 20만 년 내지 3억 년 정도의 시간을 거쳐 이루어진 것이다. 성분과 성질은 생산지와 생산연대에 따라 또는 식물의 종류에 따라서도 다르지만 수분을 제거한 후에 석탄의 원소조성은 탄소 70~90%, 질소 1~2%, 황 0.5~5%, 수소 4~5%, 산소 5~15% 외에 회분이 있다. 또한 석탄은 탄화된 정도에 따라 다음 표 4.4와 같이 분류한다.

표 4.4 | 석탄의 분류

명칭	탄소함유량(%) (연료비)	성질	용도
무연탄(無煙炭)	95(7~12 이상)	탈 때 연기가 없고 발열량이 크다.	가스 발생용, 전극, 연탄
역청탄(有煙炭)	86(1~7)	발열량이 크다. 건류하면 가스와 콜타르가 생성	코크스, 가스 제조, 발생로 가스원료, 보일러용
갈탄(褐炭)	70(1 이하)	탄화 정도가 낮고, 15~20%의 수분 포함, 발열량 낮음	수성가스 발생용, 가정용, 일반연료용
이탄(泥炭)	60(1 이하)	70~80% 수분 포함, 건류해서 사용	가정용

연료비(燃料比): 고정탄소(fixed carbon)와 휘발분(volatile matter)과의 비. 무연탄은 반무연탄과 무연탄이 있으며, 반무연탄의 경우 연료비가 7~12 사이이고 무연탄의 경우 12 이상이다. 역청탄에는 반역청(연료비: 4~7), 고역청 (연료비: 1.8~4) 그리고 저역청(연료비: 1~1.8)이 있다.

↘ 4.7 석탄의 발열량

석탄은 탄소 외에 수소, 산소, 황, 질소, 수분 및 회분으로 이루어져 있다. 성분으로 보면 석탄 중에 포함되어 있는 고정탄소(fixed carbon)와 휘발분(volatile matter)과의 비를 연료비 (燃料比)라 칭하나 연료비에 따라서도 표 4.4와 같이 무연탄(無煙炭, anthracite), 역청탄(瀝青 炭, bituminous coal), 갈탄(褐炭, brown coal) 등으로 나뉜다.

말할 것도 없이 연료비가 클수록 발열량이 크고 착화온도도 높아 무연탄은 450℃ 정도가 되고 역청탄은 330~360℃ 정도가 된다.

연료 1 kg 중 탄소, 수소, 산소, 황의 양을 각각 C, H, O, S(kg), 함유수분을 ω(kg)라고 하면, 연료 중 함유 수소는 산소와 결합해서 물의 상태로 있는 것이 보통이기 때문에 이에 해당하는 수소는 발열에 참여하지는 않는다. 따라서 H − (O/8)(kg)만큼이 연소에 관여한다. 이 수소를 유효수소라고 한다. 따라서 1 kg의 연료를 연소시켜서 방출될 수 있는 총 에너지는

표 4.5 ┃ 석탄의 성분과 발열량의 예

연 료	함유성분(중량 %)							발열량(kcal/kg)	
	C	H	O	S	N	회분	수분	고	저
무연탄	79.61	1.51	1.32	0.42	0.43	13.21	3.50	6,920	6,810
역청탄	62.25	4.74	11.84	2.24	1.26	16.80	0.87	6,190	5,930
갈 탄	52.79	4.77	14.58	0.58	0.90	8.66	17.72	5,240	4,890
탄 소	100							8,100	8,100
중 유	86.1	11.8		2.1				10,500	9,870
아라비아 원유				1.75		0.026	0.04		
쿠웨이트 원유				2.46		0.027	0.05		

$$Q_H = 8,100C + 34,000(H-O/8) + 2,500S(kcal/kg)$$

이 된다. 여기서 8,100, 34,000, 2,500은 순수한 탄소, 수소 및 황의 발열량(kcal/kg)이고, Q_H 를 고발열량이라고 한다. 물 1 kg을 증발하는 데에는 600 kcal/kg의 증발잠열이 필요하기 때문에 실제 연료 1 kg으로부터 이용될 수 있는 에너지는

$$Q_L = Q_H - 600(9H + \omega) \ (kcal/kg)$$

이 된다. 이 발열량 Q_L을 저발열량이라고 한다. 표 4.5는 각종 석탄의 성분과 발열량을 나타낸다.

⊿ 4.8 우리나라 석탄 화력발전의 현황

석탄을 발전소에서 사용하기 시작한 것은 상당히 오래되었다. 우리나라에서도 기름화력 이전에는 대부분 발전에 석탄을 사용하였다. 1963년만 하더라도 발전에 대한 연료 소비율을 보면 전체 74만 톤(석탄 환산)이 사용되었는데 55.3%가 석탄으로 대부분 무연탄을 사용하였다. 그리고 석유가 20%, 수력이 24.7%를 차지하였다. 1966년부터 차차 석유로 대체되면서 1977년에는 석유 점유율이 88.3%, 석탄(주로 무연탄)이 6.2%로 급격히 감소하였다.

그러나 1979년 2차 석유파동을 겪으면서 탈(脫)석유의 물결이 일어 연소성이 무연탄보다 좋은 유연탄을 1983년부터 수입하여 사용하기 시작하면서 석탄의 점유율이 1985년에는 40%대로 상승하게 되었다. 그 후로 원자력발전과 LNG 화력발전의 비율이 늘어나서 2014년 현재 아직 석탄의 비중은 그래도 39%를 기록하고 있다.

표 4.6 | 우리나라의 에너지원별로 생산된 전력량 (단위 : GWh)

연 도	합 계	수력 (%)	원자력 (%)	화력 (%)					대체에너지 + 집단에너지 (%)
				석탄혼소	석유	LNG	복합화력	내연력	
1970	9,167	13.3	–	9.5	73.7	3.5	–		
1977	26,587	5.2	0.3	6.2	86.0	2.3	–		
1983	48,850	5.6	18.4	13.9	61.6	–	0.4	0.1	–
1990	107,670	5.9	49.1	20.8	12.0	10.9	0.6	0.4	
1995	184,661	3.0	36.3	27.9	15.6	4.8	11.1	0.4	–
2000	266,400	2.1	40.9	37.3	7.1	0.6	10.1	0.1	
2006	381,181	1.4	39.0	36.8	3.8	0.3	17.6	0.2	0.8
2008	422,355	1.3	35.7	41.2	1.9	0.4	17.6	0.1	1.5
2009	433,604	1.3	34.1	44.7	2.8	0.2	14.9	0.2	1.8
2011	496,893	1.6	31.1	40.2	1.9	0.4	20.4	0.2	4.0
2013	517,148	1.6	26.8	38.9	2.7	0.7	24.1	0.1	4.7
2014	521,971	1.6	30.0	39.0	1.3	0.1	21.4	0.1	6.4

집단에너지: 아파트 단지나 산업단지의 열 공급을 할 때 열병합발전 하는 경우다.

4.9 석탄/석유 혼합연료

석탄은 미분말로 분쇄해서 일반적으로 보일러에 그대로 분무상으로 쏘아 연소한다. 그러나 석유를 사용하는 버너에는 이런 분탄을 사용할 수가 없다. 그러나 석유와 혼합한 연료 'COM(Coal Oil Mixture)'은 석탄이 석유와 혼합됨으로써 유동성이 생기기 때문에 석유화력 발전소에서 중유를 사용하는 방식으로 그대로 사용할 수가 있다. 즉 석유를 약 15% 정도 혼합하면 석유 발전소의 보일러를 개조하지 않고도 그대로 사용이 가능하다. 영동화력의 경우 무연탄(60) + 중유(15) + 유연탄(25)의 혼소발전을 하고 있다.

'COM'은 슬러리화 되었기 때문에 수송에 편리한 이점도 생기지만 경비면에서 그리고 석유 절약 측면에서 발전되어 왔다.

4.10 분탄연소 보일러

석탄을 사용하는 보일러는 일반적으로 ① 분탄연소(PCC, Pulverized Coal Combustion),

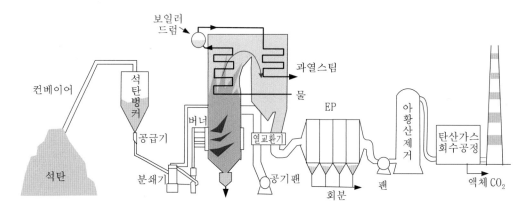

그림 4.5 | 분탄 연소 보일러

② 사이클론연소(석탄분말을 나선상으로 연소실에 투입하여 난류를 일으켜 연소효율 향상),
③ 스토커(급탄식) 연소방식으로 나뉜다. 분탄연소에 해당하는 대표적인 연소시스템을 그림 4.5에 나타낸다.

여기서 보면 먼저 석탄을 벙커에 보내고 공급기로 석탄 분쇄기에서 분쇄하여 바로 연소기 버너를 통해 분사/연소한다. 분쇄된 석탄이 매우 곱기 때문에 고루 분산되며 들어오는 공기에 의하여 화실 전체에 퍼져 연소한다. 따라서 생성된 플라이애시(飛散灰)도 대부분 매우 곱다. 굵은 애시(灰)는 연소실 밑으로 내려가고 고운 회분은 화실을 나간 후 전기 집진기(EP, Electostatic Precipitator)에서 포집된다. 그리고 아황산 가스 제거기를 통해 황분이 제거된 후 탄산가스를 분리하고 대기로 연소가스가 배출된다.

환경규제가 심해지면서 NO_x의 제거도 필수가 되어 있고 이런 경우 EP 앞부분에 암모니아에 의한 산화질소환원장치를 설치한다. 이처럼 석탄연소는 가스나 기름연소 때와 좀 다른 것이

- 많은 분진의 발생
- 다량의 탄산가스 발생
- 큰 농도의 SO_x, NO_x
- 수은, 금속류 등의 배출
- 미연소 탄소분의 생성(경우에 따라)

을 발생시키므로 이들을 제거하는 시설을 필수적으로 갖추어야 한다. 특히 그린 하우스가스(GHG, Green House Gas)의 제거는 앞으로 반드시 석탄 사용 보일러에서 고려되어야 하는데 투자비가 크게 소요된다.

↘ 4.11 석탄 화력발전 – 유동층 연소

유동층 연소로는 석탄의 연소효율을 올릴 수 있을 뿐만 아니라 대기오염물을 제거할 수 있는 연소방법이다. 유동층연소(FBC, Fluidized Bed Combustion)는 그림 4.6과 같이 미세한 석회석 분말로 되어 있는 분체가 불어넣는 공기에 의하여 충분히 유동 연소층에서 부유되면서 유동한다. 여기에 석탄이 들어가 석회석과 같이 유동되면서 유동로 내에서 연소된다. 이것이 유동층 연소로이다. 노 내부의 온도가 균일해지는 이점이 있으며 열전달 효율이 높기 때문에 일반 분말석탄 연소(PCC) 때보다 낮은 온도에서도 연소가 가능하다. 그 결과 NO_x의 발생률이 저감될 수 있을 뿐만 아니라 연소에 의하여 발생된 이산화황(아황산가스)도 유동층 내에 석회석 분말에 의하여 석탄과 함께 연소 시 다음과 같이 황산칼슘으로 되어 결국 제거가 가능하다.

$$CaCO_3 + SO_2 + \frac{1}{2}O_2 \rightarrow CaSO_4 + CO_2$$

따라서 SO_x 및 NO_x를 90% 정도 감소시킬 수가 있고 석탄과 석회석의 충분한 유동으로 난류가 유지되어 연소효율이 올라간다. 그리고 저질의 유연탄도 연소가 가능하다.

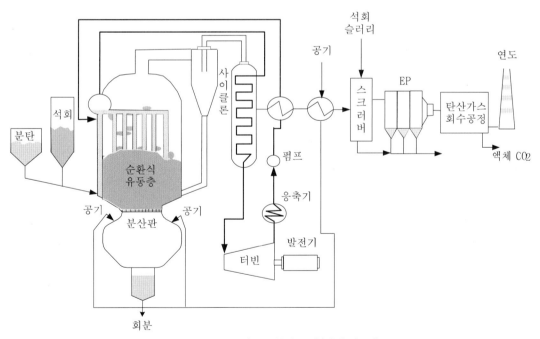

그림 4.6 | 유동층 연소 보일러 증기/발전 시스템

↘ 4.12 석탄 화력발전 – 스토커식

　석탄 사용상의 문제점은 완전연소가 잘 안 된다는 점이다. 그래서 석탄 연소로에는 여러 가지 설계가 되어 있어 연소효율을 올리려는 노력을 하고 있다. 석탄 화력용 연소로 중 그림 4.7에 보이는 '스토커(stoker)' 연소기는 미분탄을 연속적으로 회전하는 그레이드(grate)에 공급하여 연소하는 방법이다. 물론 그레이드는 정적인 것도 있고 회전하는 것도 있다.

　석탄 입구 호퍼에서 기계적으로 스토커의 한쪽에 석탄(유연탄)을 공급하면 석탄이 연소되지 않고 열에 의하여 일단 분해하며 연소가 가능한 석탄가스와 타르증기를 발생한다. 이러한 휘발성분이 공기와 혼합하면서 연소되는데 휘발분이 빠져나간 고정 탄소는 화격자 하단부에서 들어오는 공기에 의하여 '차(char)'형으로 연소가 일어난다. 이때 발생된 탄산가스는 상승하면서 다시 환원하여 일산화탄소가 되고 휘발분과 함께 2차 공기에 의하여 연소된다. 연소가 완료되면 마지막에는 회분이 남고 이를 밖으로 끄집어낸다.

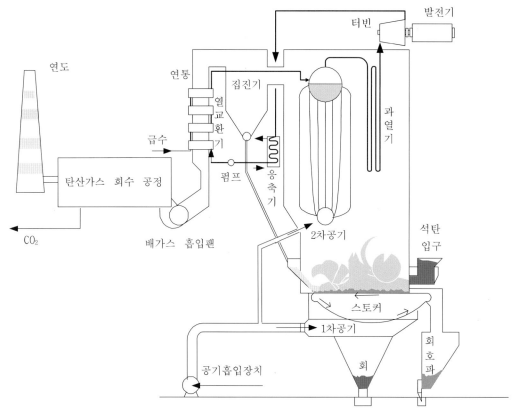

그림 4.7 ｜ 석탄스토커 화력발전

⊿ 4.13 석탄 화력발전 – 가스화 복합 발전

석탄(유연탄)을 수증기/산소와 함께 반응시켜 발생된 합성가스(syngas)로 연소/가스터빈을 가동하는 시스템이 있다. 가스터빈에서 나오는 폐가스는 아직 온도가 높기 때문에 이를 이용하여 열회수 보일러(폐열 보일러)를 가동하고 여기서 얻은 증기로 증기/터빈 발전도 함께 하는 복합 화력방식으로 석탄 가스화 복합발전 시스템(IGCC, Integrated Gasification Combined Cycle)이라 한다. 그림 4.8에서 이러한 원리를 간단한 형태로 보여주고 있다. 분쇄기에 투입된 석탄이 물과 혼합하여 분쇄된 후 슬러리화하고 가스화로의 윗부분에 공기로부터 분리된 압축산소와 함께 투입되고 분사하는데 불완전연소가 되도록 연소시킨다. 이렇게 되면 석탄이 물과 반응하여 합성가스(syngas)를 생성한다. 이 합성가스는 필요에 따라 같이 생성된 COS를 가수분해하여 CO_2로 하여 냉각 후 정제(제진, 탈황, 탄산가스 등 제거)되고 다음에 여기에 압축산소를 가하여 가스연소/터빈을 가동하며 발전을 하게 된다. 한편 압력과 온도가 떨어진 가스터빈의 배가스는 열회수 보일러를 거쳐 탄산가스가 회수된 후 배기된다. 그리고 열회수 보일러에서 발생한 고압의 수증기는 증기터빈을 돌려 제2의 발전을 하게 되는데 최근에는 이 수증기를 가스화로에 일부 불어넣어 효과를 보고 있다고 한다. 가스화로에서 나온 합성가스는 경우에 따라 가스정제 공정에서 CO의 수성가스 반응($CO + H_2O \rightarrow CO_2 + H_2$)으로 수소의 함량을 증대($H_2$-rich syngas)시킬 수도 있다. 또 이때 증가된 CO_2는 연소 시 생성된 CO_2와 함께 터빈에 들어가기 전에 가스정제 공정에서 회수(연소전 회수, pre-combustion capture)될 수 있다. 이 IGCC는 공기가 아닌 산소(oxyfuel)를 쓰기 때문에 질소가 연소에 들어가지 않아 열효율이 올라가고 탄산가스와 물이 생성물의 대부분이므로 탄산가스의 회수가 용이하다.

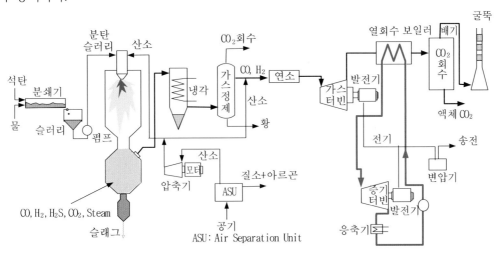

그림 4.8 ∣ 석탄의 가스화 복합발전 시스템

따라서 지구환경과 관련하여 온실가스의 중요성이 대두됨에 따라 특히 이런 경우의 발전소는 탄산가스를 잡아 저장 하는 시설, 즉 CCS(Carbon Capture & Storage)를 하기가 쉽게 된다.

한 과정의 연소를 통해서 온도가 높은 가스터빈에 의한 에너지 전환과 온도가 낮아진 증기를 이용하여 에너지를 전환하는 다단(2단)의 에너지 전환방식이다. 그렇기 때문에 에너지 이용 효율이 크게 증가하게 된다. 보통 이론적으로 50% 정도의 효율을 기대하나 이것은 가동률(100% 기준)이 설계조건에서 가동되어야 하는데 아직 그런 곳이 없고 현재 시험 운전되는 곳의 발전효율은 46~46%선이다. 이 방법은 미국, 체코, 독일, 네덜란드, 스페인, 이탈리아, 일본, 중국 등에서 발전용량이 작은 것은 40 MW에서 큰 것은 1,000 MW(최근 2006년)의 것까지 시험 가동되고 있다. 그리고 연료도 유연탄 외 페트-코크, RDF(Refuse-Derived Fuel), 바이오매스, 아스팔트, 용광로가스, 중유도 사용된다.

이 IGCC는 국내에서도 기초연구가 활발히 진행되어 발전하여 왔으며 앞으로 한전의 화력 발전소에 적용할 계획을 임의 가지고 있다.

▷ 4.14 석탄 화력발전 – 고압 유동연소 발전

석탄의 가스화 복합발전이 2단계의 에너지 전환을 하는 것이라고 한다면 고압유동층 발전 시스템(PFBC, Pressurized Fluidized-bed Combustion System)은 1단의 가스터빈과 2단의 증기터빈, 그리고 1단의 재열기를 가진 발전방식으로 효율이 커지도록 설계한 것이다. 그림 4.9에 원리를 나타내고 있다.

투입된 석탄이 가압 유동층 보일러에서 연소하며 연소가스는 노를 나와서 가스터빈을 돌려 들어오는 공기를 압축하며 가스터빈/발전을 하고 열교환기에서 다시 순환되고 있는 증기 터빈 루프에 열을 제공하고 배기된다. 즉 연소해서 배기될 때까지 연소가스의 온도가 내려가면서 3단계에 걸쳐서 에너지를 전환/회수한다.

한편 물/수증기 루프에서는 포화압 발전이지만 초임계압 발전도 가능하다. 유동층 압은 1~1.5 MPa, 온도 800~900℃ 정도이고 시험용(일본)이 80 MWe, 효율은 40%이고 큰 것은 45% 정도 된다. 과열된 증기가 고압 터빈에서 터빈을 돌리는데, 이 터빈과 같은 축상에 있는 저압 터빈은 고압 터빈에서 나온 증기를 재가열하기 때문에 증기의 터빈효율이 증가하는 것이다. 저압 터빈의 응축수는 응축기에서 응축되고 이 물은 펌프에 의하여 가스 쪽 배기가스와 열교환된 후 다시 유동층 보일러에 들어가 순환한다. 물/증기 루프에서도 2단계에 걸쳐서 증기가 동력을 생산한다. 유동층은 황분을 제거하기 위하여 탄산칼슘이 혼합되어 있으나 고압이므로 연속해서 유동물을 재생할 수는 없다.

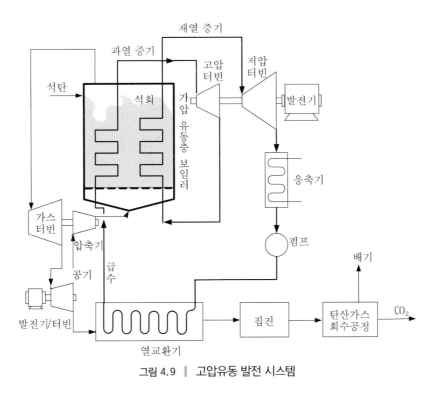

그림 4.9 | 고압유동 발전 시스템

이 시스템은 석유 대신 석탄을 이용할 수 있다는 장점과 함께 플랜트 전체 효율이 크게 향상된 에너지 전환방식으로 세계 여러 나라에서 많은 연구가 진행되어 온 기술이나, 투자비가 많고 기술이 아직 발전진화 단계이므로 실용화되지 못하고 있다.

⬎ 4.15 석탄 화력발전 – 초임계/초초임계 발전

새로운 분탄 연소/발전 시스템으로 초임계 발전은 3장 열역학에서 본 바와 같이 터빈용 수증기의 조건을 임계점($225.65\,kg/cm^2$, $374℃$)을 넘는 고온고압의 증기, 즉 초임계(SC, SuperCritical)/초초임계(USC, Ultra-Super Critical) 증기를 사용하는 발전소를 말한다. 증기의 압력이 $246\,kg/cm^2$, 온도가 $583℃$ 정도인 초임계 발전소는 발전효율이 평균 38% 정도 된다. 그리고 초초임계압 발전은 증기조건 $300\,kg/cm^2$, $600℃$에서 효율이 42~46% 정도이다. 유럽은 상업운전을 목표로 설비용량 400~1,000 MW의 증기조건 $300\,kg/cm^2$, $700℃$(1단계 재가열), $720℃$(2단계 재가열)로 발전효율 55%까지도(COST522, Themie) 가능하다고 한다.

대용량, 고효율이고 환경대책을 갖추기 때문에 친환경적인 기술로 석탄의 문제점을 해결하는 발전방식이다. 그 개략적인 공정도를 정성적으로 나타낸 것이 그림 4.10이다. 특징은

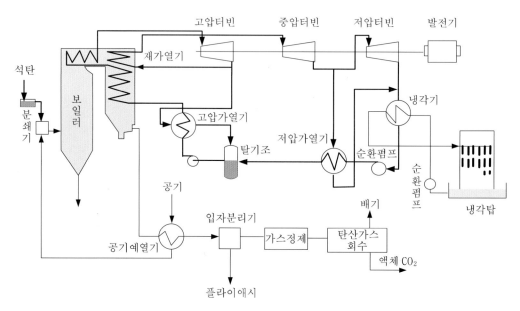

그림 4.10 | 초임계/초초임계 발전시스템

보일러증기를 재생/재가열하여 임계점 이상으로 증기조건을 올리는 것이다. 따라서 고압 고온으로 인한 재료의 부식과 압력에 견뎌야 하는 니켈 베이즈의 고가의 재료가 사용되기 때문에 초기 투자비가 많이 들어간다. 터빈은 다단으로 해서 고압, 중압, 저압으로 흐르고 회전하며 중간에 재가열·재생사이클이 포함되며 3장의 열역학 편에서 본 초초임계발전과 같은 공정으로 구성 되어 있다.

우리나라는 현재 건설되고 있는 500 MW급 발전소(10기 중 4기는 건설 중이고, 6기는 현재 운전 중임)에는 초초임계압을 적용하고 있으며, 기존 초임계압 발전소에 비해 연간 75만 톤의 연료절감과 400만 톤의 탄산가스를 감소시킨다고 한다. 그리고 2001년부터 대형인 1,000 MW급 초초임계압 터빈 발전기 과제를 시작하여 2010년 이미 완료된 상태이고, 이를 당진화력발전소 9호기, 10호기, 신보령 1호기, 2호기 그리고 태안 9호기, 10호기 등에 적용되고 있다. 압력 260기압, 온도 610℃ 정도이며, 모두 탈황, 타르질, 전기집진시설을 갖추고 자동화 감시체제를 하고 있다.

표 4.7 | 각 발전방식의 열효율의 비교

구 분	IGCC	PC	SC	USC
출력(MW)	500	500	500	500
열효율(%)	41.8	35.9	38.3	42.7
공급열량(kcal/kWh)	2,058	2,394	2,242	2,016

유연탄을 사용할 경우의 IGCC, 저임계(PC), 초임계(SC) 그리고 초초임계(USC)의 열효율 및 출력당 공급 열량(kcal/kWh)을 표 4.7에 나타낸다.

표 4.7을 보면 IGCC와 USC가 주목을 끄는 석탄 화력발전으로 전개될 것으로 예상된다. 그런데 이 둘은 일장일단이 있다. 단순히 석탄을 사용하여 발전을 하려면 당장 그 기술이 입증된 USC가 좋고 용량도 1,000 MW급이 건설되고 있으므로 거의 원자력발전소 1기에 맞먹는다. 그러나 IGCC는 기술이 완성되어 가동되는 곳이 있지만 아직 확장, 적용하여 건설하기에는 다소 시간이 걸릴 것으로 예상된다. 그러나 IGCC의 장점은 원료를 다양하게 사용하여 합성가스(syngas)를 만들 수가 있어서 석탄의 액화(FT법)라는 견지와 수성가스반응을 같이 수행한다면 수소의 제조가 가능해져서 연료전지 및 화학원료로도 중요하기 때문에 주목해야 한다.

◢ 4.16 석탄화력과 관계된 오염문제

1. 아황산가스 및 산화질소

석탄을 사용할 때 나오는 오염성분으로 무연탄의 경우는 매연이 없지만 유연탄의 경우는 매연이 발생하며 유해가스로서 SO_2, NO_x, CO_2, CO 및 회분(fly ash)이 대기 중으로 방출된다. 또한 최근 석탄 회분에 방사성 물질이 존재한다는 문제가 일고 있기도 하다.

또 화력(석탄, 석유)이나 원자력발전 모두 냉각수의 문제가 있다. 즉 발전소에서 사용하는 터빈에 냉각수를 사용하게 되며, 따라서 여기서 온수의 폐열이 방출되는데, 폐온수는 부근의 하천 등이나 바다로 방류된다. 에너지 소비, 특히 발전소의 건설이 많이 늘어나면 발전소 폐열도 크게 증가할 것이 예상된다. 그렇게 되면 하천이나 연안지역의 수온이 상승할 수가 있고 이로 인하여 어류 등에 영향을 미칠 가능성이 있는 것이다. 따라서 발전소를 건설할 때는 이런 점 등을 고려하는 충분한 영향평가가 있어야 하는 것이다.

석탄의 연소에 의하여 발생되는 대기오염물질로는 아황산가스가 가장 많아서 큰 문제로 대두되고 있다. 이것은 석유와 똑같이 석탄 중에 0.5~5% 함유율로 존재하는 황의 연소에 의하여 생기고, 석탄 중에 황은 무기화합물, 유기화합물 두 가지 상태로 존재한다.

유기화합물　　$\to$ C‑SH, $\to$ C‑S‑S‑C $\to$, $\to$ CH‑SH, =CH‑S‑CH=

무기화합물　　FeS_2, FeS

특히 유연탄에서는 황화철의 형태로 많이 포함되어 있다. 석탄의 탈황에는 연소 전, 연소 중 그리고 연소 후 행하는 세 가지 방법이 있는데, 연소 전에 행하는 방법에서는 석탄을 미분화해서 수세함으로써 밀도차를 이용해서 FeS_2를 제거한다든지 또는 석탄을 직접 연소하지 않고 가스화 처리하면서 이 과정에서 탈황하는 방법도 가능하다. 연소 중에 탈황은 앞서 기술한 바와 같이 유동층 연소기에서 탄산칼슘을 유동화하면 탈황이 가능하다. 또한 연소 후의 매연으로부터 황분을 제거하는 방법으로는 배기가스를 수산화나트륨 용액 등으로 세정해서 습식탈황하는 방법과 SO_2를 SO_3로 산화시킨 후 물과 반응시켜 황산으로 하고 수산화칼슘으로 석고를 만들어 제거하는 방법이 있다.

또한 NO_x는 이미 기술한 유동층 연소법으로 연소하면서 낮은 온도에서 연소시키면 온도가 낮아 NO_x의 발생 자체가 억제된다. 플라이애시는 수세하거나 전기 집진기에 의하여 대부분을 제거할 수 있고 또 회분은 시멘트에 넣어 자원화 할 수도 있다.

2. 탄산가스

그런데 지구 환경문제와 관련된 탄산가스는 석탄을 사용하는 발전소에서는

- 석탄연료의 연소효율 향상과 다음과 같은 발전효율이 우선이다.
- 초초임계압 발전
- 석탄의 가스화 복합발전(IGCC) 그리고
- 포집시설과 탄산가스의 수송과 저장(CCS)을 위한 일련의 계통

을 가추워 이 문제를 해결하려는 노력이 시작 되었다고 할 수 있다.

◰ 4.17　석탄의 가스화

석탄의 가스화는 석탄 사용상에 많은 이점을 가져다준다. 석탄은 그것을 운반하는 별도의 차량이 있어야 하고 저탄시설이 필요하지만 가스로 만들면 배관망을 통해서 장거리까지도 수송이 가능하다. 사용하는 사람의 입장에서도 가스의 사용이 석탄 그대로 사용하는 것보다 훨씬 쉬워지는 것이다. 석탄의 가스화는 다음과 같이 석탄을 산소와 수증기로 반응시켜 IGCC와 같이 일산화탄소 및 수소의 혼합가스(syngas)를 만드는 것이다.

$$C + H_2O \rightarrow CO + H_2 \text{ (수성가스 반응)}$$

또는

$$C + \frac{1}{2}O_2 \rightarrow CO \text{ (부분 산화 반응)}$$

이렇게 해서 얻은 가스는 전에는 도시가스로 사용하였다. 우리나라에서는 1945년 이전에 석탄 가스화 시설이 서울 왕십리에 설치되어 여기서 가스를 만들어 시내에 공급한 적이 있다.

LNG가 들어오기 전에는 석탄 대신에 석유 중 나프타 분을 똑같은 방법으로 가스화해서 마포지역에 한때 상당한 기간 동안 도시가스로 공급한 적이 있으나 지금은 모두 LNG(도시가스)로 대체되었다.

1. Lurgi식 가스 발생로

화학공업에서 옛날에 석유가 없을 때 독일에서는 암모니아 합성에 필요한 값싼 수소를 석탄으로부터 수성가스 반응을 실시하여 얻었다. 대표적인 석탄 가스화 설비가 그림 4.11의 독일의 Lurgi식 가스 발생로이다.

상부에서 갈탄(3~30 mm)이 공급되면 약 25~30 atm, 750~850℃의 내부에 진동자를 거쳐 내려가 분산판에 의하여 낙하한다. 밑의 진동 화격자로 떨어진 석탄은 하부에서 들어온 산소 + 수증기에 의하여 부분 연소하며 생성물은 약 10~15%의 메테인을 포함하고 있으며 CO/H$_2$비를 3 정도로 조정하고 세정 후 메테인화해서 석탄가스를 얻으나 메테인의 수율이 낮고 괴탄 이용이 힘들고 대용량이 곤란하다.

그러나 이 Lurgi로는 값싼 갈탄을 사용하여 3,000~4,000 kcal/m^3(stp)의 저칼로리 연료가스를 제조하는 장치로서 지난 50~60년간이나 사용되었으며, 지금도 세계적으로 50기 이상

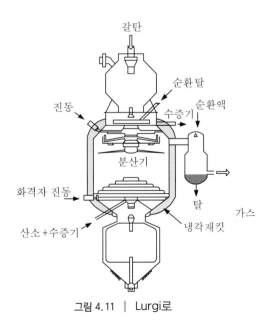

그림 4.11 │ Lurgi로

이 아직 가동되고 있으나 문제점이 많아 제한적으로 사용되고 있다.

옛날에는 화학공업 원료를 목적으로 석탄을 가스화했으나 대량의 석유가 나타남에 따라 지금은 석탄 가스화는 생성 가스로서 메테인을 주성분으로 하는 고칼로리 가스 [9,000 kcal/m³(stp)]를 요구하고 있고 이를 공업용 연료로 사용하려 하고 있다. 즉 천연가스의 합성이 주목적이지만 저칼로리라도 가스터빈 발전용[3,000 kcal/m³(stp)] 가스로도 사용할 수 있다.

2. Hygas법

고칼로리 가스화에 대한 연구는 대규모로 여러 가지가 행해지고 있지만 그 중 중요한 중의 하나는 그림 4.12에 나타내는 미국의 Hygas법의 가스 발생로이다.

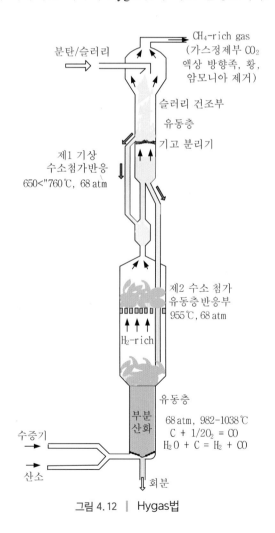

그림 4.12 ┃ Hygas법

이 방법은 수증기와 산소의 혼합물을 휘발분이 없고 탄소(C)가 대부분인, 그리고 온도가 1,000℃ 정도가 되는 장치의 밑 부분에 보낸 후 여기에서 수성가스 반응을 일으켜 수소가 많은 가스(H_2-rich gas)를 생성시킨다. 이 가스는 제2 및 제1 수소첨가부에서 CO와 반응하여 CH_4 성분이 증가하게 되고 고칼로리 가스가 되는데, 이 가스로부터 CO_2, 방향족, 암모니아를 정제한 후 도시가스(LNG 대체용 가능) 사용처에 공급된다.

석탄의 가스화법은 위에서 든 것 외에 유동층 가스화법(40 kg/cm², 1,000℃ 유동층에 석탄 투입 가스화), 철용융상 가스화법(1,500℃ 이상의 용융철상에 석탄을 투입 가스화), 그리고 플라스마* 가스화법(저전압, 대전류에 의하여 아크방전을 일으키고 여기서 얻어지는 고온의 플라스마 중에 석탄을 투입하여 순식간에 가스화) 등이 있다.

3. 현지 지하 석탄 가스화법(UCG, in-situ Under-ground Coal Gasification)

지하에 묻혀 있는 석탄층에 직접 산화제(공기, 산소 또는 스팀)를 불어넣어 석탄 연료를 연소시킨다. 그러면 석탄이 연소분해하면서 가연성 가스를 생성하여 지상으로 내보내게 된다. 연소압력이 높고, 온도가 700~900℃이며 높을 경우는 1,500℃ 정도까지도 올라간다. 생성 가스는 탄산가스(CO_2), 수소(H_2), 일산화탄소(CO) 그리고 적은 양의 메테인(CH_4)과 황화수소(H_2S)이다. 수직으로 들어간 공기가 석탄층(두께 5 m 이상)을 가로질러 다른 쪽 구멍으로 가스를 방출한다. 탄질이 낮고 너무 깊은 곳은 경제성이 떨어지며 보통 100~600 m 사이에 석탄층이 있어야 경제성이 있다. 얻어진 가스는 복합사이클 가스터빈(CCGT, Combined Cycle Gas Turbine)에 사용하기에 적합하다. 복합효율이 43% 정도 되며 분탄연소 발전 시스템보다 큰 출력을 얻을 수 있다. 그리고 GHG를 크게 감소시킬 수 있다. 현재 UCG는 석유 1 bbl 생산에 17 US$ 정도 소요 되며 부생되는 암모니아는 비료 사용이 가능하다. 여기서 얻은 합성가스(syngas)는 파이프로 수송이 가능하여 석탄을 채굴하여 수송하는 것보다 훨씬 저렴하다. 2008년 캐나다의 Laurus Energy사가 UCG를 CCS와 결합하여 CO_2를 저장 하며 원가 절감을 시행하고 있고, 2009년 Tomton New Energy사는 생산된 가스로 연료전지와의 결합을 시도하고 있다.

이 공법은 지상에서 할 경우 생기는 각종 환경오염문제, 즉 재의 처리 문제, SO_x, NO_x문제를 크게 줄일 수가 있으며, 석탄의 저장시설도 필요 없다. 그리고 암모니아나 황화수소도

Footnote

* 플라스마 기체분자나 원자에 큰 에너지(열이나 마이크로파 등)를 가하면 최외각 전자가 궤도를 벗어남으로써 자유전자가 되어 동시에 형성된 양전하의 이온과 대립되며 전체적으로는 전기적 중성을 가진다. 그러나 두 전하 사이에는 전기적인 상호작용(반발, 이온화, 여기&반발의 복합작용)에 의해서 독특한 빛을 방출하며 활발한 반응성을 갖게 되는데 이를 플라스마라고 한다.

훨씬 저렴하게 회수 정제할 수가 있다. 그러나 생성된 페놀은 지하에 그대로 머무르게 되어 이것이 지하수오염의 문제를 일으킬 수가 있지만 약 2년 정도 지나면 다 회수되어 제거된다. 이 UCG는 지상 작업처럼 관리가 좋은 공정이 될 수가 없어서 생산에 좋은 제어성을 가질 수는 없다.

◢ 4.18 C₁ 화학

C₁ 화학이란 말 자체는 이제 새로운 말이 아니다. 이 말은 석유파동이 일어난 후 에너지 사용을 석유의 탈피에 초점을 맞추어 생겨난 말이다. 우리 주변의 화학제품은 대부분 석유에서 출발한 것이지만 석유에서 탈피하여 다른 대체물질을 사용하여 석유로부터 만들던 제품을 만들어 보자는 것이다. 여기서 특히 탄소 한 원자가 포함된 원료물질을 C₁이라고 하고 이들로부터 각종 화학물질을 만드는 화학을 C₁ 화학이라고 한다. 탄소 원자 하나로 된 물질로는 CH_4, HCN, CO_2, CO/H_2 그리고 CH_3OH 등이 있다.

여기서 화학원료로서 가장 많이 사용되는 것이 합성가스인 CO/H_2이고 이것은 석탄 및 바이오매스의 가스화에서 얻을 수가 있다. C₁ 화학의 구성을 그림 4.13에 나타내었다.

C₁ 화학은 LNG(CH_4)를 도입하는 나라는 이것으로부터 C₁ 화학이 가능하다. 즉 메테인을 CO/H_2로 전환시켜 이로부터 탄화수소는 물론 메탄올, 정밀화학제품인 초산, 에틸렌글리콜

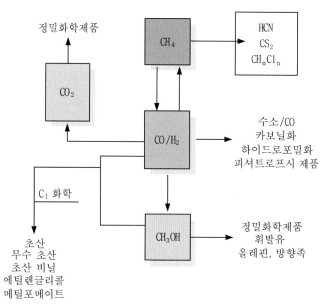

그림 4.13 | C1 화학의 구성

등을 생산할 수가 있다. 또 제철소의 전로*에서 발생하는 일산화탄소도 수소와 혼합하여 CO/H_2 가스를 만들 수가 있고 C_1 화학이 가능해진다. 메탄올은 직접 제올라이트(ZSM-5)계 촉매를 사용하면 휘발유 및 방향족 화합물을 제조할 수 있다.

관련 반응

(1) 합성가스(syngas, H_2/CO)에 기초한 C_1 화학반응

합성가스로부터는 직간접 경로를 통하여 화합물을 만들 수가 있는데 직접적인 방법은 메탄화, 피셔-트로프시(FT, Fischer-Tropsch)화학, 산소를 포함하는 화합물의 합성이 있고 간접적인 방법은 카보닐레이션(carbonylation), 메탄올 그리고 메틸포메이트의 합성 등이 있으며 그 반응을 표 4.8에 나타낸다.

(2) 메테인에 기초한 C_1 화학반응

메테인으로부터는 CH_3OH, CXn, HCN 제조에 이미 사용되고 있다. 최근 흥미를 끄는 것은 메테인의 2원화로 에테인을 만들고, 이를 사용하여 여러 화합물 합성의 원료로 사용하는 것이다. 메테인의 활성화로 얻어지는 생성물의 반응을 표 4.9에 나타낸다.

표 4.8 | 합성가스로부터의 C_1 화학

반 응	CO : H_2	H_2O로서의 손실 %
직접적인 전환		
$CO + 2H_2 \rightarrow$ 메탄올	1 : 2	–
$2CO + 2H_2 \rightarrow$ 초산	1 : 1	–
$2CO + 2H_2 \rightarrow$ 메틸포메이트	1 : 1	–
$2CO + 4H_2 \rightarrow$ 에탄올	1 : 2	28
$3CO + 6H_2 \rightarrow$ 프로판올	1 : 2	38
$2CO + 3H_2 \rightarrow$ 에틸렌글리콜	2 : 3	–
$4CO + 8H_2 \rightarrow$ 아이소프로판올	1 : 2	50
$2CO + 4H_2 \rightarrow$ 에틸렌	1 : 2	56
$16CO + 33H_2 \rightarrow$ n-헥사데칸	1 : 2.1	56
간접적인 전환		
$CH_3OH + CO \rightarrow$ 초산	–	–
$CH_3COCH_3 + CO \rightarrow$ 무수초산	–	–

Footnote

* 전로에서 일어나는 현상 제철소의 용광로에서 나온 쇳물은 많은 탄소를 가지고 있다. 따라서 이 탄소를 제거하기 위하여 쇳물을 전로에 넣고 산소를 불어넣어 탄소를 태운다. 이때 많은 양의 CO가 발생한다(11장 참조).

표 4.9 | 메테인의 C₁ 화학 반응

	반 응	개입물 및 공정
CH₄	→ C₂ 생성물(산화에 의한 카풀인)	O₂, C₁~C₄ 포화 탄화수소
	→ 올레핀(산화에 의한 메틸화)	CH₃CN, O₂
	→ 아크릴나이트릴	Benson 공정
	→ 올레핀	Benson 공정, Cl₂
	→ 염화비닐	O₂
	→ 메탄올/포르말린	

Benson: 회사명

(3) 탄산가스에 기초한 C₁ 화학반응

탄산가스는 요소(urea), 에틸렌카보네이트, 살리실산의 제조에 사용되어 왔으며, 특히 CO_2 로부터 메탄올의 제조는 그의 큰 용도이다. 더구나 배위화학, 착체화학을 하는 사람들에게는 매우 익숙한 화합물이다. 특히 한 예를 보면 CO_2와 디올레핀과의 촉매반응은 아주 좋은 선택성을 가지고 일어난다. 부타디엔과 CO_2의 예를 다음에 나타낸다.

↘ 4.19 석탄의 액화

석탄이 물러가고 석유가 우리 생활 속에 그리고 생산 공장에 뿌리를 내림에 따라 석유를 사용하던 라인에 이제 석탄을 사용할 수는 없게 되었다. 더구나 자동차나 항공기 같은 경우에는 내연기관을 쓰기 때문에 액체연료를 사용하지 않으면 안 된다. 석탄을 액화하는 이유는 바로 이런 데 목적이 있는 것이다. 제2차 세계대전 당시 독일은 석유가 한 방울도 생산되지 않았으나 석탄으로부터 석유를 생산해서 당시 연간 300만 톤의 휘발유를 생산해 냈다고 한다. 일본은 제2차 세계대전에서 비행기 연료가 없어서 카바이드로부터 휘발유를 생산하는 공장을 우리나라 흥남(현재 북한)에 세워 휘발유(아이소옥테인)를 생산하여 전투기 연료로 사용한 적이 있다. 이것도 석탄의 한 액화방법이다. 무연탄과 석회석을 구워서 카바이드를 만들고 이것을 물과 접촉시키면 아세틸렌이 생성된다. 이것을 촉매를 써서 아세틸렌 분자를 에틸렌으로 하고 에탄올을 거쳐 3개 내지 4개를 여러 단계를 거쳐 촉매로 붙이면 아이소옥테인이 된다. 즉 무연탄의 액화방법이라고 할 수 있다.

$$CaO \ + \ 3C \ \rightarrow \ CaC_2 \ + \ CO$$

$$CaC_2 \ + \ 2H_2O \ \rightarrow \ CH\equiv CH \ + \ Ca(OH)_2$$

$$4CH\equiv CH \ + \ 4H_2 \ >>> \ C_8H_{16} \ (여러 \ 단계를 \ 거쳐 \ 아이소옥테인)$$

석탄(유연탄) 액화는 이러한 간접적인 방법보다는 직접 액화하려는 시도가 대부분이고 생산가격도 저렴해진다. 석탄과 석유가 다른 점은 수소와 탄소의 비가 다른 것이다. 석탄(유연탄)의 경우는 중량비로 탄소 79에 대하여 수소 1.5(중량비 52)인 데 비하여, 중유의 경우는 탄소 62에 대하여 수소가 4.7(중량비 13)이다. 또 석유의 평균분자량이 200인 것에 비하여 석탄은 2,000 이상으로 이 정도면 완전히 고체가 된다. 석탄을 석유로 바꾼다는 것은 결국 석탄에 부족한 수소를 가해 주면서 분자량이 200~300 정도가 되도록 석탄을 분해시켜 주는 것인데, 이러한 아이디어는 1913년에 F. Bergius의 특허로부터 시작된 것이다. 이 반응은 약 200기압, 400~450℃의 조건하에서 석탄에 수소를 반응시켜 액상 생성물이 생기도록 하는 것이다. 석탄 액화의 공업화는 1931년 독일의 M. Pier가 주축이 된 연구팀에서 철계 촉매를 사용하여 250기압에서 갈탄에 수소를 첨가하면서 시작되었다. IG 염료 회사에서 1939년 철계 촉매를 사용하여 700기압이라고 하는 고압에서 액화에 성공했고, 독일의 나치 때에는 전쟁을 위해서 채산성은 무시한 채로 이 방법으로 석유를 만들었다. 2차 대전이 끝나면서 미국은 독일의 IG법을 개량해서 미국 광업청(Bureau of Mines)법을 탄생시켰고, 일산 석탄 50~60톤을 액화하는 실험공장을 건설하면서 연구를 진행해 왔지만 값싼 석유에 이겨내지를 못하고 대형 연구에 종지부를 찍고 말았다. 이러한 IG의 공장과 광업청의 공장은 모두 휘발유를 얻을 것을 목적으로 했던 시도이다.

석탄의 액화 공정은 다음과 같이 4가지로 분류된다.

- 직접수소화법
- 용제처리 액화법
- 건류수소화법
- 석탄 가스화 생성물에 의한 합성법(남아프리카)

1. 직접수소화법

이 방법은 갈탄과 저탄화도의 역청탄을 60 mesh 이하의 분말로 분쇄하고 직접 수첨반응을 시켜 액체로 만든다. 앞서 말한 Bergius법이 이 방법의 시작이라고 할 수 있다. 원료탄으로는 값이 싸고 수소화 분해가 쉬운 저석탄도의 것으로 회분이 적은 탄종이 좋다. 원료로서의 석탄은 매장량이 많은 탄전에서 구해야 한다. 이 원료탄을 철계의 촉매와 함께 분쇄하고 건조한 후 석탄계 중질유와 혼합해서 페이스트(paste)상으로 한다. 다음에 페이스트는 펌프로 반응관에 보내고 수소와 함께 400~500℃로 가열하며, 200~700기압의 조건에서 수소화 분해하는 방법이다.

그림 4.14가 그 생산 공정도이다. 반응 중 수첨분해 생성물은 고온 분리기에 보내서 여기서 고형분(회분, 촉매, 미반응탄)과 함께 중질유가 분리되고, 중질 유분은 고체 잔사유를 제거하고 되돌려 보내져 페이스트와 혼합한다. 다음에 고온 분리기로부터 나온 경질 유분은

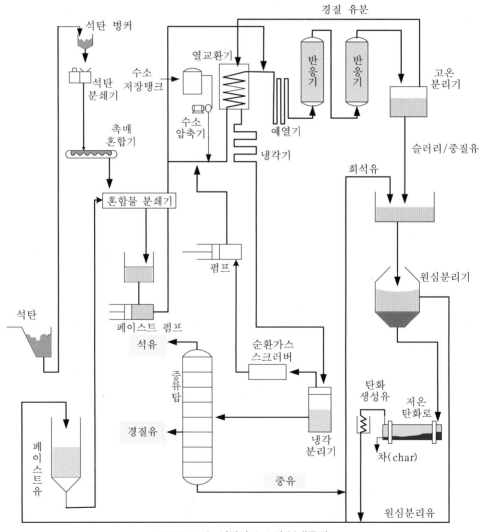

그림 4.14 ┃ 석탄의 수소화 분해공정

열교환기를 거쳐 냉각기로 보내져서 완전히 응축되고 냉각 분리기에서 가스와 기름이 분리되면 액화 생성유는 증류탑으로 가서 석유, 경질유 그리고 중유로 분리된다. 여기서 얻어진 생성유는 가솔린 등 목적으로 하는 연료의 질에 따라 2차로 기상 수소화 처리를 행하게 되는 것이다.

2. 용제처리 액화법

직접 수소화 액화법은 기술적, 경제적으로 많은 문제가 있기 때문에 비교적 저온·저압에서 수소처리만 하고 이것을 용제에 콜로이드 상으로 분산시켜 액체연료로 사용하는 방법이 고려될 수 있다. 또한 원료탄을 용제처리하고 수소에 의하여 가교결합부분만 일단 떨어져 나가게 하여 저분자로 한다. 이것은 분자량이 적어졌기 때문에 용제 중에 잘 분산되므로 그대로 중유연료로 사용할 수도 있고 회분을 제거해서 무회탄을 만들 수도 있다.

그림 4.15가 미국의 CSF(Console Synthetic Fuel Process)법이다. 분쇄된 원료탄이 추출탑

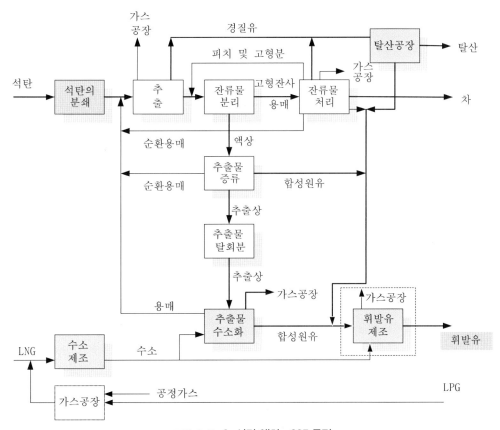

그림 4.15 ┃ 석탄 액화, CSF 공정

으로 옮겨져 순환되는 용매와 접촉하게 되고, 용해 가능한 성분은 여기서 추출되어 추출경질유와 잔유물이 일단 분리된다.

다음 경질유는 탈산(유기산)된 후 휘발유 제조공정으로 공급된다. 한편 추출탑에서 나온 잔류물은 고형 잔사물을 분리해내고 액상성분은 증류 그리고 타르 회분 제거를 거쳐 추출물 수소화 반응기에서 Ni, Co, Mo-알루미나 등의 촉매를 사용하여 200~300기압, 425~450℃, 4시간의 조건에서 수소화 분해하여 합성원유를 만든다. 이때 원유는 휘발유제조공정에서 약 60%의 휘발유로 바뀔 수 있다. 이때 필요한 수소는 LPG와 LNG로부터 제조되어 공급된다.

석탄의 용제추출공정에서는 고체와 액체의 분리가 힘들어서 이것이 연구과제가 되고 있다. CSF법과 유사한 방법으로 다른 방법은 걸프(미국)사에서 개발한 SRC Ⅱ법이 있다. 이 방법의 특징은 석탄 중의 회분을 촉매로 이용함으로써 회분을 분리 제거할 필요가 없다는 것이다. 또한 전환 효율도 70% 이상으로 높일 수 있다.

석탄 액화법과 유사한 것으로 '일본 구조공업시험소'에서 개발한 솔볼리시스법이 있다. 이 방법은 공정에 수소를 사용하지 않고 용제로서 크레오소트(creosot, 목재 타르)유와 같은 석탄계 용제를 사용하지 않으며 대신 석유 정제의 잔사유가 이용됨으로써 경제적으로 유리하다.

이 방법은 석탄분말 1에 잔사유 2를 혼합해서 상압, 400~450℃로 열처리하고 이 열과 용제만으로 석탄을 액화하는 것이다. 석유계 잔사 중질유는 400℃ 이상이면 열분해와 중합반응이 일어나고 그의 주성분인 지방족 탄화수소로부터 방향족 탄화수소를 생성한다. 이것에 의하여 석탄은 그의 구조가 파괴되고 액화된다. 이 방법으로 얻은 무회(無灰)피치는 연료로서의 용도는 거의 없고 코크스 원료로서 사용될 수 있다.

3. 저온건류법

석탄은 400~600℃의 비교적 낮은 온도에서 건류(열분해)되면 다량의 타르를 생성시킨다. 이를 수소화시켜 경질유를 얻는 기술이다. 석탄은 400℃ 부근의 온도에서 가장 많은 액체 탄화수소를 타르로서 방출하기 때문에 이 방법은 예부터 거의 석유 대체 액체연료의 제조 목적으로 사용되어 왔다.

그림 4.16의 COED(Char-Oil-Energy Development) 프로세스는 저온건류(보통의 건류는 1,000℃ 정도에서 하기 때문에 400~600℃는 저온이라고 한다)에 의하여 얻어지는 기체, 액체와 고형분(저온 코크스 = 고라이트)을 분리하여 기체와 액체를 회수하는 방법이다. 유동층 처리 후 저온 코크스는 옛날에는 연탄원료로 사용했지만 이 방법에서는 가스화(syngas) 원료로 사용하며 옛 건류 액화기술이 보다 개량된 것이다.

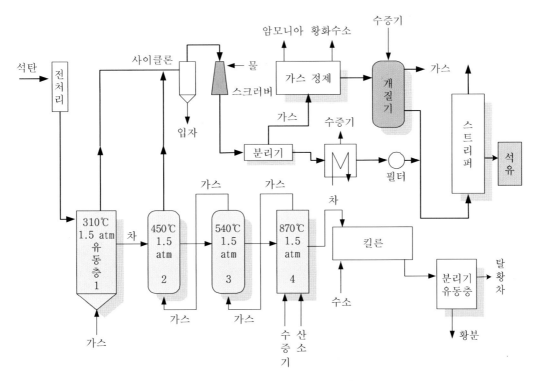

그림 4.16 ┃ 석탄의 액화, COED법

분쇄 건조된 석탄을 310℃의 유동층 건류기에 보내서 가스와 차(char)를 만든다. 가스 성분은 사이클론과 스크러버를 거쳐 정제되고 분리기에서 가스와 석유를 분리한다. 가스는 정제장치에서 암모니아와 황화수소를 분리해 내고 개질기에서 석유를 합성한다. 이것이 기액분리기에서 잡힌 석유와 혼합 증류탑에 공급되어 여기서 수소, 수증기, 암모니아, 황화수소를 제거하고 제품인 석유를 얻는다. 한편 차는 450, 540℃ 그리고 879℃의 반응로를 거치면서 건류가 완성되고 수소가 공급되는 킬른(Kiln)을 거쳐 탈황된 후 배출된다.

4. 석탄 가스화 생성물에 의한 합성법

석탄을 일단 가스화하고 생성된 합성가스(syngas), 즉 일산화탄소와 수소(CO/H_2)를 사용해서 파라핀계 액체 탄화수소를 합성하는 방법이다. 앞에서 말한 바와 같이 이 합성법은 1922년 Fischer와 Tropsch에 의하여 개발되었다. 일산화탄소와 수소의 혼합가스를 사용하고 코발트/규조토를 촉매로 상압에서 180℃ 정도로 가열하면 석유가 합성된다. 이러한 형의 공정을 이제 일반적으로 Fischer-Tropsch법(FT)이라고 한다.

이 합성법의 반응은 다음과 같이 쓸 수 있다.

$$2n\text{CO} + (n+1)\text{H}_2 \xrightarrow[250℃]{\text{철촉매}} \text{C}_n\text{H}_{2n+2} + n\text{CO}_2$$

$$n\text{CO} + (2n+1)\text{H}_2 \xrightarrow[180\sim200℃]{\text{Ni, Co 촉매}} \text{C}_n\text{H}_{2n+2} + n\text{H}_2\text{O}$$

이 방법에 의한 석유의 합성은 앞서 말한 바와 같이 제2차 세계대전 당시 석유를 가지고 있지 않은 독일에서 실제 군사용으로 개발되어 생산하였다. 전후 남아프리카의 SASOL사에서 1955년부터 35만 톤/년의 규모로 시작하여 합성가스로부터 인조 석유를 생산하게 되었는데 Sasolburg에 건설한 SASOL I사의 생산량이 10,000 bbl/day이고, 루르기식 가압 가스로 16기를 설치하여 CO, tar, oil 원료가스를 생산한다. SASOL II(1980년)와 SASOL III는 Secunda

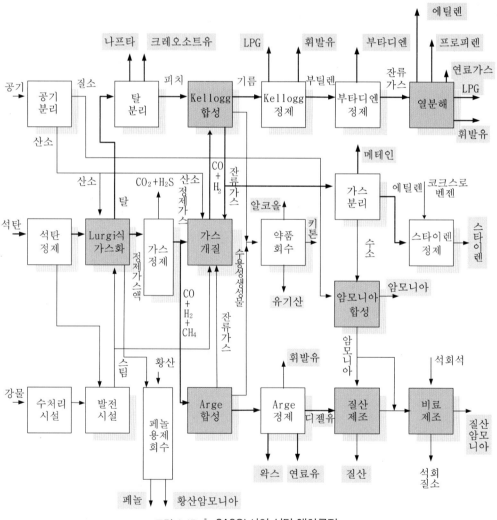

그림 4.17 | SASOL사의 석탄 액화공정

에 건설했으며 모두 합해서 125,000~130,000 bbl/day의 액상물질(주로 휘발유)을 생산하고 있다. 원료는 석탄 외 수소원으로 LNG를 사용하기도 하며 석탄에서 액체석유(CTL, Coal To Liquid), 가스에서 액체석유(GTL, Gas To Liquid)는 물론 용제, 에틸렌, 왁스, 암모니아, 비료 등을 생산하는, 즉 그림 4.17에서 보는 바와 같이 종합화학 회사가 되었다. 지금은 카타르, 나이지리아(1998년 Chevron과 합작으로 GTL공장 20,000 bbl/day 건설) 등에 공장을 수출하고 있다.

피셔식 석유합성법은 대규모로 석탄을 이용하는 제철소에서 코크를 생산할 때 발생되는 부산물의 가스도 이용 가능하여 부생되는 가스의 유효이용이라는 점에 의미가 있다. 합성유의 성분이 지방족 탄화수소이기 때문에 화학공업 원료로서 이용에 유리한 점을 가지고 있어서 석탄이 다시 석유를 대체 하는 시대에 접어들면서 앞으로 중요한 기술이 될 것으로 생각하고 있다.

공정을 간단히 설명하면 다음과 같다. 석탄은 발전설비로부터 스팀을 공급받고 공기 분리기에서 산소를 공급받아 Lurgi 가스화로에서 가스를 발생한다. 이 가스가 정제기를 거쳐 개질기에서 스팀과 혼합되고 개질된다. 개질가스(CO/H_2)의 액화(GTL)에 사용되는 Kellogg 합성반응탑은 SASOL사가 수직관 반응기(220℃)인 Arge 합성탑을 개량한 것으로 반응온도도 340℃로 올려 반응하며 액상수율이 크다. 가열된 가스가 반응관 밑에서 위로 상승하고 촉매가 위에서 강하하는 형식으로 순환 조작되며 주로 휘발유가 포함된 탄화수소를 만든다. 그리고 Kellogg 정제장치에서 LPG와 휘발유를 얻고 부타디엔을 회수한 후 열분해 된다. 한편, 잔류가스는 메테인, 에틸렌과 수소를 분리하여 스타이렌과 암모니아를 합성한다. 정제된 Lurgi 가스(CO/H_2)는 비교적 온도가 낮은 Arge 합성탑에서 디젤유＋휘발유 등을 합성한다.

1 우리나라의 무연탄산업이 많이 사양화되어 있다. 그 이유를 설명하여라.

2 석탄의 종류를 열거하고 종류별로 사용상 장단점을 열거하여라.

3 석탄을 가스화해서 사용하는 것과 액화해서 석유로 할 경우, 생산 원가면과 사용의 편이성에서의 장단점을 설명하여라.

4 석탄을 사용하면 많은 분진을 발생한다. 분진 중 포함된 그의 화학적 조성과 이 분진이 인체에 미치는 영향을 조사하여라.

5 석탄을 연료로 사용하면 아황산가스가 많이 발생한다. 황은 석탄 중 어떤 형태의 화합물로 얼마가 존재하며 연소 전 연료 또는 연소 후 배가스로부터 탈황하려면 어떻게 하는가?

6 석탄 중 포함된 원소로 탄소, 수소 외 미량성분까지 포함하여 그 종류를 쓰고 그의 평균 함량(wt%)을 써라.

7 석탄의 고압 유동층 연소발전의 효율이 상당히 높은 것으로 되어 있다. 그 이유를 설명하여라.

8 석탄을 왜 가스화하려고 하는가? 그 이유를 써라.

9 석탄을 가스화하여 액화할 때 촉매를 사용하고 있다. 이때 촉매가 어떤 역할을 하는가?

10 남아공의 SASOL은 왜 아직도 상당부분 휘발유를 FT법으로 생산하는가?

11 본문에서 석탄의 4개의 액화법은 각기 특징이 있다고 생각한다. 비교해서 설명하여라.

12 석탄을 사용하여 증기조건 초/초초임계압법으로 화력발전한다. 그리고 이런 발전소가 최근 증가하고 있고 대형화되고 있다. 이때 환경오염기술과 관련하여 생각할 점과 이 석탄 초/초초임계압법이 왜 중요한가?

13 석탄을 액화하려면 석유 값과 비교하여 어느 정도 고유가가 되어야 석탄의 액화가 의미가 있다고 생각하는가?

14 각국의 IGCC의 시설용량을 인터넷에서 찾아 발전용량과 사용연료의 종류 그리고 그의 전망을 써라.

Chapter 5

석 유

환경문제로 인해 대체에너지의 요구가 분출하고 있지만 경제성 때문에 현재까지는 에너지원의 주체는 아직 석유이다. 석유 발견의 역사는 오히려 석탄보다도 오래되었다. 그리스 신화에서는 '프로메테우스가 흘린 피'라는 표현으로 석유를 나타내고 있기도 하다. 우리나라에서는 석유에 의한 것인지는 확실히 알 수는 없지만 서해안과 포항 근처의 땅이나 바다에서 화재가 자주 발생했다는 기록을 통하여 이것이 석유가스가 솟아오르며 붙은 불이 아닌가 생각하고 있다. 최근에 포항에서 몇 킬로미터 떨어진 곳에서 가스층이 발견되어 채굴/생산하고 있는 것만 보아도 이를 추측할 수 있다.

석유가 실용화되기 시작한 것은 최근의 일이다. 미국에서 19세기에 들어서면서 노벨 형제에 의하여 증류장치가 개발되어 휘발유와 중유를 생산하고 등유가 램프용으로 공급되기 시작하면서부터 석유가 실용화되었다고 할 수 있다. 그러나 현재 석유는 휘발유, 경유와 등유로서 자동차와 항공기용으로, 또 중유는 선박연료 그리고 공업용 원료로 그 수요가 폭발하여 지금에는 연간 42억 톤(2014년 기준)의 석유가 생산되고 있으며, 이대로 석유를 사용한다면 얼마 안 가서 석유가 고갈될 것으로 관측되고 있다.

↘ 5.1 석유자원의 매장량

석유 매장량이라는 말은 석유가 그만큼 존재한다는 뜻이 아니고 이것이 경제적으로 채굴 가능한가의 여부가 필수조건이 된다. 따라서 경제적인 가치가 없는 경우에는 매장량으로 계산되지 않는다.

석유층을 발견해서 현재 기술로 이를 채굴할 경우 경비면에서 채산성이 있다고 본 것 중에서 특히 유압, 가스압 등과 지질구조로부터 채굴의 가능성이 확인된 경우를 '확인 매장량'이라고 한다. 현재 확인 매장량은 1조 2500억 배럴 정도로 추정되고 있다. 그런데 최근에는 심층에 있는 타이트오일이 채굴 생산 되면서 이것을 포함한 매장량은 여기에 우선은 3,350억 배럴 추가해야 할 것으로 보인다.

단, 이 수치는 미국과 캐나다를 제외하면 여러 가지 사정에 의하여 약간의 차이가 있을 수는 있지만 10% 정도 오차가 있으리라고 보고 있다. 확인 매장량 이외에 장래 채굴 가능성이 있는 매장량을 추정 매장량이라고 한다. 그림 5.1은 세계 석유 자원분포도를 나타내고, 표 5.1은 매장량을 나타낸다. 세계 석유 매장량의 약 60%가 중동에 묻혀 있다.

최근 석유 사용의 수명은 50년 정도로 예측하고는 있지만 이것은 예측하는 당해 연도의 확인 매장량(R)에 대한 연간 생산량(P)으로 계산한 것이다. 즉, 다음 식으로 이를 구한 것이다.

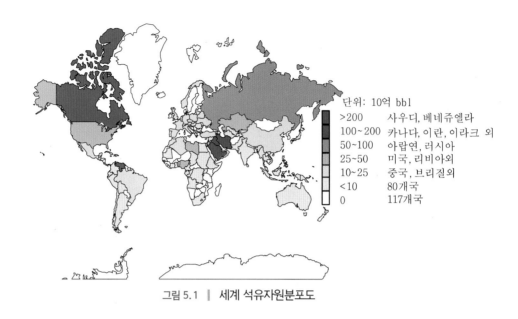

단위: 10억 bbl
>200	사우디, 베네쥬엘라
100~200	카나다, 이란, 이라크 외
50~100	아랍연, 러시아
25~50	미국, 리비아외
10~25	중국, 브라질외
<10	80개국
0	117개국

그림 5.1 ┃ 세계 석유자원분포도

$$석유의 \ 가채연수(R/P) = \frac{매장량(reserve)}{연 \ 생산량(production)}$$

석유의 가채연수는 제2차 세계대전 후인 1950년대 말에는 40년을 넘는 값이 나왔지만 1950년대로부터 중동에서 거대한 새로운 유전이 많이 개발되어 매장량이 증가하고 동시에 수요도 증가하여 1976년에는 28년으로 감소하였다가 석유량의 비축, 에너지 절약사업의 결실, 그리고 선진국의 산업구조의 조정 등으로 생산량이 줄어들어 50년 정도로 늘어나게 되었다. 그러나 석유의 수요는 마이너스 성장을 하는 것이 아니고 매해 증가한다는 사실에 주목해야 한다. 우리나라에서는 전 에너지의 38%(2013년 기준) 정도를 석유에 의존하고 있고 석유 대체에너지가 개발된다고 하더라도 상당한 시간이 걸릴 것이기 때문에 그 동안은 석유가 주력 에너지 구실을 아직은 계속할 것으로 보고 있다.

표 5.1 ┃ 세계의 석유 확인 매장량(2014년) (자료: BP)

지역 / 국가	확인 매장량		Share(%)	R/P(년)
	10억 톤	10억 배럴		
북 미	35.3	232.5	13.7	34.0
미 국	5.9	48.5	2.9	11.4
캐나다	27.9	172.9	10.2	–
멕시코	1.5	11.1	0.7	10.9
중남미	51.2	330.2	19.4	–

(계속)

지역 / 국가	확인 매장량		Share (%)	R/P (년)
	10억 톤	10억 배럴		
아르헨티나	0.3	2.5	0.2	10.2
브라질	2.3	16.2	1.0	18.9
에콰도르	1.2	8.0	0.5	39.4
베네수엘라	46.6	298.3	17.5	−
기 타	0.7	4.8	0.2	−
유럽 & 유라시아	18.5	136.9	9.1	21.2
아제르바이잔	1.0	7.0	0.4	22.6
덴마크	0.1	0.6	−	10.0
이탈리아	0.1	0.6	−	14.5
노르웨이	0.8	6.5	0.4	9.5
영 국	0.4	3.0	0.2	9.3
카자흐스탄	3.9	30.0	1.8	48.3
러시아	14.1	103.2	6.1	26.1
우즈베키스탄	0.1	0.6	−	24.3
기 타	0.5	3.2	−	−
중 동	109.7	810.7	47.7	77.8
이 란	21.7	157.8	9.3	−
이라크	20.2	150.0	8.8	−
쿠웨이트	14.0	101.5	6.0	89.0
오 만	0.7	5.2	0.3	15.0
콰도르	2.7	25.7	1.5	35.5
사우디아라비아	36.7	267.0	16.7	63.6
시리아	0.3	2.5	0.1	−
아랍에미레이트	13.0	97.8	5.8	72.2
예 멘	0.4	3.0	0.2	56.7
기 타	−	0.2	−	3.1
아프리카	17.1	129.2	7.6	42.8
알제리	1.5	12.2	0.7	21.9
앙고라	1.7	12.7	0.7	20.3
이집트	0.5	3.6	0.2	13.8
가 봉	0.3	2.0	0.1	23.2
리비아	6.3	48.4	2.8	−
나이지리아	5.0	37.7	2.2	43.0
튀니지	0.1	0.4	−	22.1
기 타	1.7	13.3	1.2	−
아시아 태평양	5.7	42.7	2.5	14.1

(계속)

지역 / 국가	확인 매장량		Share (%)	R/P (년)
	10억 톤	10억 배럴		
보르네이	0.1	1.1	0.1	23.8
중 국	2.5	18.5	1.1	11.9
인 도	0.8	5.7	0.3	17.6
인도네시아	0.5	3.7	0.2	11.9
말레이시아	0.5	3.8	0.2	15.4
태국	0.1	0.5	–	2.8
베트남	0.6	4.4	0.3	33.0
오스트레일리아	0.4	4.0	0.2	24.3
기타	0.1	1.1	0.1	10.9
세계 합계	239.8	1700.1	100	52.5

표 5.2는 우리나라가 1993년~2014년도 기준 산유국으로부터 수입한 석유량과 국별 %를 나타낸 것이다. 수입량이 각각 1993년 5억 2673만 그리고 2013년 5천 및 8억 3899만 bbl이며, 이 중 중동에서 들여오는 것이 95% 이상인데, 사우디아라비아가 34%선으로 가장 많고 아랍 에미리트가 13%선이다.

표 5.2 | 우리나라가 수입하고 있는 산유국과 수입물량 비율

산 유 국	수입량(1,000 bbl)			비 율(%)		
	1993년	2009년	2014년	1993년	2009년	2014년
사우디아라비아	172,413	254,799	292,592	32.7	33.1	34.0
쿠웨이트	29,334	100,090	136,546	5.5	13.0	15.9
이란	76,057	81,347	44,923	14.4	10.6	5.2
아랍 에미리트	57,576	114,592	108,472	10.9	14.9	12.6
오만	69,557	17,057	6,516	13.2	2.2	0.75
말레이시아	27,370	6,771	4,353	5.2	0.9	0.50
브루나이	12,950	9,596	5,702	2.4	1.2	0.66
인도네시아	34,677	20,115	7,490	6.6	2.6	0.87
호주	1,819	34,423	22,451	0.3	4.5	2.61
카타르	14,404	53,673	100,127	2.7	7.0	11.6
이라크	–	63,494	71,151	–	8.2	8.27
아프리카	12,876	11,608	25,301	2.4	1.5	2.94
유럽	–	–	24,625	–	–	2.86
아메리카	17,702	1,734	10,053	3.4	0.2	1.17
계	526,735	769,299	860,302	100.0	100.0	100.0

자료: 한국에너지 경제 연구원 통계연보 2015

그림 5.2 │ 산유국으로부터 수입되는 석유 루트

↘ 5.2 정유

우리나라에서 석유를 사용하기 시작한 연대는 정확히 알 수는 없으나 구한말로 여겨지고 있다. 그 전에는 등화용으로 주로 식물성 기름이나 동물의 기름을 사용하여 왔다. 1960년대 초반에 최초로 정유공장이 설립되었는데, 그 전에는 미국의 Standard Oil, Texas Oil, Caltex Oil 그리고 영국의 Shell Oil이 단순히 석유제품만을 대리점과 주유소를 두고 판매하였다.

제1차 경제개발계획을 1962년부터 시작하면서 석유공급의 안정을 기하기 위하여 1962년 1월 "대한석유공사"가 설립되고 1963년 정유공장이 준공되었다. 그리고 현재는 SK에너지 (주)로 개칭되었고 또 인천정유를 인수하여 "SK인천정유"도 운영한다.

현대정유는 그동안 극동정유가 현대에 1992년에 흡수된 것으로서 명칭이 현대정유로 그리고 지금은 현대오일뱅크로 개칭되었다. S-Oil은 옛 쌍용정유가 전신이다. 현재 우리나라 에는 다음 표 5.3과 같이 5개의 정유공장이 가동되고 있다.

표 5.3에서 보는 바와 같이 1991년부터 정유시설이 갑자기 팽창하기 시작하여 2, 3년 만에 1980년 기준의 거의 4.7배 증가하였다.

표 5.3 | 우리나라의 정유시설 현황 (단위: 1,000 BPSD*)

연 도	SK에너지(주)	GS칼텍스	SK인천정유(주)	S-Oil 정유(주)	현대오일뱅크	계
1965	35	–	–	–	–	35
1970	115	100	–	–	–	220
1980	280	230	60	60	10	640
1991	430	380	160	160	60	1,190
1995	610	380	275	443	110	1,818
1996	643	380	275	443	277	2,018
1997	810	600	275	443	310	2,438
2004	810	600	275	443	310	2,438
2009	1,115	770	275	580	390	2,855
2011	1,115	851	–	654	390	3,039
2014	1,115	865	–	669	390	3,039

* BPSD: bbl/standard day, GS－칼텍스: 구 LG(칼텍스)정유, 현대오일뱅크: 구 현대정유, SK인천정유: 구 인천정유

정유회사와 한국석유개발공사(관계회사: 한국송유관, 한국석유시추)는 석유판매업체, 석유제품 및 원유수송업체, 가스 수입업체를 관계회사로 가지고 있고 계열 주유소에서 제품을 판매하고 있다. 정유회사들은 석유시추/개발, 석유화학사업, 윤활유, 용제사업, 발전사업 등을 부대사업으로 두고 있다.

한국석유개발공사에서는 또 국내외의 석유탐사/개발, 원유/석유제품의 비축과 수송, 석유사업기금의 관리 및 투융자를 주 업무로 한다.

현재 우리나라는 그동안 꾸준히 원유비축용량을 증설하여 울산, 거제, 여수, 서산 등 기지에 2010년 현재 1억 4600만 bbl, 158일간 사용분을 저장할 수가 있다.

↘ 5.3 우리나라의 석유 소비

석유 공급은 표 5.4와 그림 5.3에서 보는 바와 같이 경제 규모의 확대와 산업구조의 고도화에 따라 1970년대에 상당히 높은 경제 성장률을 보였으며 따라서 1973년 1차 석유파동은 석유 소비 증가율에 별로 영향을 미치지 못했다. 그러나 제2차 석유파동인 1979년 이후에는 소비 증가가 약간 주춤했던 것을 볼 수가 있는데, 이에 따라 1979년 62.8%(제2장 표 2.1 참조)까지 치솟았던 석유 의존도는 계속 내려가서 1986년에는 46.4%로 감소되었다. 그러나 1989년부터 다시 석유 의존도가 올라가기 시작해서 1990년에는 53.8%, 1994년대에는 63% 전후로 상승세를 나타내었다가 지금(2014년)은 상대적으로 그 비율이 37.1%로 감소하고 있다. 이와 같이 석유 소비가 상대적으로 감소하는 추세는 유가상승에 따른 석유절약의 진전,

표 5.4 ┃ 국내 석유의 공급

(단위: 1,000 bbl)

연 도	공급량	연 도	공급량	연 도	공급량
1963	7,342	1990	405,743	2002	1,096,416
1965	10,549	1992	644,276	2004	1,086,407
1969	52,584	1994	772,440	2005	1,110,375
1971	81,548	1995	867,925	2006	1,145,045
1973	101,955	1996	939,545	2007	1,166,161
1977	157,506	1997	1,063,912	2008	1,163,363
1979	191,134	1998	1,044,211	2009	1,180,868
1980	190,094	1999	1,102,806	2010	1,215,775
1985	221,654	2000	1,137,064	2013	1,331,186
1987	256,998	2001	1,120,996	2014	1,356,715

자료데이터: 에너지 경제연구원 연보의 에너지 밸런스 시트

발전부분에서 석유대체 노력으로 인한 석유비중의 감소 등에 기인한다. 그러나 최근 석유화학 산업의 급격한 팽창과 국민의 소비성향 그리고 자동차의 급격한 증가 등으로 절대량은 상승하고 있으나 IMF 이후 그 증가세가 주춤하여 거의 일정하다가 2010년 이후 약간 다시 증가하고 있다.

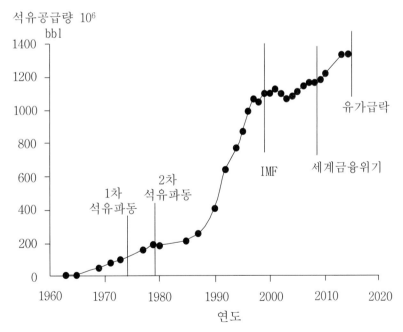

그림 5.3 ┃ 우리나라의 연도별 석유 소비 추이(1990년대에 들어서면서 석유 소비가 급격히 증가하는 것을 알 수 있다. IMF 이후는 둔화되어 있다가 2010년 이후 약간 증가, 그런데 2015년 후반 유가 급락)

↘ 5.4 석유의 생성과정과 채취

석유는 고대에 동식물이 지하에 매몰되고 이들의 유기물이 분해되어 이루어진 것으로, 이렇게 생성된 탄화수소가 주로 사암(砂岩), 석회암(石灰岩), 혈암(頁岩) 등 퇴적암 지역에 축적되어 석유광상을 형성한 것이다.

세계적으로 이와 같은 석유가 매장된 중요한 지역은 앞서 말한 바와 같이 중동이지만 최근에는 중앙아시아의 유전들이 급부상하고 있다. 중동에는 전 세계의 60%에 해당하는 석유가 매장되어 있다. 나머지는 북미대륙, 러시아의 코카서스에서부터 중앙아시아, 시베리아, 남미대륙, 아프리카 북과 동, 중국, 인도네시아 순으로 매장되어 있다. 또한 육지에서뿐만 아니라 해저 대륙풍의 퇴적암에서도 석유가 많이 존재하는 것이 발견되었고, 해저의 채굴기술이 발전하여 지금은 중요 유전의 상당부분이 대륙붕에 존재한다. 우리나라도 대륙붕의 개발을 아직도 계속하고 있다.

유전으로부터 석유를 채취하는 데는 그림 5.4에 나타낸 것과 같이 파이프를 석유층 깊숙이 넣고 자체 가스 압으로 분출시키는 방법과 펌프로 퍼 올리는 방법이 있다(1차 채취법). 어느 경우도 매장되어 있는 석유량의 20~30% 정도밖에는 채취되지 않는다. 여기서 고압력의 물을 유층에 압입하고 이 압력으로 석유 파이프로부터 원유를 끄집어내는, 즉 2차 채취법(水攻法)(그림 5.5)으로 채취하는 유전도 있는데, 이 방법으로는 40~50%까지 채취된다. 또한 유전 내 기름의 일부를 태워서 중유를 분해하고 증류과정을 거쳐 유전 내부로부터 직접 기름을 채취하는 방법이 있는데, 이를 3차 채취법(火攻法)이라고 한다. 이 방법으로는 65~75%까지 채취가 가능하다.

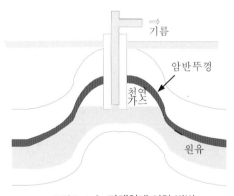

그림 5.4 ┃ 자체압에 의한 방법

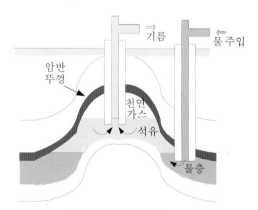

그림 5.5 ┃ 물치환법

한국석유공사의 카자흐스탄 악토베 지역에서의 석유시추현장
(자료: www.googl.co.kr)

↘ **5.5** 석유의 조성

원유는 유전에 따라 그 조성이 다소 틀리다. 일반적으로 주성분은 탄화수소이고, 이외에 약간의 질소, 황, 산소 등의 화합물과 미량의 금속화합물이 포함되어 있다. 탄화수소는 그의 조성이 탄소와 수소가 주성분인 화합물로서 유기화합물의 모체이다.

그러나 석유의 주성분은 일반식 C_nH_{2n+2}의 파라핀계 탄화수소, CnH_{2n}의 사이클로 파라핀의 나프텐계 탄화수소 및 약간의 방향족계 탄화수소를 포함하고 있다. 아세틸렌계 등 불포화 탄화수소는 자연에서 중합되어 없어지기 때문에 원유에는 거의 존재하지 않는다. 또한 파라핀계 탄화수소에서 n은 4, 즉 뷰테인까지는 상온에서 기체이고 n이 16 이상에서는 고체이다.

		파라핀계 탄화수소
탄화수소	쇄상(鎖狀) 탄화수소	올레핀계 탄화수소
		아세틸렌계 탄화수소
		디올레핀계 탄화수소
	환상(環狀) 탄화수소	나프텐계 탄화수소
		방향족 탄화수소

석유 중에 포함되어 있는 탄화수소 중 대표적인 화합물을 그림 5.6에 나타낸다. 탄화수소 이외에 원유 중에 포함된 불순물의 하나인 황은 보통 원유 중 1~5% 정도 포함되어 있지만,

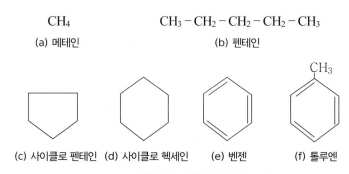

CH₄

(a) 메테인

$CH_3 - CH_2 - CH_2 - CH_2 - CH_3$

(b) 펜테인

(c) 사이클로 펜테인 (d) 사이클로 헥세인 (e) 벤젠 (f) 톨루엔

그림 5.6 ┃ 석유 중 포함된 탄화수소의 구조

표 5.5 ┃ 황화합물

화합물	화학식	화합물	화학식
황화수소	$H - S - H$	설파 옥사이드	R-S-R' ‖ O
머캡탄	$R - S - H$		
설파이드	$R - S - R'$	설폰	$R - SO_2 - R'$
디설파이드	$R - S - S - R'$	디오펜	(구조식)
알킬 설파이드	(구조식)		
설폰산	$R - SO_3H$		

이것이 연소하면 이산화황(아황산가스)과 삼산화황(무수황산)이 대기 중에 방출되어 인체와 농작물, 산림에 악영향을 주는 산성비의 원인을 제공한다. 원유 중에 포함된 황산화물의 몇 가지를 표 5.5에 나타내었다.

또한 원유에 포함되어 있는 질소화합물은 그림 5.7과 같다. 질소화합물은 원유 중에 미량 포함되어 있으며 그의 형태는 환상의 화합물로 대부분 존재한다.

기타 탄화수소 이외에 원유 중에 포함된 물질로 산소화합물이 있다. 산소화합물은 페놀과 나프텐산 등의 형태로 존재하는 경우가 많다. 또한 원유 중에 미량으로 바나듐, 니켈 그리고 미량의 철 등의 금속이 존재한다.

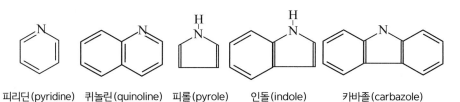

피리딘(pyridine) 퀴놀린(quinoline) 피롤(pyrole) 인돌(indole) 카바졸(carbazole)

그림 5.7 ┃ 질소화합물

R-COOH

유기산

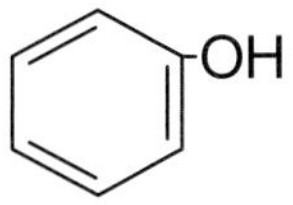

OH

페놀

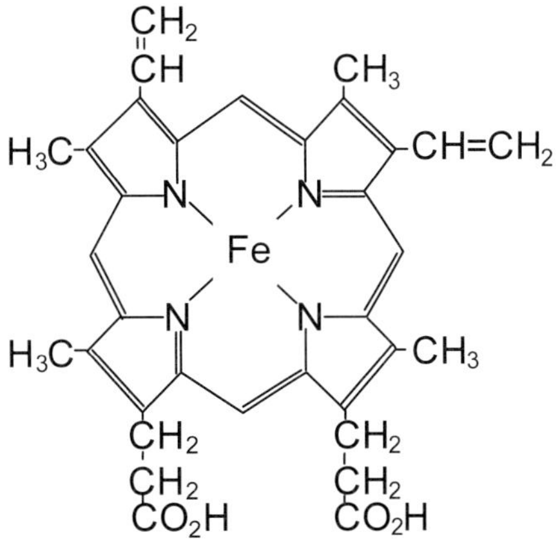

포피린

그림 5.8 | 산소 및 금속이 원유 중에 포함된 상태

5.6 원유의 증류

채굴된 원유는 앞에서 기술한 바와 같이 여러 가지 탄화수소의 혼합물로 되어 있기 때문에 정유소에서 증류에 의하여 각각의 비점성분으로 분리하고, 또한 분리된 성분의 일부분은 분해하거나 또는 화학반응으로 여러 가지 고부가가치의 제품을 만들어 낸다.

먼저 상압증류를 행한다. 그러나 상압증류의 잔사유(비점이 가장 큰 부분)는 아직 고비점의 탄화수소를 포함하고 있어서 이를 진공증류하여 진공에서 휘발이 가능한 탄화수소는 일단 증기상으로 해서 또 다시 분리한다. 그리고 진공증류장치의 하단에서 나오는 진공잔사유(VR, Vacuum Residue)는 딜레이드 코카에서 잔류물로 남아 있는 회수 가능한 탄화수소를 또 다시 가열하여 모두 회수하거나 수첨 분해하며, 남는 것은 코크(석유코크라 함)로 그의 용도에 따라 출하한다.

그림 5.9에 그 계통도를 나타내었다.

상압증류는 압력을 가하지 않고 상압에서 석유를 끓여서 증발시켜 나오는 석유성분을 분리하게 되는데 일반적으로 성분 화합물의 비점이 낮은 것부터 유출된다. 실제 증류온도 40~200℃에서는 나프타, 150~300℃에서는 등유, 200~300℃에서는 경유, 300℃ 이상에서는 중유가 유출되고, 마지막에 유출되지 않은 것은 잔류물로 남게 된다. 이와 같은 증류는 비점의 차를 이용하여 원유를 용도별로 나누게 되는 것이다.

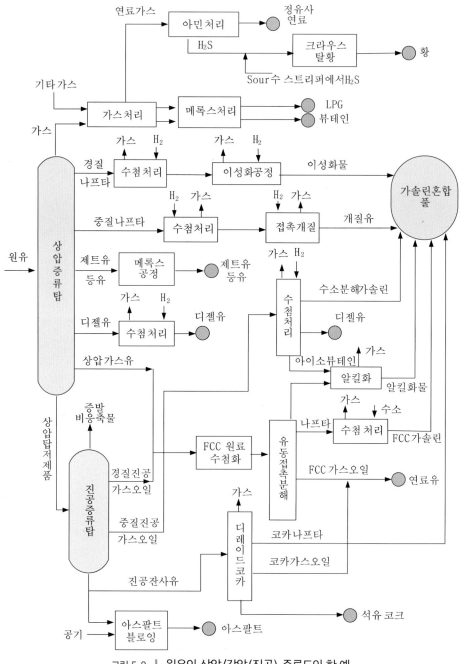

그림 5.9 | 원유의 상압/감압(진공) 증류도의 한 예

40~200℃의 유분을 종전에는 그대로 자동차용 가솔린으로 사용해 왔지만 지금은 이를
나프타(naphtha)라고 하여 개질(改質)처리를 하고 이로부터 품질이 좋은 자동차용 가솔린을
만들게 된다.

원유의 상압증류장치. 앞에 보이는 것이 열교환기이다.

정유회사의 배관망. 스팀이 지나는 관은 보온되어 열손실을 방지하고 있다.

⬊ 5.7 석유의 유분별 용도

나프타 유분은 최근에는 그 수요가 크게 증가하여 원유를 증류해서 얻어지는 양만으로는 수요를 충당할 수가 없게 되었다. 따라서 고비점 유분인 중질유를 열분해 또는 촉매를 사용하여 접촉분해 함으로써 분자량이 작은 저비점 성분을 만드는 크래킹(분해, cracking)이 수행되어 부족분을 충당하고 있다. 크래킹에 의하여 얻어지는 생성물은 휘발유, 등유, 경유 등이지만 당연히 보다 분자량이 작은 탄화수소도 생성된다. 예를 들면 프로페인, 뷰테인 등의

LPG(가스)도 이렇게 해서 얻어지는 것이다. 이것도 당연히 연료로서 사용될 뿐만 아니라 유기화합물의 합성원료로서도 중요한 역할을 하고 있다.

등유는 가정에서 조리, 난방에 사용하는 것 외에 소형 선박의 엔진의 연료로 사용되고, 또 제트항공기 연료로 사용된다.

경유는 디젤엔진의 연료로 사용되며,

중유는 공업용 연료, 대형 선박 연료와 화력발전소의 연료로 사용된다. 또한 중유로부터 각종 윤활유의 제조와 아스팔트가 얻어지며 아스팔트는 모래와 혼합해서 도로포장에도 사용한다.

겨울의 준비로 보일러용 경유를 미리 저장하는 것이 좋다.

에틸렌 생산공장. 높이 올라 있는 탑이 증류탑이다.

↘ 5.8 유동 접촉 분해(FCC, Fluid Catalytic Cracking)

FCC는 정유공정에서 매우 중요한 위치를 차지한다. 분자량이 큰 탄화수소 유분을 분해하여 분자량이 작은 가치가 있는 탄화수소를 만드는 공정으로, 휘발유(gasoline), 올레핀가스 등의 제품이 얻어진다. 과거에는 열분해를 하던 것이 이제는 대부분의 정유사가 접촉분해(촉매사용)를 하고 있고 휘발유도 옥테인가가 높다.

표 5.6은 일반적으로 석유로부터 열분해와 접촉분해에서 얻어지는 생성물의 특성을 비교하고 있다. 보는 바와 같이 열분해는 올레핀의 생성이 많아지는 한편 방향족(석유화학 원료)의 생성은 적고 타르질(tar)이 많다. 그러나 촉매를 사용하는 접촉분해는 올레핀이 적고 방향족 생성물이 많으며 탄소질의 석출이 적어서 질이 좋은 분해생성물을 얻을 수 있다.

또한 FCC에 사용되는 원료는 대기압에서 초기 비점이 340℃를 갖거나 200~600℃ 유분 또는 그 이상의 유분도 사용한다. 이들의 중질 가스유를 분해함으로써 휘발유 시장의 수요에 맞춰 분해 생산제품의 양을 조절한다. 2006년 현재 전 세계에서 가동되는 FCC 수는 약 400기이며 주로 고옥테인 휘발유와 연료유를 생산하고 있다. FCC 설계는 그 정유사의 사정에 따라 여러 가지 형태가 있을 수 있으나 대부분 미국회사의 라이선스를 사용하고 있는데 반응기와 촉매 재생기가 분리되어 있는 그림 5.10과 같은 Side-by-Side형이 대부분이다.

예열된 원료(315~430℃ 유분)를 증류탑으로부터 순환되는 슬러리유와 같이 촉매 라이자(riser)에 넣으면 촉매 재생기에서 재생되어 반응기로 들어가는 뜨거운 촉매와 접촉하여 증발하며 분해되어 저비점의 탄화수소를 만든다. 대부분의 분해반응은 촉매 라이자에서 일어나고 2단의 사이클론이 붙어 있는 반응기에서 분리되고 촉매는 밑으로 해서 촉매 재생탑으로 다시 들어가 촉매 표면에 붙은 코크를 태워 촉매를 재생(발열)한다. 재생기는 약 715℃의 온도와 2.41 barg 압력에서 조작된다. 이때 많은 열과 탄산가스가 발생하게 되고 이 열은 열교환기를 통해서 들어오는 원료를 예열-증발(흡열)하는 데 쓴다.

표 5.6 ┃ 열 및 접촉 분해 생성물의 비교

열분해	접촉분해
• 올레핀, 특히 에틸렌의 생성량이 많아진다. • 방향족 생성물이 적다. • 코크스나 타르질이 많이 생성된다. • 디올레핀이 비교적 많다.	• C_3~C_6의 올레핀이 많이 생성되며 파라핀계가 많다. • 방향족 생성물이 많다. • 탄소질의 석출이 적다. • 디올레핀은 거의 생성되지 않는다.

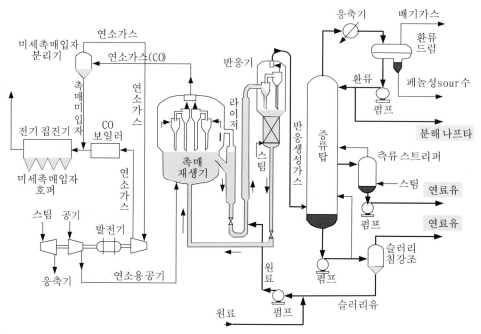

그림 5.10 | FCC 공정(Side-by-Side형)

　FCC는 열교환기에서 열의 밸런스가 잘 만들어진다. 뜨거운 연소가스는 사이클론을 거쳐 미립자를 제거하고 터보-익스팬더(turbo-expander)에서 발전과 재생기에 들어가는 공기를 압축하는 데 쓰인다.

　증류탑에서는 분해되어 얻어진 나프타, 연료유, 배기가스를 분리한다. 주요 배기가스는 가스회수장치에서 뷰테인, 부틸렌, 프로페인, 프로필렌을 분리하며 이보다 저비점의 수소, 메테인, 에틸렌, 에테인과 분리하게 된다. 그림 5.10에는 단 하나의 측류(side stripper)가 있고 여기서 연료유를 빼내지만 두 개의 측류 스트리퍼를 가진 곳도 있으며 이 두 측류에서 경분해 나프타와 중분해 나프타를 얻는다. 증류탑의 탑저유는 슬러리유라고 하는데 슬러리 침강조를 거쳐 반응기로 되돌아가게 된다.

　촉매 재생기의 배가스는 요구되는 CO/CO_2에 따라 연소용 공기를 조절해서 넣는다. 연소 배가스(CO, CO_2)는 그의 온도와 압력이 715℃, 2.41 barg로서 2차 촉매 분리기에서 70~90%의 입자가 분리된다. 그리고 터보-익스팬더에 들어가 동력을 생산하고 공기를 압축해서 재생기에 보낸다. 배가스의 팽창이 공기 압축기를 가동하는 데 충분한 동력을 공급할 수 있고 남으면 모터/제너레이터가 가동하여 전력을 생산해서 공장 전력망에 공급하게 된다. 익스팬더를 나온 가스는 보일러에서 CO를 태워 스팀을 생산하게 된다. 보일러를 나온 가스는 전기 집진기(EP)에서 배기가스 중 포함된 2~20 μm의 미립자를 제거하고 대기로 방출된다.

　사용되는 촉매는 입자의 크기가 평균 60~100 μm로서 ① 열과 스팀에 안전해야 하고, ②

고활성이며, ③ 큰 세공을 가져야 하고, ④ 입자 간 마찰에 강해야 한다. 또한 ⑤ 표면에 코크 생성을 덜 만드는 것이 좋다. 최근에 사용하는 촉매는 제올라이트(zeolite, Y형 화우자 사이트)가 15~50 중량 %를 갖는 것으로 나머지는 바인더와 필러(filler)로 되어 있다. 제올라이트는 황산 90%에 해당하는 강한 산성을 가지며 세륨 + 란타남을 이온교환시켜 활성과 안정성을 만든 것이다. 촉매 안전성과 활성에 해를 주는 것은 원유 중에 포함된 니켈과 바나듐이다. 따라서 원료 중 포함되는 금속에 신경을 써야 하고 이는 수소화 탈황의 전처리를 하면 어느 정도 해결되나 원가 상승의 요인이 된다.

◥ 5.9 CCR Platforming(연속 나프타 접촉개질, UOP 공정)

접촉개질은 중질나프타(90~200℃ 유분, C_6~C_{12})를 화학반응시켜 나프타의 저옥테인가를 고옥테인가로 바꾸거나 비싼 방향족화합물을 많이 생성한다고 해서 개질(改質)이라고 한다. 즉 나프타성분의 분자구조를 바꾸거나 동시에 저분자로 자르게 된다. 화학반응은 다음과 같은 것들이 일어난다.

▮ 나프텐의 탈수소반응

사이클로헥세인   벤젠   + $3H_2$

▮ 나프텐의 이성화 반응

사이클로헥세인   메틸사이클로펜테인

▮ 탈수소 환화 반응

$CH_3(CH_2)_4CH_3$ n-헥세인   벤젠   + $4H_2$

▌파라핀 이성화 반응

$$CH_3(CH_2)_4CH_3 \longleftrightarrow \underset{\underset{CH_3CHCH_2CH_2CH_3}{|}}{\overset{CH_3}{}}$$

n-헥세인   2-메틸펜테인

▌수소화 분해반응

$$CH_3(CH_2)_7CH_3 \;+\; H_2 \longleftrightarrow CH_3(CH_2)_2CH_3 \;+\; CH_3(CH_2)_3CH_3$$

나논(nanone)   뷰테인   펜테인

위 반응을 순서대로 살펴보면 다음과 같다.

- 나프텐인 사이클로헥세인은 탈수소반응에 의하여 벤젠(benzene)을 생성시킨다.
- 이성질화 반응으로 생성된 메틸사이클로펜테인은 휘발유의 옥테인가를 상승시킨다.
- 파라핀의 탈수소 환화반응에서는 벤젠 외 톨루엔(toluene), 자일렌(xylene)을 생성하며 이 성분은 추출되어 석유화학의 원료로 공급될 수 있다.
- 파라핀의 이성질화도 역시 가지달린 이성질체가 형성되어 휘발유의 옥테인가를 상승시키게 된다.
- 파라핀의 수소화 분해반응도 뷰테인 같은 저비점의 탄화수소를 생성하여 휘발도를 상승시킨다. 이외 미량의 올레핀이 있는데 이는 수소가 첨가되어 계속 이성질화 반응 또는 방향족화가 일어날 수 있도록 하는 것이다.

CCR Platformer (heater)
(자료: www.chempex.cz)

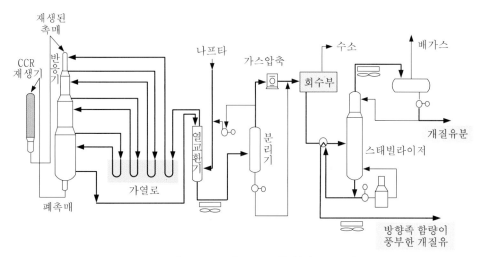

그림 5.11 | CCR Platforming 공정(자료: UOP)

그동안 여러 가지 개질장치가 있었으나 최근 사용되는 개질공정은 연속촉매재생개질장치 (CCR, Continuous Catalyst Regeneration)가 일반적이다. 이 공정은 코크가 형성된촉매를 반응기 밑으로 순환시켜서 재생하여 반응기 상부로 되돌려 사용하는 것이다. 세계적으로 보면 미국의 UOP사의 CCR Platformer가 주로 설치되어 있으며 우리나라도 UOP공정이 대부분이다. 그림 5.11이 전형적인 공정이다.

원료는 비점범위가 약 90~200℃의 나프타 유분으로 탄소수로는 C_6~C_{10}을 사용하여 최대 수율로 BTX를 얻고자 하는 것이다. 나프타 원료는 순환하는 수소와 함께 반응기를 나오는 반응물과 열교환 되고, 가열로에 들어가 반응온도까지 올라간 후 반응기 상부로 들어간다. 촉매는 수직 반응탑에서 중력으로 아래쪽으로 내려간다. 원료는 반응기에 반경방향으로 주입되며 흡열반응이므로 중간 중간에 끄집어내어 가열로에서 반응온도를 올려서 재투입된다. 반응기를 나오는 반응물은 들어오는 원료와 열교환 되어 냉각되고 분리기로 들어가 증기와 액상으로 분리된다. 가스 부분은 수소가 많고 일부분은 압축되어 반응기로 되돌아간다. 그리고 나머지 수소는 압축되어 액상 부분과 함께 제품회수부로 들어간다. 회수부의 액상은 스태빌라이저(stabilizer)에 보내서 농후 방향족 개질물로부터 경질 탄화수소(메테인, 에테인, 프로페인, 뷰테인가스)를 제거한다.

배가스는 정유사의 중앙가스처리공정에 가서 프로페인과 뷰테인을 회수한다. 개질촉매는 실리카나 실리카-알루미나 탑체에 백금 또는 백금-레늄을 가지는 것으로 여기서 금속은 탈수소화 반응의 사이트를 제공하며 염소화 알루미나는 산점을 제공하는 2원기능 촉매이다. 이 때문에 이성화, 환화, 수소화 분해반응이 가능해지는 것이다. 촉매는 사용함에 따라 염소도 잃고 코크가 촉매를 덮게 되므로 일정 기간마다 고온 산화로 재생 하고 염소도 보충해 준다.

가솔린이 많이 필요하고 고옥테인가를 요구하는 경우는 BTX 생성율을 줄이고 가솔린 부분의 생산을 증가시키는 것이 가능하다.

↘ 5.10 딜레이드 코킹

딜레이드 코킹(delayed coking)은 원유의 진공 증류탑 하부에서 나오는 진공잔사유(VR)를 열분해하여 유출 가능한 탄화수소를 거의 모두 회수하고 소위 석유코크(pet coke)만 남기는 공정이다. 즉 VR 중 포함된 가치 있는 액상 물질과 가스상 물질을 생성물로 모두 회수하는 공정이다. 진공잔사유(또는 상압잔사유도 가능)는 증류탑을 거쳐 가열로에 수평으로 설치된 열분해 다중관으로 들어가 485~505℃에서 짧은 시간에 관에서 분해가 시작되어 다음 코킹드럼의 하부로 들어가게 된다. 여기서 분해가 계속 일어나 액상 물질과 기상의 생성물을 만든다.

드럼 상부로부터 나가는 증기는 증류탑으로 가서 원하는 비점범위의 생성물을 분리하게 된다. 고상의 남은 코크는 한 드럼이 꽉 차면 다음 드럼으로 보내며 여기가 꽉 차는 동안 첫 번째 드럼에 스팀을 보내 페트(pet)코크 중 탄화수소를 더 축출해 내서 이를 물로 급랭하

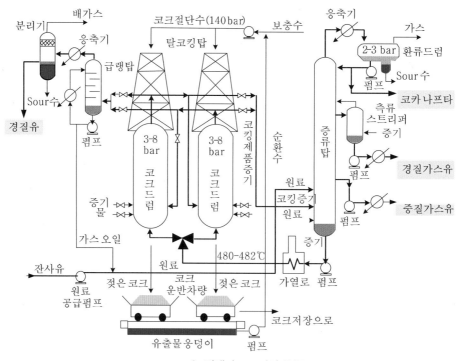

그림 5.12 ┃ 딜레이드 코카의 흐름도

표 5.7 │ 그린 코크와 소성 코크의 조성

성 분	그린 코크	1,300℃ 소성 코크	성 분	그린 코크	1,300℃ 소성 코크
고정탄소(wt%)	80~95	98.0~99.5	칼슘(ppm)	25~500	25~500
수소(wt%)	3.0~4.5	0.1	크롬(ppm)	5~50	5~50
질소(wt%)	0.1~0.5		코발트(ppm)	10~60	10~60
황(wt%)	0.2~6.0		철(ppm)	50~5000	50~5000
휘발성분(wt%)	5~15	0.2~0.8	망간(ppm)	2~100	2~100
습윤(wt%)	0.5~10	0.1	마그네슘(ppm)	10~250	10~250
회분(wt%)	0.1~1.0	0.02~0.7	몰리브덴(ppm)	10~20	10~20
밀도(g/cc)	1.2~1.6	1.9~2.1	니켈(ppm)	10~500	10~500
알미늄(ppm)	15~100	15~100	칼륨(ppm)	20~50	20~50
보론(ppm)	0.1~15	0.1~15	실리콘(ppm)	50~600	50~600
소듐(ppm)	40~70	40~70	티타늄(ppm)	2~60	2~60
바나듐(ppm)	5~500	5~500			

그린 코크: 원료 페트 코크, 소성 코크: 1,300℃에서 소성한 것

여 회수한다. 다음 코크를 배출시켜 화물차에 실어 저장고로 나르게 된다.

여기서 얻어지는 코크는 쇼트(shot), 스펀지(sponge) 또는 침상(針狀)의 세 가지 코크가 생성되는데 물리적 또는 화학적인 특성에 따라 알미늄제련 전극제조용, 화학적인 용도, 철강제조용 코크, 스팀생산을 위한 가스화 또는 석유화학의 가스 생산을 위한 원료로도 사용된다. 다음 표 5.7은 제조된 코크를 소성하여 얻은 소성코크의 조성을 소성하지 않은 그린(green) 코크와 비교하였다. 소성으로 휘발 가능한 물질이 다 제거되고 탄소분인 제품이 남게 된다.

단순한 열분해가 아닌 촉매를 사용하는 VR의 수첨분해공정(Hydrocracking Process)인 유니플렉스 공정(Uniflex Process)은 보다 많은 액상성분(나프타, 등유, 경유 등의 유출물)을 얻을 수 있다. 최근(2010년) 우리나라(GS-칼텍스)도 VR의 부가가치를 살리는 수첨탈황분해시설(VRHCR, Vacuum Residue HydroCRacker)을 도입하여 부가가치가 큰 액상물(나프타, 등유, 경유 등)을 생산, 수출하고 있다(유가의 영향 받음).

5.11 수첨탈황

수첨탈황(HDS, Hydrodesulfurization)은 천연가스, 가솔린, 제트유, 디젤유, 연료유와 같은

가공유로부터 황을 제거하는데 사용하는 공정이다. 황 제거의 목적은 첫째 자동차, 항공기, 디젤기관차, 선박, 발전소, 가정연료, 산업체 가열로 및 기타 연료로 사용 시 아황산가스의 생성을 억제하는 것이다. 둘째는 정유사에서 나프타로부터의 탈황은 촉매개질 반응기에서 사용하는 귀금속촉매(백금 – 레늄)의 피독을 방지하는 것이다.

공장에서 HDS 공정은 탈황되어 나오는 황화수소(H_2S)의 제거시설과 이로부터 부산물로 황을 회수하거나 황산을 만드는 시설도 같이 가지고 있다. 2005년도 세계적으로 회수된 황의 량은 6,400만 톤이나 된다. 정유산업에서 HDS는 경우에 따라서는 수첨처리기(Hydrotreater)라고도 하며 매우 중요한 공정이다. 에테인치이올(Ethanethiol)의 탈황반응을 보면

$$C_2H_5SH + H_2 \rightarrow C_2H_6 + H_2S$$

와 같이 일어나는데 결국 수소가 C-S결합을 공격하여 헤테로 원자인 S를 H로 바꾸고 H_2S를 형성하는 수소화 분해반응(Hydrogenolysis)이다.

정유사에서의 HDS는 300~400℃의 온도에서 고정 반응탑(fixed-bed reactor)을 사용하며 비교적 높은 압력인 30~130 atm에서 반응시킨다. 촉매는 알루미나 베이스(base)에 Co와 Mo (보통 CoMo)을 합침한 것을 사용한다. 황 대신에 질소, 산소 같은 원자가 포함 된 화합물도 같은 방법으로 수첨 분해되어 암모니아나 물을 형성한다. 그림 5.13이 HDS의 공정도이다.

액상의 원료를 필요한 만큼 압력을 올리고 농축수소(hydrogen-rich) 순환가스와 혼합된 후 예열된다. 다음에 가열기에 들어가 모두 증기로 되고 반응기로 들어간다. 여기서 수첨탈황이

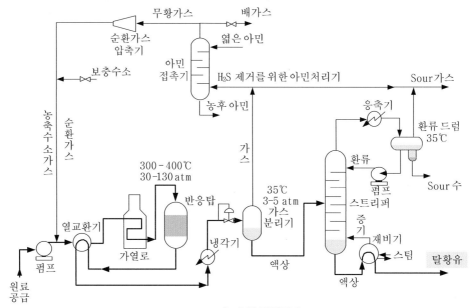

그림 5.13 │ 수첨 탈황공정

일어난다. 반응 생성물은 들어오는 스트림과 열교환으로 부분 냉각되고 수냉각 열교환기에서 계속 냉각된 후 압력조절기를 거쳐 3~5 atm으로 감압되고 가스분리기에 들어가 35℃, 3~5 atm이 된다. 대부분의 수소농후 가스는 가스분리기에서 재순환되며 아민 접촉장치에 들어가 이 중 포함된 H_2S가스를 중화반응으로 흡수 제거한다. 그리고 반응기로 순환되어 들어간다. 순환되고 남는 H_2S를 포함한 가스는 증류탑의 탑정 sour 가스(H_2S 포함 가스)와 함께 나간다.

가스분리기에서 나오는 액상 스트림은 재비(再沸)스트리퍼 증류탑으로 간다. 여기서 탑저 제품이 탈황제품이 된다. 탑상 sour가스는 정유사의 중앙 아민가스처리센터에 가서 H_2S를 제거하고 프로페인, 뷰테인, 펜테인, 그리고 이보다 분자량이 큰 성분을 회수한다. 잔류 수소, 메테인, 에테인, 약간의 프로페인은 정유사의 연료원으로 이용된다. 여기서 회수한 H_2S 가스는 클라우스 공정(Claus process)에서 황원소를 얻거나 황산을 만든다.

정유사의 탈황 대상물은 나프타, 등유, 디젤유 및 중질유들이 포함된다. 예를 들면 thiols, thiophene, 유기황화물, 유기2황화물 등이 포함된 여러 가지가 있다.

↘ 5.12 메록스 공정

메록스(Merox)란 어원은 메르캅탄 산화(Mercaptan Oxidation)의 약자이다. 미국의 UOP사가 개발한 것으로 촉매반응에 의하여 LPG, 프로페인, 뷰테인, 경나프타(30~90℃ 유분), 등유, 제트유 중에 포함된 메르캅탄을 화학반응으로 변화시켜 디설파이드를 만드는 공정이다. 이 공정은 알칼리 분위기에서 실시하며 가성소다의 수용액, 강염기, 즉 일반적으로 가성(caustic) 분위기가 필요한 것이다. 가성이 아닌 경우 암모니아를 사용하는 경우도 있다. 사용하는 촉매는 일반적으로 수용성 액상이지만 활성탄에 가성소다를 함침해서 사용하기도 한다.

정유사나 천연가스 처리공장에서는 메르캅탄(RSH) 또는 황화수소를 제거함으로써 그가 가지고 있는 시큼한(sour) 냄새의 제거, 즉 메르캅탄 및 황화수소의 썩은 냄새를 없애게 하는 것으로 스위트닝(sweetening)공정이라고도 한다. 액상의 디설파이드(-S-S-)는 냄새가 없어서 그대로 연료유로 사용하거나 필요에 따라서는 화학처리를 더 할 수도 있다. 반응식을 보면

$$4R\text{-}S\text{-}H + O_2 \rightarrow 2R\text{-}S\text{-}S\text{-}R + 2H_2O$$

가 된다. 이 반응은 수첨탈황을 하면 되지만 메록스공정이 비용이 훨씬 적게 들기 때문에 황의 오염이 문제가 안 되는 제트유(등유)에 사용하는 것이 보통이다. 여기서는 제트유, 등유의 메록스공정의 한 예로 그림 5.14를 소개한다.

UOP Merox 공정

(자료: www.ventechequipment.com)

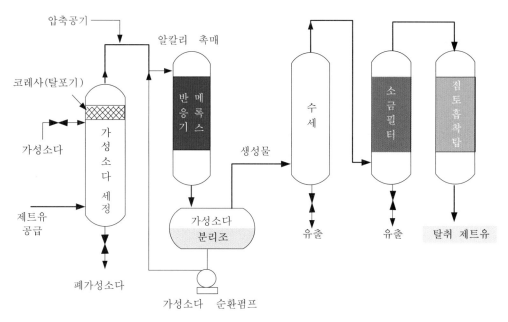

그림 5.14 │ 등유(제트유)의 탈취공정(Merox) (자료: UOP)

제트유와 등유의 메록스공정은 알칼리 분위기에서 메르캅탄의 산화반응이 일어나도록 하는 것으로 원료가 가성소다 세정기를 거치는 동안 황화수소를 제거하고 압축공기와 함께 촉매층을 통과한다. 촉매는 UOP알카리촉매로 함침 활성탄으로 되어 있고 산화반응은 결국 메르캅탄을 디설파이드로 만들어 메르캅탄의 고유한 불쾌한 냄새만을 없앤다. 이때 생성된 디설파이드는 황이 그대로 화합물 속에 있으므로 탈황은 일어나지 않는다.

예비 세정과정에서 원료 중 혼재하는 H_2S를 제거해야 한다. 이것을 제거하지 않으면 H_2S가 메록스 반응을 방해한다. 즉 가성소다 예비세정은 다음과 같다.

$$H_2S + NaOH \rightarrow NaSH + H_2O$$

가성소다 분리조에서 나온 스위트닝이 일어난 생성물은 기타 수용성 불순물을 수세 제거하고 소금이 든 충전탑에서 잔류 수분을 제거한다. 이어서 점토 흡착탑(필터)에서 수($水$)용해성 물질, 유기금속화합물(특히 동), 탈색 그리고 미립자를 제거하게 된다.

반응기의 압력은 투입된 공기가 조작온도에서 원료에 완전히 용해될 수 있는 정도로 조절된다.

↘ 5.13 클라우스 공정

클라우스 공정(Claus Process)은 가스의 탈황공정으로 황화수소(H_2S)로부터 원소 상태의 황을 회수하는 것이다. 1883년 Carl Friedlich Claus가 특허를 획득해서 그의 이름을 따서 클라우스 공정이라고 한다. 이 공정은 천연가스나 정유공정에서 부산물로부터 나오는 황화수소를 탈황하는 것이다.

클라우스법(그림 5.15)은 두 단계, 즉 열반응과 촉매반응으로 나뉜다. 우선 연소(열)반응 단계에서는 황화수소가 1,000℃에서 아양론적(sub-stoichiometric)으로 연소반응한다.

$$H_2S + 1.5O_2 \rightarrow SO_2 + H_2O$$

이 반응은 강열한 발열반응인데 생성된 아황산가스는 다음과 같이 황화수소와 반응하여 없어지게 된다. 이것이 클라우스 반응의 중요한 포인트의 하나이다.

$$2H_2S + SO_2 \rightarrow 3S + 2H_2O$$

결국 총괄 반응은

$$2H_2S + O_2 \rightarrow 2S + 2H_2O$$

이것이 1단계 클라우스 공정의 열반응과정이며, 황화수소의 2/3(60~70%)가 황으로 전환된다.

다음 클라우스 반응은 촉매 전환 단계인데 계속 황화수소가 전환되며 황의 수율을 상승시킨다. 이때 사용하는 촉매는 알미늄(III) 또는 티타늄(IV)의 산화물이다.

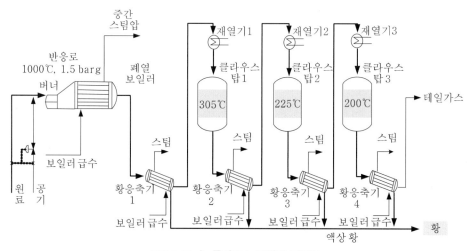

그림 5.15 | 클라우스 공정의 개략도

이때 생성된 황은 S_8, S_6, S_7 또는 S_9이 될 수가 있다. 증기상의 황을 가지는 연소 생성 가스는 다음 단계인 폐열 보일러에서 냉각되며 스팀을 생산한다. 그리고 나서 열교환기에서 냉각하여 황이 응축되고 여기서도 스팀을 생산한다. 응축된 액상의 황은 미반응가스와 분리 유출되어 황 저장조로 보내진다. 첫 응축기에서 나온 미반응가스는 재가열되어 첫 촉매반응기($305℃$)로 들어가는데 여기서 20% 정도는 열반응으로 황을 생성하고 다음 응축기로 들어가서 또한 스팀을 생산한다. 여기서 분리된 황은 역시 황저장 피트(pit)로 간다. 다시 분리된 가스는 그 다음 제2의 반응기($225℃$) 그리고 제3의 반응기($200℃$)로 각각 가서 황화수소를 전환하여 전체 전환율이 98% 정도 되게 한다. 최근 설계되는 클라우스 공정은 99 + %의 전환율이 가능하다. 마지막에 나오는 테일(tail) 가스는 테일 가스 처리공정(TGTU, Tail Gas Treatment Unit)에서 처리되어 대기로 방출된다. 촉매 역할 중 또 다른 하나는 연소과정 중에서 생성된 COS와 CS_2를 다음과 같이 가수분해하여 황화수소로 바꿔 처리되도록 해 준다.

$$COS + H_2O \rightarrow H_2S + CO_2$$
$$CS_2 + 2H_2O \rightarrow 2H_2S + CO_2$$

⌐ 5.14 아스팔트 블로잉 및 알킬화 공정

1. 블로잉

아스팔트의 물리적인 성질은 공기를 불어넣어 산화시키면 변화시킬 수가 있다. 이 산화공정은 240~320℃ 정도에서 행하며 탱크나 연속 공정으로 하는 경우도 있다. 아스팔트는 분배기를 통해 공기를 불어넣으면 반응뿐만 아니라 반응액이 잘 혼합되도록 하는 교반효과도 내며 비투멘(bitumen)을 혼합한다. 따라서 공기와의 접촉면적이 커지고 반응속도를 촉진 시키게 된다. 산소는 반응물로 비투멘에 의해 소비된다. 이 반응물 위에 스팀과 물을 분사시키면 거품 생성을 억제하고 폐가스 중 산소의 함량도 낮춰 주게 된다. 더구나 수증기는 후연소를 방지한다.

산화된 비투멘은 산업에서 중요하게 사용되는데 지붕(roofing), 바닥재, 관 코팅재, 페인트 등 용도가 된다.

2. 알킬화

정유회사에서 알킬화 공정은 C_3~C_5의 탄화수소를 붙여서 옥테인가가 큰 아이소옥테인을 만들어 가솔린 풀에 공급하는 공정이다. 사용하는 촉매는 HF나 H_2SO_4의 산으로 반응 중 불화물이 생성될 수 있는데 이는 알루미나 흡착제로 제거한다.

◥ 5.15 BTX 종합처리 공정(BTX Complex)

석유정유회사의 중요한 임무 중 하나는 나프타를 개질하는 과정에서 BTX(Benzene, Toluene, mixed-Xylene)를 생산해서 석유화학공정에 공급하는 것이다.

벤젠 하나만 보더라도 석유화학공업에서 250종의 제품을 만들 수가 있고, 그의 유도체로서 에틸벤젠, 큐멘, 사이클로헥세인이 있다. 또한 자일렌은 이성체로 para-xylene, meta-xylene, ortho-xyelne이 있으며 석유화학에서 중요한 위치를 차지한다. 특히 p-xylene은 텔레프탈산, 디메틸프탈레이트를 통해서 polyester와 PET를 만들 수가 있으며 o-Xylene은 무수프탈산을 거쳐 수지용 가소제를 만든다. 아로마틱 복합공정 중 미 UOP사의 것을 보면 그림 5.16과 같다.

원료의 조성은 벤젠, 톨루엔, 혼합자일렌(에틸벤젠 포함), 그리고 이보다 탄소수가 큰 C_9+가 포함되지만 실질적으로 얻고자 하는 상업적인 가치가 있는 것은 p-xylene, o-xylene과 벤젠이다. 그러나 최근에는 톨루엔의 수요도 증가하여 이를 제품으로 하는 경우가 늘어나고 있다.

우선 전 공정의 구성 단위공정을 설명한다.

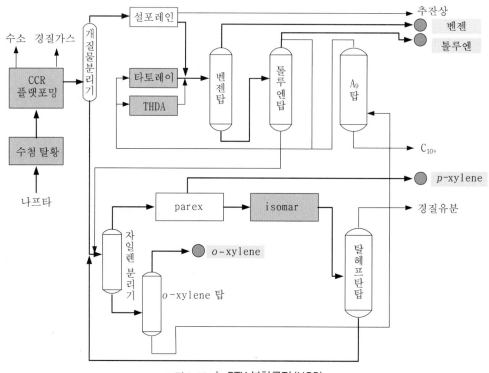

그림 5.16 ┃ BTX 복합공정 (UOP)

- 수첨탈황: 개질기에 들어가기 전에 촉매피독이 될 수 있는 황, 질소를 수소첨가로 제거 해주는 공정이다.
- CCR platforming: 위에서 이미 설명한 대로 중질 나프타를 개질하여 BTX를 주성분으로 수소를 생산하는 반응공정이다. 임이 말한 대로 가솔린을 많이 필요로 하는 시기에는 고옥테인 가솔린의 유분을 조절하여 증가 생산할 수도 있다.
- 설포레인(sulfolane) 공정: 설포레인($C_4H_8O_2S$) 공정은 이를 추출상으로 하는 액-액추출 에 의하여 개질유로부터 벤젠+톨루엔을 추출분리하고 이를 증류에 의하여 각각의 성분 으로 분리한다.
- 타토레이(tatoray) 공정: 톨루엔을 불균화 반응(2Toluene → Benzene+Xylene) 또는 톨루 엔을 C_9/C_{10}+과 함께 반응시켜 알킬기 이동에 의하여 자일렌을 얻는 공정으로 톨루엔의 수요가 감소했을 때 자일렌으로 바꿔주는 공정이다.
- THDA(Thermal HydroDeAlkylation): 톨루엔 및 이보다 중질의 아로마틱을 탈알킬화함으 로써 벤젠을 얻는 공정이다. 벤젠의 수요 증가에 따라 실시한다.
- 파렉스(parex) 공정: 혼합자일렌(C_8)으로부터 제올라이트 분자여과체(molecular sieve)의 흡착여과분리에 의하여 순도가 높은 p-xylene을 얻는 공정이다. 옛날에는 자일렌 이성체

를 냉동하여 융점차로 분리하였으나 순도가 떨어지고 공정이 예민해 지금은 거의 파렉스 공정으로 바뀌었다.

- 아이소머(isomer) 공정: *p*-xylene을 분리하고 남은 혼합 자일렌을 에틸벤젠과 함께 이성화 반응에 의하여 다시 혼합자일렌을 만드는 공정으로 여기서 다시 *p*-xylene을 계속 얻고 분리해 나간다.

THDA와 타토레이의 선택은 제품으로 벤젠을 할 것인가 또는 자일렌으로 할 것인가에 따라 결정하지만 우리나라에서는 THDA는 조업비용이 커서 현재는 거의 사용하지 않고 있다.

공정: BTX 종합처리공정의 중요한 제품은 벤젠, *p*-xylene, *o*-xylene이지만 톨루엔과 혼합자일렌 또는 C_{9+}도 제품이 될 수가 있다. 또한 개질물의 일부는 석유화학의 원료보다는 고옥테인 가솔린의 배합제로 사용될 수도 있다.

나프타는 먼저 수첨탈황을 실시한 후 CCR Platforming을 거쳐 파라핀, 나프텐 등이 방향족으로 전환된다. 이어지는 공정은 목표성분을 얻기 위한 분리 및 방향족화합물의 반응이다. CCR Platforming은 설계 시 매우 큰 정밀성을 가지고 설계되기 때문에 제품은 옥탄가가 104~108 정도의 개질물이 얻어지며 방향족화합물을 최대로 하고 있다. 따라서 C_8 외에 불순물이 최대로 억제되는 공정이다. 또한 CCR Platforming은 수소를 부산물로 생성하고 있으며 정유공정에 필요한 다른 곳에 공급된다. 그리고 개질물 분리기에서 분리된 탑저물은 자일렌 분리기로 간다. 분리기 상류분은 설포레인 추출기에서 개질물로부터 하부에서는 방향족을 분리하고 상부에서는 방향족을 포함하지 않은 개질물을 얻고 가솔린과 혼합하거나 에틸렌 제조의 원료로 사용한다.

추출된 방향족은 미량의 올레핀을 제거하고 고순도의 벤젠과 톨루엔은 후속공정의 BT증류탑에서 각각 분리되어 얻어진다(미량의 올레핀은 보통 점토탑에서 2량화하여 제거된다). 벤젠탑에서 나온 C_{7+}가 탑저에서 나와 톨루엔 분리 칼럼으로 가고, 톨루엔탑의 탑저물인 C_{8+}는 자일렌 분리기로 간다. 톨루엔탑 상부에서 나온 톨루엔은 일반적으로 A_9/A_{10}(A: 아로마)으로 혼합되어 있어 타토레이나 THDA 공정으로 가게 된다. 여기서 벤젠과 자일렌을 얻게 되며, 타토레이나 THDA 공정이 없으면 일반적으로 가솔린과 혼합되거나 연료유로 사용된다.

만일 *o*-xylene을 생산해야 한다면 자일렌 분리탑의 탑저물을 *o*-xylene 칼럼에 보내서 탑상제품으로 회수하고 탑저물은 중질 방향족 처리탑으로 보낸다. 자일렌탑의 상부 유출물의 혼합 자이렌은 파렉스공정에 직접 보내서 흡착분리하여 99.9%의 *p*-xylene을 회수하게 된다. 그리고 남은 m- 및 o-xylene은 아이소머(Isomer) 이성화 반응탑에 들어가서 자일렌의 평형조성을 얻게 된다. 여기서 유출물은 탈헤프탄 칼럼에서 부생한 헤프탄을 제거 하고 자일렌 분리기로 순환된다.

이렇게 해서 벤젠, 톨루엔, *p*-자일렌, *o*-자일렌을 생산한다.

5.16 올레핀(ethylene) 플랜트

올레핀으로 에틸렌과 프로필렌은 석유화학의 기본원료가 되는 것으로 우리나라는 호남석유화학, 여천NCC(Naphtha Catalytic Center), LG화학, 삼성토탈, SK에너지, 대한유화의 6개 회사에서 750만 톤 이상을 생산하고 있다.

에틸렌은 나프타를 850℃ 이상에서 열분해(Pyrolysis)를 일으키고 이를 급랭하여 정제공정을 거쳐 생산하며 프로필렌을 부산물로 얻는다.

촉매를 사용하는 촉매분해공정은 최근 SK에너지가 생산을 서두르고 있으며, 반응온도가 내려간 650~680℃로 700℃ 이하에서 반응시키며 에틸렌과 프로필렌의 비율도 50 : 50까지도 할 수가 있어서 프로필렌 생산에 탄력성을 줄 것으로 예측되고 있다. 또한 에너지 20% 저감과 CO_2 10%정도 감축도 된다고 한다.

현재는 대부분의 회사가 열분해로 에틸렌을 생산하고 있다. 석유화학산업의 규모를 대부분 이 에틸렌의 생산규모로 그 크기를 가늠하고 있는데 이는 많은 석유화학제품이 이들의 유도체로 이루어지기 때문이다.

에틸렌은 ① 프로페인의 탈수소, ② LNG나 메탄올의 전환, ③ 올레핀의 전환(C4=, C8=), ④ 나프타 스팀 크래킹, ⑤ FCC 등에서도 얻어진다.

여기서는 나프타의 스팀 크래킹 공정을 설명한다.

공정: 열분해공정(그림 5.17)은 열분해로에 나프타(경질)가 공정수 스트리퍼에서 오는 스팀과 함께 공급되면 노 내의 코일 내를 통과하면서 짧은 시간(0.3~1.5초)에 분해가 일어나며 생성물은 수소 외에 광범위한 유분을 동시에 생산하므로 후속 정제공정에서 증류에 의하여 분리 정제된다. 스팀은 20~60 중량 %로 주입하는데, 생성되는 코크의 양을 줄이고 과도한 분해를 막기 위해서이다.

분해된 나프타는 고온의 열과 수분을 함유하고 있으며, 이를 1차로 냉각하여 폐열을 회수하여 고압의 스팀을 얻는다. 그리고 휘발유 정류탑에서 냉각 분리된 액체분을 연료유로 회수한다.

그런 다음 물에 의하여 열교환기에서 냉각된 액상탄화수소로 급랭(quenching)시키는 급랭공정으로 보내 후속적인 반응을 정지시키고 압축공정에서 압축된다. 이 압력으로 정제공정에 들어가 이동한다. 일단 가성－수세탑에서 황화수소를 제거, 탈황을 실시하며 동시에 CO_2도 제거된다. 그리고 2차 압축기에서 재압축된다. 다음 분해가스는 건조기를 거쳐 수분을 제거하게 되고, 또 저비점 성분의 분리를 위하여 냉각하게 된다. 냉각된 가스는 탈메테인탑으로 가서 －157℃에서 응축하지 않는 수소와 메테인을 회수한다.

탈메테인탑 탑저물은 탈에테인탑으로 가고 탑상물은 C_2로 구성되어 있는데 C_2 스트림 중에는 아세틸렌이 포함되어 있다. 그런데 아세틸렌이 200 kPa을 넘으면 폭발할 수가 있다. 그래서 아세틸렌의 분압이 이 범위를 넘어서면 C₂ 스트림은 부분적으로 수소화를 수행한다.

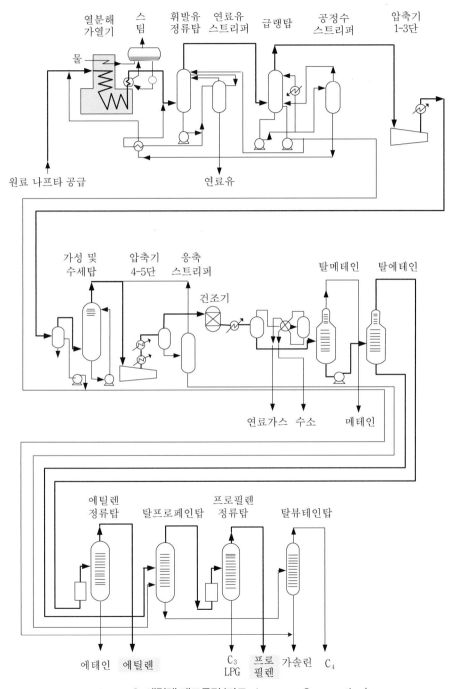

그림 5.17 │ 에틸렌 제조공정(자료: Lummus Corperation)

열분해에 의한 나프타로부터 에틸렌의 생산공장 (자료: linde-engineering.com)
우측은 분해로, 중앙의 굵은 두 탑은 급랭탑, 가는 탑들은 정제분리탑이다.

C_2 스트림은 C_2 분리기(splitter)로 가서 에틸렌 제품을 탑상에서 얻고 하부에서 에테인을 회수하여 순환시킨다. 탈에테인탑 하부 스트림은 탈프로페인탑으로 간다. 그리고 상부 스트림은 C_3로 구성되어 있고 이 스트림이 C_3 분리기로 가게 된다. 이 분리기 상부 스트림은 프로필렌 제품이고 탑저물은 프로페인으로서 분해로에 되돌려 보내거나 연료로 사용한다.

탈프로페인탑 하류 스트림은 탈뷰테인탑으로 간다. 상부 스트림은 C_4로 구성되어 있고 탑저물은 C_5 또는 그 이상의 탄화수소(가솔린 포함)를 얻게 된다. 이처럼 에틸렌 생산이 복잡하고 에너지 다소비 업종이기 때문에 그동안 많은 노력으로 폐에너지를 회수하여 사용하고 있다. 분해가스로부터 회수한 에너지는 고압의 스팀(1,200 psig)을 얻는다. 그리고 스팀터빈을 돌려서 분해가스를 압축하고, 프로필렌의 냉각용 압축과 에틸렌 냉각기 압축동력으로 사용된다. 따라서 에틸렌 공장은 일단 가동을 시작하면 외부로부터 터빈용 스팀을 공급받을 필요는 없다.

전형적인 에틸렌 공장(연산 15억 lb)에는 45,000 HP(34,000 kW)의 압축동력을 사용하며 22,000 kW의 프로필렌 압축동력과 11,000 kW의 에틸렌 압축동력이 필요한 에너지 다소비 업종이다. 우리나라는 에틸렌 에너지 원단위, 즉 에틸렌 1 kg을 생산하는 데 들어가는 에너지가 2003년 현재 4,450 kcal로 세계 최고 수준이다. 석유파동 이전에는 11,000 kcal를 상회하고 있었다. 대단한 발전이다.

⬎ 5.17 석유화학반응

에틸렌과 프로필렌, 부틸렌 등의 분자량이 작은 불포화 탄화수소로부터는 염화비닐(PVC), 폴리스타이렌(PS, 스티로폼의 원료), 폴리프로필렌(PP) 등의 합성 고분자 화합물을 만들 수가 있고 우리 생활 주변에서 이들로부터 만든 많은 상품을 볼 수가 있다.

이와 같이 석유의 유분으로부터 지방족 탄화수소 또는 BTX인 방향족 탄화수소를 원료로 해서 여러 반응공정을 거쳐 합성수지, 합성섬유 등 화학제품을 만드는 공업을 석유화학공업이라 하고, 여기서 만드는 화학제품을 석유화학제품이라고 한다. 그러면 몇 가지 전형적인 석유화학제품의 화학반응을 소개한다.

1. 벤젠의 석유화학

▌ 나일론-6

• 용도: 합성수지, 나일론 섬유

▌ 아닐린 및 MDI

• 용도: 아닐린-MDI 원료, 고무첨가제 원료, 염료 및 안료 원료, 제초제 원료, MDI-우레탄 수지

4,4 MDI(Methylene diphenyl diisocyanate)

▌ 무수말레인산

• 용도: 불포화 폴리에스터수지, 도료, FRP

2. 자일렌의 석유화학

▌텔레프탈산, 무수텔레프탈산

  • 용도: 폴리에스터 섬유, 합성수지

3. 에틸렌의 석유화학

▌에틸렌의 중합

제품에는 고밀도 폴리에틸렌(HDPE)과 저밀도 폴리에틸렌(LDPE) 등이 있으며 온실용 비닐, 물통, 성형물 등을 만든다.

$$nCH_2 = CH_2 \rightarrow -(CH_2-CH_2)n-$$
폴리에틸렌

▌에틸렌의 산화

에틸렌옥사이드와 에틸렌글리콜은 석유화학의 중간체로서 각종 용제, 합성수지 원료 그리고 부동액의 원료가 된다.

에틸렌옥사이드   에틸렌글리콜

▌에틸렌의 염소화

PVC는 각종 필름, 수도관 등 성형품에 사용된다.

비닐 모노마   PVC (염화비닐)

에틸렌의 수화

에탄올(에틸알코올)은 용제로 사용된다.

$$CH_2=CH_2 \xrightarrow{\ H_2O\ } CH_3-CH_2-OH$$

에탄올

벤젠과 반응

폴리스타이렌(PS)은 발포하여 단열재, 포장재료로 이용된다.

폴리스타이렌(스티로폼)

4. 프로필렌의 석유화학

프로필렌의 중합

폴리프로필렌(PP)은 필름으로 가공하여 포장재로 많이 쓰이며 다른 폴리머와 공중합해서 성형품을 만든다.

PP(폴리프로필렌)

프로필렌의 산화

글리세린은 플라스틱 및 화약의 원료가 된다.

아크로레인   아릴알코올   글리세린

프로필렌의 암모산화

아크릴나이트릴은 중합해서 합성섬유, ABS, NBR를 만든다.

아크릴나이트릴

▋ 프로필렌의 카보닐화

부탄올은 용제로 사용된다.

$$CH_2=\overset{\overset{\displaystyle CH_3}{|}}{CH} \xrightarrow[\text{촉매}]{CO, H_2} C_3H_7CHO \xrightarrow{H_2} C_4H_9OH$$

뷰틸알데하이드   부탄올

▋ 프로필렌의 벤젠과의 반응

큐멘은 부분 산화하여 아세톤(용제)과 페놀(합성수지 원료)을 생산한다.

큐멘   페놀   아세톤

이와 같이 석유는 연료로서 사용될 뿐만 아니라 유기화합물을 제조하는 화학원료로서도 귀중한 자원이다.

⊵ 5.18 정유공업에서 환경 문제

석유는 고체인 석탄을 사용하는 것에 비하여 취급이 편리하고 한때는 양도 풍부하고 값도 싸서 1970년대 초까지 에너지 소비의 주력으로 막대한 석유가 에너지원으로 연소되었다. 그 결과 자원의 고갈을 초래하고 환경에 악영향을 미치는 한편 인간의 건강에 해를 주는 이산화황, 삼산화황, 일산화탄소, 미연소분의 탄화수소, 질소산화물 등의 대기오염물질이 대량 방출되기에 이른 것이다. 또한 건강에 직접 영향을 주지 않는 탄산가스도 지난 100년간 대기 중에 10% 정도 증가를 나타내고 있다. 지금과 같은 상태로 화석연료인 석유의 소비가 계속 증가한다면 탄산가스로 인한 온실효과가 더욱 커져서 지구의 평균기온이 크게 상승할 것이라는 우려가 이제 현실화되고 있는 듯하다.

한편, 이와 같은 대량의 석유공급은 석유의 채굴, 정제, 수송 도중에서도 환경파괴를 일으키고 있다. 해저유전에서 석유가 유실된다거나 사고로 분출될 경우가 있으며 정유회사에서 나오는 유출유, 대형 유조선 및 해양유전의 사고에 의한 원유의 해양오염 및 공장에서 방출되는 석유가 혼합된 배출수가 연간 500만 톤이나 되므로 해양오염이 얼마나 심각한지 말할 필요도 없다. 이러한 오염은 바다 속 식물의 광합성을 방해하고 용존산소의 양을 감소시키며 해양의 어업문제에도 큰 영향을 미치고 있다.

▌탄산가스 대책

앞서 본바와 같이 정유공정은 매우 복잡한 공정 산업이다. 일반적으로 보면 원유의 보통 정도(중간정도의 전환)의 처리에서도 원유 1 ton당 0.2~0.4 CO_2 ton 정도의 탄산가스가 발생 하며 디레이드 코카나 잔사유 가스화 시설이 포함 되면 0.7~0.8 ton CO_2가 발생 한다. 우리 나라는 원유의 일괄처리 공정을 가지고 있어 유동층 촉매 분해(FCC)와 잔사유의 진공처리 는 물론 잔사유의 경질화 시설을 가추는 등 정유의 대국이다.

정유공장에서의 탄산가스 방출문제는 사용한 원유의 종류는 물론 각 단위공정의 에너지 효율성이 좌우하겠지만 다음 세 가지 만 여기서 생각해 보기로 한다.

에너지효율 향상은 일반적으로 공정의 열사용의 통합관리와 폐열회수만 수행해도 에너지 효율은 6~30%(유럽의 경우)이 될 것으로 보고 있으며 공정을 통합한 열관리, 최적화, 모니 터링, 가열기와 보일러의 관리, 고효율의 펌프의 설치도 효율을 크게 향상 시킬 수가 있다.

연료의 교체 즉 현재 사용하는 연료가 일반적으로 정유공장에서 방출되는 탄소 합량이 높은 저급 연료유 등인데 모자라는 부분을 천연가스(LNG)를 구입하여 사용할 경우 CO_2 약 15% 정도 감소되는 경우도 있다.

그러나 일반적으로 제품 중 황 함유량을 크게 나추는 등 고도의 처리를 한다고 해도 정유 사의 사정에 따라 탄산가스 제거를 위한 탄산가스 포집 설비는 불가피 한 경우가 많다. 더욱 이 수소의 제조, FCC, 가열로, 자가발전 그리고 스팀생산 설비에서 그렇다.

1. 수소의 제조

정유공장에서 메테인을 스팀으로 개질할 경우는 합성가스 H_2, CO 및 CO_2가 생성 되며 수성 가스 반응을 실시하면 $H_2 + CO_2$의 혼합물이 생성 된다. 이로부터 CO_2를 제거 하면 보 통 수소의 농도는 40%~99%의 것이 얻어 진다. 여기서 발생 하는 CO_2의 량은 정유공장에서 배출되는 CO_2의 5~20%가 된다.

2. 유동접촉 분해(FCC)

이 공정에서 발생 되는 탄산가스는 전 정유공장에서 배출 되는 CO_2의 약 50%나 되며 제 일 큰 배출원이다. CO_2의 농도는 10~20% 정도가 되며 단순히 연소 과정에서 나오는 것이라기보다는 공정 즉 탄소로 피독된 촉매를 재생 하는 과정에서 일어난다. 연도가스의 CO_2의 농도는 석탄사용의 발전소와 유사하며 아민화합물 또는 냉각 암모니아로 포집 하려는 시도가 북유럽 국이 시도 하고 있고 브라질에서는 순산소(oxyfuel) FCC파이롯을 가동 하고 있다.

3. 유틸리티

정유공장에서 필요한 유틸리티는 수증기와 전기 이다. 모두 현지에서 생산 조달되고 있다. 현지 조달 하는 이유는 수증기와 전기를 함께 얻을 수 있는 코제너레이션(후술)을 사용 하면 천연가스를 가지고 가스 터빈을 돌려 발전을 하고 나오는 배기가스로 수증기를 생산하여 랭킨사이클을 만들면 일거양득이 될 수 있는 것이다. 그리고 탄산가스의 포집은 발전 시설에서와 같은 방법으로 시행 할 수 있다.

4. 공정용 가열기

정유공장은 시설 내에 여러 크기의 서로 다른 가열기와 보일러를 가동 하고 있으며 그 크기는 2 MW에서 250 MW이르며 20~30곳에 분산 되어 있다. 그리고 사용 하는 연료도 방출원 마다 달라 질수가 있으며 따라서 CO_2 농도나 배출량도 크게 다르다고 할 수 있다. 따라서 방출원을 한데 모아 한 연도로 방출 되도록 하는 경우가 많으며 이때 CO_2의 농도는 대략 15%가 된다.

정유공장에서도 이런 가열기나 보일러에서 CO_2의 포집을 쉽게 즉 저비용으로 하려면 공기 대신 순산소를 사용(oxyfuel)하여 배출 CO_2의 농도를 올리는 것이 과제로서 연구 되고 있다.

⌐5.19 오일쉐일

"석유자원이 고갈되면 무엇을 쓸 것인가" 하는 질문에 오일쉐일(oil shale)과 오일샌드(oil sand)가 될 것이라고 말한다. 오일샌드와 오일쉐일은 석유와 유사하지만 석유는 액체인 반면 이것은 고체이거나 반고체의 약간의 유동성이 있는 탄화수소가 포함된 퇴적암 또는 토사이다. 탄화수소의 함량이 적어 이용되지 않았는데 최근 들어 이용하기 시작한 에너지이다.

오일쉐일의 역사는 오래되었다. 1694년 영국에서 퇴적암석을 가열해서 기름을 채취하는 방법이 발표되었지만 1920년에 와서야 세계 각지에서 소규모로 생산하기 시작했다. 그렇지만 그 후 많은 유전이 개발되어 석유가격이 하락함에 따라 경제성이 없어져서 생산이 중단되어 있었다. 그러나 1973년과 1979년에 석유파동이 일어나서 유가가 올라갔고 최근과 같이 고유가 시대에는 석유의 대체자원으로서 다시 유동성 기름을 제조하는 것이 각광을 받게 된 것이다.

오일쉐일은 유모혈암(油母頁岩)이라고 칭하며 부니탄(腐泥炭)이라는 석탄의 일종이다. 육식탄(陸植炭)이 목재를 기원으로 한다면 이것은 수중식물을 기원으로 한다. 부니탄에는 촉탄(燭炭) 등 이용가치가 높은 것이 있지만 회분이 많아서 그대로는 연료로 사용할 수 없는 것도 있다.

오일쉐일 중에 포함된 유기물을 케로겐(kerogen, 유기화합물의 고체혼합물, 일종의 유연탄)이라고 하지만 케로겐의 탄소와 수소의 비는 석탄(역청탄)이 13~15인 것에 비하여 7~10으로 수소가 많이 포함되어 있고 분리된 기름도 석유에 가까운 조성을 가진다.

그림 5.18 | 세계의 오일쉐일과 탈샌드광상 분포도

그림 5.18은 세계의 오일쉐일과 탈샌드의 광상 분포도를 나타내고 있다. 발표에 의하면 세계의 오일쉐일의 매장량은 미국, 요르단, 프랑스, 독일, 브라질, 중국, 몽골, 러시아에 현재 2.8~3.3 trillion bbl(4,500~5,200억 m^3, 채굴가능)이며 그 중 62%가 미국에 매장되어 있고, 러시아와 브라질의 것을 합하면 전세계 매장량의 86%나 된다. 오일쉐일은 노천에서도 채굴되지만 현재 미국에서는 오일쉐일의 광상(鑛床)에 고압공기나 폭약 등을 사용해서 구멍을 뚫고 가열 가스나 수증기 등을 불어넣어 직접 열분해 건류하는 지하 건류법이 시도되고 있다.

채굴된 오일쉐일은 일단 분쇄하고 건류한 다음 정제공정을 거쳐서 기름을 회수하지만 레토르트법(retort, 그대로 가열해서 휘발분을 빼내는 방법)에 의하여 500℃ 전후의 열처리로 기름을 회수한다. 레토르트법에는 여러 가지 방법이 있지만 미국의 Paraho retort는 1일 400톤, 브라질의 Petrosix는 2,200톤을 생산한다. 러시아에서는 레토르트 한 대당 2,300만 톤 처리능력을 가진 것이 실제 조업 중에 있다. 이렇게 건류로 얻은 기름은 정류공정으로 보내서 상압증류에 의하여 혈암유가 제조된다.

현재 러시아, 중국에서는 오일쉐일로부터 기름을 생산하고 있지만 기름을 회수한 후에 폐쉐일을 처리하는 과정에서 환경문제를 일으키고 생산원가에도 영향을 미치고 있다. 오일쉐일을 이용한 각국의 발전용량을 보면 에스토니아 2,967 MW, 이스라엘 12.5 MW, 중국 12 MW, 독일 9.9 MW에 이른다.

원유회수 Petrosix 공정을 그림 5.19에 나타낸다. 열분해 레토르트에 투입된 쉐일은 열분해

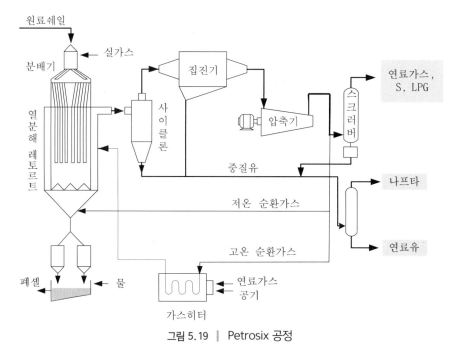

그림 5.19 | Petrosix 공정

되고 생성된 가연성 가스는 고온 상태에서 사이클론에 들어가 중유 성분은 아래로 포집되고 사이클론 상부로는 먼지를 포함한 가스가 집진된다. 가스는 압축되어 생성가스로 공급된다. 생성가스에서 고온분은 공기와 연료가스를 예열하는 데 사용하고, 저온분은 레토르트에 재순환한다. 사이클론과 집진기에 잡힌 중질유는 생성유로 공급된다.

5.20 쉐일가스＋타이트오일

쉐일가스(Shale Gas)와 타이트오일(Tight Oil)은 모래와 진흙이 쌓여 굳어진 퇴적암(혈암)의 틈새에 잡혀 있는 가스(메테인 80%, 에테인＋프로페인＋뷰테인 15%)를 쉐일가스 라고 하고 이와 같은 형태로 있는 액상 석유분과 특히 깊은 암석층사이에 갇혀 있는 유분을 모두 타이트오일이라고 말한다. 앞서 5.19의 오일쉐일 광은 지상에서 처리해서 유분을 얻지만 쉐일가스와 타이트 오일은 지하 심층에 있는 쉐일광에서 가스분이나 오일분만을 지하에서 분리시켜 회수하는 가스와 석유를 말하는 것으로 기존의 천연가스/석유와 구분하기 위하여 "쉐일가스"및 "타이트오일(때로 쉐일오일 이라고도 함)"이라고 한다. 쉐일가스/타이트오일 은 그동안 채굴기술이 매우 힘들어 채산성 있는 채취를 못하고 있었다. 그러나 미국의 천연가스/석유 수입량이 크게 늘어난 데다 가격의 상승으로 개발에 박차를 가하게 되었고 2,000년대 초반부터 시추의 기술적인 발전 즉 ① 수평정 시추기술과 ② 수압 파쇄기법의 발전으로 경제성이 생긴 것이다. 여기서 수평정 시추기술은 수직으로 약 2 km로 들어가 다시 수평으로 약 1~2 km를 뚫고 들러 가는 기술이다. 그리고 수압 파쇄기법은 혈암에 충격을 주어 틈새를 만들고 물에 모래 그리고 화학약품(0.5%)이 혼합된 용액을 약 500~1,000 기압 정도

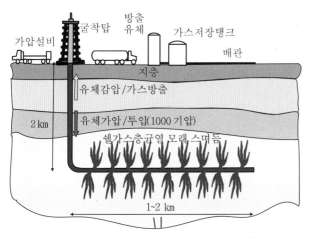

그림 5.20 ┃ 수평정 시추와 수압 파쇄기법

쉐일석 (혈암) 색이 검을수록 가스/유분 함량이 크다.

로 가압해서 시추 파이프에 있는 많은 틈새 구멍을 통해 쉐일을 파쇄하고 파쇄틈새에 모래가 끼도록 하여 쉐일틈새가 벌린 채로 압력을 나추면 가스와 오일과 물이 육지로 역류하여 각각 솟아나와 쉐일가스/오일을 회수 하는 방법이다. 대개 수평정은 세 구간으로 나누워 안쪽에서부터 가스/오일을 채취 하고 이 구간을 막은 다음에 중간 부분을 하고 하는 순으로 하여 쉐일 암석층이 압력을 크게 받도록 한다. 이는 미국인 채굴업자 조지 미첼이 개발한 것으로 후랙킹(fracking)이라고 한다. 이를 그림 5.20에 나타내었다.

쉐일가스, 타이트오일의 채굴 기술은 미국이 갖고 있으며 전 세계 쉐일가스/오일 개발을 리드 하고 있고 2009년도부터 쉐일가스/오일을 다량 생산하는 기술이 가능해 짐에 따라 현재 기존가격에 비해 가스/오일가격이 크게 하락 하였으나 생산을 중단 했던 많은 정유회사들이 다시 가동 되고 있다. 쉐일가스의 생산은 큰 붐을 일으켜 유럽 등으로 기술이 이전되기 시작했으며 유럽은 러시아로 부터의 가스수입 물량을 줄이려고 하고 있다. 이렇게 되니까 러시아와 기존 천연가스/석유 생산업체들이 유가를 더욱 하락시켜 대항 하는 압력도 만만치 않았다. 미국은 2035년에는 전체 자국에서 필요한 천연가스의 50%를 쉐일가스에서 얻는다고 예측하고 있고 100년 이상(350년을 말하는 사람도 있다) 쓸 량이 있다고 한다.

세계 쉐일가스 매장량은 187.5조 m³으로 기존 천연가스 량 187.1 m³과 같다. 그의 세계 매장 분포를 그림 5.21 그리고 보유국 중 10대 국가의 가채매장량을 기존가스/석유 매장량과 비교 하여 표 5.8에 나타내었다.

표 5.8 | 10개국 쉐일가스/타이트오일의 매장량　　　　　　(단위: 가스 조 m³/타이트 억배럴)

	보유국	채굴 가능한 쉐일가스 /타이트오일 매장량	입증된 기존의 천연가스 /원유 매장량(10억)	확인연도
1	중국	31.57/350	3.51/24.38	2013
2	아르헨	22.71/270	0.34/2.81	
3	알제리	20.02/ －	4.50/12.2	
4	미국	18.8/480~580	9.00/33.4	
5	캐나다	16.22/90	1.92/173.11	
6	멕시코	15.43/130	0.48/10.26	
7	남아공	13.73/ －	－ /0.015	
8	호주	12.37/180	1.21/1.43	
9	러시아	8.07/750	47.80/80	
10	브라질	6.94/ －	0.39/13.15	

세계 타이트오일의 가채 매장량: 3350~3450억 배럴(전원유의 약 1/10)　　　자료: IEA

그림 5.21 | 세계 쉐일가스의 지역분포도

채굴 및 예상지역
기대지역

쉐일가스/타이트오일에 낙관적인 사람들은 보다 낳은 기술의 발전과 질 좋은 광구의 발견으로 옛날 석유가 개발되었을 때 일어났던 새로운 에너지의 붐이 다시 올 것이라는 기대감을 가지고 있다. 최근 침체된 듯 했으나 메탄으로부터 에틸렌 생산이 늘어나면서 쉐일가스에 의한 석유화학 붐이 다시 일어나고 있다.

그러나 비판적인 사람들은 채취가 만만치 않고 가스/타이트의 채취율의 고갈속도도 빨라 앞으로 얼마안가 정점을 거쳐 서서히 사라 질것이라고 보고 있는 사람도 있다. 더구나 채굴 시 ① 막대한 물의 수요(한 예로 한홀 당 1500~3700만 L, 홀의 life기간 내), ② 오염된 물의 처리, ③ 채굴시 새어나온 메테인의 지구환경오염, ④ 기존 지하수와 후랙킹 시 생긴 처리수가 연결 될 때는 용수에서 가스가 섞여 나오는 문제 그리고 ⑤ 지각내부의 충격과 지층변동으로 생기는 지진(약 3도) 등의 문제점이 있다.

우리나라는 에너지원 다변화 정책에 따라 천연가스를 2018년부터 미국으로부터 쉐일가스로 수입할 예정이며 도시가스 값이 다소 저렴해 질 것으로 예상 하고 있다.

5.21 오일샌드

오일쉐일 다음에 많이 존재하는 것이 오일샌드이며, 성분에 있어서도 석유와 유사한 점은 오일쉐일의 경우와 같다. 발견의 역사를 보면, 1778년 캐나다에서 인디언이 오일샌드로부터 비투멘(bitumen, 천연 및 정제가공에 의하여 얻어지는 중질 탄화수소의 총칭)을 분리하여 이용했다는 보고가 있다. 보통 토사에 중질유가 혼입되어 있는 형태로 캐나다와 베네수엘라 두 나라에서 거의 전세계 석유의 매장량 정도를 가지고 있으며, 캐나다는 자국에 필요한 석유의 44%를 오일샌드에서 얻고 있다. 미국이 수입하는 원유의 20%도 캐나다산이다. 비투멘 생산량으로 보면 200,000 m³/day(1.25백만 bbl)을 생산하고 있는데, 캐나다는 생산량을 늘리고 있지만 베네수엘라는 최근 감소하는 추세이다.

1967년에 와서 GCOS사(Great Canadian Oil Sand Ltd)(현재 Suncor사)가 설립되어 최근에는 하루 30만 4천 배럴 규모의 기름을 생산하고 있다. 이 공법을 그림 5.20에 나타내었다.

빈으로부터 공급된 원료는 물과 가성소다를 혼합한 후 수증기에 의하여 유분을 추출한다. 추출된 기름과 원료 샌드(모래)가 혼합된 혼합물을 분리조에 보내서 유층과 모래층으로 분리하고 유층은 가열조로 보내서 수증기로 다시 가열하여 탈기 후 원심분리에 의하여 제1원심분리기에서 중질분을, 그리고 제2원심분리기에서 고형분을 분리하며 중질분은 탈황 등 정제공정으로 들어간다.

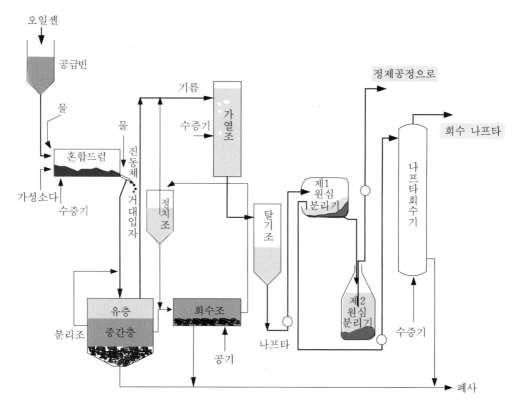

그림 5.22 ┃ GCOS사의 오일샌드로부터 오일의 추출공정

미 콜로라도 주의 유혈암으로 형성된 산

한편 제1원심분리에서 상등액의 경질유는 나프타 회수기에서 수증기 증류에 의하여 회수하여 제품으로 얻고 찌꺼기는 분리조에서 나오는 모래층과 함께 폐기물로 배출된다. 한편 분리조의 중간층으로부터 나온 유분은 회수조에서 고형분을 분리하고, 상등액은 정치조로 보내서 가열조로 들어간다.

오일샌드는 지표로부터 35 m 정도에 광상이 전개되어 있고 이런 경우는 노천채굴이 가능하지만 150 m 정도로 심층에 있는 것은 유층 내에서 처리하는 직접회수법이 필요하다.

유층 내에서 처리하는 회수법에서는 오일샌드 심층부에 수증기를 불어넣어 저유층 내의 기름의 점도를 낮추어 유동성을 만들고 퍼 올리게 된다.

불에 타는 돌 오일쉐일

캐나다 오일샌드 채광(자료: Suncor Energy Inc)

1   석유는 산지에 따라서 화학적 조성에서 차이가 있다. 그 차이점은 왜 생기는가?

2   석유도 연소 시 많은 분진을 발생한다. 분진의 조성에 대하여 써라.

3   유동접촉분해(FCC)에서 촉매가 하는 역할이 무엇인지 설명하여라.

4   원유의 증류에는 상압증류 외에 잔사유에 대하여 감압증류를 실시한다. 감압과 상압증류의 차이점을 써라.

5   석유 중에는 탄소, 수소 이외에 다른 원소들이 포함되어 있다. 어떤 형태로 포함되어 있으며 석유처리 및 사용 시 이러한 원소가 어떤 문제를 일으키는지 조사하여라.

6   오일쉐일/오일샌드에서 현재 기름을 채취하는 나라를 들고 그 채취방법과 생산전망에 대하여 논하여라.

7   석유제품 중에는 등유와 경유가 있다. 이들의 조성 그리고 물리화학적 차이점과 용도의 차이점을 비교하여라.

8   딜레이드 코카의 제품인 페트코그의 종류와 용도를 나열하여라.

9   나프타로부터 에틸렌을 만들 때 프로필렌은 부산물의 형태로 얻어진다. 그러면 왜 프로필렌을 생산하는 별도의 공장이 없는 것일까?

10 수첨탈황과 케로메룩스의 차이점과 각각의 공정이 모두 필요한 이유는 무엇인가?

11 o-xylene, p-xylene, m-xylene의 자일렌의 용도를 각각 찾아보아라.

12 혼합 자일렌으로부터 p-xylene을 분리하는 파렉스공정과 그의 원리를 설명하여라.

13 설포레인 추출공정이 무엇인지 그 원리를 설명하여라.

14 CCR Platforming은 무엇을 얻고자 하는 공정인가? 우리나라의 공장 실태를 조사하여라.

15 중질유로부터 휘발유를 만들 수 있다. 보통 휘발유는 나프타를 개질해서 얻는다. 그렇다면 휘발유를 중질유로부터 만드는 이유는 무엇인가?

16 우리나라의 석유탐사 상황을 조사하여라. 또 외국에서 개발하고 있는 유전은 어떤 것이 있는가? 특히 우리나라 회사의 베트남 진출에 대하여 조사하여라.

17 석유파동에 대비하여 그의 비축은 매우 중요한 의미를 가진다. 그의 비축방법을 알아보고 우리나라를 포함해서 각국의 비축 현황을 파악하여라.

18 현재 우리가 도입하고 있는 원유가 어떤 형태로 가공되어 수출되는가?

Chapter 6

천연가스

↘ 6.1 천연가스의 매장과 조성

　우리나라에 천연가스가 들어오기 시작한 것은 1986년부터이다. 에너지 소비의 구성비에서 보면 1992년 3.9%에 불과하던 것이 2008년에는 14.8%로 약 4배로 증가하였고, 앞으로도 계속 늘어날 전망이다. 현재 세계에서 생산되는 양은 3조 톤/년을 넘어서고 있다. 천연가스는 석유와 같은 기원에 의하여 생성된 기체 탄화수소로서 주성분은 메테인(CH_4)이다. 석탄 중에서 생성되어 발생되는 메테인가스도 있지만 지하수에 용해되어 산출되는 것도 있다. 석유와 함께 분출할 때 얻어지는 천연가스, 또는 배사구조 중에 잠겨 있는 천연가스를 구조성 천연가스라 칭하며 중동의 유전지대를 위시해서 여러 유전지대에서 생산된다. 기타 유전지대뿐만 아니라 큰 하천의 델타지대 등 소택지대의 지하수에 용해되어 있던 것이 산출되는 천연가스도 있는데, 이 경우는 수용성 천연가스라고 한다.

　천연가스의 역사는 오래되었지만 대규모로 사용되기 시작한 것은 미국에서 석유개발이 시작되었을 때부터이다. 유전지대로부터 배관을 통해서 공업지대와 대도시의 연료용으로 수송하게 된 것이 본격적인 사용의 시작이고, 그 후 러시아(전체 매장량의 23%)가 천연가스의 대 생산국이 되었고, 이어 이탈리아, 프랑스, 영국의 북해 등에서 가스전(田)이 개발되어 소비가 계속 늘어나게 되었다.

　천연가스는 표 6.1에서 보는 바와 같이 주성분이 메테인이고 황 성분이 없어서 연료로 사용할 때 이산화황 같은 것이 생기지 않아 청정에너지라고 할 수 있으며, 연기가 나지 않는 고칼로리의 연료이다. 표 6.2는 세계 천연가스의 매장량을 보여주고 있다. 러시아에 많이 매장되어 있고 유전지대인 중동에 43%나 매장되어 있다. 그리고 아시아에서는 인도네시아, 말레이시아 그리고 중국에 매장되어 있으며, 우리나라도 최근에 개발되어 동해 1 가스전에서

표 6.1 ┃ 여러 나라에서 생산되는 천연가스의 조성　　　　　　　　　　　　　　　　(단위 : %)

조성 열량	메테인 (CH_4)	에테인 (C_2H_6)	프로페인 (C_3H_8)	뷰테인 (C_4H_{10})	펜테인 이상 > C_5H_{12}	질소 (N_2)	탄산가스 (CO_2)	황화수소 (H_2S)	열량 MJ/m_3
북　　해	94.4	3.1	0.5	0.2	0.2	1.1	0.5	－	38.2
독　　일	74.7	0.1	－	－	－	7.2	18	－	29.1
네덜란드	81.8	2.8	0.38	0.13	0.12	14.4	0.77	－	32.8
프 랑 스	69.8	3.1	1.1	0.6	0.7	0.4	9.6	15.2	30.9
알 제 리	83.5	7.0	2.0	0.8	0.4	6.1	0.2	－	42.1
뉴질랜드	46.2	5.2	2.0	0.6	0.1	1.0	44.9	－	24.2
미　　국	80.9	6.8	2.7	1.1	0.5	7.9	0.1	－	39.6
쿠웨이트	76.7	13.2	5.3	1.7	0.8	－	2.2	0.1	46.9
	57.6	18.9	12.6	5.8	3.0	－	2.1	－	57.6

LNG 운반선. 하역을 대기하고 있다(평택항).

표 6.2 | 세계의 천연가스 매장량(2014년)(자료:BP)

지역/국가	확인 가채 매장량(R) 1조 m³	Share(%)	사용연수 R/P(년)
북 미	12.1	6.5	12.8
미 국	9.8	5.2	13.4
캐나다	2.0	1.1	12.5
멕시코	0.3	0.2	6.0
중남미	7.7	4.1	43.8
아르헨티나	0.3	0.2	9.3
볼리비아	0.3	0.2	13.9
브라질	0.5	0.2	23.1
콜롬비아	0.2	0.1	13.7
페루 + 트리니다드 타바고	0.4 + 0.3	0.2 + 0.2	33.0 + 8.2
베네수엘라	5.6	3.0	-
기타	0.1	-	21.8
유럽 & 유라시아	58.0	31.0	57.9
아제르바이잔	1.2	0.6	68.8
덴마크	-	-	7.6
독 일 + 이태리	- + -	- + -	5.6 + 7.5
카자흐스탄 + 네델란드	1.5 + 0.8	0.8 + 0.4	78.2 + 14.3
노르웨이	1.9	1.0	17.7
폴란드 + 루마니아	0.1 + 0.1	0.1 + 0.1	23.6 + 9.6
러시아	32.6	17.4	56.4
투르크메니스탄 + 우크라이나	17.5 + 0.6	9.3 + 0.3	-

(계속)

| 지역/국가 | 확인 가채 매장량(R) | Share (%) | 사용연수 |
	1조 m^3		R/P (년)
영 국	0.2	0.1	6.6
우즈베키스탄 + 기타	1.1 + 0.2	0.6 + 0.1	10.0 + 32.7
중 동	79.8	42.7	–
바레인	0.2	0.1	10.7
이 란	34.0	18.2	–
이라크	3.6	1.9	–
쿠웨이트	1.8	1.0	–
오만	0.7	0.4	24.3
카타르	24.5	13.1	–
사우디아라비아	8.2	4.4	75.4
시리아	0.3	0.2	65.5
아랍에미리트	6.1	3.3	–
예멘 + 이스라엘	0.3 + 0.2	0.1 + –	28.0 + 25.3
아프리카	14.2	7.6	69.8
알제리	4.5	2.4	54.1
이집트	1.8	1.0	37.9
리비아	1.5	0.8	–
나이지리아 + 기타	5.1 + 1.2	2.7 + 0.6	– + 25.3
아시아 태평양	15.3	8.2	28.7
오스트레일리아	3.7	2.0	67.6
방글라데시	0.3	0.1	10.7
보르네이	0.3	0.1	23.3
중 국	3.5	1.8	25.7
인 도	1.4	0.8	45.0
인도네시아	2.9	1.5	39.2
말레이시아	1.1	0.6	16.2
미얀마	0.3	0.2	16.8
파키스탄	0.6	0.3	13.8
파푸아뉴기니	0.2	0.1	31.0
태국	0.2	0.1	5.7
월남 + 기타	0.6 + 0.3	0.3 + 0.2	60.4 + 15.6
세계 합계	187.1	100.0	54.1

합계에는 기타 지역이 포함되어 있다.

1,000톤/일 정도 생산하고, 매장량은 약 500만 톤 정도로 전체 천연가스 소비량의 2~3% 정도에 해당된다.

유럽 지역에서는 러시아에서 생산된 천연가스를 배관망을 통해서 공급받고 있다. 우리나라도 북한을 통과할 수가 있게 되면 러시아 동부의 천연가스를 배관망을 통해서 P(Pipeline) NG형태로 공급받을 수가 있다. 배관망을 확대하면 일본까지도 배관이 가능할 것으로 보고 있다.

현재 한국 및 일본과 같은 섬나라의 경우는 천연가스를 −161℃로 냉각 액화하여 액화 천연가스(LNG)로 만들어 배로 수송해 들여오고 있다.

표 6.3에서 보는 바와 같이 실제 우리나라는 인도네시아 및 말레이시아 등에서 액체인 LNG 상태로 배로 들여다 평택 1기지(23기 탱크), 인천 2기지(20기 탱크), 통영 3기지(17 탱크), 그리고 건설 중인 삼척의 4기지(14기 탱크) 및 기타 5기지(13기 탱크)에 모두 87기의 탱크에 142만 kL의 LNG를 저장한다. 그림 6.1을 보면 상당한 공급배관망을 구성 그리고 예정임을 알 수 있다. 그리고 GS칼텍스 그리고 포스코가 수소 생산 및 복합화력용으로 보령 그리고 광양에 기지를 가진다.

• 인천기지
  90. 10. ~02. 7. 건설
• 평택기지
  83. 4. ~98. 12. 건설
• 통영기지
  96. 12. ~02. 10. 건설
• 삼척기지
  건설 중 2019 완공

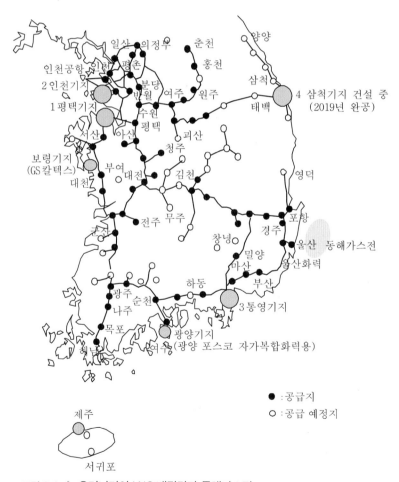

그림 6.1 │ 우리나라의 LNG 배관망과 동해가스전

표 6.3. | 우리나라의 천연가스 수입 (단위 : 1,000톤)

연 도	합 계	인도네시아	말레이시아	카타르	오만	브루나이	호 주
1995	7,060	5,257	1,039	−	−	707	57
1998	10.600	7,050	2,893	−	−	596	−
2004	21,781	5,290	4,638	6,211	4,411	838	285
2007	25,569	3,755	6,161	8,031	4,792	590	422
2009	25,822	3,084	5,874	6,973	4,551	530	1,314
2011	36,685	7,894	4,144	8,153	4,195	756	787
2013	39,876	5,627	4,314	13,354	4,331	1,442	620
2014	37,107	5,176	3,673	12,853	3,726	717	836

표 6.4 | 우리나라 천연가스의 용도별 소비 (단위 : 1,000톤)

연 도	합 계	발 전	지역난방	도시가스	자체 소비	재 고
1995	7,087	3,412	150	3,417	108	103
1998	10,644	4,029	159	6,232	222	527
2004	21,809	8,242	576	12,504	487	1,602
2007	26,664	11,296	631	14,596	141	1,099
2009	26,083	9,705	524	15,634	220	1,728
2011	35,603	14,759	1,760	18,255	214	3,323
2013	40,278	17,577	2,552	19,596	195	2,237
2014	36,636	15,880	2,161	18,180	416	3,182

평택의 LNG 기지에서 LNG 운반선이 액체 천연가스를 관을 통해서 운반하고 있다.
운반된 액체 천연가스는 탱크에 저장되고 가스로 할 때는 해수의 현열을 이용하여 증발잠열을 제공한다.

표 6.4에서는 우리나라 천연가스의 소비를 보여주고 있다. 초기의 LNG의 사용은 상당부분 화력발전소에 사용했지만 지금은 도시가스 배관망을 통해서 전국 각지에 보내서 난방연료 및 조리용으로 사용되는 양이 크게 증가하고 있다.

표 6.4에서 도시가스 중에는 ① 가정 난방: 51.4%, ② 일반용: 9.4%, ③ 산업용: 29.5%, ④ 냉방용: 1.8%, ⑤ 수송용: 3.8%, ⑥ 기타: 4.1%의 비율로 공급되고 있다.

우리나라는 천연가스를 1991년 약 276만 톤 정도 수입하던 것을 2013년에는 3,987만 톤으로 약 14배나 증가했다. 앞으로 도시 환경과 더불어 청정연료의 선호 및 가스복합 발전의 증대에 따라 사용이 크게 더 늘어날 전망이다. 청정이란 뜻은 같은 열량을 기준으로 할 때 지구환경에 문제가 되는 탄산가스의 발생이 적어 다른 연료에 비하여 절반 수준밖에는 안 된다는 것이다.

표 6.5는 각종 연료의 화학조성과 탄소 1원자당 결합된 수소의 원자수를 나타낸다. 천연가스의 H/C가 가장 크다.

평택 LNG 저장시설

표 6.5 | 석탄, 석유, 천연가스의 각 성분의 중량 %와 H/C 원자비

연 료	천연가스	가솔린	석유(원유)	갈탄	역청탄	무연탄
C(탄소)	75	86	83~87	72.7	88.4	93.7
H(수소)	25	14	11~14	4.2	5.0	2.4
O(산소)	–	–	–	21.3	4.1	2.4
N(질소)	–	–	0.2	1.2	1.7	0.9
S(황)	–	–	1.0	0.6	0.8	0.6
H/C(원자비)*	4	1.94	1.76	0.69	0.67	0.31

* 탄소에 대한 수소의 함량이 증가하면 CO_2 생성이 줄어든다.

▮ LNG의 공급방법

배관망을 통해서 공급되는 LNG는 메테인이 주성분인 탄화수소로 비교적 발열량이 높다. 그러나 표 6.1에서 본 바와 같이 산지에 따라서 조성 차이도 있고 이로 인한 발열량에 차이도 생긴다.

가스전에서 배관망을 통해서 공급하는 PNG(Pipeline Natural Gas)는 주로 미국과 유럽(러시아로부터)에서 사용하고, 한국, 일본, 대만은 LNG선으로 액화 천연가스를 도입해 사용하여 왔다. PNG는 가스전에서 직접 배관을 통해서 보내기 때문에 발열량이 가스전에 따라 일반적으로 다르고 낮은 편이다. 따라서 최근에 와서 LNG를 수입하는 미국과 유럽도 기존 PNG라인에 높은 열량의 LNG가스를 그대로 공급할 수가 없어서 질소를 혼합하여 열량을 낮추어 공급한다. 가스의 열량에 따라서 가스 사용기기의 버너의 노즐이 다르기 때문에 이런 열량 조정이 필요한 것이다.

따라서 우리나라도 열량의 기준을 정하고 있다. 1 m^3(stp)당 기준 발열량을 10,500 kcal/m^3(stp)로 하고 있고 최저 발열량은 10,100 kcal/m^3(stp), 최고 발열량은 10,900 kcal/m^3(stp)이다. 열량의 중요 성분 중 메테인은 기준치가 85.0 mol% 이상, 뷰테인 2.0 mol% 이하, 펜테인(C_{5+})과 질소는 0.1 mol% 이하로 정하고 있다.

◥ 6.2 우리나라 가스(도시가스, LPG 및 LNG) 이용의 역사

우리나라는 연료용 가스로 1935년 석탄을 건류하여 가스를 제조하는 석탄가스 제조시설부터 생산이 시작되었다. 서울과 부산지역에 주로 취사용으로 공급되었으나 1950년 6.25 전쟁으로 시설이 파괴되었다. 1964년 정유공장이 처음으로 가동되어 LPG가 공급되기 시작하면서 가스공급이 새로이 시작되었다고 볼 수가 있다. 1973년 국내 LPG 생산량이 100,000톤을 초과하기 시작하면서 전체 생산량 중 약 42%는 요업과 식품업 등 산업용 연료로 사용되었고, 25% 정도는 가정/상업용으로, 그리고 나머지는 수출까지 하게 되었다. 그러나 1970년대 후반 급속한 산업발전으로 수요도 증가되었지만 정유공장의 증설로 LPG의 생산, 특히 뷰테인의 생산이 급격하게 증가하였다. 그러나 산업용으로서의 LPG의 사용은 고가임에도 불구하고 1980년대에 들어와서는 수요가 생산을 앞지르게 되었다.

표 6.6은 LPG의 수급 추이를 나타낸 것이다. 천연가스의 도입은 1970년대 이후 석유 위기에 자극을 받아 에너지원의 다변화 시책이 시작되면서부터이다. 그러나 그 수요가 크게 증가하였으며, 특히 가정/상업과 운수업에서 증가세가 두드러지게 나타나고 있는데, 이는 생활수준의 향상으로 청정에너지의 사용이 늘고 있기 때문이다. 1987년 4월 평택 인수 기지를 시작

표 6.6 | 우리나라 LPG의 소비구조 (단위 : 10,000 bbl)

연 도	1981	1990	1996	2000	2004	2006	2009	2011	2012	2014
가정/상업	216	1,909	2,809	2,917	2,461	2,310	2,007	1,893	1,810	1,726
도시가스원료	11	233	1,142	311	92	81	238	633	717	–
운수업	198	1,222	1,664	3,453	4,566	4,844	5,332	5,036	4,863	4,066
산업용	81	229	1,012	1,939	2,019	2,429	3,478	2,717	2,496	3,046

으로 하여, 2002년 7월 인천기지 및 2002년 10월 통영기지 대한 공급망 건설이 완료됨에 따라 천연가스의 전국 공급망을 이루게 되었다. 그 수요가 계속 크게 늘어나고 있고 더욱이 최근 지구환경과 관련하여 청정에너지의 요구가 늘어나면서 수요는 더욱 폭발적으로 늘어날 것으로 전망된다.

↘ 6.3 액화천연가스의 냉열 이용방법

액화천연가스는 1 kg당 200 kcal 상당의 냉열을 가지고 있다. 그리고 영하 161℃ 저온의 액체로 수입해서 액체 상태로 저장하지만 이것을 이용자에게 공급할 때는 기체 상태로 배관망을 통해서 수송하게 된다. 영하 161℃의 액체를 기화할 때 기화에 필요한 막대한 잠열을 공급해 주어야 한다. 액체천연가스(LNG)를 기화할 때 발생하는 냉열을 이용해서 몇 가지 산업이 이루어지고 있다.

첫째, 액체 천연가스가 기체가 되면서 팽창할 때 이 힘으로 터빈을 돌려서 발전한다. 즉 전력을 생산한다. 둘째, 액체 천연가스의 기화열(열의 흡수)에 의하여 공기를 액화하기 쉽게 냉각하여 액화되도록 하는 것이다. 액화된 공기는 증류에 의하여 액체 산소와 질소로 분리하여 판매한다. 셋째, 탄산가스에 LNG의 기화냉열을 가하여 냉각 액화/고화시켜 드라이아이스를 생산하는 공업이다.

질소 중에는 아르곤이 포함되어 있기 때문에 아르곤도 생산할 수가 있다. 또 다른 하나는 냉동식품공업으로 각종 식품(육류, 생선, 야채 등)을 보관하거나 냉동하는 공업이다. 그림 6.2는 액화 천연가스의 이용 계통도이다.

LNG의 냉열이용은 다양하게 구성될 수가 있다. 산업공정에서 냉각을 요구하는 부분이 많고 또 그 온도레벨도 다양하기 때문에 −160℃의 액체천연가스를 가스화하는 과정을 다단계로, 즉 순차적으로 온도 수준에 따라 이용하면서 상온의 가스로 해서 공급망에 보낼 때까지 이용할 수 있다. 한 예로 일본 오사카 가스에서 실시하는 경우를 보자.

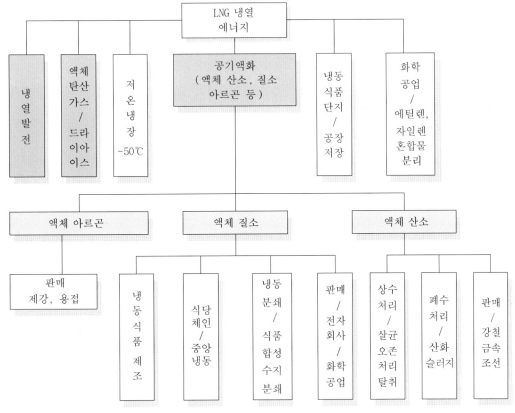

그림 6.2 │ 액화천연가스의 이용 공정도

- −160∼-60℃ 범위: 탄산가스의 액화
- −60∼-20℃ 범위: 뷰테인의 냉각
- −20∼10℃ 범위: 순수(純水) 냉각(가스터빈의 흡인 공기의 냉각에 냉 순수 분사)

의 순으로 냉열을 이용함으로써 엑서지 손실을 줄이고자 한다. 뿐만 아니라 이렇게 함으로써 줄어드는 화석연료의 감소가 GHG를 감소시킬 수 있다는 것을 강조하고 있다. 이러한 다단계 이용은 주변공장의 사용사정에 따라 응용형태가 달라질 수 있다. 이처럼 이용되는 냉열의 구성단위 공정으로 위에서 열거한 것 외에 다른 경우의 예를 들면 다음과 같다.

- 가스터빈의 압축공기냉각(압축비 증대를 위해, 즉 GT의 효율 향상)
- 가스터빈의 연료(수소, NG 등)의 냉각(효율 향상)
- 저급탄화수소 혼합물의 액화 증류분리
- 해수로부터 탈염수 제조
- LNG기지의 LNG저장탱크의 증발가스(BOG, Boil-Off Gas)의 재응축

등이 있으며 최대한의 LNG냉열을 이용하려는 노력이다. 여기서는 세 가지, 즉 ① 냉열발전, ② 공기액화 증류 분리 그리고 ③ 탄산가스의 액화(드라이아이스 제조)의 예를 간략하게 설명하고자 한다.

⬊ 6.4 액화천연가스 냉열 이용에 의한 발전

천연가스가 기화할 때 일어나는 팽창을 이용해서 발전을 처음 시작한 것은 일본의 '센보구'사이다. 1979년 말에 1,450 kW짜리 발전기를 설치하고, 1982년 봄에는 6,000 kW급을 세웠으며 대부분의 기지에서 냉열이용발전을 하고 있다.

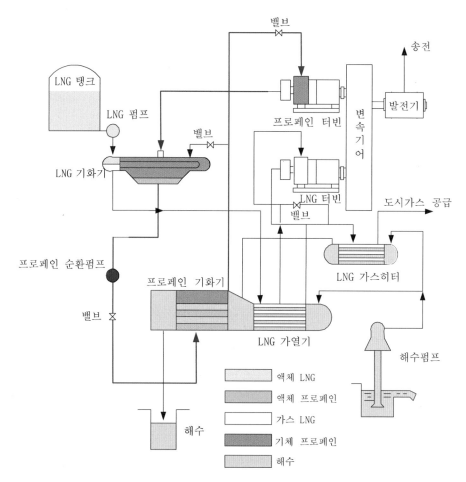

그림 6.3 | 냉열 발전 시스템(프로페인 랭킹 사이클 시스템/천연가스 팽창 시스템의 하이브리드형)

그림 6.3에 냉열발전 시스템의 계통도를 나타내었다. 저장된 액체 천연가스가 탱크에서 펌프로 나와 천연가스 기화기에서 프로페인순환 시스템으로부터 열을 받아 기화하고 LNG 가열기에서 온도가 올라가면서 더욱 압력이 증가하여 LNG 터빈을 돌린다. 이때 압력이 떨어진 천연가스는 LNG 가스히터에서 재 가열되어 도시가스로 공급된다. 한편 순환루프의 프로페인 가스는 LNG 기화기에 열을 주며 응축하여 액화되어 프로페인 기화기에 가서 다시 기체로 된다. 이때 압력이 올라간 프로페인 가스가 프로페인 터빈을 돌려 발전을 하게 된다. 두 터빈은 발전기와 감속기어로 연결되어 있다.

또한 천연가스를 도시로 공급하기 전에 해수를 뽑아 올려 천연가스 히터에서 가열하고 이 해수는 프로페인 기화기로 가서 프로페인을 기화시키고 바다로 빠져나간다. 따라서 프로페인은 순환루프를 액화와 기화를 반복하며 돌고 있다. 이렇게 2단으로 발전하면 효율이 향상된다.

↘ 6.5 액화천연가스 냉열에 의한 공기의 액화분리

공기는 액화 천연가스의 냉열을 이용하면서 압축하게 되면 쉽게 액화한다. 냉열을 이용하지 않는 경우는 보통 공기를 압축하여 온도가 상승하면 상온의 공기로 냉각하고 다시 압축과 냉각을 반복하여 공기를 액화한다. LNG 냉열의 이용은 영하 160℃ 정도의 LNG의 낮은 온도로 공기를 냉각하면 보다 쉽게 액화하는 것을 이용하는 것이다. 이러한 냉열 이용은 공기액화산업의 경제성을 높이는 것이다.

그림 6.4는 공기를 액화하여 증류함으로써 액체 산소와 질소를 만드는 공정도이다. 압축기로 공기를 압축하여 온도가 올라간 공기를 증류탑 상부에서 나오는 찬 폐가스와 열교환기에서 냉각하면 쉽게 액체 공기가 된다. 이 액체 공기를 증류탑에 보내서 액체 산소는 탑 상부에서, 그리고 액체 질소는 탑 하부에서 끄집어내어 볼탱크에 저장하고 수요자에게 판매한다.

증류탑 상부에서 나오는 찬 가스는 압축되어 들어오는 공기와 열교환하고 밖으로 빠져나간다. 또한 분자량이 작은 아르곤은 탑 상부에 위치하며 이것은 끄집어내어 아르곤 저장탱크에서 보관한다. 한편 LNG 열교환기에서 압축되어 온도가 상승된 질소가 도시가스로 공급되는 LNG에 열을 주고 응축되며, 이것이 증류탑에서 냉열로 공급되며 팽창한다. 그리고 다시 압축기에서 압축되어 순환한다. 이 공장은 외부 공기를 이용하여 냉각하는 것에 비하여 50% 이상 전력을 절약할 수가 있고 냉각수는 무려 70% 절약이 가능하다.

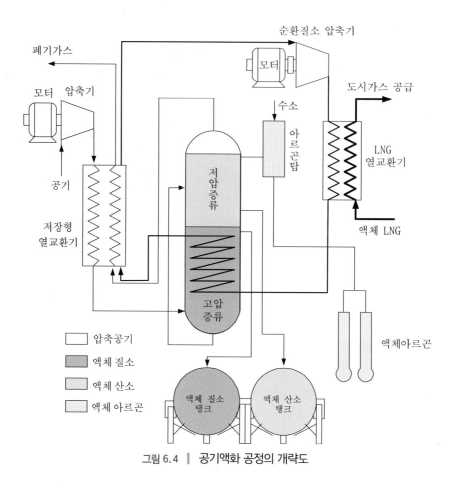

그림 6.4 ┃ 공기액화 공정의 개략도

액화천연가스 냉열에 의한 드라이아이스의 제조

탄산가스(CO_2)는 3중점이 −56.5℃, 5.11기압이다. 1기압 이하에서는 탄산가스는 고체, 즉 드라이아이스로 존재한다. 액체 탄산가스를 유지하려면 적어도 5.11기압 이상 유지하여야 하므로 압력 용기에서만 액체 상태를 만들 수가 있다. 압력만 낮추면 바로 고체 상태가 되고, 드라이아이스로부터는 승화가 일어난다. 1기압 하에서 승화점이 −78.5℃이기 때문에 냉매로 이용하기에 알맞아 아이스크림이나 일반 식품냉장에 편리하게 사용할 수가 있고 공연 무대에서는 안개 낀 상태를 연출할 수도 있다.

그림 6.5는 액체 탄산가스의 제조공정을 보여주고 있다. 발전소 특히 Oxyfuel 연소(순산소로 연소) 석탄 발전소에서부터 배관망을 통해서 기체 상태의 탄산가스를 공급받으면 이를 건조기에서 수분을 제거하고 흡수장치에서 재차 미량의 수분 및 아황산가스 등을 제거

액체탄산가스 저장 탱크 (자료: 일본 동경탄산가스 Co. Ltd)

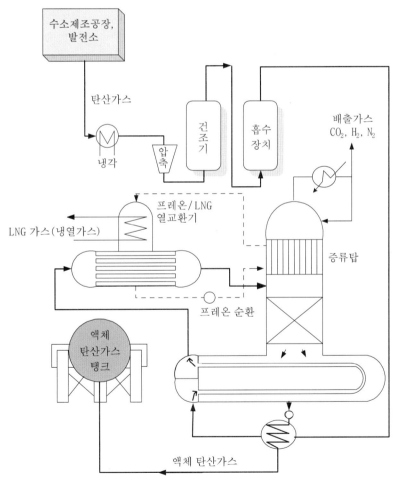

그림 6.5 ┃ 액체 탄산가스의 제조 공정 개략도

한다. 그리고 증류장치의 스틸(열을 스틸에 주며 냉각)에서 냉각되어 프레온/LNG 열교환기로 간다.

여기서 탄산가스는 액체 LNG로부터 열을 교환하며 심랭된 프레온이 탄산가스를 완전히 액화시킨다. 이 액체 탄산가스가 증류장치로 들어와 저장탱크로 간다. 한편 프레온은 증류장치와 프레온/LNG 열교환기를 순환하면서 액체 천연가스의 냉열을 운반한다.

↘ 6.7 기타 이용

냉동에 이용하는 것은 드라이아이스뿐만 아니라 액체 질소를 사용하여 가정과 산업의 식품냉동을 할 수가 있는데, 특히 대형 레스토랑에서 유용하다.

액체 질소의 이용은 동물의 정자보관, 실험실의 진공라인, 초전도체의 생성(부상열차, NMR 분석장치 등)에도 많이 이용되고 있다.

1   평택 등 LNG 기지에서 냉열 이용을 조사하여라. 냉열 이용시설이 없는 경우 그 이유를 써라.

2   LNG 운반선은 보통 배와는 다르다. 무엇이 다른지 설명하여라.

3   PNG는 LNG와 비교하여 열량이 좀 낮은 편이다. 그 이유가 무엇인가?

4   CNG와 LNG의 차이점은 무엇인가?

5   LNG를 개질한다고 한다. 무슨 뜻인가?

6   우리 가정에 공급되는 LNG의 조성과 발열량을 조사하여라.

7   LNG의 주성분은 메테인이다. 다른 성분의 탄화수소가 있는 경우 발열량은 어떻게 변하는가?

8   LNG의 냉열을 이용해서 드라이아이스(고체 탄산가스)를 제조하거나 공기를 액화해서 산소와 질소로 증류에 의하여 얻는다. LNG 냉열을 이용하는 이유는 무엇인가?

9   온실효과를 줄이기 위해서는, 즉 탄산가스의 발생을 억제하려면 LNG를 상대적으로 많이 이용해야 한다. 그 이유를 설명하여라.

10   LNG 사용과 관련하여 안전 수칙을 나열하여라.

Chapter

7

원자력

7.1 원자력의 원리

원자력이란 한 원자핵이 다른 원자핵으로 변환되는 과정에서 방출되는 에너지를 말하며, 크게 핵분열과 핵융합으로 나눌 수가 있다. 핵분열은 우라늄, 플루토늄과 같은 무거운 원자핵이 중성자를 흡수하고 이에 의하여 가벼운 원자핵들로 쪼개지는 것을 말하고, 핵융합은 중수소 원자핵들이 결합하여 삼중수소 또는 헬륨과 같은 무거운 핵종으로 변하는 반응을 말한다. 핵분열 또는 핵융합 반응 때에는 전체 질량이 감소(질량결손)하게 되는데, 이러한 질량의 감소가 막대한 에너지를 발생하는 것은 아인슈타인의 상대성 이론(1905년)이 발표됨으로써 물질과 에너지는 다음 식에 따라 서로 전환이 가능하다는 데서 유래된 것이다.

$$E = mC^2$$

여기서, m은 결손질량(g), C는 광속도(3×10^{10} cm/s) 그리고 E는 에너지(erg)이다. 이 식에서 알 수 있는 바와 같이, 질량결손으로 방출되는 에너지의 양은 막대하다는 것을 광의 속도에서 보면 쉽게 알 수 있다.

원자력을 평화적으로 이용하는데 착안해서 처음으로 원자로의 개발을 시작한 사람은 미국의 노벨상(1938년)을 받은 페르미(Fermi Enrico)이다. 페르미가 1934년에 각종 원소의 원자에 중성자를 조사하여 다른 원소로 변환시키는 연구에 성공한 것이다. 이것은 인간이 원소를 만들어냄으로써 옛날 연금술사들의 꿈을 실현시킨 것이기도 하다. 원자번호가 92인 우라늄에 중성자를 조사하면 이것이 흡수되어 보다 더 무거운 원소가 생기는 것으로 생각했었다. 후에 퀴리(Curie) 부부가 페르미의 실험을 추종하여 더 무거운 원소가 생기는 것이 아니라 가벼운 원소가 생기는 것(핵분열)을 발견하였다. 그러나 당시는 이것을 확인할 수 있는 방법이 없었다. 페르미의 연구는 1939년 독일의 한(Hahn) 및 슈트라스만(Strassmann)이 연구를 계속했고, 우라늄에 중성자가 조사되면 분열생성물 중에 크립톤(Kr)과 바륨(Ba)이 생성된다는 것을 확인하였다. 이 경우에 일어나는 질량결손으로부터 원자력이 만들어질 것이라는 예측을 하기에 이르렀다. 결국 중성자가 조사됨으로써 우라늄 한 원자가 분열하면 2억 eV라는

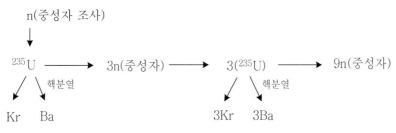

그림 7.1 | U-235의 연쇄 분열반응

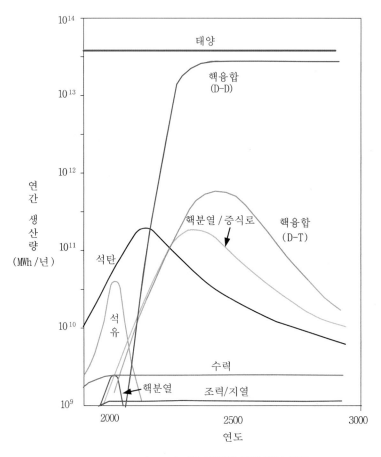

그림 7.2 | 에너지원별 가용 예측 변화

대량의 에너지가 방출되는 것이 판명된 것이다. 한 개의 우라늄원자로 2억 eV의 에너지가 방출되면 1 g의 우라늄으로부터는 석탄 3,000톤 분량의 열이 얻어지고, 이것은 2,500만 kWh 의 전력에 상당하는 것으로 이로부터 원자력발전의 구상이 나오게 된 것이다.

우라늄-235의 핵분열 식은 다음과 같다.

$$\,^{235}_{92}U + \,^{1}_{0}n \longrightarrow \,^{144}_{56}Ba + \,^{90}_{36}Kr + 2(^{1}_{0}n) + 2억\ eV$$

우라늄-235는 핵분열에 의하여 2~3개의 중성자를 방출하게 된다. 이것은(2차 중성자 방출) 원자력 에너지의 실제 응용으로 이어지는 획기적인 의미를 갖는다. 생성된 중성자는 다른 우라늄-235의 원자핵을 분열시켜 다시 2~3개의 중성자를 방출한다. 이와 같은 과정을 통해서 충분한 양의 우라늄-235의 원자가 있으면 반응은 계속 진행할 수가 있는데, 이를 연쇄반응이라고 한다.

↘ 7.2 핵연료의 분포와 매장량

핵연료가 본격적으로 탐사된 시기는 1940년대 이후이며, 연료도 거의 우라늄 자원에 한한다. 우라늄의 가용 연한은 21세기 중반까지 가능하나 증식로가 보편화되면 앞으로 약 1000년의 사용이 가능할 것으로 보고 있다.

가채 가능한 우라늄 자원(130 $/kgU까지)은 표 7.1에서 보는 바와 같이 현재 확인된 것으로 보면 330만 톤으로 오스트레일리아에 가장 많이 존재하며 카자흐스탄, 캐나다, 미국이 주력 생산지역이다.

표 7.1 │ 우라늄 자원의 지역 분포 (단위: 1000톤 U)

구 분	가채 매장량(~130$/kgU까지 가능한 것)				총계 ~130 $/kgU
	~40 $/kgU	40~80 $/kgU	~80 $/kgU	80~130 $/kgU	
나미비아	62.2	89.1	151.3	31.3	182.6
니 젤	172.9	7.6	180.5	–	180.5
남아프리카	88.5	88.6	177.1	78.5	255.6
캐나다	287.2	58.0	345.2	–	345.2
미 국	–	–	102.0	240.0	342.0
브라질	139.9	17.8	157.7	–	157.7
카자흐스탄	278.8	99.5	378.3	135.6	513.9
우즈베키스탄	59.7	–	59.7	17.2	76.9
유럽 합계	88.2	–	212.1	–	234.9
오스트레일리아	701.0	13	714.0	33.0	747.0
기 타	78.0	–	165.4	–	259.4
세계 총계	1,947.4		2,643.3		3,296.7

에너지/우라늄 자원의 중량 환산치: 비증식로에 대해서는 0.86 TJ/kgU, 증식로에 대해서는 51.75 TJ/kgU.

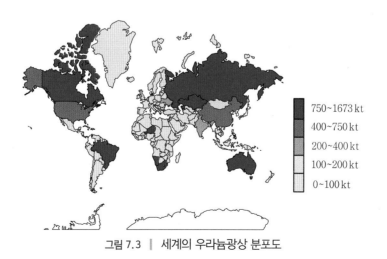

750~1673 kt
400~750 kt
200~400 kt
100~200 kt
0~100 kt

그림 7.3 │ 세계의 우라늄광상 분포도

표 7.2 ┃ 각국의 토륨 자원(~80 $/kgTh까지 채굴 가능한 것)

국 가	매장량(톤)	%	국 가	매장량(톤)	%
호 주	489,000	19	이집트	100,000	4
미 국	400,000	15	러시아	75,000	3
터 키	344,000	13	그린란드	54,000	2
인 도	319,000	12	캐나다	44,000	2
베네수엘라	300,000	12	남아프리카	18,000	1
브라질	302,000	12	기 타	33,000	1
노르웨이	132,000	5	합 계	2,610,000	

주: 토륨 에너지/중량 환산치: 51.75 TJ/kgTh

토륨은 그 자체로는 핵분열 능력이 없으나 원자로 내에서 저속 중성자를 흡수해 233U을 만들며, 이것은 핵분열 능력이 있기 때문에 노의 사용 후 분리해서 핵연료로 사용할 수가 있다. 이 토륨에 대해서는 표 7.2에 80 $/kgTh까지 가채가 가능한 자원을 나타내었다.

표에서 보는 바와 같이 6개국이 전세계 매장량의 대부분을 차지하고 있다. 그러나 핵연료 자원의 매장량, 부존량은 추정치이고 불확정 부분이 많아 앞으로 진전에 따라서는 많이 달라질 것으로 보인다.

우라늄 자원은 광물 외에 바닷물 속에도 평균 1리터 중 3.3×10^{-6} g(0.003 ppm)이 포함되어 있으며 지구해양 전체로 보면 40억 톤에 이른다. 이 값은 ~130 $/kgU 이하의 우라늄 자원 부존량의 1,700배에 상당하는 값이다. 영국과 일본에서 실험한 바에 의하면 유기 흡착제에 의한 우라늄의 채취가 가능하다고 하지만 현재로서는 가격면에서 상업적으로는 기대하기가 어려운 것으로 평가되고 있다.

◥ 7.3 우리나라 원자력발전의 현황

세계 원자력발전소 보유 현황을 보면 표 7.3과 같다. 미국이 가장 많은 발전소를 보유하고 있고, 중국도 미국의 보유대수 정도로 증설하려는 움직임을 보이다가 최근 일본의 후쿠시마 원전 사고 후 주춤한 상태이다. 그러나 미국 등 여러 나라에서 증설을 서두르고 있다.

우리나라 원자력발전은 1978년에 최초로 고리원자력 1호기가 가동된 후 2014년에 전 에너지 사용에서 11.7%를 차지하고 있다.

표 7.3 ┃ 각국의 원자력발전소 보유 현황

국 가	보유대수	계획 중	총 출력 (MWe)	국 가	보유대수	계획 중	총 출력 (MWe)
미 국	99(5)	5	98,792	러시아	34(9)	31	25,264
프랑스	58(1)	0	63,130	독 일	8(0)	0	10,728
일 본	43(3)	9	40,480	한 국	26(6)	4	27,277
중 국	26(25)	43	23,144	인 도	21(6)	22	53,080
루마니아	2(0)	2	1,310	세계 합계	436(67)	166	378,995

단위: 2015년도 원자로 수, ( )는 건설 중인 원자로 수. 중국은 계획(2010)을 대폭 변경. 계획 중인 것이 43기임.
러시아도 계획 31기, 세계 합계는 표에 제시된 국가 외에 다른 국가의 원자로의 기수도 모두 합한 값이다.
일본은 후쿠시마 사고 후 54개의 발전소를 폐쇄 하고 이중 6개는 영구히, 48개는 아직 조업, 단 2개 재가동
승인. 독일은 2022년 까지 단계적으로 폐쇄. 여기 값들은 내놓는 기관 마다 좀 다를 수 있다. 우리나라는
고리 1호기를 폐쇄하기로 함. 한국 총 출력은 건설 중인 것을 합한 32기의 출력임

표 7.4 ┃ 원자력발전소 현황 (2015년)

호 기	위 치	용 량 (MW)	원자로형	공급자		착 공	상업 운전일
				원자로	터빈발전기		
고리1,2	부산 기장군	587, 650	PWR	웨스팅하우스	GEC(영국)	70, 77	78, 83
월성1	경북 경주시	678	PHWR	AECL(캐나다)	PARSONS(영, 캐)	76.1	83.4
고리3,4	부산 기장군	950	PWR	웨스팅하우스	GEC(영국)	78.1	85, 86
한빛1,2	전남 영광군	950	PWR	웨스팅하우스	웨스팅하우스	79.3	86, 87
한울1,2	경북 울진군	950	PWR	프라마톰(프)	일스톰(프랑스)	81.1	88.9
한빛3,4	전남 영광군	900	PWR	GE(미국)	GE(미국)	89.6	95, 96
한빛5,6	전남 영광군	1,000(표준)	PWR	한중＋CE	한중＋CE	96.9	02
월성2,3	경북 경주시	700	PHWR	AECL(캐나다)	한중＋GE	91,93	97, 98
월성4	경북 경주시	700	PHWR	AECL(캐나다)	한중＋GE	93.8	99, 10
한울3,4	경북 울진군	1,000(표준)	PWR	한중＋CE	한중＋GE	92.5	98, 99
한울5,6	경북 울진군	1,000(표준)	PWR	한중＋한원＋CE	한중＋GE	99.5	04, 05
신고리1,2	부산 기장군	OPR-1,000	PWR	두산, 한기, WEC	두산＋GE	06, 07	10, 12
신고리3,4	부산 기장군	APR-1,400	PWR	두산, 한기, WEC	두산＋GE	08, 09	13, 14
신월성1,2	경북 경주시	OPR-1,000	PWR	두산, 한기, WEC	두산＋GE	07, 08	12, 15

• 한중: 한국중공업, CE: Combustion Engineering(미국), WEC: Westinghouse Electric Co.,
• 표준: 한국표준형, AECL:Atomic Energy of Canada Limited, GEC: General Electric Co(영국)
• 건설 중인 발전소는 신한울 1, 2호기(APR-1400, 2017년, 2018년 12월 준공 예정), 신고리 5, 6호기(APR-1400,
  2021년, 2022년 1월 준공 예정), 신한울 3, 4호기(APR-1400, 2020년, 2021년 6월 준공 예정),
• 계획준인 것은 천지 1, 2호기(영덕)(APR＋1500 MW, 2022/23착공예정? 2026/27준공예정), 신고리 7, 8호기(APR＋
  1500고려 중)

원자력은 공급의 안정성, 저렴한 발전단가, 대규모 기저 전력부하용으로 많은 장점을 가지고 있다. 2015년 현재 원자력발전소 설비는 표 7.4와 같다. 모두 26기가 건설되어 가동 중에 있다. 2014년 현재 2,071만 kW로 총 발전설비의 ~34%에 이른다(앞으로 36기 까지 확대 예정). 이로서 한국은 본격적인 원자력 발전국이 이미 된 것이다.

한국의 원자로형은 경수로와 중수로 두 가지가 있다. 경수로는 가압수형의 하나이며, 중수로는 캐나다의 CANDU형이다. 한국의 중수로는 70만 kW급으로 4기를 보유하고 있는데 월성 2, 3, 4호기는 90년대 후반에 가동에 들어갔다.

한국의 원자력 개발은 1957년 IAEA가 발족한 직후 IAEA에 가입함과 동시에 1959년 원자력원을 설치함으로써 비롯되었다. 원자력발전은 국영기업체인 한국 전력공사가 담당하고 있으며, 한전은 자회사인 한국핵연료(주)를 설립, 연료를 수입하여 경수로 및 중수로용 핵연료를 1989년부터 연간 경수로 연료 550톤-U, 중수로 연료 400톤-U 규모로 생산하고 있고 수출된 원자로 공급용 공장(250톤)을 증설할 계획이다.

↘ 7.4 한국의 우라늄광

한국의 우라늄광은 0.04% 이하의 저품위의 광석 4,300만 톤만이 확인되어 있다. 미국의 우라늄광 회사와의 합자로 1970년대 후반부터 남미의 파라과이에서, 그리고 프랑스와의 합자로 아프리카의 가봉 등에서 우라늄 탐광을 계속하였으나 성과가 없었다. 그런데 최근 세계 2위의 니제르 우라늄광 10% 지분을 인수했다. 그리고 호주 카자흐스탄 등에서 개발추진 중이다.

울진 원자력발전소(자료: 한전 제공)

↘ 7.5 원자로란?

우라늄이 연쇄반응을 일으키며 막대한 에너지를 방출하는 것을 보고 인류는 가만히 안주할 수는 없었다. 그래서 이 에너지의 평화적 이용수단인 발전에 이용하기 위해 원자로를 그동안 발전시켜 온 것이다. 원자로는 연쇄반응의 속도를 제어함으로써 지속적으로 전기를 얻어내기 위한 장치이다. 핵분열 시 나오는 열로 증기를 발생시키고 고압의 증기로 증기터빈–발전기를 돌려 전기를 생산한다.

보통 우라늄은 산화물의 상태인 UO_2(이산화우라늄)의 페렛 형태로 하여 지르코늄 등의 특수합금으로 만든 연료통속에 넣고 이 연료봉을 노속에 넣는다. 그리고 이 연료봉과 연료봉 사이에 핵분열 연쇄반응을 제어하기 위하여 카드뮴과 붕소를 포함하는 중성자 제어봉을 삽입한다. 또한 초기에 중성자에 의한 핵분열 반응에 의하여 발생된 다른 중성자가 다음 미반응 우라늄-235에 흡수되기 위해서는 방출된 중성자의 속도가 빨라지지 않도록 감속시킬 필요가 있다. 감속을 위하여 물 또는 중수 등이 감속재로 사용된다. 핵분열의 제어는 제어봉을 노심으로부터 빼내었다 넣었다 하면서 수행하는데, 빼내면 반응의 진행이 빨라지고 완전히 다 넣으면 정지하도록 설계되어 있다.

원자로에 이상이 생겨서 온도가 크게 올라가게 된다거나 중성자의 수가 많아질 경우에는 이 제어봉이 자동으로 들어가서 핵분열의 연쇄반응을 정지시킬 수 있도록 안전설계가 되어 있다. 중성자의 감속재로서 그리고 냉각재로서의 물은 대략 150 atm(PWR), 또는 70 atm (BWR), 350℃의 고온이며 이 고온유체를 열교환기를 통해서 별도로 들어온 물로부터 증기 (PWR)를 발생시켜 이 증기로 터빈을 돌려 발전에 이용한다.

오늘날의 원자력발전에서는 원자로의 온도를 350℃ 이상 올리기가 곤란하다. 그 이유는 연료를 감싸고 있는 피복재가 이 온도 이상에서는 견딜 수가 없고 핵분열의 생성물에 의하여 연료 피복재가 변질될 염려가 있기 때문이다. 즉 온도가 너무 올라가면 방사성 물질이 피복재를 뚫고 새어나올 우려가 있는 것이다. 열에너지를 기계적인 에너지로 바꿀 때는 열역학에서 본 바와 같이 온도가 높을수록 효율이 올라간다. 그러나 원자력에서는 온도를 많이 올릴 수 없고, 증기의 재가열도 힘들어 발전효율이 20~30% 정도밖에 되지 않는다. 때문에 영국에서 개발된 가스 냉각형 원자로는 중성자의 감속재로서 흑연을 사용하고, 원자로에서 발생된 열은 탄산가스에 의하여 제거하는 탄산가스 냉각재로 되어 있다. 고온인 탄산가스의 열을 열교환기를 통해서 물에 공급함으로써 증기를 발생하고 터빈을 돌린다.

원자로에 사용하는 우라늄을 농축하지 않고 그대로 사용하는 중수로는 표 7.4에서 본 바와 같이 캔두형(CANDU) 원자로이다. 천연 우라늄을 사용하기 때문에 우라늄-235의 함량이 적어 2차 중성자를 많이 방출하기 위해서는 경수보다 감속능력이 좋은 중수를 사용해야 한다. 현재 쓰이고 있는 원자력발전의 원자로는 모두 빠른중성자를 감속재에 의하여 속도를 떨어뜨린 중성자(열중성자)*로 핵분열 연쇄반응을 행하고 있다.

◩ 7.6 원자로의 분류

원자로형에는 위에서 설명한 바와 같이 경수로(light water reactor)와 중수로(heavy water reactor), 그리고 영국에서 개발된 가스냉각로(gas cooled reactor)가 있고 플루토늄을 생산하기 위한 고속증식로(fast breeder reactor)로 구분된다.

원자로	경수로(LWR)	가압수형로(PWR, Pressurized Water Reactor)
		비등수형로(BWR, Boiling Water Reactor)
	중수로(PHWR)	CANDU형로(캐나다)
	가스냉각로(GCR)	
	고속증식로(FBR)	

1. 경수로

가압수형 원자로는 중성자의 감속재와 냉각재로 보통의 물, 즉 경수를 사용한다. 물은 상압에서는 100℃에서 끓으며 그 이상 온도가 올라가지 않기 때문에 압력을 높여서 끓여야만 온도를 올릴 수가 있다. 즉 고압의 증기를 얻고 이를 열교환기를 통해서 증기를 발생시켜 터빈을 돌리는 간접적인 방법이다. 이러한 형의 원자로를 가압수형(PWR)이라고 한다.

이에 대하여 비등수형로(BWR)는 물을 원자로 심에 통과시키는 동안 핵분열에서 생긴 열로 직접 물을 끓여 증기를 발생시키고 이 증기로 터빈을 돌려서 발전을 하는 형식이다. 그러나 이 경우에는 터빈을 돌리는 증기가 방사능을 띠고 있기 때문에 증기가 외부로 새어 나오지 않도록 해야 하고, 응축기를 통해서 액화된 증기를 펌프로 원자로 내부로 되돌려 보낸다. 어떤 이유로든 원자로 내부의 온도가 올라갔을 때는 증기의 발생량이 많아지고 자연히 압력이 올라가면서 위험하게 된다. 이 때문에 긴급용 안전밸브가 설치되어 있고 이를 통해서 증

Footnote

* 열중성자와 고속중성자 핵분열에서 방출된 중성자는 대체로 MeV의 운동에너지를 가지며, 이를 고속중성자라고 한다. 그러나 고속중성자가 물질 중에서 감속되어 운동에너지가 1 keV 이하로 느려진 중성자를 저속중성자라고 한다. 특히 매질(예: 물 같은 감속재) 중의 분자운동과 평형에 도달한 것을 열중성자(상온에서 0.25 eV)라고 한다. 고속중성자는 에너지준위가 높아 핵분열 시 보다 많은 중성자를 발생시켜 증식에 적합하며 열중성자는 에너지준위가 낮고 제어성이 좋아 경수로, 중수로 등에 적용된다.

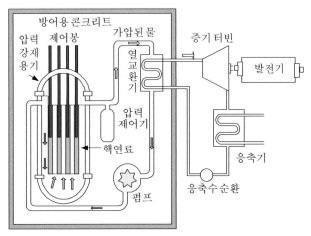

그림 7.4 ┃ 가압경수로의 개략도

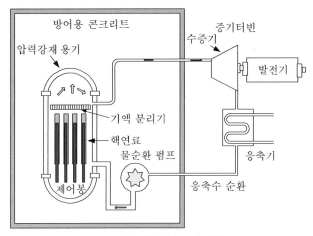

그림 7.5 ┃ 비등경수로의 개략도

기가 나오면 응축기로 바로 들어가 압력을 낮추는 구조로 되어 있다. 이때 많은 증기의 발생으로 원자로 내의 기포가 생겨 중성자의 감속이 원활히 일어나지 않아 자연히 핵분열 반응도 일어나지 않게 된다. 즉 비등형에서는 물이 일종의 안전밸브 역할도 하게 된다.

2. 중수로

중수로인 CANDU(CANadian Deutrium Uranium)형 원자로는 중성자 감속재와 냉각재로 중수를 쓰기 때문에 경수로보다 중성자의 감속이 잘 일어나 우라늄-235를 농축할 필요가 없고 천연 그대로 사용할 수 있는 이점이 있으나 중수의 값이 비싸다. 표 7.4에서 본 바와 같이 우리나라의 월성 1, 2, 3, 4기가 CANDU형이다.

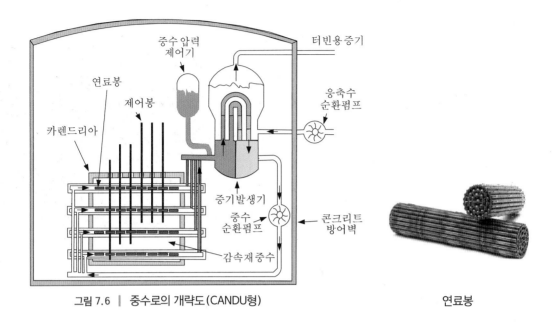

그림 7.6 | 중수로의 개략도(CANDU형)

연료봉

3. 가스냉각로

(1) 가스흑연로

가스흑연로(GGR, Gas Graphite Reactor)에서는 가스를 냉각재로 사용한다. 그 이유는 물을 이용해 올릴 수 있는 최대 포화압력에 한계가 있기 때문이다.

가스흑연로는 감속 능력이 큰 흑연을 사용하기 때문에 연료로 천연우라늄을 그대로 사용한다. 흑연이 감속재가 되기 때문에 부피가 매우 크다. 냉각가스는 구형(舊形)의 경우 탄산가스(CO_2)를 사용하고, 금속의 천연우라늄을 쓰고 연료성분을 마그네슘 – 알미늄으로 싸는데 이 합금을 Magnox라고 하고 이러한 원자로를 Magnox 원자로라고 한다.

이 원자로를 통해서도 약 800 K 정도로 저온밖에 얻을 수가 없어서 PWR형보다 효율이 떨어진다. 단위부피당 용량도 0.87 MW/m^3로 PWR의 1/100 정도밖에 되지 않는다. 따라서 이 형은 최근에 거의 건설이 중단된 상태에 있다.

(2) 개량형 가스로

개량형 가스로(AGR, Advanced Gas Reactor)는 영국이 Magnox로를 개량한 원자로이다. 탄산가스를 냉각재로 하고 흑연을 감속재로 쓴 것은 같지만 동력, 냉각재의 출구온도를 올리기 위해서 Cr-Ni강 속에 농축 UO_2를 묶어 넣은 형태이다. 이렇게 함으로써 노심의 온도를

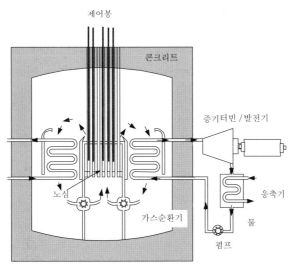

그림 7.7 | 가스냉각로(Gas Cooled Reactor)

더 올릴 수는 있지만 Cr-Ni강이 Magnox보다 열중성자의 흡수가 커서 1.5~2% 정도로 235U 를 농축해야 한다. 이 원자로는 영국의 Dungeness B 발전소가 1974년에 1,595 MWt 열출력 에 1,200 MWe의 전력을 생산했다. 냉매의 출구온도가 920 K 정도가 되어 발전소 효율이 41.5%나 된다.

(3) 고온원자로

고온원자로(HTGR 또는 HTR, High Temperature Gas-cooled Reactor)는 일반적으로 냉각 재의 출구온도가 1,000 K을 넘는 것을 말한다. 냉각매로 탄산가스를 쓸 수가 없고 노심도 금속으로 쌀 수가 없다. 그래서 헬륨을 냉매로 사용하는데, 사용온도 범위에서 상(相)변화가 없고 중성자 흡수도 적어 화학적으로도 헬륨은 안정하다는 이점이 있다.

냉매의 온도도 높아서 효율이 40% 정도 된다. 고온원자로의 또 다른 이점은 토륨을 사용 할 수가 있다는 것이다. 천연의 토륨(Th-232)은 열중성자로 핵분열을 일으킬 수 없기 때문에 핵연료로 쓸 수는 없다. 그러나 원자로 내에서 열중성자를 흡수해서 ^{233}U을 만들 수가 있고 이 ^{233}U은 ^{235}U와 같이 열중성자에 의하여 핵분열을 할 수가 있다. 이렇게 핵분열이 불가능한 물질을 가능한 물질로 전환하는 것을 증식(breeding) 또는 전환(conversion) 이라고 한다.

$$n \downarrow$$

$$^{232}_{90}\text{Th} \longrightarrow ^{233}_{90}\text{Pa} \xrightarrow{T_{1/2}=22.4 \text{ min}} ^{233}_{91}\text{Np} \xrightarrow{T_{1/2}=27.4 \text{ days}} ^{233}_{92}\text{U}$$

β 붕괴 → e   β 붕괴 → e

^{232}Th의 중간 생성물이 두 개의 전자 e를 방출하면서 ^{233}U이 된다. ^{233}U은 실제 지구상에는 없지만 사용하기 충분하게 안정화되어 있다. 이처럼 새로운 핵연료의 생성은 중성자에 의해 좌우된다.

핵분열로 인해서 η의 중성자가 발생하였다고 하면 연쇄반응이 계속되기 위해서는 적어도 한 개의 중성자는 있어야 하므로 이를 빼면 중성자의 $\eta-1$량의 분열중성자 수율(yield of fission neutron)이 얻어진다.

중성자들이 노재나 냉각재에 흡수되면 핵분열에 사용할 수가 없으므로 결국 손실이 되고 마는 것이다. 핵반응에 사용되지 않고 이렇게 흡수되는 분율을 V라고 하면 반응에 이용될 수 있는 남은 분율의 양은

$$A = \eta - 1 - V$$

로서

$$A = \frac{\text{새로 생성된 핵의 수}}{\text{소비된 핵의 수}}$$

가 된다.

보통 PWR에서는 V는 0.55 정도가 된다. $A > 1$이라는 것은 소비된 한 개의 중성자를 통해서 하나 이상의 핵분열이 가능한 핵이 생성된다는 것이다. 이것은 분열 가능한 핵이 증식된다는 말이며, 증식이 되려면 η가 2 이상이 되어야 한다. η의 전형적인 값은 2.23(^{233}U, 열중성자의 경우) 또는 2.93(^{239}Pu, 고속중성자)이다. 특히 $A > 1$인 경우를 B로 표시하고 증식속도(또는 증식비율)라고 하며, $1 > A > 0$의 것을 전환(전환로)이라고 해서 C로 나타낸다. 다음에 언급하는 고속증식로의 경우 A 값은 1.25~1.40 정도가 되고 위의 열증식로에서는 0.9~1.1 정도가 된다.

(4) 나트륨 냉각식 고속증식로

원자력발전은 지상에 극히 제한적으로 미량 존재하는 우라늄-235를 핵연료로 사용하는 원자로이다. 99.3%의 238은 사용되지 않은 채로 235를 사용하는 도중 원자로 내에 그대로 있다. 그러나 235를 연료로 사용하는 동안에 발생된 중성자가 우라늄-238에 흡수되어 플루토늄-239를 일부 생성한다. 생성된 플루토늄-239는 핵분열이 가능하기 때문에 분리하면 다시 핵연료로 이용할 수 있다.

우라늄도 석유나 석탄과 같이 지구에 있는 유한한 천연자원이고 원자력발전도 현재와 같이 이용한다면 대략 50년 정도밖에는 자원으로 사용할 수 없다. 따라서 우라늄-238을 플루토늄-239로 변환해서 사용할 수만 있다면 에너지 공급은 앞서 말한 바와 같이 앞으로 1000년 정도는 충분히 사용할 수 있게 된다.

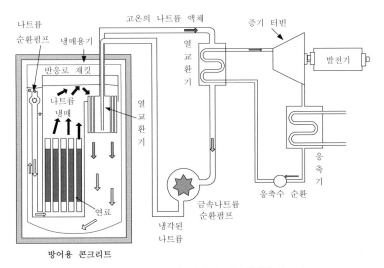

그림 7.8 ┃ 고속 증식로(액체금속 냉각형) (FBR)

　보통 경수로형 원자로 등에서는 핵분열에 의하여 생기는 고속중성자를 감속시켜 U-235에 흡수/분열시키지만 고속증식로에서는 중성자를 감속시키지 않고 그대로 핵분열에 사용한다. 고속증식로의 원자로 구조는 노 중심에 핵연료로 우라늄-235 또는 플루토늄-239를 놓고 그 주위에 우라늄-238(또는 Th)의 블랭킷을 설치한다. 냉각재로 물을 사용하지 않고 액체 금속 나트륨을 사용한다. 금속나트륨이 갖고 나오는 원자로의 열로 별도의 열교환에 의해 물을 증기로 만들어 터빈을 돌려서 발전한다.

　고속증식로에서 핵연료의 증식은 다음과 같이 일어난다.

$$_{92}^{238}\text{U} \xrightarrow{\quad} {}_{92}^{239}\text{U} \xrightarrow[\beta \text{ 붕괴}]{T_{1/2}=23.5 \text{ min}} {}_{93}^{239}\text{Np} \xrightarrow[\beta \text{ 붕괴}]{T_{1/2}=2.44 \text{ days}} {}_{94}^{239}\text{Pu}$$

　원자로 중심에 있는 우라늄-235가 핵분열을 하게 되면 2~3개의 고속의 중성자가 발생한다. 핵분열이 연쇄반응을 계속하기 위해서는 중성자를 한 개만 발생해도 되지만 여분의 중성자가 생기는데, 이 여분의 중성자가 원자로 주변의 우라늄-238에 흡수되면서 핵연료인 플루토늄-239가 된다. 이와 같이 노심에서 한 개의 우라늄-235가 핵분열로 소비되어도 블랭킷의 우라늄-238에서 그 이상의 플루토늄-239가 생성되는 현상이 일어나는 것이다. 이러한 연료의 증식이 가능한 원자로 중 하나로 액체 금속냉각형 고속증식로(liquid-metal-cooled fast breeder reactor, FBR)가 있다. 여기서 고속이라는 말은 고속의 중성자를 사용한다는 뜻으로 고속중성자로(Fast Neutron Reactor, FNR)라고도 한다.

표 7.5 | 세계 고속증식로 개발 현황

국 명	시설명 (로형식)	출 력		최초 발전 연도	연 료	현 황
		MWt (열출력)	MWe (전기)			
프랑스	Rapsodie(실험로)	40	–	66~82	UOX/MOX	영구폐쇄
	Phenix(원형로)	563	133	73~09	MOX	2009폐쇄
	Super-Phenix-1(실증로)	3000	1240	85~98	MOX	1998년 운영 중단
	Super-Phenix-2(실증로)	3600	1500	–	MOX	EU 공동계획
	Allegro	50~100	–	15	–	4세대 GFR의 파이롯 규모
	Astrid	1500	600	24	–	일본과 협력
독일	KNK-II(실험로)	58	20	77~91	o.	1991년 폐쇄
	SNR-300(원형로)	762	327	–	–	계획 중지
	SNR2(실증로)	3420	1500	–	–	EU공동 계획
인도	FBTR(실험로)	42	13	85~	c./m.	자국의 풍부한 토륨가
	PFBR(원형로)	1250	500	12~	21%PuMOX	능성 봄
일본	Joyo(실험로)	150	–	78~07	MOX	미래 불투명
	Monju(원형로)	714	246	94~96, 10~	MOX	정지 후 2010 재가동 중
	DFBR-1(실증로)	1600	660	25	–	개념설계
한국	PGSFR(원형로)	–	150	~28	m.	건식재처리와 SFR의 조합(4세대와 연결)
영국	DFR(실험로)	65	15	59~77	MOX	폐쇄
	DFR(원형로)	650	270	74~94	MOX	폐쇄
	CDFR(실증로)	3800	1500	–	–	EU공동 계획
러시아	BOR-60(실험로)	55	12	70~	UOX/m.	운전 중
	BN-600(원형로)	1470	560	80~	UOX	운전 중(주변 열 공급)
	BN-1600(실증로)	4200	1600	–	–	설계 중
	BN-800(실험로)	2100	880	14~	MOX,n.,m.	운전 중, 2009년 중국 에 판매
	BN-1200(상업로)	–	1220	25	o.	4세대원자로와 연계
	BREST-300(실증로)	700	300	20	U + Pu	초초임계 수증기 생산
	SVBR-100(실증로)	280	100	19	다양검토	Pb-Bi pool,저가 전기 생산
	MBIR(실험로)	100	150	20	o.	다양한 목적, 다중 루프
미국	EBR-I,	0.2	1.4	51~63	m.	–
	EBR-II(실험로)	62	20	63~94	m(U + Zr)	1963, 1994년 폐쇄
	Fermi I(실험로)	200	61	63~72	m(U + Zr)	1972년 폐쇄
	FFTF(실험로)	400	–	80~93	MOX	1993년 폐쇄
	PRISM(실증로)	840	310	20	–	GE-Hitachi 상세설계
	TWR(원형로)	–	600	23	–	개념설계, 중국과 협력

(계속)

국 명	시설명 (로형식)	출 력		최초 발전 연도	연 료	현 황
		MWt (열출력)	MWe (전기)			
카자흐 스탄	BN-350(원형로)	1000	150	72~99	UOX	해수 탈염, 중지
유럽 연합	EFR(실증로)	3600	1520	–		설계 중
중국	CEFR(실험로)	65	20	10~	c./MOX m.	–
	CDFR-1000(실증로)	–	1000	23		–
	CDFBR-1200(상용로)	–	1200	28	–	러시아 BN-800과 상용로 설계

개발은 실험로(이론실증로) → 원형로(상용화 가능성을 보기 위한 것) → 실증로(안정성과 경제성을 봄) → 상용로 (상업화)의 순으로 이루어짐.
지금까지는 FBR의 여러 가지 형태의 가능성을 보아 왔으며 현재는 앞으로의 방향을 설정 하고 있는 것으로 봄.
연료의 약자표시: o.(oxide, $(U, Pu)O_2$), m.(metal, U-Pu-Zr), n.(nitride, UN-PuN), c.(carbide, UC-PuC)
UOX(UO_2), MOX(mixed oxide)는 UO_2와 PuO_2의 두 고상이 혼합 되어 있는 것이다.

이 반응은 우라늄-238이 중성자를 한 개 흡수하여 우라늄-239를 만들면서부터 시작된다. Pu-239에 대한 전형적인 η값은 2.5~2.9 범위에 들어가며 고속증식로에 대한 A 값은 앞서 말한 바와 같이 1.25~1.40으로 계산되는데, 얻어질 수 있는 전형적인 값이 1.14~1.28 정도 된다. 프랑스의 Phenix의 경우 증식속도는 1.16 정도가 된다. 고속증식로에 대한 연구는 미국 에서 시작되었다. 그러나 지금은 프랑스, 러시아, 일본 등의 국가에서 실증로의 설계를 행하 고 있다. 물론 시기적으로 미국이 가장 빨라 1946년에 클레멘타인이라고 하는 실험로를 가 동했다. 핵연료는 플루토늄과 우라늄 각각의 산화물을 혼합($UO_2 + PuO_2$, MOX)한 것으로 기 초 연구를 행하였지만 이는 최근에 대부분 중단된 상태이었으나 PRISM(실증로 표 7.5 참조) 을 GE가 최근 재설계하여 다시 시작하려하고 있다.

러시아에서는 이미 BN-350이라는 35만 kWe의 원자로를 개스비 해변에 건설하였고, 그 이후 BN-600이라는 원형로 전기출력 60만 kWe의 발전소를 건설하였으며 BN-800은 모두 MOX의 사용이며 재처리에서 얻은 Pu의 사용의 문안한 가능성을 보여 주고 있다. 또한 프랑 스에서는 수퍼페닉스 실증로 124만 kWe가 운전 중 이었으나 1998년 중단된 상태이다. 일본 에서는 쓰쿠바에 동력로 개발사업단이 플루토늄, 우라늄의 산화물 혼합연료(MOX)를 사용 하고 냉각재로 액체 금속나트륨을 사용하는 Monju "상양(常陽)"(prototype)이라는 원형로를 가동하였으나 1995년 금속나트륨 유출로 일시 정지하였다가 2007년 보수공사를 마치고 2010년 5월 6일 재가동을 시작했다.

7.7 현재 가동 중인 상업용 원자로의 형식

위에서 설명한 원자로형의 현황을 표 7.6에 각국별로 나타내었다.

대부분 가압형 경수로이고, 비등형 원자로는 우리나라에는 도입하고 있지 않으나 미국과 일본에서 사용하고 있다. CANDU형의 중수로는 종주국인 캐나다가 주로 설치했고, 가스냉각로는 영국이 개발하여 18기나 보유하고 있다.

표 7.6 | 전 세계에 설치된 상용 원자로의 형식 (2015)

원자로형	주요 설치국가	설치 수	총 출력 (GWe)	연료	냉각재	중성자 감속재
PWR	미국, 프랑스, 일본, 러시아, 한국, 중국	277	257	농축UO_2	경수	경수
BWR	미국, 일본, 스웨덴	80	75	농축UO_2	경수	경수
PHWR(CANDU)	캐나다, 한국	49	25	천연UO_2	중수	중수
GCR(가스냉각로) (AGR & Magnox)	영국	15	8	천연U(금속), 농축UO_2	CO_2	흑연
경수흑연로(LWGR) (RBMK & EGP)	러시아	11 + 4	10.2	농축UO_2	경수	흑연
FBR(표 7.5 참조)	일본, 프랑스, 러시아 등	–	–	$PuO_2 + UO_2$	액체 소듐	없음
계		436	375			

7.8 원자로의 세대별 발전

1. 1세대 원자로(GEN-I)

1950년대부터 1960년대에 운전을 시작한 원형 원자로(prototype)로서, 미국의 PWR의 시핑포트(Shipping Port), BWR의 드레스덴(Dresden), 영국의 흑연감속 탄산가스 냉각의 매그녹스(Magnox) 등이다.

2. 2세대 원자로(GEN-II)

2세대 원자로는 1960년대 후반부터 1990년대 전반에 걸쳐 건설된 위에서 열거한 현재의 상업용 원자로이다. PWR, BWR, CANDU 및 러시아의 VVER과 RBMK 등을 들 수 있다.

3. 3세대 원자로(GEN-Ⅲ)

3세대 원자로는 1990년대 후반부터 2010년경에 운전을 개시한 원자로들로서 2세대 원자로를 개량한 것으로 우리나라의 표준원자로 OPR-1000이 그것이다. 우리나라에서 현재 건설 중인 APR-1400은 한층 더 개량하여 경제성, 즉 수명이 2세대 원자로의 40년을 60년 정도로 끌어올리고 안정성도 10배나 향상시킨 3.5세대의 것이다. 최근에 건설되는 원자로는 대부분 경제성과 안전성을 더 향상시킨 APR+도 설계 중에 있다.

4. 4세대 원자로(GEN-Ⅳ)

표 7.5에서 본 바와 같이 세계 여러 나라에서 제각기 원자로와 고속증식로 등을 개발하는 것을 이제 국제적인 틀에서 공동 개발함으로써 국제적인 표준화를 얻고자 2001년 7월에 제4세대 국제포럼(GIF, Generation Ⅳ International Form)을 결성하고 이에 미국, 일본, 영국, 한국, 남아프리카, 프랑스, 캐나다, 브라질, 아르헨티나 그리고 스위스가 가입하였다. 4세대 원자로의 개념은 미국의 원자력 에너지 연구 자문위원회가 중심이 되어 각국으로부터 개념을 공모하여 기술워킹그룹(TWG)이 검토하고 GIF에서 논의를 거쳐 2030년까지 도입 가능한 차세대 원자로를 선정하였다. 이 중에는 2002년 2월에 2015년까지 가능한 국제 단기도입원자로, 즉 개량형 경수로도 4세대 계획범위에 포함시키고, 2002년 7월에 GIF는 리우데자네이루 회의에서 미래의 제4세대 원자로의 6개 개념, 그리고 단기도입원자로 5개 군을 결정하였는데 이를 소개한다.

(1) 미래 제4세대 원자로의 개념

이 4세대 원자로의 목표는

첫째 지속 가능한 발전, 즉 자원의 이용효율을 혁신적으로 높이는 것으로 연료의 재활용기술 개발을 통해 연료를 오랫동안 사용할 수 있도록 하고 현재처럼 쌓이는 폐고준위 방사성 물질을 최소화한다는 것이다.

둘째는 안전성과 신뢰성이다. 외부에서 특별한 조치가 필요하지 않을 정도의 안전 시스템을 장착하도록 하는 것이다.

셋째는 경제성 문제인데 전체 수명주기(연료의 라이프사이클) 비용에서 경제력을 갖도록 하고 공정을 단순화하여 초기투자를 줄이자는 것이다.

넷째는 핵 확산방지를 위한 것이다. 이를 위하여 핵물질의 전용을 불가능하게 하고 테러, 도난, 파괴, 지진에 대한 대비도 견고하게 한 노를 설계한다는 것이다.

제4세대 원자로의 6개 개념로는 다음과 같다.

- 초임계압 경수 냉각로(SCWR, Supercritical Water Reactor)
- 나트륨 냉각 고속로(SFR, Sodium-cooled Fast Reactor)
- 납합금 냉각 고속로(LFR, Lead-cooled Fast Reactor)
- 초고온가스 냉각로(VHTR, Very High Temperature Reactor)
- 가스냉각고속로(GFR, Gas-cooled Fast Reactor)
- 용융염로(MSR, Molten Salt Reactor)

그리고 단기도입원자로는 다음과 같다.

- 개량형 BWR(ABWR-2, ESBWR), HC-BWR, SWR-1000
- 개량형 압력 관형로(ACR-700)
- 개량형 PWR(AP-600, AP-1000. APR-1400, APWR+, EPR)
- 일차계통 일체형로(CAREM, IMR, IRIS, SMART)(모듈러형)
- 고온가스 냉각로(GT-MNR, PBMR)

이 중 한국이 직접 참여하는 부분은 SFR과 VHTR 등 2개이고 SCWR부분에는 간접적으로 참여하는 것으로 보인다. SFR 제4세대 원자로는 한국도 1972년부터 소규모로 기초기술을 연구했고, 2001년 소형 소듐냉각고속로인 KALIMER-150의 개념설계를 개발했으며 2006년에는 KALIMER-600의 설계를 마친 상태이다.

그 동안 한국이 연구해 온 파이로프로세싱(건식 재처리기술)의 기술과 함께 SFR+Pyroprocessing의 핵주기를 이룰 것으로 보인다.

한편 VHTR에 참여하는 것은 열화학 또는 고온 전기분해방법으로 직접 물을 분해함으로써 앞으로 크게 사용이 증대될 대량의 수소를 경제적으로 확보하여 미래 에너지의 일부로 활용할 계획이 있기 때문이다.

(2) 제4세대 원자로의 6개 개념로

초임계압 경수로(SCWR, SuperCritical Water Reactor)

개발 목표연도가 2025년도인 SCWR은 냉각재와 감속재로 초임계수(超臨界水), 즉 물의 임계압 22.1 MPa 이상인 25 MPa 그리고 임계온도 374℃ 이상인 고온 510~625℃를 사용하는

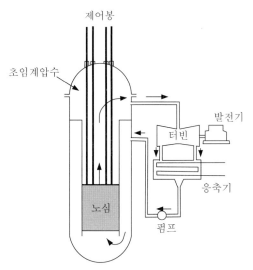

제어봉

초임계압수

발전기

터빈

응축기

노심

펌프

그림 7.9 | 초임계압 경수로 개념도

원자로이다. 따라서 이 원자로는 앞서 석탄연소방식의 초/초초임계발전과 같은 개념이며 45%라는 높은 열효율을 가질 것으로 보고 있다. 일반 열중성자로에 비해 열효율이 높은 관계로 13개국 32개 단체에서 연구 중에 있다. 장점은 같은 크기의 일반 경수로보다 더 높은 출력(목표: 1,000~1,500 MWe)을 얻을 수 있고, 효율도 45% 정도로 높다.

일반 경수로에서는 압력이 낮은 물이 보이드(거품)를 생성하여 감속효과를 떨어뜨리며, 원자로의 출력조절의 예측과 조정에 어려움을 겪지만 이 SCWR로는 압력이 초임계상태까지 올라가므로 증기와 기체가 같은 밀도를 지닌다. 따라서 일반 경수로에서 필요한 증기발생기나 분리기가 필요 없다. 그동안의 기술로 볼 때 가장 효율적인 동력로이고 초임계기술은 이미 화석연료 보일러에서의 경험을 가지고 있다.

도쿄대학, 도시바를 중심으로 일본이 연구를 주도하고 있으나 고온에 적절한 노재를 찾는데 어려움이 있으며 불안정 상태에 대한 핵화학과정을 연구 중에 있다.

나트륨 냉각 고속로(SFR, Sodium-cooled Fast Reactor)

그림 7.8의 고속증식로(FBR)의 개념 그대로이며 2015년이 목표연도이다. 산화물 핵연료를 사용하고 출구온도가 550℃, 연료는 U-238 & MOX(핵분열이 가능한 것과 핵분열이 가능한 물질로 바뀔 수 있는 연료의 혼합산화물), 연료 사용의 순환주기성(recycle)이 있으며, 전기출력 300~1,500 및 1,000~2,000 MWe의 전력생산용 고속로로 6개의 개념로 중 가장 많은 연구개발과 운전 경험이 이루어져 있다. 주기성은 ① 습식 재처리방식(PUREX, Plutonium-URanium EXtraction)과 ② 건식 재처리(Pyroprocessing)를 조합한 개념이 채택되었다. 모두

일본이 FBR연구에서 검토하고 있는 개념이다. 전자의 개념이 앞서 말한 Monju이다. 원자로 구조의 콤팩트와, 루프수의 삭감, 일차계통기기의 일체화 등을 통한 경제성 향상이 설계목표의 특징이다.

▌ 납합금 냉각 고속로(LFR, Lead-cooled Fast Reactor)

2025년이 목표인 LFR은 냉매로 소듐의 위험성보다는 납이 안전하리라고 생각한 아이디어로 납냉각 대형로(1,200 MWe), 납–비스무스 공융합금(Pb-Bi)의 냉각소형로(400 MWe) 그리고 납–비스무스 냉각 배터리 원자로(120~400 MWe)의 냉매를 사용하는 3개의 개념이 있으며 압력은 낮다. 첫째는 러시아에서 개발 중인 BREST이고 둘째는 50~150 MW 출력을 묶은 배터리 원자로로 15~30년 초장주기 운전이 가능하고 분산전원이나 수소제조, 해수 담수화들을 목적으로 하고 있다.

또한 원자로 모듈형 300~400 MW는 공장에서 생산하여 현지에서 바로 설치할 수 있다. 사용 후 노심은 그대로 핵연료 리사이클센터로 수송하기 때문에 핵확산에 문제가 없다고 말하고 있다.

출구온도는 480~800℃이고 연료는 U-238 + (U-238에 약간의 U-235와 Pu-239 포함)인 고속로이다. 용도는 전력과 수소를 모두 염두에 두고 있다.

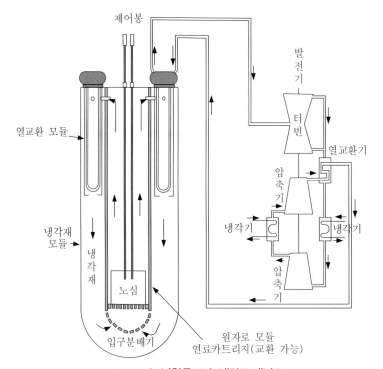

그림 7.10 ▌ 납합금 고속 냉각로 개념도

▌초고온가스로(VHTR, Very High Temperature Reactor System)

2020년이 목표인 900~1,000℃ 정도의 출력온도를 가지는 열중성자로 이며 앞서 말한 고온 원자로와 같은 개념으로 헬륨을 냉매로 사용한다. 따라서 노압은 고압으로 걸리게 된다. 노심(UO₂)은 프리즘형의 블록형과 페블형으로 되어 있으며 일회 사용 우라늄 연료 주기를 갖는다. 발전출력의 효율은 높으며 사용목적은 전력도 생산할 수 있지만 수소를 화학적으로 생산하려는 것이 큰 목적으로 되어 있어 전기출력은 250~300 MWe 정도밖에 안 된다.

연료는 UO₂형으로 핵연료 순환주기성을 갖지 않는다. 일본 원자력연구소가 개발을 추진해 왔고 출력 300 MWe의 고온로 가스 터빈시스템을 설계하고 있다. 미국, 프랑스도 가스냉각고속로로 활용할 수 있을 것으로만 보고 있다. 노심은 일본, 러시아, 중국, 남아프리카에서 개발 중에 있으며 우리나라도 수소제조를 목적으로 관여한다. SI-Cycle을 이용한 수소제조 공정(제9장 수소의 제조)에서 중간 생성물인 황산을 분해하여 산소를 만들 때 850℃의 고온이 필요하기 때문에 이에 원자력을 이용하는 것이다.

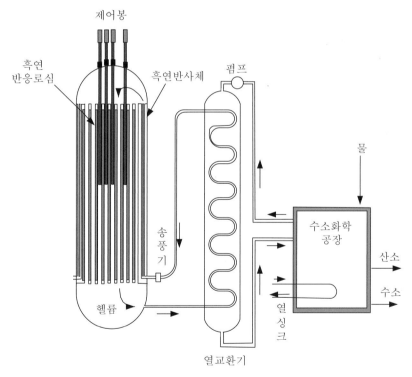

그림 7.11 ▏ 초고온가스로 개념도

가스냉각고속로(GFR, Gas-cooled Fast Reactor)

고속중성자 및 순환연료주기를 갖는 노형으로 악티늄 원소의 현장 부지 내 완전 재활용을 가능케 하는 원자로 시스템이다. 연료는 U-238＋를 사용한다. 열중성자 헬륨 냉각로인 GT-MHR(Gas Turbine-Modular Helium Reactor)과 PBMR(Pebble Bed Modular Reactor)에서와 같이 고온의 헬륨 출구온도는 수소제조 및 공정열을 높은 효율로 생산하도록 가능케 해준다. 개념으로 하는 전기 출력은 1,200 MWe로서 온도가 850℃ 정도로 높아 48%의 발전효율을 나타내며 헬륨터빈을 사용한다. 프랑스를 중심으로 검토되고 있다.

용융염로(MSR, Molten Salt Reactor)

토륨과 우라늄의 불화물(액상)이 핵연료이며 흑연로 중심채널을 흐르는 열중성자로이다. 연료의 형태는 불화 U(UF₄, 용융상태)이며 용융불화염으로 용해된 상태이다. 전기와 수소생산, 플루토늄과 악티늄원소들의 효율적인 연소 및 핵분열연료의 생산-재생의 순환이 가능한 원자로이다. 희가스와 귀금속류의 핵분열 생성물은 화학처리공장에서 연속적으로 제거하고 악티나이드는 재순환된다.

이 원자로는 1,000 MWe의 대형로로 운전되며 압력은 0.5 MPa 이하로 낮고 핵연료온도는 750~1,000℃ 정도로 비교적 높아 열효율이 크다. 이 때문에 구조재료(흑연) 개발에서 많은 연구를 하고 있다.

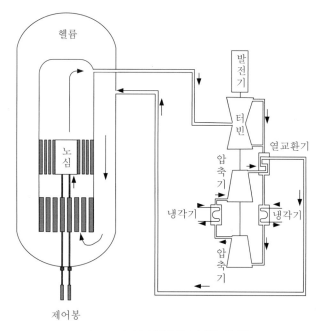

그림 7.12 │ 가스냉각고속로의 개념도

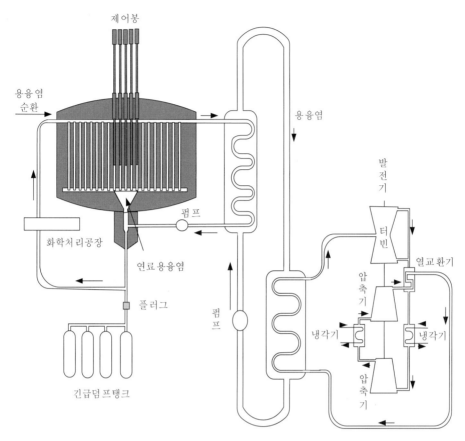

그림 7.13 │ 용융염형 원자로의 개념도

⬂ 7.9 단기도입 5개 원자로 개념

1. 개량형 BWR

채택된 원자로형은 ABWR-2(일본), ESBWR(Economic Simplified Boiling Water Reactor), HC-BWR(High Conversion-Boiling Water Reactor), SWR(Sieder Wasser Reaktor)-1000(독일)이다. ABWR은 4기가 일본에서 가동 중이며 대만과 일본에서 3기가 건설 중이다. 이 노들은 설계기준이 안전성과 신뢰성 향상 그리고 초기 투자비를 가급적 줄이고 운전 유지비도 기존 BWR보다 감소된 것으로 공사기간도 짧아 39개월 정도 된다.

HC-BWR은 핵확산 저항성, 경제성 우위확보는 물론 연료의 전환율이 크며 토륨도 사용가능하다. 즉 고속중성자 스펙트럼을 갖는 증식형이다.

2. 개량형 압력 관형로(ACR-700, Advanced CANDU Reactor)

캐나다에서 차세대 CANCU로로 개발 중인 중수감속 경수냉각 압력관형로이다. 경수로 핵연료의 재이용도 가능하며 따라서 핵 연료주기에 대응할 수 있다. 기존 CANDU에서 얻은 풍부한 경험으로 안전성과 투자경제성, 조업성의 향상, 수명향상 그리고 건설기간단축에서 크게 발전된 형이다. 출력 700~900 MWe의 경험이 쌓여 있다.

3. 개량형 PWR(Advanced Pressurized Water Reactor)

기존 PWR을 개량한 것으로 AP-600은 웨스팅하우스가 설계한 소형 원자로이며 3세대 원자로의 개념을 그대로 가지고 있고 노심 손상률을 약 1,000배나 향상시킨 것이 AP-1000이다. APR-1400은 한국형의 3세대 원자로로 앞서 말한바와 같이 신고리 3, 4호기는 가동 중에 있고 신한울 1, 2호기는 건설 중에 있다. APWR+는 일본의 미쓰비시 3세대 원자로 개념이 발전된 형으로 내진성, 유사시 대처능력 향상, 경제성 향상 그리고 대형화의 의미를 갖는 모델이다. EPR라는 것이 있는데 PWR의 유럽형이다.

4. 일차계통 일체형로(Integral Primary System Reactor)

순환펌프, 증기 발생기 등의 1차 냉각계통을 원자로 용기 내에 설치하여 대형 냉각재 상실 사고의 가능성을 없앤 노형으로 아르헨티나의 CAREM형, 일본 미쓰비시의 IMR, 웨스팅하우스의 IRIS 그리고 한국의 SMART(System-integrated Modular Advanced Reactor)로 개념의 원자로를 말한다. 플랜트의 기본 구성은 에너지 수송방식이 간접 사이클(고압의 1차계통과 터빈에 증기를 보내는 2차 계통이 열교환기로 분리된 형)이며 원자로 계통에는 자연 순환방식의 일체형으로 되어 있고 증기발생기는 출력 운전 시에 증기 생산뿐만 아니라 가동 정지 시와 사고 시의 붕괴열 제거에도 간소화된 시스템이다.

여기서 한국형 SMART(열출력: 33만 kWt, 전력: 10만 kWe)는 소규모 전력생산과 동시에 열에너지를 많이 이용하고자 하는 것이 개발의 목표이며 안전성이 보장되는 일체형이다. 열에너지는 해수담수화(40,000 ton/day), 공업단지 열공급, 지역난방 등에 관심이 있는 것이다.

(5) 모듈러형 고온 가스 냉각로(Modular High Temperature Gas-cooled Reactor)

이 노는 제4세대 원자로에서 개념이 도입되고 있는 초고온가스로의 기초적인 역할을 할 것으로 기대되는 원자로이다. 앞서 언급한 노들과 같이 안전성, 크린성, 경제성, 융통성을 모두 향상시킨 원자로이다. 가스터빈 모듈러형 헬륨 냉각원자로 GT-MNR과 페블베드형 모듈러 원자로 PBMR(Pebble Bed Modular Reactor)이 있다.

↘7.10 진행파 원자로

미래의 개념원자로로서 진행파 원자로(TWR, Traveling Wave Reactor)는 당장은 핵분열이 되지 않는 핵연료를 핵변환공정을 통해서 분열이 가능하게 하면서 동시에 가동되는 신개념의 원자로이다. 일반 고속 증식로와는 다르고 4세대 원자로 6개의 개념과 유사하나 좀 다르다. 이것은 농축 우라늄을 사용하지 않으며 기존로에서 타고 남은 우라늄연료, 천연우라늄, 토륨, 경수로에서 꺼낸 폐연료, 또는 이들을 조합한 것을 사용할 수가 있다. 핵반응은 노심 전체에서 일어나는 것이 아니고 한 영역에서 일어나 코어 부분을 통과하며 진행된다.

이 TWR은 1950년대에 개념이 제안되어 1958년 Saveli Feinberg가 "증식과 연소(breed-and-burn)반응"기라고 불렀는데 아직 건설된 원자로는 하나도 없다. 그러나 2006년 미국의 TerraPower사가 상업용 원자로를 설계(300 MWe 크게는 1,000 MWe)하면서 진행파 원자로라고 칭하였다.

노의 냉매로 액체 나트륨을 사용하는데 소량의 농축 우라늄(U-235)을 가지고 위에서 말한 연료에 불을 붙이면(핵분열 개시) 핵분열이 시작되며, 여기서 생성된 고속의 중성자가 주변의 U-238 등에 흡수되어 이를 플루토늄으로 변환시키게 된다.

일단 이렇게 불이 붙으면 담배가 타들어가듯이 핵반응이 번져가며 일어나게 되는데, 이 전개되는 영역은 네 개의 영역으로 구분된다. 연쇄반응, 즉 우선 핵반응이 끝난 영역(1)인데 여기에는 대부분 반응생성물이 있고, 그 다음 영역(2)은 중성자를 붙들어 놓은 핵분열이 가능하게 된 연료가 핵분열을 일으키는 영역이다. 그 다음(3)이 증식대로서 우라늄-238과 토륨 같은 것이 중성자를 흡수하여 핵분열이 가능하게 되는 영역이다. 그리고 그 다음이 (4) 후레시한 미반응물질 영역이다. 이 네 개의 밴드가 하나의 파도처럼 진행하면서 핵분열이 일어나게 된다.

TWR(표 7.5 참조)은 건설 후 60~100년 이상 사용할 수가 있고 기존 경수로에 비하여 열효율이 높다. 또한 다른 고속증식로와는 달리 분리를 위한 화학재처리가 필요 없고 사용연료량이 대폭 줄어들고 핵확산 금지문제도 해결할 수가 있다.

↘ 7.11 핵연료의 제조

천연우라늄 중에는 우라늄-235가 0.7% 정도밖에 없다. 감속재에 의하여 속도가 줄어든 열중성자는 용이하게 우라늄-235를 분열시키지만 천연우라늄에는 238이 99.3% 포함되어 있어 생성된 열중성자의 대부분이 우라늄-238에 흡수되기 때문에 우라늄-235의 핵분열 연쇄반응의 능률은 매우 좋지 않게 된다. 그래서 235의 핵분열이 활발히 일어나게 하기 위해서 연료 중에 우라늄-235의 농도를 올리는 방법을 취하게 된 것이다. 이와 같이 천연 우라늄에 포함되어 있는 235의 농도를 올리는 것을 우라늄 농축(약 3%)이라고 한다.

농축 우라늄의 제조는 매우 힘든 기술로서 막대한 전기에너지가 투입되지 않으면 안 된다. 농축에는 채굴된 우라늄 광석을 산화우라늄(U_3O_8)으로 하고 이것을 우선 6플루오르화우라늄(UF_6)의 가스로 변화시킨다. 이 가스를 막을 통해서 여러 번 ① 확산시키면서 235를 농축하는 가스확산법은 이제 거의 사용하지 않고 있다. 그리고 지금은 ② 원심분리법이 개발되어 UF_6를 초고속으로 원통에서 회전시키면 238은 원통주변에서 농도가 증가 하고 235는 안쪽으로 농축된다. 그리고 안쪽의 가스를 다음 원심기로 보내서 돌리면 이보다 더 농축하게 됨으로 이 원심분리기를 직렬로 연결하여 235를 원하는 만큼 농축이 가능해 질 때 까지 한다. ③ 또한 레이저농축법이 최근 이용되기 시작 했는데 이는 우라늄 235와 238의 혼합물에 235의 외각전자만을 유리시킬 수 있는 특수파장의 레이저 빔을 보내서 전자를 유리시켜 235에 양전하를 띠도록 하고 음전하에서 이를 포집/분리하는 방법이다. 비용이 적게 들고 시설이 간단하다. ④ 이외 실험실적으로는 질량분석기를 이용할 수도 있다. 이렇게 제조된 농축우라늄을 열전도가 좋고 중성자를 흡수하지 않으며 온도에도 강한 지르코늄과 마그네슘의 합금으로 싸서 연료봉으로 가공한다.

↘ 7.12 폐핵연료의 재처리

경수로와 중수로(CANDU)에서 사용한 후의 폐핵연료의 조성은 표 7.7과 같다. 여기서 보면 폐연료 중 대부분은 U-238로서 사용되지 않고 일부만 Pu과 다른 소량의 방사능물질을 만들게 된다. 따라서 U-238을 핵분열이 가능한 물질로 만들어서, 즉 Pu으로 증식해서 사용률을 높이고자 하는 아이디어가 고속증식로인 것이다. 따라서 폐연료로부터 Pu을 회수해야 한다. 핵분열이 가능한 물질들을 분리하는 데는 크게 습식법과 건식법의 두 가지가 있다. 표 7.7에서 보는 바와 같이 경수로와 중수로에서 나온 폐연료 중에도 Pu이 상당량 포함되어 있는데 특히 경수로 쪽이 크다.

표 7.7 | 경수로 및 중수로의 폐핵연료의 조성 비교

원자로	핵연료원료	평균 연소연도 (MWD/MTU)	사용 전 조성	사용 후 조성 (10년 냉각기준)
중수로 (PHWR)	천연우라늄	7,500	U-235 0.7%(그대로)	총 U 98.8% U-235 0.2%
				총 Pu 0.4% (Pu.f 0.3%)
				FP 0.6%
경수로 (PWR)	농축우라늄	35,000	U-235 3.5%(농축) U-238 96.5%	총 U 95.4% U-235 0.8%
				총 Pu 0.9% Pu.f 0.6%
				FP 3.6%

Pu.f: 핵분열 가능한 플루토늄, FP: Fission Product, 핵분열 생성물
MWD/MTU: Mega Watt Day/Metric Ton of Uranium, 우라늄 단위 중량당 발생한 열출력의 총량

1. 습식법(PUREX 공정)

원자로에 사용하는 핵연료는 U-235가 전부 소비될 때까지 계속 사용하는 것은 아니다. 핵연료의 소비에 따라 핵분열 생성물의 양도 증가하고 여기에 계속 중성자가 흡수되기 때문에 핵분열의 연쇄반응이 원활히 진행되지 않는다는 사정이 있기 때문이다. 여기서 이렇게 경수로나 중수로에서 꺼낸(2~3년 후) 폐핵연료는 일단 물에 저장해서 발생되는 열과 방사능을 감소시킨 후에 재처리공장에서 연료의 피복관과 함께 5 cm 정도로 자르고 화학 처리 후 우라늄, 생성 플루토늄, 핵분열 생성물로 분할 처리된다(그림 7.14).

질산용액으로 6가의 우라늄과 4가의 플루토늄의 질산염을 만들고 이를 유기용제로 추출한다. 유기용제는 TBP(TriButyl Phosphate)를 노르말 도데칸(n-dodecane)에 30% 용해시킨 것이다. 질산에 용해된 질산염의 농도를 올리면 우라늄과 플루토늄의 질산염[$UO_2(NO_3)_2$ + $Pu(NO_3)_4$]이 선택성이 높게 추출상으로 이동하고, 나머지 질산염은 추잔 수용액상에 남는다. 이때 미량의 핵분열 생성물이 추출상으로 이동하지만 후공정에서 정제된다. 다음 이 추출상의 Pu^{+4}는 환원제에 의하여 Pu^{+3}으로 환원시키고 질산농도를 낮춰 제2의 추출로 물과 접촉시키면 Pu^{+3}은 수용액상에 분배도가 커서 이리로 이동하며 우라늄과 분리된다.

이처럼 습식 재처리공장에서는 플루토늄의 추출이 이루어지기 때문에 '핵확산방지'라는 입장에서 여러 가지 문제가 있으며, 우리나라에서도 한때 플루토늄의 추출을 위한 재처리공장을 고려한 적이 있으나 현재는 불가능한 상태에 있다.

원자로 자체보다도 발전소에서 사용한 연료의 재처리공정에서 발생하는 방사능 오염의

문제가 크다. 즉 방사성 물질의 외부로의 방출은 원자력발전소보다도 재처리시설 쪽이 많다고 할 수 있다. 재처리공정에서는 플루토늄과 우라늄을 추출 분리하고 이 공정에서 나오는 방사성 폐기물 중 저준위의 것은 해양에 폐기한다.

그러나 중간 정도의 수준인 것(중준위)은 아직 확실한 처리법이 없다. 한 가지 방법으로는 화학적으로 안전한 유리의 형태로 굳힌다거나 콘크리트화 하거나 이것을 납 용기에 넣어 깊이 1,000 m 정도의 암염의 채굴공에 넣어두는 방법을 유럽과 미국에서 실시하고 있다. 또는 심해의 해저에 폐기하는 방법도 있지만 오랜 세월이 지난 후에 용기의 파괴 등의 문제가 있을 수 있어 적당하다고는 할 수 없다.

현재로는 원자력발전소로부터 나오는 방사성 폐기물 양의 정도에 따라 적절한 방법으로 처리하겠지만 장차 양이 많아질 때에는 수명이 긴 방사성 폐기물의 대량 저장이 환경오염에 어떤 영향을 줄지 예측할 수 없다.

우리나라도 현재 쌓여 있는 폐연료가 10,000톤 정도에 이르고, 매해 700톤 정도를 생성하는 형편이다. 원자력발전소를 계속 증설하는 입장에서 처리법을 나름대로 서두르고 있다.

이 습식 재처리공정을 보유한 나라는 원자탄을 보유하고 있는 미국, 러시아, 중국, 영국, 프랑스 그리고 비핵보유국인 일본만이 보유하고 있다.

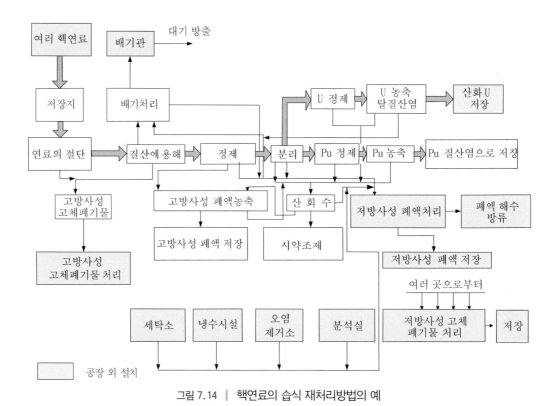

그림 7.14 | 핵연료의 습식 재처리방법의 예

2. 건식 재처리법(Pyroprocessing)

건식법은 위의 습식법과는 달리 순수한 플루토늄을 분리해 낼 수 없는 공정이다. 이 기술은 공정을 단순화하고 핵 비확산에 초점을 맞추어 개발되는 기술로서 아직 상용화된 처리공장은 없다. 현재 미국, 일본, 그리고 우리나라에서 개발 전망을 보여주고 있는데, 특히 우리나라가 앞선 연구 성과를 내고 미국과 공동으로 개발하고 있다.

이 방법의 개념은 용융전해법이다. 금속 핵폐기물을 절단하여 이를 양극으로 하는 LiCl+KCl 용융염에서 그림 7.15에서와 같이 두 개의 음극 즉 철(낮은 전압)과 용융 Cd(고전압) 그리고 용융카드뮴의 양극에 걸어 주면 철 음극에는 우라늄만 석출하고 용융 Cd 음극에는 U과 TRU(TRansUranium), 즉 Pu+MA(Minor Actinide)의 혼합금속이 석출된다. 얻어지는 우라늄은 철에 석출한 우라늄과 용융 Cd으로부터 Cd을 증발 제거하여 얻은 U+TRU로 이루어지는데 후자를 고속로에 재사용하는 핵연료 사이클을 구상하는 것이다.

이 사이클이 되는 연료인 U+TRU는 Pu 외에 U+Np+Cm+Am 등 많은 다른 방사성 물질이 혼합되어 있는 관계로 Pu의 핵폭탄 제조가 불가능하다는 이유로 핵확산의 우려, 즉 핵확산의 저항성을 갖는 재처리기술로 인정된다는 것이다.

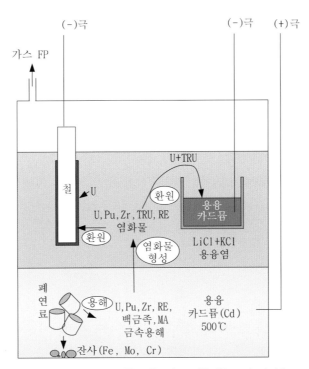

RE: Rare Earth, TRU: TRansUranium, MA: Minor Actinide

그림 7.15 ┃ 건식 재처리 용융전해정련법의 개념 예

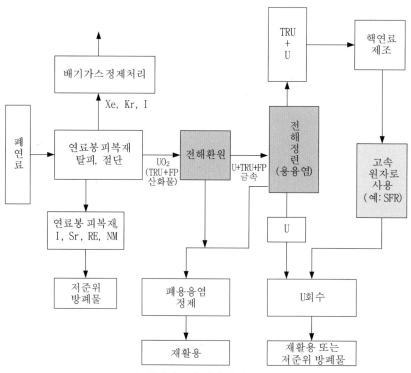

그림 7.16 | 핵폐연료의 건식 재처리공정의 개념 예

이런 핵재처리는 누적되는 핵폐연료의 부피를 1/20 정도로 줄일 수가 있어서 유리할 뿐만 아니라, 고속로에서 재사용하면 보통 PWR에서 발생된 폐연료 중 포함된 30만 년 정도 되는 폐기물의 반감기를 300년 정도로 줄일 수가 있다. 그리고 U의 활용도 측면에서도 100배 정도 높일 수가 있다.

우리나라가 4세대 원자로로 사용할 연료 사이클에 소듐을 냉각재로 사용하는 고속로 (SFR, Sodium-cooled Fast Reactor)와 현재 개발 중에 있는 건식처리를 조합하는 방식을 연구 중이다.

↘ 7.13 열오염

원자력발전소는 화석연료를 사용하는 화력발전소와 마찬가지로 막대한 양의 냉각온수를 배출한다. 터빈의 증기냉각용 용수로 해수를 사용하기 때문에 바다에 그대로 폐기하면 연안의 생태계에 매우 큰 변화를 일으킬 수가 있다. 따라서 대형의 냉각탑을 사용하거나 냉수지를 별도로 만들어 물의 온도를 상온까지 내려서 방출해야 한다.

▷ 7.14 핵확산방지를 위한 국제적 노력

미국은 1945년에, 러시아(구소련)는 1948년에, 그리고 영국은 1953년에 핵실험을 수행하였다. 1953년 당시 미국 대통령인 아이젠하워가 원자력의 평화적인 이용을 제창함에 따라 1957년 국제원자력기구(IAEA)가 발족되어 원자력의 평화적인 이용 촉진과 군사목적 사용방지를 주요 업무로 하여 일을 시작하였다. 그러나 1960년에 프랑스, 1964년에 중국에서 핵실험을 함에 따라 1965년 미 – 러가 공동으로 핵확산금지조약을 제의하여 1970년 핵비확산조약 (NPT)을 발효하기에 이르렀다. 그 내용을 보면 첫째, 핵의 군사적 이용금지 및 평화적 목적의 핵시설의 공급보장과, 둘째는 NPT 가입국의 IAEA 핵물질 보장조치 수락을 골자로 하는 것으로 가입국만 해도 189개국(2010년 현재)이나 된다. 그러나 1974년 인도가 핵실험을 함에 따라 그 후 정책을 강화하게 되었고 다음과 같이 보장조치를 취하였다.

첫째, 미국 카터 대통령의 원자력정책(1977)에 따라 핵확산방지에 우선하며 핵폭발의 위험이 있다면 평화적 이용도 금지한다.

둘째, 핵 선진 15개국의 런던지침(1978)에 따라 핵수출 통제지침을 발표.

한국은 1975년 4월 23일 NPT정식 비준국이 되었고, 북한은 1985년 12월에 가입했으나 특별 핵사찰 요구에 반발해 1993년 탈퇴를 선언했다가 보류했고, 다시 불거진 북한핵개발 문제로 2003년 1월 또다시 탈퇴를 선언했고 핵실험을 4번이나 실시하였다.

▷ 7.15 원자력발전의 안전성과 환경문제

미국의 스리마일(1979년 3월 28일)과 러시아의 체르노빌 원자력 사고(1986년 4월 26일) 이후 사람들은 원자력발전의 안전문제에 대하여 의심을 가지기 시작했다. 우리나라에서도 핵폐기물의 저장소 설치를 둘러싸고 과거 지역주민들의 반발이 크게 일어났던 것을 기억하고 있다.

안전성에 대하여 의구심을 두는 데는 원자로의 제어가 불가능하게 되었다거나 고온에서 원자로가 파괴되면 어떻게 할 것인가 하는 것이고, 방사성 물질의 확산에 의한 환경오염을 우려하고 있기 때문이다.

그러나 원자력발전소의 설계는 여러 겹의 안전방어벽(제1방호벽: 연료, 제2방호벽: 피복관, 제3방호벽: 원자로 용기, 제4방호벽: 원자로 건물 내벽/외부철판, 제5방호벽: 원자로 건물 외벽/120 cm 철근콘크리트)으로 되어 있고 3세대 원자로는 크게 안전성에 기초해 설계되고 있다. 극단적으로 이상 상황이 발생하지 않는 한 위험은 없다고 보아도 된다.

1. 미국의 스리마일 사고

그런데 스리마일 사고는 왜 일어났을까? 내용은 이렇다. 1979년 3월 28일 미국 펜실베이니아 주 스리마일 원자력발전소의 2호기 중 증기발생기의 2차 급수펌프에서 사소한 문제가 발생하였다. 원자로는 정지했고 바로 원자로의 압력이 높아져서 가압기의 안전밸브가 열렸다. 그러나 압력이 떨어지더라도 밸브는 고장난 채로 작동되지 않아 잠기지 않게 되었다. 이것이 사고의 시작이었다. 밸브가 열린 채로 있었기 때문에 원자로의 물이 유출되기 시작했다. 그리고 원자로의 압력은 올라가지 않고 물이 끓기 시작했다. 그 결과 배관 내는 증기와 물이 혼합상태로 되고 펌프가 진동하게 되어 펌프는 정지하기에 이른다. 이 진동은 연료 피복관의 지르코늄과 물이 반응하도록 해서 수소가 발생하게 만들었다. 이것이 배관 내에 퍼져서 찼던 것이다. 운전원이 이 압력강하의 원인에 대하여 잘 알지 못해서 일어난 사고이다. 사고 발생으로부터 2시간 후 운전원은 밸브를 잠글 수가 있었으며 3시간 후에는 압력이 회복되었다. 이에 운전원은 원자로 냉각수의 펌프를 작동시키고 다시 물을 주입했다. 그러나 여기서 원자로의 압력은 90기압에서 150기압으로 급상승하고 말았다. 왜냐하면 이때 이미 원자로는 빨갛게 달아 있었고 냉각수와 갑자기 접촉하게 되자 수증기가 다량 발생하여 압력이 급상승하고 만 것이다. 동시에 빨갛게 달아오른 연료와 물의 접촉으로 연료가 붕괴되었는데, 이것이 스리마일 사고이다.

2. 우크라이나(구 소련)의 체르노빌 사고

체르노빌 사고는 1986년 4월 26일 1시 23분 총 4기의 원자로(흑연감속형의 BWR)를 운전하던 중 제4호기(RBMK-1000, 1 GWe, 3.2 GWt) 원자로의 출력제어를 시험하는 과정에서 비정상적인 핵반응으로 발생한 열이 감속재인 냉각수를 열분해시키고 여기서 생성된 수소가 폭발함으로써 생긴 사고이다. 내용은 다음과 같다. 원자력발전소 4기 중 4호기가 가동 중단 시 냉각펌프작동을 위해서 디젤발전기가 가동해야 하는데 약 1분이 소요되었다. 그래서 가동 중단 시, 즉 주력전원이 꺼진 상태에서 원자력 터빈의 관성에 의하여 전력공급이 1분 동안 전력을 생산해서 공급할 수 있는지 알아보기 위한 실험을 계획하였다. 사고 전날인 4월 25일 오전 1시까지 100% 출력으로 운전하고 있었다. 그 후 제어성을 보기 위하여 출력을 서서히 떨어뜨리기 시작했고 13시 이후에는 59%의 출력을 유지했다. 23시에 와서 출력 50%부터 다시 출력을 20% 수준으로 낮추고 이 출력에서 실험을 하려고 하였다. 그러나 이 출력을 얻는 데 실패하게 되었고 4월 26일 오전 0시 28분 열출력이 1%로 낮아졌다. 열출력

1%라고 하는 것은 핵분열이 정지된 것이라고 생각할 수 있는 것이다. 그래서 명령된 실험을 하기 위하여 원자로의 무리한 운전을 재개하게 되었다. 오전 1시에 원자로의 출력은 7%로 회복되었다. 그러나 이 사이에 핵분열을 저지하는 물질(크세논-135 독, 중성자 흡수)이 대량 발생하여 출력은 그 이상 올라가지 않았다. 이러한 출력 조정 곤란의 원인에 구애받지 않고 터빈 실험을 예정대로 실시하게 됨으로써 사고의 원인은 이러한 무리한 운전에서 발생하게 된 것이다. 원자로는 불안정하게 되었고 오전 1시 19분에는 또 다시 핵분열반응이 저하되었다. 1시 20분에는 자동 제어봉을 거의 전부 끄집어내게 되었고, 운전을 계속하기 위하여 남은 수동 제어봉까지도 또 끄집어냈다. 이는 안전규칙을 위반한 것이다. 그 결과 원자로는 자동에서도 수동에서도 제어될 수가 없는 상태가 된 것이다.

오전 1시 22분 열출력 7%에서 원자로는 회복된 것처럼 보였다. 그러나 무리한 조작으로 수동 제어봉을 거의 끄집어내었기 때문에 여유 있는 제어봉은 실질적으로 6~8개 정도에 불과하게 되었다. 오전 1시 23분 터빈 실험을 재개했다. 실험은 40초 정도에서 끝낼 예정이었다. 그러나 23분 25초로부터 자동 제어봉 AC-1이 작동되었고 32초에는 완전 삽입된 상태가 되고 AC-2, AC-3도 급속히 삽입되었다. 23분 40초에는 모든 자동 제어봉은 완전 삽입된 상태였다. 이때부터 원자로 폭발의 개시시간은 23분 25초로 판단되었다. 그러니까 중성자를 흡수하던 크세논-135가 중성자를 흡수하지 않는 크세논-136으로 변환되었고 이러한 제어봉의 삽입은 그나마 중성자를 흡수할 수 있었던 물마저 다 몰아내고 말아 급격히 온도가 상승하여 압력관과 핵연료를 손상시켰고 냉각수를 끓어오르게 하여 거의 다 증기가 되어 증기압을 반응로가 감당할 수가 없게 되었다. 원자로는 자동제어가 되지 않은 상태에서 긴급정지버튼 AZ5가 눌러졌고 모든 제어봉도 삽입되었다. 그러나 반응로는 2차에 걸쳐 폭발하고 화재가 발생하고 화재 진압에만 10일이 걸렸다. 그리고 노심의 폭발로 방사능 확산이라는 파국으로 이어졌다.

즉, 위 두 경우는 무리한 인간의 운전/실수가 사고의 원인이었다.

3. 일본 후쿠시마 원전 사고

2011년 3월 11일 오후 2시 46분 강도 9.0의 지진이 후쿠시마 육지로부터 150 km 떨어진 해상에서 일어나 최고 약 13~15 m 정도 높이의 해일이 밀어닥쳐 후쿠시마 비등형 원자력발전소(BWR) 1호~4호기를 휩쓸고 지나갔다. 이로 인하여 정전이 발생하고 발전소가 가동을 중단하기에 이른다. 그러나 원자로에서는 계속해서 핵반응이 일어나고 온도가 올라가 냉각수를 공급해야 하지만 정전으로 펌프가 작동하지 않았고, 디젤 발전기를 가동하려고 했으나 모두 물에 잠겼든 것이라 가동할 수가 없게 된다. 그래서 증기의 압력이 올라가고 노심이 노출되어 노의 피복재인 지르코늄이 수증기와 반응하여 수소가 발생하고 이 수소 가스가 격납고 상부로 올라가 원자로 4개기가 모두 폭발하기에 이른다. 그래서 격납고 내 수증기 압력을 낮추기 위해 원자로를 헬리콥터로 살수하면서 17일 외부로부터 송전선을 연결하여 냉각수를 공급하기에 이른다. 그러나 수소폭발 시 핵반응 생성물인 요오드(I_2), 세슘(Cs) 등 방사능물질이 방출되었으며 계속 방사능수치가 올라가서 인근 30~40 km 내에 거주하는 주민을 대피시키고 대기 중에 방출된 요오드 등 방사능물질이 지구 전체로 확산되는 현상이 일어났다. 이 농도는 인체에 해를 줄 정도는 아니었다. 위험수위는 체르노빌이 7인 데 비해 일본의 경우는 5~6 정도로 발표했다가, 4월 중순에는 계속적인 방사능의 누출로 7로 수정하기에 이른다.

이 경우는 자연재해였으나 설계자들의 의견에 의하면 안전설계 기준이 설계 당시에는 없었다고 한다. 그리고 대처가 늦었던 것은 동경전력이 원자로를 다시 쓸 수 있도록 살려 보려고 시간을 끌다가 초기대응이 늦어진 것도 하나의 원인이었다고 한다.

4. 방사선량을 나타내는 단위

방사선은 방사능물질이 핵반응을 일으킬 때 알파선, 감마선, 중성자 등을 방사한다. 인체가 피폭된다는 뜻은 이러한 물질이 인체를 관통하며 DNA 같은 인체조직을 파괴함으로써 피해를 주어 심하면 생명을 보장할 수가 없게 된다.

- 방사능(Activity): 베크렐(Becquerel, Bq)=1초 동안에 방사능물질의 붕괴 수=1 Bq
$$1 \text{ Curie} = 370억 \text{ Bq}$$
- 방사선량
  - 흡수선량(Dose absorbed): 1 Gray(Gy)=1 joule/kg=100 rad=100,000 mrad
  - 등가 방사선량(Dose Equivalent): Sivert(Sv)=Gray × 가중인자*
$$1 \text{ Sivert} = 100 \text{ ram} = 100,000 \text{ mram}$$
ram은 주로 미국에서 사용한다. 보통 학술적으로는 Sv를 사용한다.

Footnote

* 방사선 가중인자 X, γ, 전자, 양전자, 중간자 1 | 10 keV 이하의 중성자 5 | 10~100 keV 중성자 10
　　　　　　　　　10~2 MeV 중성자 20 | 2~20 MeV 중성자 10 | 20 MeV 이상의 중성자 5
　　　　　　　　　양성자 2 | α-입자 20

피폭물의 가중인자 뼈의 표피/피부 0.01, 방광/가슴/간/식도/갑상선 0.05, 골수/대장/폐/위 0.12, 생식선 0.20
가중인자는 방사선 가중인자와 피폭물의 가중인자를 곱해서 얻는다.

(1) 단위의 이해를 위한 설명 예

- 보통 성인의 40K의 방사능은 4000~6000 Bq이다.
- 보통 집안 공기에서 받는 방사선량은 50 Bq이다.
- 60℃으로부터 나오는 감마선량은 억대의 Bq인데 방사능원으로부터 5 m 앞에 서 있으면 죽을 수도 있다. 그러나 100 m 정도 떨어져 있으면 아무런 해가 없다.
- 가슴의 X-선 촬영은 10 mrad이고 이것은 0.01 rads 또는 0.0001 Gy이다.
- mram은 매우 작은 양으로 사람은 1년에 자연에서 370 mram/y 정도 받는다.
- 석탄 화력발전소에서 생활하며 받는 방사선량은 0.0003 mSv/y이다.
- 밤에 8시간 잘 때 받는 인간의 방사선량은 0.02 mSv/y이다.
- 해상에서 받는 방사선량은 0.24 mSv/y이다.
- 자연 방사선량은 0.40 mSv/y이다.
- 대기 중 라돈에서 받는 방사선량은 2 mSv/y이다.
- 항공기 승무원이 받는 우주 방사선량은 9 mSv/y이다.
- 30개비의 담배를 피울 때 받는 방사선량은 13~60 mSv/y이다.
- 인도, 이란, 유럽의 일부 지역에서 받는 기저방사선량은 50 mSv/y이다.
- 후쿠시마 원자력발전소 사고에서 긴급 시 노동자들이 받은 방사선량은 250 mSv/y이었다.
- 1 Gy는 매우 큰 양이고 3~4 Gy만 잠깐 쏘여도 죽음에 이르게 된다.
- 등가선량은 방사선의 종류가 다른 데서 오는 것을 보정하는 것이고, Gy에 가중인자 (quality factor)를 곱해서 얻는다.
- X-선 20 Gy에 의하여 손상되는 정도는 1 Gy α-선에 의하여 손상되는 경우와 같다. 1 Gy의 α-선량은 따라서 20 Sv와 같다. 방사선 가중인자는 1~20 사이에 들어간다.
- 피폭 속도 예: 아스피린 1병을 50초 안에 마시면 죽지만 50년 동안에 마시면 아무런 문제가 없다. 250,000 mrem의 방사능을 50초 동안에 받으면 죽지만 50년 동안에 받으면 아무 문제도 발생하지 않는다.
- 병원 CT 검사 시 받는 1회 방사선량은 머리부분 1~2 mSv, 흉부 3 mSv, 복부 5 mSv 그리고 최대 15~20 mSv라고 한다.

(2) 방사선 피폭 시 나타내는 인체 증상

- 0~0.25 Sv: 무반응
- 0.25~1 Sv: 구역질, 입맛 상실, 골수/림프절/비장의 손상

- 1~3 Sv: 심각한 구역질, 입맛 상실, 보다 심각한 림프절과 비장의 손상
- 3~6 Sv: 심각한 구역질, 입맛 상실, 출혈, 설사, 치료하지 않으면 죽음
- 6~10 Sv: 위(첫번째~네번째) 증상 외 중추신경계 손상, 죽음
- 10 Sv 이상: 무력해지고 죽음

7.16 방사성 폐기물의 처리

핵폐연료처리에서 발생하는 폐기물 그리고 원자력발전소나 운전보수작업 등을 할 때 아주 미량이지만 방사성 물질로 오염된 종이, 수건, 작업복 그리고 이들의 세탁배수 등에서 저준위의 방사성 폐기물이 발생한다. 이것은 소각이나 압축/농축 등으로 양을 줄이고 시멘트나 아스팔트와 함께 딱딱하게 만들어 드럼통에 넣고 원자력발전소 내에 안전한 상태로 일단은 보관된다. 그 방법은 암반으로 된 지하 100 m에 동굴을 만들고 폐기드럼을 저장하게 되는데, 오랜 세월이 지나면 방사능의 양도 점점 감소하여 무해하게 된다. 그러나 그 양이 많아져서 발전소 내에 저장할 공간이 없으면 다른 곳의 저장시설에 저장하게 되는데, 우리나라는 최근 서해의 굴업도에 저장시설을 갖추려 하다가 취소되었고 울산지역에 건설되어 저장단계(2014년)에 들어갔다.

7.17 일상생활과 방사능의 양

방사선의 인체 영향에 대해서는 화학물질의 독성보다도 연구가 더 잘 되어 있다. 방사선과의 의사와 X선 기사, 방사선 치료환자의 사례 그리고 일본의 히로시마와 나가사키의 원폭피해자로부터 연구 실적이 많이 나와 있어서 방사선의 인체에 대한 영향이 잘 알려져 있다.

인체에 대하여 급성으로 나타나는 방사성 장애는 100램 이하일 때에는 회복이 잘 되는 것으로 알려져 있다. 때문에 사고 시에도 받는 방사선량이 100램 이하이면 특별한 의료조치를 취하지 않아도 된다.

그림 7.17은 일상생활에서 받은 방사선량을 나타낸다. 브라질의 카리바리 시가지에서는 자연으로부터 받는 연간 방사선량이 X-선 진단을 2.5회 받는 양과 같다.

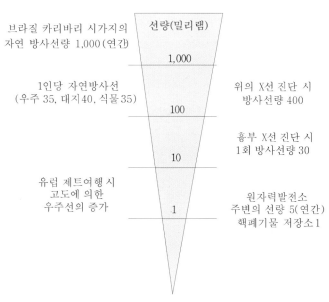

선량(밀리램)

브라질 카리바리 시가지의
자연 방사선량 1,000 (연간)

1,000

1인당 자연방사선
(우주 35, 대지 40, 식물 35)

위의 X선 진단 시
방사선량 400

100

흉부 X선 진단 시
1회 방사선량 30

10

유럽 제트여행 시
고도에 의한
우주선의 증가

원자력발전소
주변의 선량 5 (연간)
핵폐기물 저장소 1

1

그림 7.17 ┃ 자연 및 인공적으로 받는 방사선량의 비교

⌐7.18 핵융합

핵융합은 원자번호가 낮은 원자, 예를 들면 수소 같은 원자가 서로 합쳐지면서 질량의 결손을 일으켜 막대한 양의 에너지를 방출하는 것이다. 이러한 융합반응은 실제 태양에서 일어나고 있다. 태양의 주성분이 수소이고 이 수소의 원자핵이 융합해서 헬륨이 되고, 이때 에너지가 방출되는 것이다. 방출된 에너지 중 일부가 지구에 도달해서 지구 생물권을 형성시키고 있는 것이다.

태양의 표면은 6,000 K 정도이고 중심은 1,500~2,000만 도에 이르며 압력은 1,000기압 정도나 된다. 이와 같은 조건에서의 핵융합은 주로 다음 식과 같은 과정을 밟아 4개의 수소원자가 결합해서 헬륨의 한 원자로 된다. 그리하여 막대한 에너지를 방출하게 되는 것이다.

$$^1H + {}^1H \rightarrow {}^2D + {}^+e + n_e \text{ (neutrino, 중성미자(전하 0, 질량 0))}$$
$$^2H + {}^1H \rightarrow {}^3He + \gamma\text{선}$$
$$^3He + {}^3He \rightarrow {}^4He + 2{}^1H$$

원자력 에너지로 핵융합을 이용한다는 것은 우라늄의 핵분열로 나오는 에너지의 이용보다도 쉽게 이해 될 수 있다. 1938년에 독일계 미국인인 한스 베테(Hans A. Bethe)가 위의

'태양에너지는 수소 4원자가 융합해서 헬륨 1원자로 변할 때 방출되는 에너지'라고 하였다. 수소는 물 성분의 하나이고 지상에 얼마든지 있기 때문에 이를 지상에서 실현한다면 좋을 것이라는 상상은 할 수 있다. 그러나 보통 수소는 간단히 융합이 일어나지 않는다. 사람의 힘으로 융합반응을 일으켜 에너지를 방출시키려면 양자 1개 외에 중성자 1개를 가지고 있는 중수소원자가 필요하다. 중수소는 보통 물속에 미량 존재하지만(물 1톤 중 34 g의 중수소 존재) 물로부터 중수를 농축해서 이를 전기분해하여 중수소를 만든다.

중수소원자가 2개 결합하여 헬륨원자 1개로 변하면 이때 우라늄 원자력의 수백 배에 해당하는 에너지가 방출된다. 이러한 핵융합의 에너지가 이용된다면 석유파동 같은 사태는 일어나지 않을 것이다. 10억 년을 쓸 만한 에너지를 얻을 수 있기 때문이다. 중수소의 핵융합반응은 다음과 같다.

$$_1^2 D \;+\; _1^2 D \;\rightarrow\; _2^3 He \;+\; _0^1 n \;+\; 3.27\,MeV$$

$$_1^2 D \;+\; _1^2 D \;\rightarrow\; _1^3 T \;+\; _1^1 H \;+\; 4.03\,MeV$$

$$_1^2 D \;+\; _1^3 T \;\rightarrow\; _2^4 He \;+\; _0^1 n \;+\; 17.6\,MeV$$

그러나 중수소 원자핵에 핵융합을 일으킨다는 것은 간단하지 않다. 핵융합을 일으키려면 초고온으로 해서, 즉 큰 에너지로 원자핵끼리 충돌시켜 활성화시켜야만 한다.

이 온도가 몇 천만도 정도 되어야 하는데, 이런 온도를 보통 방법으로 만들 수는 없고 특별한 방법을 써야 한다. 예를 들면 핵분열을 이용하여 원자폭탄으로 일단 고온을 순간적으로 만들고 이 고온 중에서 중수소가 핵반응을 일으키도록 하는 것이다. 이것이 수소폭탄이다. 그러나 원자폭탄을 이용하는 방법으로 핵융합을 인류의 생활 속에 끌어들일 수는 없는 것이다.

그래서 많은 연구를 수행하고 있는데 우리나라도 실험용 핵융합로를 건설했다. 어떻게 보면 인류가 에너지 문제를 해결하기 위하여 걸고 있는 마지막 희망일지도 모른다. 연구의 내용은 다음과 같다.

중수소에 초고온을 일으킬 수 있는 방법은 수소가스 중에 전기를 이용하여 플라스마를 일으켜 높은 온도를 만드는 것이다. 핵융합이 일어나기에 충분한 온도가 되지 않으면 안 되고 또 온도가 충분히 높다고 하더라도 지속시간이 짧으면 핵융합의 개시가 일어나지 않는다. 현재 플라스마의 형성시간은 수십 분의 1초 또는 수초라는 짧은 시간이지만 이것도 연구가 진행되어 가면서 그의 지속시간이 길어지고 있고 융합반응이 시작될 수 있는 시간에 도달하고 있다.

이와 같은 플라스마 방식에는 여러 가지 방법이 있다. 각국에서 여러 가지 형의 핵융합로가 설계되고 있으나 러시아에서 시작한 토카막(Tokamak)이라는 방식이 채용되고 있다. 핵융합에 필요한 가스가 중수소만으로는 시동온도가 높아서 보다 낮은 온도에서 융합이 일어날 수 있는 3중수소를 중수소와 혼합해서 사용하는 방법이 시도되고 있다.

또한 핵융합에서 문제가 되고 있는 것은 이 플라스마의 높은 온도를 어떻게 밀폐된 용기에서 발생시키는가 하는 것이다. 3,000℃ 이상에 견디는 용기, 즉 재료는 지구상에 없다. 그래서 이 엄청난 초고온을 어떻게 취급할 것인가가 중요하다. 어떤 방법이 좋겠는가? 플라스마는 초고온을 만들 수 있으며, 이는 원자가 그의 전자를 벗겨낼 수 있는 정도의 온도이다.

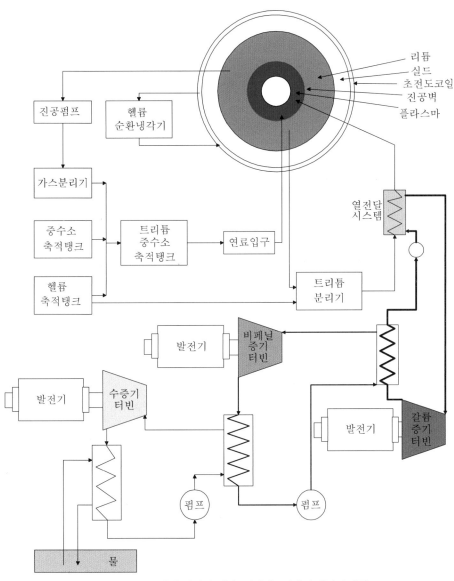

그림 7.18 │ 토카막 장치의 개략도(직렬 3단계의 랭킨사이클)

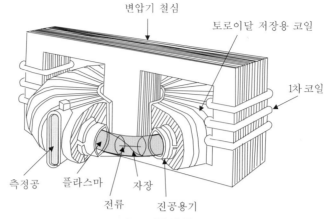

그림 7.19 | 토카막의 구조

KSTAR 융합로(자료 사진제공: 국가핵융합연구소, NFRI)

KSTAR 융합로 진공용기 내부(자료 사진제공: 국가핵융합연구소, NFRI)

이 온도에서는 물질 자체의 존재성이 이미 없으며 입자는 전하를 띠게 된다. 그렇기 때문에 이것을 전자석을 사용하여 자장 중에 가두어 놓도록 하는 것이다. 즉 재료를 사용하지도 않고 플라스마를 가두어 놓을 수가 있다. 곧 자장이 용기가 되는 것이다.

좋은 방법이라고 생각된다. 자장 중에서뿐만 아니라 가스 중에서 대전력방전을 일으키는 것만으로도 플라스마는 핀치효과라는 현상을 일으켜 중심부에 에너지가 집중된다고 알려져 있다.

우리나라는 핵융합연구장치(KSTAR, Korea Superconducting Tokamak Advanced Research)를 2007년 9월 14일 대덕연구단지에 위치한 핵융합연구소에서 준공하고 2009년 4월 8일 320 kA(킬로 암페어)의 플라스마를 발생시켜 3.6초 동안 유지하는 데 성공했다. 이것은 2008년의 것보다 전류는 약 3배, 지속시간은 10배 향상시킨 결과이다. 앞으로 지속시간 300초를 목표로 연구하고 있으며 이 정도면 상업성을 가지게 될 것으로 보고 있다.

또 다른 방법이 있다. 이것은 중수소의 핵결합 활성화 에너지로 레이저 광선을 사용하는 레이저 핵융합이다. 중수소를 포함하는 연료, 즉 중수소와 삼중수소가 든 금속 펠리트 외각에 나노초 정도의 짧은 시간에 레이저를 조사하면 어떤 압력파를 펠리트 중심으로 일으켜 빠르게 압력이 늘어나고 엄청난 온도로 중심부를 가열함으로써 그 압력으로 핵융합반응의 활성화를 이룬다. 이때 전하를 띤 입자, X-선, 중성자가 발생하여 벽에 흡수되고 방사능물질을 만들어 낸다. 얻어지는 에너지는 투입레이저 에너지의 100배 정도가 된다고 하나 이를 위해서는 105~109 J 정도의 대출력의 레이저가 필요하다고 한다.

다른 한편에서는 중성자를 발생하지 않는 양성자–붕소핵융합을 연구하고 있다. 붕소원자를 포함하는 폴리에틸렌에 1피코초 동안 지속되는 레이저펄스를 가했더니 폴리에틸렌에서 분해되어 나온 양성자들이 붕소원자들과 융합되는 초고압의 플라스마가 만들어졌다. 이때는 생성물로 알파 입자가 나오며 이는 반응혼합물 내에 그대로 남아 주변물질을 방사성물질로 만들어 내지는 않는다.

또 다른 방법은 최근에 주목을 끄는 것으로서 융합–분열 하이브리드(fusion-fission hybrid) 기술로서 미국의 텍사스 대학의 마이크 코첸로이터 등이 고출력의 중성자 발생원(CFNS, Compact Fusion Neutron Sourcer)의 융합반응을 통해 엄청난 수의 중성자를 발생시켜 주변을 싸고 있는 핵분열 블랭킷(폐핵분열물, 토륨 등)에 조사했다. 이렇게 함으로써 그의 분열을 강하게 증가시켜 소각 해버림으로써 트랜스 우라늄의 폐기물을 99%까지 연소/감소시키고 이때 에너지도 생산한다. 생성된 폐기물의 반감기도 격감시키는 효과를 가져와 앞으로 시간이 걸리겠지만 현실화가 가능해지면 현재 운행되는 원자로를 대체해 나갈 유망한 후보로 부상하고 있다. CFNS는 지금의 레이저융합이 될 것으로 보인다.

그리고 또 다른 방법은 상온 핵융합이다. 아직 실현가능성을 보기 위한 연구를 하고 있는 상태이다. 1989년 미국의 M. Fleischmann과 Stanley Pons가 다음과 같은 아이디어를 낸 것이다. 즉 팔라듐 금속을 전극으로 하여 중수를 전기분해하면 음극에서 중수소가 발생하며 전극에 흡착 되면 전자는 팔라듐금속의 전자전도대로 들어가 이동하고 중수소핵이 금속 내부로 들어가 여기에서 핵들끼리 충돌하여 융합 활성화 벽을 넘어 융합반응이 이루어질 수도 있다고 생각했다. 그리고 핵반응생성물로 중성자와 삼중수소 같은 것이 나오지 않겠는가 하는 것이다. 그리고 실제 실험을 해 보니 전기화학적으로 발생할 수 있는 열보다 과잉의 열이 발생했다고 보고하여 세계를 깜짝 놀라게 했으며 이를 상온핵융합(cold fusion)이라고 칭했다.

그러나 그 후 많은 과학자들이 이 상온 핵융합을 실현하려 했으나 실패했고, 결국 잘못된 것이라고 결론에 이르렀다. 그리고 과잉의 열도 잘못 측정되었고 He을 감지한 사람도 있었으나 이것은 대기 중에 존재하는 것으로 결론을 얻게 된다.

그러나 인류는 이러한 좋은 개념을 그대로 내버려 둘 수가 없었다. 더구나 현재 석유의 유한자원을 보면서 가만히 앉아만 있다면 어떻게 하겠는가.

<blockquote>"무엇이라도 출구를 찾아야 될 것이 아니겠는가?"</blockquote>

하는 심정으로 현재도 미국은 이 상온핵융합연구에 열을 올리고 있고 이 분야에 흥미를 갖는 연구자가 최근 많이 늘어나고 있는 실정이다. 특히 미국의 해군연구소가 열심히 연구를 해오고 있다. 팔라듐 금속도 합금을 이용한다든가 결정구조를 바꾸는 등 우연을 바라는지는 모르겠으나 앞으로 반드시 가능성이 있다고 믿어야 한다.

1 1차 에너지의 여러 연료를 사용하여 2차 에너지인 전력을 생산한다. 1차 에너지로 사용 가능한 에너지의 종류를 아는 대로 전부 나열하고 특징을 비교하여라.

2 원자력발전소의 경수로와 고속증식로에 있어서 중성자 성격과 그의 역할에 대하여 써라.

3 고속증식로란 무엇을 목적으로 하는가? 여기에 사용되는 냉각재로서 어떤 것들이 사용되는가?

4 차세대인 4세대 원자로의 6개 개념설계의 특징을 각각 설명하여라.

5 3세대 원자로는 2세대와 어떤 면에서 차이가 있는가? 또 3.5세대 원자로란 무엇인가?

6 핵융합발전방식에서 실용화하는 데 현재 무엇이 문제점인가?

7 원자력발전에서 핵폐기물을 처리하는데 문제점은 무엇인가? 환경, 사회, 정치적인 배경으로 설명하여라.

8 경수로와 중수로의 장단점을 비교하여라. 그리고 우리나라의 경우 두형식의 발전 방식이 사용되는데 왜 두 가지가 바람직한지 나름대로 설명해 보아라.

9 우리나라를 포함해서 세계의 핵융합 연구사항을 조사하여라.

10 상온 핵융합이 과연 앞으로 가능하겠는가? 현재 연구사항을 인터넷에서 찾아 기술 할 것.

11 자연에도 자연 방사성 물질이 많이 있다. 어떤 물질이 어떤 형태로 있는지 조사하여라. 그리고 인체에 해를 줄 수 있는 것인지를 사례를 통해 검토하여라.

12 발전연료, 즉 원자력, 석탄, 국내탄, 석유류, LNG, 복합화력, 수력, 양수발전별로 발전단가원/kWh(2013년도)을 조사하여 단가의 차이를 설면해 보아라.(에너지경제연구원 통계연보 참조)

13 2011년 봄 일본의 후쿠시마 원자력발전소에서 1,000 mSv/h의 최고 방사선이 풀(수조)에서 나타내었다. 얼마나 위험한 수위인가?

14 일본의 원전사고로 우리나라의 봄비에 0.25 Bq의 방사선의 수치를 나타내었다. 이것도 또 얼마나 위험한 수준인가?

Chapter

8

재생성
에너지

↘ 8.1 태양에너지란?

지구의 존재, 즉 지구가 살아 생동하는 근원은 태양에 기인한다. 태양으로부터 오는 에너지를 받아 생존하는 것이다. 태양의 표면온도는 6,000 K이지만 표면의 안쪽(핵)은 1,500만도 정도의 고온이다. 지구의 기온은 바로 이 태양의 표면에서부터 오는 복사에너지에 좌우된다. 태양광은 넓은 영역의 파장으로 된 전자파로서 자외선, 가시광선, 적외선 등으로 구분할 수 있다. 바닷물을 증발시켜 비와 눈이 오게 하는 것도 태양의 힘이며, 지상의 물을 이용하는 수차(水車)라든가 바람을 이용해서 풍차(風車)를 돌릴 수 있는 것도 태양의 힘이다. 또한 식물은 태양에너지를 흡수하여 탄소동화작용을 일으켜 태양에너지를 식물에 고정한다. 그리고 우리 인간은 태양에너지가 축적된 나무를 채취해서 집을 짓거나 저장해 두었다가 취사에 사

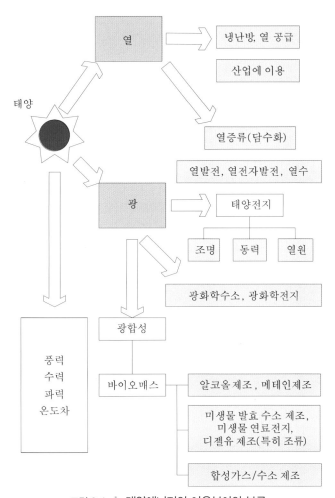

그림 8.1 │ 태양에너지의 이용분야의 분류

용하고, 겨울에는 난방연료로도 사용하는데 결국 이것도 태양에너지의 이용이다. 다시 말해 태양에너지를 저장해 두었다가 이용하는 형태라고 할 수 있다. 식물이 광합성에 의하여 탄수화물과 유지류를 만들어 축적하고 이 식물이 지하에 들어가 오랜 동안 거치는 사이에 석탄으로 변화되는 것이라고 한다면 이로부터 만들어진 화석연료도 태양에너지의 산물이다.

인류는 얼마 전까지만 해도 소와 말을 수송과 교통수단으로 이용했는데, 이것도 결국 태양에너지의 힘인 것이다. 즉 동물의 사료가 식물이고 식물은 태양광선에 의하여 재배 생육되기 때문이다. 따라서 식물을 먹고 사는 사람도 그 힘이 태양에서부터 온 것이라고 할 수 있다. 가정에서 빨래를 햇볕에 말리는 것도 태양의 이용이며, 남향집에 햇빛이 듬뿍 들어와서 실내온도를 올리는 것도 항상 우리 주변에서 직접적인 태양에너지를 이용하는 것이다.

그림 8.1은 지구상에서 지금까지 이용 가능한 태양에너지의 형태를 나타낸 것이다. 먼저 태양에너지가 어떤 것인지 살펴보고 분류별로 그의 이용분야를 알아본다.

그림 8.2는 태양으로부터 지구에 도달하는 빛의 파장분포를 나타낸다. 실선의 스펙트럼은 5,250℃의 흑체 스펙트럼이다. 지구의 대기 상부에 도달한 것 그리고 바다 위 햇빛의 파장분포로서 대기를 통과하는 동안 물, 탄산가스, 오존 그리고 먼지에 일부 특수 스펙트럼이 흡수되고 있음을 보여주고 있다.

이를 정량적으로 보면 태양으로부터 지구상에 들어오는 에너지의 총량은 $173 \times 10^{12}\,kW$ (1 m²당 1.395 kW)이다. 지구상에서의 동력소비가 $10^{10}\,kW$ 정도이므로 약 10,000배 많은 양이다. 이 에너지는 식물에 $0.04 \times 10^{12}\,kW$, 즉 0.023% 소진된다. $81 \times 10^{12}\,kW$(47%)의 에너지는 열로 흡수되고 장파장의 적외선은 반사하여 지구로부터 빠져나간다. $40 \times 10^{12}\,kW$(23%)는 물을 증발시켜 비가 오게 한다. $0.37 \times 10^{12}\,kW$(0.21%)는 바람과 파도 등 공기의 대류를

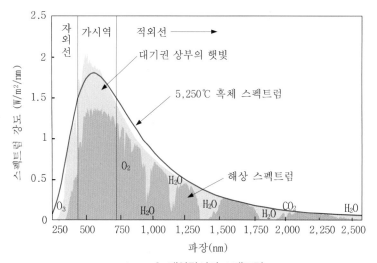

그림 8.2 │ 태양광선의 스펙트럼

일으킨다. 직접 반사되어 지구를 빠져나가는 양은 52×10^{12} kW로 30%에 달한다.

이것에 비한다면 지구 내부로부터 올라오는 열에너지(지열)의 양은 0.035×10^{12} kW[(0.003 $\times 10^{12}$: 화산온천 0.032×10^{12}: 전도(傳導)] 정도로 태양으로 투입되는 에너지에 비하면 0.02%에 불과하다. 조석해양에 의한 에너지는 0.003×10^{12}으로 지열의 1/10 정도에 불과하다. 결국 지구에 중요한 에너지는 태양에너지라는 것을 알 수가 있다.

↘ **8.2** 수력으로의 이용

태양에너지가 가장 많이 이용되는 형태는 간접적인 방법으로 수력발전이다. 바닷물은 태양에 의하여 증발하고 하늘에 올라가 응축되어 비나 눈으로 떨어져 강을 따라 흐르게 된다. 이것이 수력의 동력원이 되는 것은 물론이며 농업용수, 음료수로 이용되는 수자원을 형성한다.

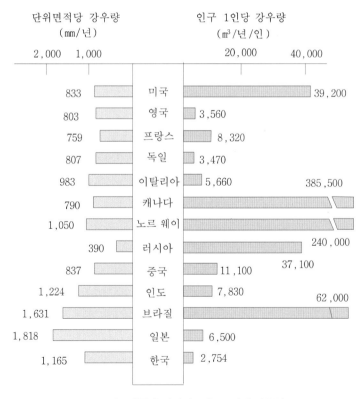

그림 8.3 │ 각국의 면적당, 인구 1인당 강우량 표

우리나라의 강우량은 ~1,267억 m³로 비교적 많은 양이지만 우기에 집중적으로 오기 때문에 이 물이 전부 이용되기란 힘들고 겨우 23% 정도가 이용된다. 그 내용을 보면 생활용수에 17%, 공업용수에 9%, 농업에 54% 그리고 하천유지에 20% 정도가 이용된다.

수력발전은 물이 가지고 있는 위치에너지를 이용해서 전기를 생산하는 것으로 낙차의 크기가 큰 장소가 요구되며, 큰 댐에서 엄청나게 방류되는 물로 터빈을 돌려 발전한다.

그림 8.3은 여러 나라의 강우량을 나타낸다. 일본, 브라질, 인도, 노르웨이 그리고 한국도 비교적 큰 강우량을 갖는다.

표 8.1은 세계 주요 국가의 발전방식과 수력의 비중을 보여주고 있다. 이탈리아, 일본, 미국은 화산지대가 많아서 많은 지열발전을 건설하고 있으나 미국, 노르웨이, 캐나다, 중국 같은 나라는 풍부한 수자원 이용의 천혜적인 조건을 가지고 있어 수력의 이용이 우세하다. 표 8.2는 세계를 블록화해서 수력발전의 량을 나타내고 있다. 북미, 유럽, 극동 등은 비교적 개발이 많이 진행되었으나 남미, 아프리카, 러시아 등에는 아직 많은 개발 가능성이 있다고 생각 한다.

표 8.1 | 세계 주요 국가의 발전방식과 수력의 비중

국 명	지열 (2010) GWh	수력 (2012) GWh	원자력 (2014) GWh	화력 (2011) TWh
벨기에	–	353	32,093	–
캐나다	–	376,706	98,588	145.2
프랑스	95	58,130	418,001	47.3
독일	50	20,982	91,783	362
아일랜드	–	794		–
이탈리아	5,520	41,456	–	214.6
일 본	3,064	74,731	–	761.2
네덜란드	–	103	3,873	94.7
노르웨이	–	140,473	–	4.2
스페인	–	20,340	54,860	143.9
스웨덴	–	78,143	62,270	0.36
터 키	490	57,286	–	171.4
미 국	16,603	276,240	798,616	2,359.4
영 국	–	5,232	57,918	259.8
러시아	441	164,423	169,064	709.7
중 국	–	826,350	123,807	3,819.7
멕시코	7,047	31,536	9,311	238.7
한 국	–	7,652	156,407	314.3

표 8.2 | 세계 수력발전용량(2013년)

구 분	개발 사용(GW)
아시아	375 (28.7)
동아시아	280 (21.4)
유 럽	227 (17.3)
북 미	164 (12.5)
라틴 아메리카+카리브 국	139 (10.6)
남+중앙아시아	62 (4.7)
남동아시아+태평양	33.4(2.5)
중동+북아프리카	17.3(1.3)
아프리카	13.6(1.0)
계	1,311.3(100%)

네덜란드에 설치된 수력댐의 전경

우리나라의 수력발전 설비는 표 8.3과 같다. 원자력발전시설 1기가 100만 kW인 것을 감안하면 양양, 삼랑진, 산청, 청송 및 무주의 양수발전소는 60만 kW 이상의 대단히 큰 용량을 가지고 있다. 그러나 보통 소양강의 20만 kW, 그리고 충주의 41만 kW 정도가 우리나라에서는 큰 수력발전소라고 할 수가 있고 나머지는 수천 kW의 소수력이 대부분이다.

양수발전은 한번 발전에 사용한 물을 펌프로 높은 곳의 저수지에 다시 퍼 올려놓았다가 전기수요가 큰 시점에 다시 발전에 사용하는 방식이다. 이 방식은 전기의 비수요기인 밤에 물을 올리고 수요기인 낮에 흘려서 발전하여 사용하므로 수요와 공급을 조절하는 것이다.

수력발전의 종류는 물의 이용방법으로 보면 다음의 4종류로 분류된다.

- 유입(流入)식
- 조정지(調整池)식(수위 및 수송량을 조정하는 저수지)
- 저수지(貯水池)식
- 양수(揚水)식

또 양수식은 저수지 상부에서 유입되는 물이 있는 경우와 전혀 유입수가 없는 경우(순양수)로 분류되며, 상부에 유입수가 있는 경우가 보다 유리하다. 그림 8.4는 저수지(댐)식 수력 발전소의 계통도를 나타내고 있다.

표 8.3 │ 우리나라 수력발전 시설용량(2013년   (단위 : kW)

발전소명	시설용량	발전소명	시설용량	발전소명	시설용량
화 천	108,000	산청(양수)	700,000	정 읍(소수)	2,000
강 릉	82,000	양양(양수)	1,000,000	방우리(소수)	2,120
춘 천	59,940	청송(양수)	600,000	소 천(소수)	2,400
의 암	48,000	안 동	90,000	광 천(소수)	450
청 평	140,100	대 청	90,000	영 월(소수)	2,800
섬진강(칠보)	28,800	충 주	412,000	금 강(소수)	1,350
보성강	4,500	합 천	100,000	봉 화(소수)	2,000
괴 산	2,600	임 하	50,000	단 양(소수)	2,100
남 강	14,000	주 암	22,500	산 내(소수)	820
팔 당	120,000	소양강	200,000	덕 송(소수)	2,000
청평(양수)	400,000	포천(소수)	1,485	봉 정(소수)	1,920
삼랑진(양수)	600,000	임기(소수)	1,200	대 하(소수)	2,000
무주(양수)	600,000	연천(소수)	6,000	반 변(소수)	1,060
수력합계			5,334,297		

표에서 '수력합계'는 위 발전소 외의 것까지 포함한 우리나라 총 수력을 말한다. 소수 = 소수력

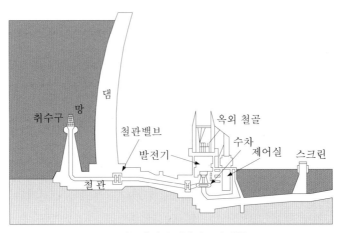

그림 8.4 │ 댐식 수력발전소의 계통도

8.3 태양광합성

태양으로부터 오는 복사에너지는 지구상의 무질서를 질서로 바꾼다. 우주 안의 대부분의 진행되는 과정을 보면 엔트로피가 증가되는 방향으로 진행되지만, 햇빛은 수분, 탄산가스로부터 단백질, 탄수화물, 지방, 기타 생물체에 든 화합물을 생성함으로써 엔트로피의 증가분을 일부 후퇴시켜 감소시킨다.

빛은 광양자라고 부르는 에너지($\varepsilon = h\nu$) 다발로서 에너지량은 그 빛의 주파수에 비례한다. 주파수 ν는 파장 λ와 $\lambda = 1/\nu$의 관계가 있기 때문에 파장이 짧은 단파장의 빛이 에너지의 함량이 크다. 어떤 물질 1 g 분자량(분자 수는 아보가드로의 수=6.023×10^{23}개)당 결합에너지는 분자 간 결합에너지에 아보가드로수를 곱하면 된다. 또한 빛의 1 g 분자량은 아보가드로수의 광양자로 생각할 수 있으며, 따라서 빛의 1 g 분자량 상당 에너지를 산출하려면 아보가드로수에 광양자 하나의 에너지를 곱하면 된다. 이렇게 얻어진 청색 파장 450 nm의 1 g 상당 에너지는 1분자량당 64 kcal(267.5 kJ)이고 적외선인 900 nm의 빛은 1 g 분자량당 32 kcal (133.7 kJ), 그리고 225 nm의 자외선의 1 g 분자량 당 에너지는 128 kcal(535 kJ)가 된다.

한편, 분자 사이의 결합력도 kcal(또는 kJ)로 나타낼 수가 있다. 두 탄소 사이의 결합은 1 g 분자량 당 82.6 kcal(345.2 kJ)만으로도 파괴된다. 탄소 사이에 이중결합이 있을 때에는 145.8 kcal(609.4 kJ), 그리고 3중결합의 경우는 199.6 kcal(834.3 kJ)가 필요하다. 따라서 가시광선과 적외선으로는 에너지량이 적어 분자를 파괴할 수 없는 것처럼 보인다. 그러나 자외선은 1 g 분자량 당 에너지가 128 kcal(535 kJ)이므로 탄산가스나 물 등의 결합을 파괴시켜 새로운 분자, 즉 탄수화물 등을 만들 수 있음을 말해주고 있다. 그리고 실제 탄산가스와 물 분자로부터 탄수화물과 산소를 만드는 데는 1 g 분자량 당 112 kcal(468.1 kJ)가 필요하므로 자외선 정도의 광에너지가 필요한 것처럼 보인다. 그러나 실제는 광합성에는 청색과 적색의 가시광선에 의하여 진행되는 것으로 알려져 있다. 이렇게 낮은 에너지로도 광합성이 가능한 것은 무엇일까? 그 이유는 광합성은 복잡한 여러 낮은 활성화 단계를 거쳐 일어나기 때문이다.

즉, 빛은 식물 내에 있는 엽록소분자에 의해 흡수되어 강한 산화제와 강한 환원제, 즉 다른 분자로부터 쉽게 전자를 제거(산화)하거나 전자를 제공(환원)함으로써 분자를 형성(합성)한다. 즉 빛은 탄수화물과 생세포의 기본적인 에너지 통화인 ATP(Adenosine TriphosPhate) 속에 에너지를 저장하는 것을 돕는다. 동물은 식물을 먹음으로써 산화작용에 의하여 식물에 저장된 에너지를 방출한다. ATP는 탄수화물인 포도당과 작용하여 해당(解糖)을 거쳐 시트르산 회로(citric acid cycle) 대사과정에서 에너지를 방출하도록 한다.

방출되는 에너지는 근육운동, 신경충격 그리고 다른 새로운 세포형성 등에 사용된다.

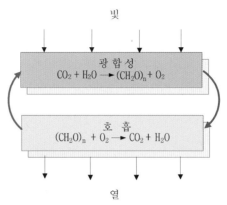

그림 8.5 │ 식물의 대사과정인 광합성과 호흡

햇빛 중에서 광합성에 이용될 수 있는 부분은 25%이며 이것이 광합성을 자극하는 파장의 백분율이다. 그러나 이 중의 일부분만이 실제 녹색식물에 이용된다.

전형적인 여름날 숲이나 들에서 1 cm^2당 하루 평균 500~700 cal를 받는다. 식물이 이만한 에너지를 받고 이것을 가능한 한 최대로 이용한다고 가정하고 캘리포니아 대학의 루미스 (R.S. Loomis)와 윌리엄스(W.A. Williams)가 계산한 바에 의하면, cm^2당 500 cal를 받을 경우 식물의 순생산 잠재능력은 m^2당 하루에 약 71 g이 된다.

⟍ 8.4 바이오매스

바이오매스라는 말은 원래 생태학 용어이며 생물체량(일정 지역 내에 생존하는 생물의 양)으로 번역된다. 1978년 석유 위기 이후 에너지 용어로 나온 것인데, 주로 에너지 자원으로서의 식물체 등의 양을 나타내는 말로 사용되었다. 지금은 보다 확대해서 바이오매스의 생산과 이것을 연료 등으로 변환해서 이용하는 기술까지도 포함해서 바이오매스라고 하지만 통일된 정의는 아니다.

바이오매스는 에너지 자원의 입장에서 보면 광합성으로 얻어진 식물계의 연료자원이라고 할 수가 있다. 바이오매스는 일반 목재 등의 용도 외에 수목의 잎, 작물의 겨, 잡초 등이나, 미 이용전분 또는 클로렐라 같은 녹조 미생물 등도 포함된다.

식물의 광합성에 의하여 식물에 잡히는 태양에너지의 양은 앞서 말한 바와 같이 0.04×10^{12} kW(전 태양에너지의 0.023%), 즉 0.71×10^{21} cal/y으로 세계의 화석연료 소비량(약 0.71×10^{20} cal/y, 1992년)의 10배에 해당한다. 식량으로 소비되는 에너지의 200배에 달한다. 이 막대한 바이오매스 에너지의 자원은 재생 가능하고 고갈되지 않으며 자연환경에 영향을 주지 않는 에너지로서 주목되는 것이다.

바이오매스를 연료로 사용하는 데에는 옛날 사람들이 이미 장작 같은 것을 이용해 왔으며, 현재도 바이오매스라는 이름으로 계속 이용되고 있다. 식물을 발효하여 생성된 알코올과 메테인가스 또는 식물로부터 추출된 유분(油分)도 바이오매스로 구분된다.

바이오매스 자원은 크게 분류하면 에너지원으로서의 식물, 즉 감자류와 같은 농작물, 수목, 해초, 탄화수소 식물(석유식물) 등 그리고 농업, 임업, 축산(지방)업으로부터의 잔사 및 폐기물로 분류할 수 있다.

현재 이용 가능한 초본성 식물은 옥수수, 고구마, 쌀, 사탕수수, 스위치잔디 같은 에너지 전용 작물 그리고 목본성 식물은 섬유성 바이오(Ligno-Cellulosic)로 농산 잔사물, 포플러 나무, 목재폐기물, 도시의 종이쓰레기 등 그리고 수생식물로는 조류(algae)/미소조류(micro-algae)가 있으며 후자는 육상식물보다 약 10배의 성장속도를 갖는다. 이들 식물에 관해서 재배면적당 에너지 생산량을 표 8.4에 나타내었다.

표 8.4 ┃ 바이오매스 자원의 에너지 생산량(헥타르당)

분류	식물명	이용부위	생산량(t)	연료생산량(L) 메탄올/에탄올	메테인(m³)
초목성 식물	고구마	뿌리	21~73	3,670~12,740	150~520
	감자	넝쿨, 잎	7~23	3,100~8,060	260~660
		뿌리	27~70		
		줄기, 잎	11~28		
	쌀	현미	5~10	2,240~4,910	850~1,280
		짚, 왕겨	6~9		
	옥수수	열매	3~10	1,050~3,800	280~430
		줄기, 잎	3~4		
	사탕수수	줄기	67~197	4,440~13,000	1,400~4,120
		잎	13~38		
		폐당밀	2~6	590~1,650	
	스위치 잔디	잎, 뿌리	8~12	115,000	
목본성 식물	포플러 나무	줄기	380	15,000 이상	
미소조류 수생식물	클로렐라	전체	30~150	후술하는 바이오디젤 참조	5,640~28,200
	호티아오이	줄기, 잎	156~392		1,560~3,920
해 조	자이언트 겔프	줄기	200~800	후술하는 바이오디젤 참조	3,200~12,800
	마곰프	줄기	65~700		1,040~11,200

표 8.5 | 변환 이용법에 의한 바이오매스 자원의 분류

바이오매스 자원	변환 기술	생성물, 이용법
• 수분이 적은 것 나무, 나무 부스러기, 건초류, 도시 쓰레기, 풀, 가축퇴적물	직접연소, 열분해	수증기, 전력, 난방, 연료가스, 연료유, 메탄올, 합성가스, 에탄올, 부탄올, 아세톤, 푸르푸랄(furfural), 효모
• 당질 바이오매스 사탕수수, 당밀, 야채 당함유폐액, 곡물, 감자, 나무, 고지	발효, 가수분해	
• 수분이 많고 더럽혀진 것 조류, 수초, 농산물쓰레기, 축산물쓰레기, 도시쓰레기, 폐수	혐기성 소화(메테인 생산), 유지(축산)의 트랜스에스텔화로 디젤유 생산	메테인, 알코올류, 디젤유
• 석유식물, 유지	추출	탄화수소, 유지, 수소
• 물	광생물 분해	

또한 이들의 바이오매스 자원은 종류에 따라 에너지 발생의 형태가 다르다. 표 8.5에서는 바이오매스 자원의 종류와 변환 이용기술 및 생성물과 그의 이용법 등을 나타내었다.

현재 브라질에서는 세계적으로 앞서 바이오매스 연료인 에탄올을 제조하고 이것을 1975년에 화학공업원료와 가솔린 대체 연료유로 혼합 이용하는 계획이 국책으로 진행되어 왔으며 "Pro Alcohl"이라 칭하고 지금은 25% 그리고 2013년에는 52%까지 혼합하고 있다.

에탄올을 자동차용 연료인 가솔린의 증량제로서 혼합하는 방법은 제2차 세계대전 중 일본에서 20% 정도 혼합해서 사용한 적이 있다. 미국에서는 10% 정도 혼합한 가솔린을 '가소홀(gasohol)'이라고 하는데 에탄올을 혼합하면 그만큼 가솔린을 절약할 수가 있고 옥테인가도 향상된다. 또한 순 알코올, 즉 에탄올만으로 달리는 자동차까지도 운행하고 있다.

미국은 주로 옥수수에서, 그리고 브라질은 사탕수수에서 각각 2011년도 생산한 실적을 보면, 두 나라 합해서 세계 전체 생산량의 87.1%를 차지하고 있으며 브라질은 211억 L, 미국은 526억 L를 생산했다. 브라질 한 나라의 생산량이 세계 전체 사용량의 24.9%를 차지하며 브라질로부터 에탄올을 수입한 2005~2007년도 실적을 보면 미국이 26.6%, CBI국(NAFTA하에 미국과의 교역국)이 25.8%, EU가 28.4%, 일본이 10.3% 그리고 우리나라도 66.69 백만 L를 수입했다. 브라질은 무수에탄올 25%를 가솔린에 혼합하며 미국의 가소홀은 10%대로 대부분의 미국차는 알코올을 혼합한 가솔린으로 운행하고 있다.

미국과 대조적인 것은 미국은 원가가 1 gal에 1.14 US$인 데 비해 브라질은 0.83 US$ 밖에 안 되어 브라질의 사탕수수의 재배기술과 에탄올 생산기술의 발전을 짐작케 한다. 브라질은 2010년 87 MW(Juiz de Fora시) 에탄올만을 사용하는 발전소를 건설했다.

결국 에탄올을 사용하는 만큼 화석연료인 가솔린의 절약을 가져온다. 그러나 바이오매스

라고 하지만 이것은 보통의 발효로 알코올을 만들기 때문에 농도가 낮아 농축에 막대한 양의 에너지(증류 등)가 또 소비되어야 한다.

그리고 농업 생산물을 수출해서 얻는 돈으로 석유를 구입하고 이를 이용해서 다시 농산물을 생산해서 이로부터 알코올을 얻고, 다시 연료유와 화학제품 원료로 이용한다는 것은 경제적으로 불리할 것으로 판단한 것도 점차 바뀌고 있다. 이에 인도네시아, 필리핀, 태국, 인도, 호주, 중국 등의 동남아시아 농업국들이 바이오매스 에탄올 제조에 적극적으로 참여하고 있다. 그러나 앞서 말한 대로 미국에서는 옥수수를 사용해서 에탄올을 생산하고 있어 이 경우 식량을 에너지로 전환한다는 문제점을 일으키고 있다. 따라서 바이오연료 생산과 식료곡물 가격 사이에 정치적인 타협이 필요한 것이다. 브라질의 경우는 이제 가격면에서 충분히 가솔린과 경쟁력을 갖춰 나가고 있다고 생각한다.

스웨덴 농업과학대학의 보고서(2007)를 보면 현재 전세계 필요한 에너지의 량이 490 EJ/y인데 세계가 소비하는 바이오의 양은 그의 1/10인 50 EJ/y이며 2050년에 가면 1,135~1,548 EJ/y이 될 것이라고 한다. 개도국은 전량 그리고 미국이나 EU는 1/4~1/3이 액상연료를 대체할 것으로 보고 있다. 그러나 다음과 같은 한계점도 있다.

- 전환공정(추출, 발효 및 증류)의 효율의 한계
  - 바이오디젤의 경우: 유지의 추출, 트랜스-에스테르화
  - 지방의 수소화, 가스화/촉매에 의한 액상물 제조
- 가용 대지의 한계
- 수원(水源)의 한계
- 대수층(帶水層)의 고갈
- 토양의 침식
- 지구상 바이오 시스템의 파괴
- 열대우림의 손실

1. 바이오매스 열분해 및 가스화

바이매스의 이용계통의 열분해 와 가스화가 있다. 가스화는 그동안 석탄, 펫트코크 등의 가스화로 정유산업, 비료공업 그리고 화학공정에서 지난 50년간 사용되어 온 기술이고 역시 이때 생성 되는 열에너지는 전력을 생산해서 사용하여 왔다. 이런 가스화는 140개 공장이 세계적으로 지금도 가동 되고 있다. 여기서 가스화와 열분해도 바이오매스로 부터 이중에 포함된 에너지 즉 연소가 가능한 휘발성 성분을 추출하는 것을 말한다. 실제 60~90%의 추출이 가능하다.

가스화 공정은 공기나 산소를 직접 사용해서 발열하는 열을 이용하여 바이매스를 파괴시켜 연소가 가능한 가스와 휘발성 물질 그리고 회분으로 전환 시키는데 이 때 여기에 가하는 산화제는 공기, 산소, 물, 탄산가스 같은 것을 사용한다. 이때 가하는 산화제는 산화시키는데 필요한 이론적인 공기나 산화제 량을 가하는 것을 등가비(equivalent ratio, E/R)가 1이라고 말 하며 보통 E/R < 1를 사용한다. 그러나 열분해(pyrolysis)는 산화제를 전혀 사용함이 없이 열로 만으로 분해 하는 방법이다. 그런데 만일 E/R > 1인 조건 즉 충분한 산소를 보내서 산화 시키는 것이 연소(combustion)인 만큼 가스화는 연소와 열분해의 중간영역의 처리과정이라고 보면 될 것 같다. 이를 가스화, 열분해 그리고 여기에 첨가해서 연소(combustion)의 차이점으로 비교하여 그림 8.6과 같이 나타내었다

(1) 열 분해

열분해는 일반적으로 급속 열분해가 보통 이며 저속 열분해는 숯인 차(char)을 많이 얻고자 할 때 사용한다.

저속일 경우 가열 온도는 500℃가 대표적인 온도이고 가열 속도는 $10\sim20$℃/min이고 생성된 증기의 반응기 내 체류 시간은 $5\sim30$ min인 경우가 많다. 따라서 체류시간이 길어지면 생성 된 가스성분이 서로 반응한다.

그리고 고상의 차(char) 와 액상 성분이 계속해서 형성 된다. 주요 고상 생성물은 숯이고 바이오매스의 종류에 따라 그의 수율도 달라진다. 리그닌 성분이 많아야 숯의 수율도 커진다.

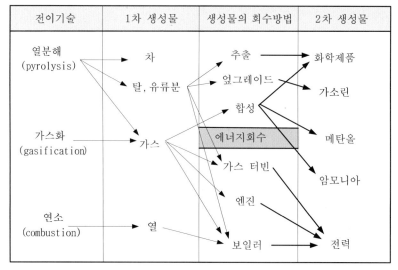

그림 8.6 | 열분해, 가스화 그리고 연소물의 이용계통

급속으로 열분해를 하면 증기상, 에어로졸 그리고 차를 생성 한다. 이것을 냉각해서 응축시키면 검은 갈색의 액체가 얻어 지는데 열량은 일반적인 보통 화석연료유의 절반 정도 된다. 급속 열분해는 바이오유 60~75%, 차 15~25% 그리고 비응축성 가스가 10~20% 정도가 생성 된다. 이 값들은 물론 바이오매스의 종류에 따라 달라진다. 액상이 많이 얻어 지려면 온도 500℃ 근처에서 특히 상승 속도가 빨라져야 한다. 급속 열분해는 결국 적어도 바이오매스의 공급 입자가 작아서 1 mm 이하래야 좋고 생성 증기상은 적어도 2 s 이하 급속 냉각을 해야 바이오유가 많이 얻어 진다.

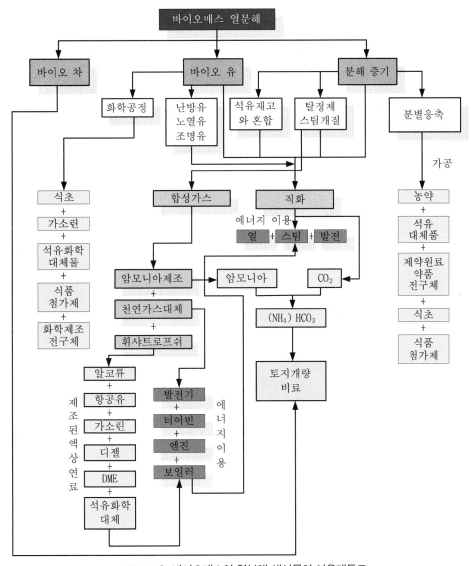

그림 8.7 ┃ 바이오매스의 열분해 생성물의 이용계통도

또 다른 방법은 후레쉬 열분해(flash pyrolysis)로 이는 온도가 높고 체류시간이 급속 열분해 보다 짧은 것을 말하는데 생성물은 급속열분해 냉각과 유사 하여 현재 실험실외에는 이용하는 경우는 없다.

열분해 반응기는 급속 열분해의 경우 여러 가지가 있는데 그 중 다음 세 가지가 일반적이다.

- 열전도식
- 버불형 및 순환식 유동층
- 진공식 반응기

이다. 열전도식은 나무덩어리가 뜨거운 가열면에 닿아 미끄러지며 가열되어 녹아 생성유를 기화 시킨다. 큰 나무 덩어리를 쓰기 때문에 열전달에는 한계가 있고 이때는 접촉 면적이 중요하게 된다. 버불형 및 순환식 유동층은 대류 및 복사형으로 열이 이동되어 바이오매스에 전달되며 유동입자의 크기는 3 mm를 넘지 않아야 액상수율이 좋아 진다. 유동층에 산소 등이 포합되지 않아야 함으로 비활성 가스를 순환식으로 유동층을 일으킨다.

진공 열분해는 열분해에 의하여 생성된 물질을 빠르게 반응계에서 제거 할 수가 있고 또 큰 입자도 사용할 수 있으나 액상의 수율은 앞서 두 방법보다는 떨어져 60~65% 정도 된다. 그림 8.7은 열분해에서 얻어지는 기상, 액상 그리고 고상의 이용계통을 보이고 있다. 석유에서 얻을 수 있는 대부분의 화합물을 얻을 수 있다.

(2) 가스화

가스화는 열분해가 먼저 일어나고 1차분해 생성물이 계속 반응이 진행되어 가스화가 이루어지는데 가스, 탈, 그리고 차가 계속 반응하여 가스가 된다. 가스화는 합성가스(producer gas)로 CO, CO_2, H_2, CH_4...가 얻어 지고 이를 다시 처리해서 H_2/CO를 만들 수 있는데 두 경우 모두 여기서는 바이오매스의 전환에 의하여 만들어진 합성가스이다.

반응은 일 단계에서 "1차 탈(tar)"와 휘발성 물질인 탄화수소(HC), 일산화탄소 그리고 수분이 생성 된다. 이것이 일단계의 600℃ 이하에서 일어나는 과정의 가스화이다. 2단계에서는 탈분이 CO, CO_2, H_2, CH_4 그리고 경질 탄화수소 등을 생성 한다. 가스상 에서는 수분에 의하여 주로 진행되고 그리고 고체상에서는 생성된 가스와 다음과 같이 반응이 진행된다.

- 균일상(가스 상) $CO + H_2O \leftrightarrow CO_2 + H_2$(발열반응)

  $CH_4 + H_2O \leftrightarrow CO + 3H_2$(흡열 반응)

  $tar \rightarrow xCO + yCH_4 + zC$(분해반응)

• 불균일상(탄소)

$$C \ + \ O_2 \ \leftrightarrow \ CO_2(발열반응)$$

$$C \ + \ H_2O \ \leftrightarrow \ CO \ + \ H_2(흡열 \ 반응)$$

$$C \ + \ CO_2 \ \leftrightarrow \ 2CO(흡열 \ 반응)$$

$$C \ + \ 2H_2 \ \leftrightarrow \ CH_4(발열반응)$$

가스화 반응의 반응 기구는 복잡 하고 아직 완전 하게 정립 된 것이 사실은 없다. 합성가스(producer gas)는 연료로 사용 되거나 터빈에 사용하여 전력을 생산 할 수 있다. 합성 가스로부터 탄산가스, 수분, 메탄 등을 제거하여 만든 syngas의 경우는 앞의 석탄의 경우와 같이 연료는 물론 화학제품의 생산 및 C1화학에서 원료로 사용되며 IGCC에서도 사용될 수 있다.

Syngas로부터 얻어지는 생성물 3가지만 예를 들면

• FT 합성물의 합성: 촉매 반응으로 액상 연료(디젤, 가소린)
• 혼합 알코올의 제조(mixed alcohols): 메탄올, 에탄올, 프로파놀, 부탄올 그이상의 탄소를 포함한 알코올
• syngas의 발효(fermentation)로 얻는 것: syngas를 발효조에 보내서 미생물에 의한 에탄올의 합성

가스화 반응기는 바이오매스 원료를 상부로부터 공급 하고 공기는 하부에 넣어 주는 향류 방식이 있다. 이때는 공기와 향류로 바이오매스가 접촉하며 상부에서 합성가스가 냉각되며 탈을 포함 하고 있다. 그런데 공기와 같이 하부에서 공급하여 가스화 하는 경우는 탈을 포함 하지 않는 합성가스가 얻어 지며 내연기관용 연료로 사용할 수 있다. 가스화의 규모가 커지면 상부 하부 공급방식 외에 유동층반응기를 사용할 수 있는데 수분이 좀 있어도 되고 반응이 빠르고 균일하다.

2. 합성가스의 발효(syngas fermentation)

이 방법은 합성가스를 미생물(혐기성 박테리아의 clostridium, 전자공여체인 환원제) 즉 "바이오촉매"를 포함한 혐기성 발효 조에 공급해서 각종 알코올과 유기산등 산소를 포함한 탄화수소를 얻는 발효공정이다.

먼저 바이오매스를 그림 8.8과 같이 가스화 해서 합성가스를 얻고 냉각/정제해서 미생물 발효조의 하부에 공급하면 알코올이 생성 된다. 이를 증류에 의하여 분리한다. 발효조 안에 있는 "바이오촉매"에 의하여 알코올 등 산소가 포함된 화합물이 선택적으로 얻어 진다. 에탄올의 경우 적절하게 혼합된 미네랄, 금속, 비타민 등을 사용하고 최대의 에탄올이 얻어 질수 있도록 경로의 최적화를 만들어 주면 된다. 반응의 밸런스는 다음과 같다.

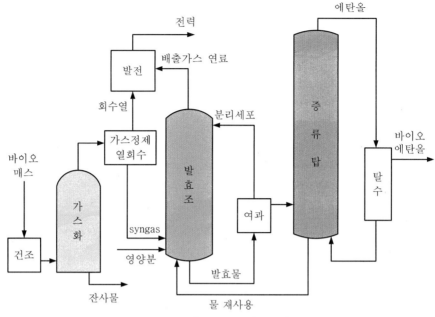

그림 8.8 ┃ syngas 발효 공정

$$6CO \ + \ 3H_2O \ \rightarrow \ C_2H_5OH \ + \ 4CO_2$$
$$6H_2 \ + \ 2CO_2 \ \rightarrow \ C_2H_5OH \ + \ 3H_2O$$

이방법이 주목을 받는 것은 수율이 크고 조업비가 저렴하며 불순물이 좀 포함 되더라도 견디고 CO/H_2의 비도 엄격 하지 않으며 또 원료(syngas제조)의 다양화가 가능하다. 즉 3세대 바이오 원료라고 할 수 있는 스윗치잔디, 억새, 목재 칩, 숲에서 나오는 여러 목초, 옥수수 대, 사탕수수 찌꺼기등도 syngas를 만들면 결국 에탄올을 합성 할 수가 있기 때문이다. 또 코크스오븐 가스, 제철소 전로가스, 천연가스의 스팀개질과 촉매 산화 생성물, 수소와 혼합 된 CO_2 가스는 물론 도시쓰레기와 산업폐기가스 그리고 공장 폐기물 등에서 얻은 합성가스 도 사용될 수가 있다.

3. 바이오 디젤/조류·지방

바이오디젤의 변천을 분류해 보면, 1세대는 식용작물을 이용한다는 점에서 지속 가능성과 경제성에 문제가 있었으나 2세대는 자트로파(jathropha curcus, 열대·아열대지역에서 생산 가능한 작물)나 조류(藻類) 등을 이용하기 때문에 식용작물과 겹칠 염려가 없다는 것이다. 더구나 2030년부터 시작될 것으로 예측되었든 3세대 바이오는 위에서 작물과 전혀 관계없는 원료로 위에서 언급한 원료로부터 합성가스를 만드는 것으로 귀착될 것이라고 하는데 그것이 앞서 말한 syngas fermentation으로 보고 있다.

현재 바이오디젤은 식물유 및 지방 등의 글리세라이드를 촉매의 존재하에서 알코올(메탄올 또는 에탄올)로 치환하면서 트랜스-에스테르화시켜 분자량을 감소시켜 얻는 것이다. 이렇게 되면 글리세린이 부산물로 얻어진다. 기존의 바이오디젤은 지방산의 메틸에닐이다. 그런데 이들은 원료량의 한계가 있기 때문에 식용폐유나 동물의 지방으로 확대 사용하고 있다. 최근에는 유지(油脂)를 수소화시켜 디젤유를 만들고 있는데 이렇게 얻어진 디젤유는 화석연료유와 50 : 50으로 혼합이 가능하다고 한다.

다른 바이오디젤은 바이오매스를 가스화하여 위와 같이 발효로 부터 알코올 또는 FT법으로 탄화수소의 액상제품을 얻는 것(BTL, Biomass conversion To Liquids)이다.

최근 2세대 바이오매스로 가장 주목을 끄는 것은 조류로부터 디젤유를 얻는 것이다. 물론 알코올유도 생산할 수 있을 뿐만 아니라 디젤유 생산이 가능하다. 다음은 한 연구(W.D. Greyt et. al) 결과인데 1년에 단위면적당 얻을 수 있는 디젤유의 생산 가능량은 작물/조류에 대하여 다음과 같다.

- 콩: 0.4 ton oil/ha. y
- 평지씨(rapeseed): 0.8 ton oil/ha. y
- 자트로파(jathropha): 1~1.5 ton oil/ha.y
- 야자: 4 ton oil/ha. y
- 조류: 10~25 ton oil/ha. y

이 결과에서 야자와 조류로부터 얻을 수 있는 디젤유가 월등히 큰 것을 알 수가 있다. 특히 조류에 비중이 실린다. 따라서 유럽 국가들은 유기물이 포함된 폐수 하류에 조류재배 면적을 확보해 놓고 조류를 생산/시험하고 있다. 그리고 이로부터 바이오유를 만들어 자동차 디젤유에 혼합 사용하기 시작했다. 이렇게 되면 폐수처리도 동시에 해결할 수가 있다. 디젤유의 또 다른 원료를 보면 팜, 땅콩, 피마자, 코코넛, 콩, 해바라기 그리고 동물지방/폐지방 등을 들 수 있는데 현재 브라질은 바이오디젤을 2005년에 2%, 그리고 2008~2012년에는 5%까지 혼입을 하고 있다.

다른 한 연구 분야를 보면 미국의 MIT 대학은 발전소에서 발생되는 탄산가스를 조류에 투입하는 연구를 하고 있다. 고농도의 탄산가스를 조류가 번식하는 해수에 불어넣고 있는데 재배조건만 완벽하게 해주면 조류가 기하급수적으로 성장한다고 한다. 재배조건은

- 태양빛
- pH
- CO_2 공급유량

- 염분
- 영양분

을 잘 조정하면 된다. 생성물은 폴리불포화지방산도 포함되는데 생선에 포함된 오메가-3도 이 미소조류로부터 생성되는 것이라고 한다.

2013년도 우리나라에서 생산한 바이오디젤의 량은 407,825 kL(자료: 에너지경제 연구원 연보)이다.

4. 어느 목장의 바이오매스의 이용

그림 8.6은 목장에서 바이오매스를 이용한 에너지의 이용 예의 한 경로를 나타내고 있다. 넓은 목장에서 소가 목초를 그대로 먹든가, 또는 목초를 말린 건초를 우사에서 소에게 주면 소가 먹고 배설하는 배설물을 혐기성 발효조에서 발효시켜서 메테인가스를 발생시킨다. 메테인가스는 저장탱크에 저장한다. 저장된 가스는 필요에 따라 정화기를 거쳐 수분 등을 제거하고 건조가스를 사용하게 된다.

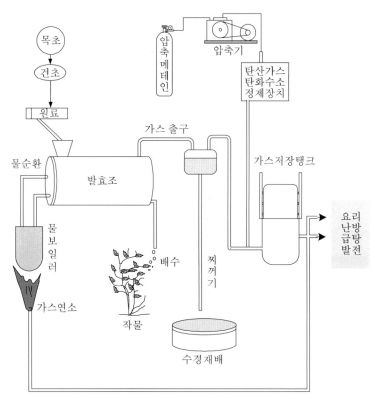

그림 8.9 | 소형 우사 목장의 바이오매스의 이용

가스량이 많으면 터빈이나 내연기관을 돌려서 발전을 하고 여기서 얻은 전기는 조명에 사용하거나 냉방시설을 가동할 수가 있다. 또는 우유의 가공에 필요한 동력으로 쓸 수도 있다. 그러나 소규모 농장인 경우는 불가능하다. 한편, 소규모이더라도 가스는 직접 조리용 연료로 사용할 수 있고 난방이나 급탕에 이용이 가능하다. 발효조의 찌꺼기, 즉 슬러지는 목초에 되돌려서 비료로 사용될 수 있다. 우리나라에서도 이와 유사한 방법으로 대형 목장에서 이용하는 곳이 늘어나고 있다.

↘ 8.5 태양열의 직접 이용

태양에너지를 열로 직접 이용하도록 만든 기기가 태양 온수기이다. 일본의 경우는 태양온수기가 약 1000만 대 이상이 설치되어 있고 우리나라에서도 급탕용으로 목욕탕, 주택 그리고 골프장을 포함한 스포츠센터 같은 곳에 이미 설치된 곳이 많이 있다. 원리는 매우 간단하다.

햇빛이 잘 들어오는 지붕에 흡수율이 좋은 집열판을 설치하고 온수조와 연결하여 더워진 물이 온수탱크에 저장되도록 한 것이다. 탱크 속의 따뜻한 물은 필요할 때 이용하는 것이다. 여름에는 60~70℃, 겨울에도 30~40℃ 정도의 온수를 얻을 수 있다. 기존 보일러와 연결해서 쓰면 보일러의 급수를 태양열로 예열할 수가 있으므로 이렇게 되면 연료를 절약할 수가 있다. 태양 온수기는 집열기, 저장조, 순환 시스템이 조합되어 있지만 온수 저장방법에 따라 다음 세 종류로 분류할 수 있다.

1. 일체형 온수기

원리가 가장 간단한 방법으로 집열기와 저장조가 그림 8.10과 같이 하나로 되어 있어서 값이 싼 시스템이다. 저장능력이 적어 온수는 해가 떨어지면 나오지 않는다.

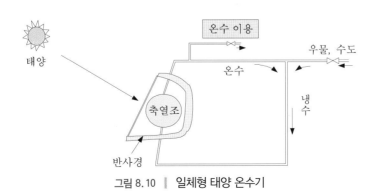

그림 8.10 │ 일체형 태양 온수기

2. 자연순환식(중력순환식) 온수기

그림 8.11에서와 같이 집열기에서 따뜻해진 온수는 팽창하면서 밀도가 낮아지기 때문에 가벼워서 위로 올라가는데 만일 저장조를 흡열판 상부에 설치하면 여기에 온수가 잡혀서 저장된다. 이 저장조의 아랫부분은 집열기와 연결되어 있어서 저장조 하부의 찬물이 집열기로 되돌아 들어가 태양에 의하여 가열된 후 다시 상승하여 저장조에 저장/이용된다. 이것이 반복되면서 저장조의 온도가 올라가는 형태로 된 것이다. 이 시스템은 햇빛이 없을 때에는 자

옥상에 설치된 흡열판, 중력순환식

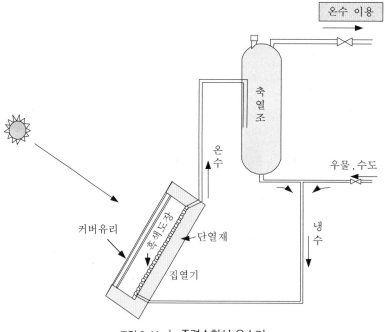

그림 8.11 | 중력순환식 온수기

연순환이 자연히 정지되고 쓸데없는 방열이 없는 이점이 있다. 그러나 집열기와 저장조의 설치위치가 잘 정해져야 한다.

3. 강제순환식 온수기

자연순환식이 중력 변화에 의하여 물이 순환되는 것이라면 강제순환식은 펌프를 사용해서 집열기와 저장조 사이에서 물을 순환시키는 시스템을 말한다. 집열 효과가 크고 집열기와 저장조의 설치 위치의 제한이 없으며 온탕의 온도를 일정하게 제어할 수가 있기 때문에 대규모 설계가 가능하다.

이상 세 가지 종류의 온수기가 있지만 미국, 일본 그리고 우리나라에서 사용하고 있는 것은 중력순환 시스템이 대부분이다. 집열기는 집열판을 단열이 잘 된 틀 속에 넣고 유리를 덮어서 대류에 의하여 발산되는 열의 손실이 최소가 되도록 하였다.

4. 창 밑을 이용한 공기 가열형

다른 한 예를 소개한다. 이것은 창 밑의 공간에 그림 8.12와 같이 실내의 공기를 순환시켜 가열하는 방식으로 열의 저장이 불가능하여 해가 떨어지면 효과를 상실한다.

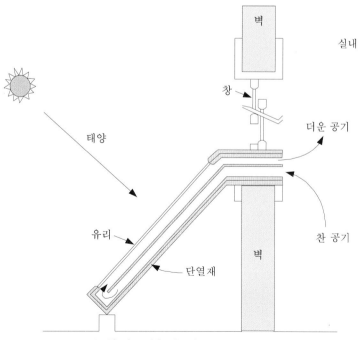

그림 8.12 | 창 밑 공간을 이용한 공기 가열형 태양 집열기

5. 솔라 하우스 시스템

태양 온수기와 태양전지가 설치되어 있고 이로부터 얻은 열 및 전기를 축열 및 축전하여 급탕뿐만 아니라 난방, 냉방 그리고 가전제품에 사용하여 연료 및 전기를 절약할 수 있도록 설계한 시스템을 솔라 시스템(솔라 하우스)이라 말한다. 우리나라에서는 실용화되어 보급되고 있는 것은 매우 적으나 일본이나 유럽 그 리고 미국에서는 상당한 수준에 실용성 있는 솔라 시스템(태양의 집)이 보급되고 있다. 그러면 솔라 하우스의 한 예를 들어보자. 그림 8.13에 나타낸 태양의 집은 집열판으로부터 태양열을 흡수해서 지하에 있는 온수저장탱크에 열교환 형식으로 열을 저장하고 라디에이터나 온돌 형식으로 해서 난방을 할 수 있도록 하고 있다. 한편 태양전지로부터는 직류전기를 공급받아 전지에 축전한다.

이 직류전기는 인버터(직류를 교류로 전환)를 거쳐 교류전기로 해서 조명, 보일러, 컴퓨터 등에 사용하는 것은 물론 전기에 의하여 작동하는 히트펌프를 작동시킨다. 히트펌프는 열원

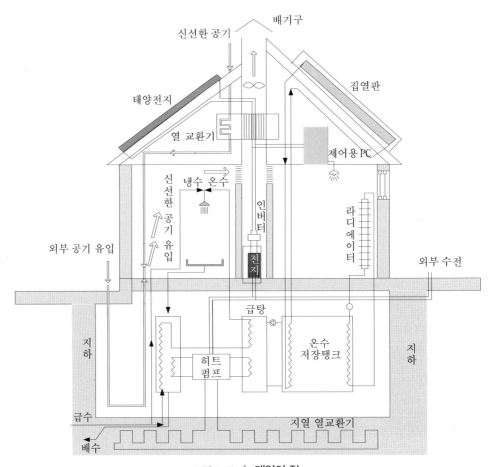

그림 8.13 | 태양의 집

을 지열과 목욕탕의 배수로부터 얻을 수가 있도록 열교환기를 설치하고 있다. 추출된 열은 급탕탱크로 보내고 급탕 공급수와 열 교환함으로써 욕실에서 샤워수로 사용한다. 또한 급탕수는 온수저장탱크와 순환하도록 하여 태양 집열판의 흡열을 보충하고 있다.

급수로부터는 열교환하지 않고 직접 샤워에 냉수로 사용하거나 혼합수로 공급할 수 있도록 설계되었다. 한편, 외부 공기는 지하로 유입되거나 지붕으로부터 실내를 빠져나가는 공기와 열교환하여 실내로 유입함으로써 열손실을 최소로 줄이고 있다.

↘ 8.6 태양열 발전

태양열 발전은 지상에 오목거울을 사용하여 태양열을 한 곳에 모아 온도를 올리고 이 열로 증기를 발생시켜 터빈을 돌려 전기를 생산한다. 현재 미국, 프랑스, 스페인 및 일본 등 세계 각지에서 태양열 플랜트가 연구되고 있다. 보통 태양열 발전 방식은 집광열 → 축열 → 증기발생 → 동력 → 발전으로 구성된다.

일단 축열로 발전을 행할 경우에는 먼저 밀도가 낮은 태양광을 넓은 면적에서 모아 농축한다. 모아진 열에너지는 히트파이프에 의하여 축열장치로 보내진다.

태양의 일사광선은 일 년 중 밤과 낮, 겨울과 여름의 일사량 차이, 비가 올 때와 구름이 낄 때 등 균일하게 에너지를 받을 수가 없으므로 축열을 행하여 균일한 열의 공급이 이루어질 수 있는 것이다.

온실 내부는 외기보다 기온이 상승한다(온실효과).

태양열을 집광/발전하는 데는 타워집광식 발전(집중형 발전)방식과 곡면집광식 발전(분산형 발전)방식의 두 종류가 있다.

타워집광식 발전방식은 그림 8.14와 같이 태양을 평면경으로 반사시킨다. 이 평면경은 헤리오스타트, 즉 태양의 위치를 따라서 컴퓨터의 명령에 의해 해를 향하여 방향을 틀어 나간다. 헤리오스타트의 평면경은 높은 위치에 있는 타워부 꼭대기에 광이 집중되도록 설계되어 있고 여기에 집열기가 설치되어 있어 열을 흡수한다. 태양의 반사광이 집중되는 온도는 대략 500℃ 정도가 되며, 여기에 파이프로 물을 순환하면 고온의 증기가 얻어진다. 고온의 증기를 지상의 축열기에 보내서 다시 터빈 발전기로 발전을 하게 된다.

축열기 형식에는 고압수식과 염화리튬, 염화칼륨을 사용하는 용융염식이 있는데 외측은 단열재로 보호되어 있고 높은 온도를 유지한다. 분산형인 곡면집광식 발전은 집열하는 방법에 따라 세 가지로 구분할 수 있다. 그 중의 하나는 그림 8.15와 같은 파라볼라형 거울형이다. 거울의 초점에 집열관을 놓으면 반사한 태양광이 집열관에 집중적으로 흡수되고, 이 집열관에서 생성된 고온 증기로 발전한다. 미국의 샌디에이고 연구소와 일본의 전자기술종합연구

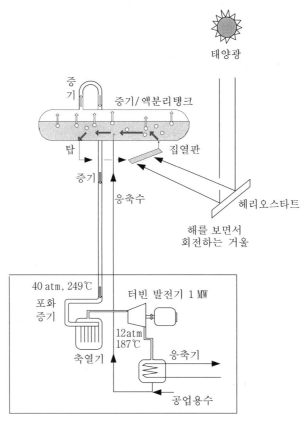

그림 8.14 │ 탑형 태양열 발전 시스템, 헤리오스타트

소 등에서 연구하고 있다. 또한 반사경이 고정되어 있고 집열관이 반사광이 집중하는 점을 따라 자동적으로 이동하며 고온증기를 얻는 방식이 있는데, 미국이 개발을 추진하고 있다.

그리고 평면경과 곡면경을 같이 사용하는 형의 발전 시스템이 있다. 이것은 먼저 평면경에 태양광을 받고 반사광을 다시 한 번 곡면경에 입사시켜 집광하며 곡면경의 전방에 위치한 집열관에 빛의 초점을 모아 물을 고온의 증기로 변화시켜 발전하는 방식이다.

일본의 타워집광식 발전방식은 최대출력 1,000 kW 규모의 플랜트 건설이 완료되어 현재 가동되고 있다. 이 경우 태양을 따라가는 평면경은 2,480대(한 장의 크기 3 m×1.5 m), 곡면경은 124대(한 장의 크기는 3.8 m×3.6 m)가 사용된다.

곡면집광방식은 소형일 경우 집광과 집열에 들어가는 규모가 작아 차지하는 공간이 작을 수 있지만 열에너지를 축열부에 운반하는 파이프 수송이 많기 때문에 전체로 보면 열의 손실이 일어나는 결함이 있다.

한편 타워식 집광발전에서는 열손실은 적지만 서로 그림자를 만들지 않도록 헤리오스타트를 세워야 하고 집열기와 헤리오스타트의 거리는 1,000 m 이상 떨어져야 하는 제약을 생각하면 대규모 발전소를 한 장소에 만든다는 것이 쉽지가 않다.

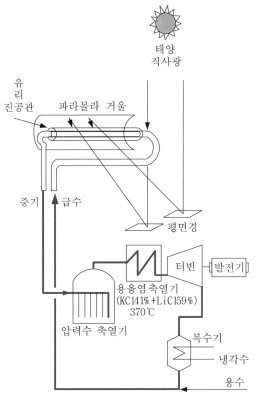

그림 8.15 │ 파라볼라형 태양열 흡수장치

스페인 안달루시아의 태양열 발전 시스템(2007), 타워 집광식 PS10, PS20

또한 태양열 발전은 방사성 폐기물과 아황산가스, 이산화탄소, 기타 대기오염물질을 배출하지 않는 완전히 깨끗하고 무한한 에너지원이라고 생각할 수는 있지만 발전비용이 현재로는 집광식 발전에서 1 kW당 건설비가 석유화력의 20배, 수력의 10배라는 고가가 소요된다. 때문에 실용화에는 발전소 건설비의 큰 비중을 차지하는 헤리오스타트를 대량 생산체제로 해서 가격을 낮추는 등 경비저감에 노력하고 있다.

또한 발전효율을 올려야 하기 때문에 축열재의 연구개발은 물론 집열온도가 낮은 경우에도 이것을 효율 좋게 그리고 유효하게 이용해서 발전하도록 해야 한다. 저비점의 유기매체가 사용되는 터빈의 사용 등 시스템 개량도 행할 필요가 있다.

↘ 8.7 태양광 발전

태양광의 복사에너지를 태양전지인 반도체에 직접 조사해서 전기가 발생하도록 하는 방법이 태양광 발전 또는 태양전지이다.

일반적으로 전기의 도체인 금속은 전기를 잘 통하며 금속의 결정격자로부터 전자를 움직이게 하는데 에너지가 투입되지 않아도 된다. 왜냐하면 금속에 존재하며 금속원자의 결합을 일으키는 전자는 자유로이 움직이는 자유전자이기 때문이다. 이에 반해서 절연체로부터는 전자를 떼어내어 움직이게 하기 위해서는 4 eV 이상의 에너지가 필요하다. 태양광선은 한 개의 광자가 갖는 에너지가 약 2 eV이므로 절연체로부터는 전자를 움직이게 할 수는 없다. 그러나 금속과 절연체의 중간인 반도체는 광의 조사에 의하여 전자를 움직이게 할 수가 있다. 그림 8.16에서 반도체 위에 태양광을 조사했을 경우 전자가 이동하여 전압을 발생시킨 모양을 보여주고 있다.

반도체 위에 전압을 생기게 하기 위하여 실리콘 결정 중에 불순물로서 5가인 비소를 혼입한 n형 반도체와 실리콘 단결정의 절편을 3가인 붕소로 처리한 p형 반도체를 만들어 두 종의 반도체를 접합(p-n 접합)한다. 이렇게 만들면 n형 반도체는 전자 하나가 남고 p형 반도체는 전자 하나가 모자라는 형태의 것을 만들 수가 있다. 여기에 태양광을 조사하면 n격자로부터 비약하는 전자가 p영역 쪽으로 이동할 수가 있으며 n형과 p형 사이에 전압이 발생하고 기전력이 생겨 에너지 면에서는 p > n의 상태가 된다. 격자로부터 전자를 밀어내게 되면 전자가 떨어져 나온 곳에는 (+)의 전하홀(hole)이 생기는데, 이를 정공(正孔)이라고 하며 이 두 극 사이에 기전력이 생기는 것이다.

태양전지는 1954년 미국의 Bell Telephone 연구소의 Person 등에 의하여 발표되었다. 현재 일반적으로 사용하는 실리콘 태양전지는 태양광으로부터 전기로의 변환효율이 15% 정도가 되는 것으로 설비는 고가이나 발전 시 높은 열을 방출하지도 않고 가스와 소음의 발생이 없음은 물론 환경에도 악영향을 미치지 않는 에너지 발생기이다. 또한 구조가 간단하기 때문에 필요한 양만큼 필요한 곳에서 발전할 수 있다. 때문에 유용한 에너지원임에는 틀림없다.

실리콘 태양전지의 경우는 실리콘 단결정으로부터 두께 0.5 mm 정도의 박판을 만든다. 이 과정에서는 실리콘의 손실이 60% 정도나 된다고 한다. 이것을 줄이는 것이 기술혁신이고 가격저감의 핵심이었다. 그러나 지금은 다음과 같이 태양전지를 분류할 수 있으며 화합물반도체 등 효율이 크게 향상 되고 있다.

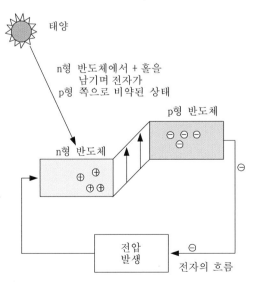

그림 8.16 | 태양전지의 원리

또한 광으로부터 변환효율도 새로운 재료와 구조의 개발로 크게 향상 되고 있다(연구 중인 것 중에서 쿠원탐 돗트(quantum dots)는 최대 효율이 41.6%되는 것도 있다. 더구나 최근에 페로부스카이트형(perovskite, 요오드화납, 효율 20% 이상). 막을 플라스틱 또는 유리기판에 입힌 것이 새로이 등장 하여 가격을 대폭 나 추어 보급이 크게 확산 될 것으로 보인다.

태양전지에 빛이 조사되지 않으면 발전이 되지 않으므로 비가 오거나 구름이 끼면 발전이 잘 되지 않고, 특히 밤에는 전혀 사용이 불가능하다. 따라서 인공위성을 이용하여 우주공간에서 태양광 발전을 행하고 얻은 전기를 마이크로파 전력빔에 의하여 전송하는 대규모 계획이 미국에서 실시되어 왔다.

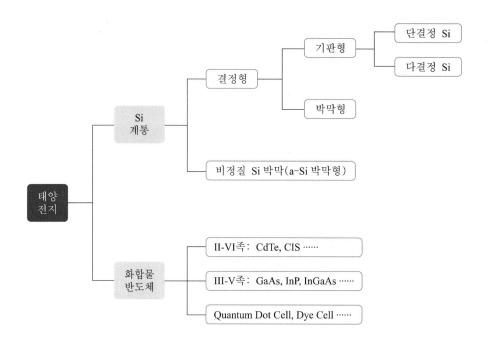

- 양자점 태양전지(quantum dot cell): 2~10 nm 정도의 반도체 결정으로서 Cd를 아연이 감싸고 있는 입자를 크기에 따라 양전극사이에 층으로 넣고 광을 조사하면 입자의 크기에 따라 흡수되는 파장의 크기가 달라지며 따라서 넓은 범위의 파장의 빛을 흡수 할 수가 있고 전압도 달라진다. Cd의 중금속 대신에 무독성의 다른 금속들이 개발 되어 있고 아직은 연구 단계 이지만 파장의 범위가 넓어 태양광 흡수율도 41% 정도까지 되는 것이 있다.
- 염료감응형 태양전지(Dye-Sensitized Solar Cell, Dye Cell)는 염료감응 태양전지라고도 한다. 나노 입자 반도체 TiO_2 전극에 화학적으로 염료분자가 흡착되어 있고 여기에 태양빛이 흡수되면 염료분자는 전자를 발생하며 이 전자가 기전력을 만든다.

표 8.6 | IEA 국가에 설치된 연도별 태양광 전지(PV)의 용량 (단위 : MW)

국 가	1992년	1996년	1998년	2003년	2009년	2014
호 주	7.3	15.7	22.5	45.6	183.7	4,136
오스트리아	0.6	1.7	2.9	16.8	52.6	767
캐나다	1.0	2.6	4.5	11.8	94.6	1,710
칠 레	4.7	8.4	11.5	21.0	–	368
덴마크	–	0.2	0.5	1.9	4.565	608
독 일	5.6	27.9	53.9	410.3	9,845	38,235
스페인	4.0	6.9	8.0	28.8	3,523	5,388
핀란드	0.9	1.5	2.2	3.4	4.1(2006)	10
프랑스	1.8	4.4	7.6	21.1	430	5,632
영 국	0.2	0.4	0.7	5.9	29.59	5,230
이스라엘	0.1	0.2	0.3	0.5	24.53	731
이탈리아	8.5	16.0	17.7	26.0	1,181	18,313
일 본	19.0	59.6	133.4	859.6	2,627	23,300
한 국	1.5	2.1	3.0	6.4	441.9	2,384
멕시코	5.4	10.0	12.0	17.1	25.02	176
네덜란드	1.3	3.3	6.5	45.9	67.5	1,042
노르웨이	3.8	4.9	5.4	6.6	8.662	13
포르투갈	0.2	0.4	0.6	2.1	17.87	414
스웨덴	0.8	1.8	2.4	3.6	8.764	79
미 국	43.5	76.5	100.1	275.2	1,642	18,280
중 국	–	–	–	–	–	28,053
합 계	110	245	396	1,809	20,211	154,869

일본의 선샤인 계획에서는 1986년에 1 MW급, 1992년에는 10 MW급의 태양광 발전소를 건설하였고, 나라 지방에 0.8 MW의 발전능력을 실험해 왔다.

표 8.6은 IEA 국가에 설치된 태양광 발전용량을 연도별로 나타낸 것이다. 이 표에서 보면, 일본, 독일 그리고 중국이 가장 많이 태양광발전시설을 설치하는 것을 알 수가 있으며, 최근에는 스페인이 좋은 기후조건으로 급격히 태양전지 설치를 늘리고 있다. 우리나라도 최근 그 설치가 급격히 증가하고 있으며, 2009년에 442 MW였던 것이 2014년에 2,481MW 5년 사이에 5.6배로 급격히 증가 하고 있으며 앞으로 기술 발전과 함께 발전에 뉴 에너지로서의 역할을 크게 할 수 있을 것으로 보인다. 이에 따라 국내업체들은 그 원료인 폴리실리콘 공장을 대폭 건설하였다.

우리나라의 경우는 태양광 발전사들이 급격히 늘면서 농촌지역에 시설 역시 급격히 많이 도입되고 있어 생산된 전력은 한전에 역으로 공급하여 농촌 소득으로 이어지고 앞으로 스마트그리드와 연결 하여 많은 부분 전력을 감당 할 것 같다. 표 8.7은 우리나라 태양전지의 설치 현황을 보여주고 있는데, 주로 호남지역에 많이 설치되고 있다.

야외에 설치된 태양전지 시스템

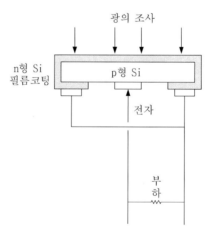

그림 8.17 │ 태양전지의 구성

표 8.7 │ 우리나라 태양광 설치 현황 (2014년)

지 역	용량(MW)	지 역	용량(MW)	지 역	용량(MW)
강 원	119.2	대 전	23.1	전 남	618.0
경 기	157.2	부 산	68.2	전 북	459.2
경 남	224.8	서 울	44.5	제 주	77.2
경 북	265.0	세 종	4.0	충 남	188.0
광 주	51.0	울 산	14.8	충 북	99.3
대 구	32.2	인 천	35.4	총 계	2,481.3

자료제공: 한국에너지공단, 신재생에너지 센터(2015)

우리나라는 국가에서 여러 가지 지원정책에 의하여 태양광 발전소가 최근 특히 2013년에 1,555 MW 이던 것이 2014년에 2,481 MW(지난 10년간 누적용량)로 1년 사이에 급격히 증가하고 있다. 이는 사업자들이 대거 참여하고 있기 때문이다.

제일 큰 규모의 발전소는 전남 신안에 24 MW(연간 발전량 35,000 MWh, 모듈수 130,656장)과 역시 전남 고흥 폐석장에 25 MW(모듈수 104,979장)를 설치해서 발전하고 있다. 태양광 발전은 풍력과 더불어 소극적인 설치에서 우리발전량의 큰 위치를 차지하도록 즉, 현발전소 특히 석탄 화력을 대체하도록 적극적인 설치로 변할 것 같다.

(a) 태양전지

(b) 전등

(c) 축전지

중부고속도로 휴계소에 설치된 가로등용 태양전지
(관리 소홀로 지금은 제대로 작동되는 것이 거의 없다.)

마을 가로등 태양전지(일본)

유럽지역 아파트에 설치된 태양전지. 아직은 보조적으로 이용되고 있으나 설치비가 점점 저렴해져서 보급이 급격히 확대되고 있다. 석유의 대체에너지로 앞으로 조명뿐만 아니라 동력으로도 충분히 사용할 수 있을 것으로 보인다.

↘ 8.8 태양에너지의 저장법

태양에너지는 확실히 깨끗한 에너지이지만 밤과 흐린 날 등 항상 일정하게 공급할 수 없다는 결점이 있다. 그래서 태양에너지를 오랫동안 저장할 수 있고 필요할 때 필요한 만큼 공급하도록 하는 것은 일반적으로 화학전지 즉 기존의 2차 전지가 우선이라고 할 수 있다. 그러나 직접 태양광을 어떤 물질의 화학 반응으로 저장 하는 기술의 개발이 진행되어 왔다.

그 중 한 가지 예를 소개하고자 한다.

▌ 노르보르나디엔의 이성질화반응에 의한 태양에너지의 저장(화학적인 방법)

노르보르나디엔(norbornadiene)(A)-쿠어들이사이클란(quadricyclane)(B) 시스템에서 노르보르나디엔은 그림 8.15와 같이 메틸기(또는 다른 탄화수소 그룹)와 시안기가 두 개씩 붙어 있다. 화합물 A형태의 물질이 광을 받으면 이성질화하여 구조가 B로 변환된다. 이 구조 변화에서 에너지가 흡수/축적된다. 이 축적된 에너지를 은(銀) 촉매를 작용시켜 다시 A의 물질로 되돌아가게 하면서 저장된 에너지, 즉 열을 방출하게 할 수가 있다. 에너지의 방출은 필요에 따라 조절이 가능하다. 이 방법에 경제성만 있다면 물질 손실이 없을 경우 오래 사용할 수가 있고 에너지 저장도 영구적으로 가능하다는 이야기가 된다. 저장되는 에너지의 양은 1 kg당 92 kcal로 상당히 큰 값을 가진다. 이러한 저장을 통하면 태양의 이용 효율이 30~40% 정도가 될 수 있다.

이러한 물질의 이성화로 태양에너지를 흡수할 수 있도록 하는 예는 최근에 많이 연구 되고 있으며 앞으로 더 연구가 발전 되면 그의 이용방법과 용도가 크게 변화 될 것으로 보고 있다.

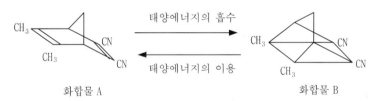

그림 8.18 │ 화합물 노르보르나디엔의 태양에너지 흡수/이용

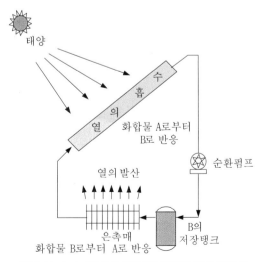

그림 8.19 │ 노르보르나디엔의 태양열 이용 계통도

⇘ 8.9 풍력에너지

　바람의 발생은 태양에 기인한다. 이 바람을 이용하여 우리에게 필요한 에너지를 얻었을 때 이를 풍력에너지라고 말한다. 바람은 돛대나 풍차를 사용해서 범선을 움직이고 제분, 우물물 퍼내기 그리고 소규모 발전에 이용했다. 이러한 이용이 지금은 에너지 자원의 다양화와 재생 가능한 자연에너지의 이용이라는 관점에서 재평가되고 있다. 미국을 필두로 해서 유럽에서도 풍력을 이용한 대규모 발전의 실용화가 크게 이루어지고 있다. 풍력도 빛을 이용하는 태양에너지와 같이 에너지 밀도가 낮다. 풍향과 풍속이 항상 일정하지 않다는 약점도 있다. 바람이 풍차에 와 닿으면 그 힘으로 발전기를 돌려서 발전한다.

　미국에서 개발 중인 풍력터빈 MoD-1 및 MoD-2의 경우는 출력이 MW급의 대규모 풍력발전장치이다. 출력이 2.5 MW인 MoD-2의 경우 날개의 크기만 100 m에 달하고, 풍속 5.4 m/s가 되면 회전하기 시작해서 27 m/s에서 날개의 강도상의 문제 때문에 자동적으로 회전이 정지되도록 설계되어 있다. 출력 2.5 MW를 발생하는 풍속은 12.6 m/s나 된다. 이 장치는 지상 70 m 위치에 중량 백 수십 톤 정도의 프로펠러와 발전기를 유지하지 않으면 안 되고 시설의 강풍에 대한 강도 문제에 큰 주의를 해야 한다.

　그림 8.20에는 각종 풍차의 형태가 나와 있다. 어떠한 풍향에도 풍력 터빈이 회전하도록 설계한 다리우스형은 풍차 터빈이 회전축과 수직으로 연결되어 있다. 따라서 지상에 설치하기가 쉽고 날개 강도에도 문제가 적다. 다리우스형 풍차 터빈의 연구 개발은 많은 나라에서

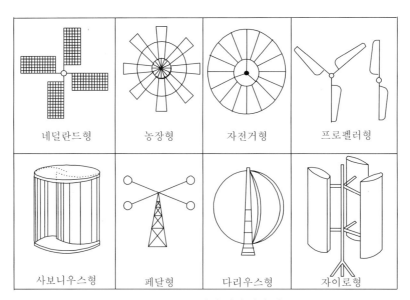

| 네덜란드형 | 농장형 | 자전거형 | 프로펠러형 |
| 사보니우스형 | 페달형 | 다리우스형 | 자이로형 |

그림 8.20 ┃ 풍차의 여러 가지 형

제주도에 설치된 30 kW급 풍차.
유럽지역과 북미지역은 계속해서 풍차 발전을 늘려나가고 있다. 미국은 서부 캘리포니아 해변가, 하와이 그리고 북유럽의 북해 연안에 많은 풍차가 계속 늘고 있다.

유럽에 설치된 풍차.
특히 독일은 2014년 현재 총 36,165 MW 정도의 플랜트를 건설했으며 원자력발전을 대체해 나가고 있다.

수행 중에 있고 200 kW급이 캐나다에서 운전되고 있다.

이와 같이 풍력에너지의 이용은 세계에서 활발히 진행되고 있지만, 그의 이용에는 강풍이 항상 있는 입지가 필요해서 적지의 선정에 어려움이 있고 장치의 재질에서도 염해 및 내한성이 강한 것이어야 한다. 앞으로 풍력은 전력 생산에서 큰 비율을 차지할 것으로 전망된다.

풍력에너지의 계산: 풍력에너지 $E\,[\mathrm{kW}]$는 바람을 받는 면적을 $A\,[\mathrm{m}^2]$, 풍속을 $v\,[\mathrm{m/s}]$라고 할 때

$$E = 0.00066\,A\,v^3\,[\mathrm{kW}]$$

로 나타낸다. 일반적으로 풍속은 지표로부터 올라갈수록 커지며 표고 h인 곳에서의 풍속을 v라고 하고 지표의 표고 h_0의 풍속을 v_0라고 할 때 실험적으로 다음 식이 성립한다.

$$v = v_0\,(h/h_0)^n$$

n은 지표의 상태에 따라서 1/2~1/9의 값을 가지며, 시가지나 나무가 많은 곳에서는 1/3~1/4 정도가 된다. 풍속은 계절적으로 변동하지만 그 변화의 양상은 지방에 따라 달라진다.

표 8.8은 세계 설치된 풍력발전 시스템의 2014년 말 현재의 용량이다.

표 8.8 | IEA 국가에 설치된 풍력발전기 용량(2014) (단위 : MW)

국 가	용 량	국 가	용 량	국 가	용 량
호주	3,806	이탈리아	8,663	스위스	18
오스트리아	2,095	일본	2,789	영국	12,440
벨기에	1,959	멕시코	2,551	미국	65,879
캐나다	9,694	네덜란드	2,805	중국	114,763
덴마크	4,845	뉴질랜드	623	코스타리카	198
핀란드	627	노르웨이	819	이집트	610
프랑스	9,285	폴란드	3,834	인도	22,465
독일	36,165	포르투갈	4,914	모로코	787
그리스	1,980	스페인	22,987	우크라이나	498
아일랜드	2,272	스웨덴	5,425	한국	609
총계(위 국가 외 기타 국가 포함)					369,553

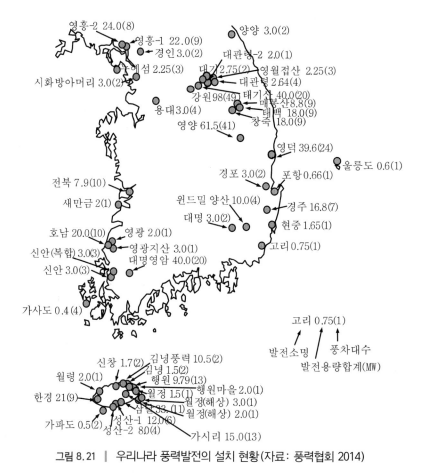

그림 8.21 | 우리나라 풍력발전의 설치 현황(자료: 풍력협회 2014)

최근까지는 독일과 미국이 풍차를 많이 설치하고 있었으나 최근에는 중국이 넓은 대지에 풍부한 풍원으로 크게 발전하여 현재는 1위를 차지하고 있다. 독일은 원자력발전을 정지하고 청정에너지를 적극 개발한다는 원칙이 서 있기 때문에 설치가 많이 늘어나고 있다. 독일에서 기차를 타고 가다보면 사방에 능이 있는 곳은 물론이거니와 들판 어디서도 풍력 발전기가 돌아가는 것을 볼 수가 있다. 스페인도 최근 청정에너지를 적극 도입하는 정책으로 풍력은 물론 태양전지, 태양열 이용에 투자하여 많은 성과를 거두고 있다.

우리나라의 풍력발전은 최근에 관심을 갖게 된 분야로서 제주도에는 시험용으로 설치하고 실제 전력원으로는 고려하지 않았었다. 그러나 세계적인 추세와 유가 상승 등으로 대체에너지의 중요성이 대두되면서 2000년부터 정부 주도로 보급차원에서 제주도에서 시작하여 그림 8.21에서처럼 지금은 2014년 현재 총 343기에 609 MW의 발전 용량을 가지고 있다. 지금도 계속 설치하고 있다.

8.10 해양에너지와 그 이용

해양에너지(blue energy)의 이용은 그의 가능성에 따라 다음 4종으로 분류할 수 있다.

• 파력
• 해면과 심층의 수온 차를 이용한 에너지
• 하천과 해양 사이, 하구에 염분농도의 차를 이용한 에너지
• 조수간만의 에너지

1. 파력

파력을 이용해서 발전을 하는 것을 파력발전이라고 한다. 여기에는 해수의 움직임, 즉 해면의 상하운동과 전후운동을 이용하는 방법이 있다. 실용화된 것은 일본의 소형 발전장치로서 파에 의한 해면의 상하운동을 이용하는 것이다. 원리는 떠 있는 배 내부에 그림 8.22와 같이 칸을 막고 공기 터빈을 달아 놓았다.

예를 들면, 수위가 아래로 내려갈 때는 왼쪽 밸브를 통해서 외부 공기가 들어와 터빈을 돌려 발전한다. 그리고 수위가 위로 올라갈 때는 오른쪽 밸브를 열고 왼쪽 밸브를 닫아 같은 방향으로 들어온 공기로 터빈을 돌린다. 압력이 걸린 공기의 흐름으로 터빈을 돌려서 발전하는 것이다. 발전기는 항상 같은 방향으로 회전하도록 설계되어 있다, 즉 공기 터빈 방식이다.

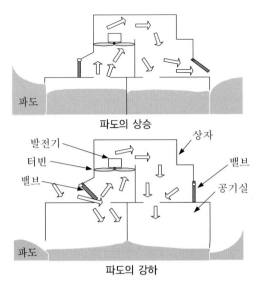

파도의 상승

발전기　　　　상자

터빈　　　　　밸브

밸브　　　　　공기실

파도

파도의 강하

그림 8.22 | 바다의 파력을 이용한 발전

현재 일본에서 사용되고 있는 것으로는 최대출력이 70~120 W 정도의 것 300개 정도를 설치했고 2 kW 정도인 "해명(海明)"이라는 발전장치도 있다.

파력에너지의 계산

바다의 파도는 바람에 의하여 일어난다. 파력에너지 e는 파고를 h[m], 주기를 T[s], 해수의 밀도를 ρ [kg/m³]라고 할 때 해면의 단위면적당

$$e = (\rho g/8)h^2 \ [\text{W/m}^2]$$

로 파고의 제곱에 비례한다.

파력에너지는 파의 전달속도 $c = 1.56\,T$ [m/s]의 1/2의 속도로 이동하며 길이 L [m]의 해변의 전체 파력에너지 E [kW]는

$$E = 0.96\,h^2\,TL \ [\text{kW}]$$

가 된다.

이렇게 파력으로 발생하는 공기의 부피변화를 이용하는 것 외에 파도 위에 여러 개의 부자가 오르내리는 것을 이용해 부자가 꺾이는 부분에 오일펌프가 작동하여 터빈을 돌려 발전하는 방식의 거대 바다뱀형 발전 시스템(Giant Sea Snake Renewable Electricity Generator)이 있다. 또한 파도가 치는 연안에 파도를 만나면 흔들리게 되어 있는 판이 유압펌프를 작동시켜 터빈을 작동하도록 하는 방식이 있다. 전자의 경우는 포르투갈 연안에 2008년도에 설치한 예이다.

2. 해양 온도차 발전

세계의 해양 온도차 에너지는 10^{15} kJ(2.4×10^{14} kcal)/년 정도의 에너지원이 있다고 한다. 1988년도를 기준으로 하여 세계의 석유환산 에너지 소비량이 81억 톤 정도 된다. 열량으로 계산하면 0.34×10^{15} kJ(0.81×10^{14} kcal)이 되므로 이의 약 3배의 양이 된다.

해양 온도차 발전의 역사를 보면, 1881년 D. Arsoval에 의하여 처음 발표되었으며, 1930년에는 Claude에 의하여 실험되었다. OTEC(Ocean Thermal Energy Conversion) 프로그램은 해면 밑 500~600 m 정도의 수온 5℃ 정도인 해수와 상층 해면의 25℃ 정도의 수온차를 이용하는 것이다. 즉 암모니아나 R-134a(H_2FC-CF_3) 등 비점이 낮고 증기압이 높은 제2의 물질을 사용하여 ① 높은 온도 쪽에서 증기를 만들어 터빈/발전을 행하고 낮은 온도 쪽에서 응축하여 순환하는 방식의 밀폐형과 ② 따뜻한 바닷물을 진공에서 증발시켜 발생하는 증기로 저압의 증기터빈을 돌리는 열린 시스템, 그리고 ③ 열린 시스템에서 발생된 증기를 밀폐형의 암모니아에 열을 주어 암모니아 팽창으로 터빈을 돌리는 하이브리드형의 세 가지 방법이 있다. 이론적으로 가능한 총괄효율은 6~7% 정도인데 과거에는 1~3% 정도의 효율밖에 얻을 수가 없었으나 지금은 거의 이론치에 육박하는 결과를 얻고 있다.

1979년 온도차 발전의 역사로는 한 개의 마일스톤이라고 할 수 있는 미 하와이 주 정부에 의한 미니 OTEC 계획이 성공한 것이다. 하와이섬 서해안 3 km에서는 미국 록키드사 등의 협력에 얻어 51.2 kW 발전을 하고 있다. 이 계획의 목적은 실제 해역에서 온도차 발전의 출력을 충분히 낼 수 있는지의 가능성을 실험한 것으로 성공을 거두었다. 미니라고 하지만 지름 60 m, 길이 660 m의 파이프로 수온이 6℃인 해수를 해저로부터 10,000 L/min씩 끌어올려서 표면의 27℃ 따뜻한 해수와 온도차를 만들어 암모니아를 기화시켜 팽창시키고 이 압력으

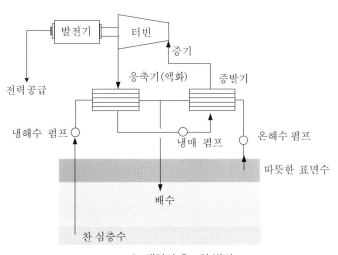

그림 8.23 ┃ 해양의 온도차 발전

로 터빈을 돌려서 발전한다. 여기서 얻은 전력은 그 성격상 물의 전기분해에 사용할 수 있다. 작동유체는 암모니아 외 일반 탄화수소도 가능하다.

그런데 미국의 계획을 보면 장차 20,000 MW의 발전 플랜트를 OTEC 계획에 넣고 있으나 해양 온도차 발전의 원리는 매우 간단하지만 지상에 플랜트를 설치할 수가 없고 깊은 해양에서 해야 하기 때문에 플랜트를 고정하는 방법과 해류 등의 영향에 견딜 수 있는 취수관의 취수방법이라든가 재질상 등에 문제가 있어 주춤한 상태에 있다.

3. 농도차 발전

민물과 짠물이 혼합하는 하구 부근에서 삼투압을 이용해서 발전하도록 하는 것이다. F.E. Kiviat와 Wick 등에 의하면 해수와 하천수 사이의 삼투압은 24기압으로 삼투압에 의한 수두가 240 m 정도나 상승할 수 있다는 계산이 나온다. 이러한 이론적인 상승도의 반 정도만 물이 올라간다고 해도 여기에 수로를 만들어 상승된 해수를 흐르게 할 수 있다. 그리고 흐르는 물에 터빈을 걸어 주면 발전이 가능하다는 것이다.

고압 펌프로 바닷물을 반투막 쪽으로 넣어주면 반투막 양쪽에 농도차가 계속 생겨 담수가 유입된다.

또 다른 방법으로는 이온교환막으로 해수와 담수를 분리시켜서 양쪽에 전극을 삽입하면 전압이 생긴다. 즉 농담전지(concentration cell)의 이론을 이용해서 발전하는 방법도 있다. 이러한 농도 차 발전의 기술은 현재 아직 기초연구의 영역을 벗어나지 못하고 있지만 자원량으로서는 수력 발전량과 거의 같은 양이 될 수 있다. 해양에너지 중에서는 가장 큰 자원량이

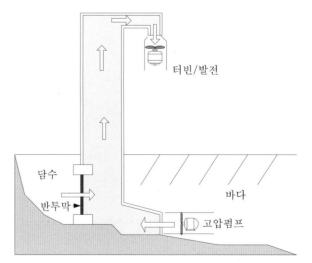

그림 8.24 │ 삼투압을 이용한 담수와 해수 사이의 농도차 발전원리

다. 이 기술의 핵심은 이온교환막의 기술인데, 최근 들어 기술이 급속도로 발전하고 있으므로 상당한 발전이 예상되고 있다.

4. 조수간만의 차의 이용

11세기부터 19세기에 걸쳐 유럽 각지에서는 고체를 분쇄하기 위하여 수차를 사용했으며, 동력원으로 조수간만의 힘을 이용했다는 것은 잘 알려진 사실이다. 이와 같은 조력에너지의 이용이 가능한 지역을 그림 8.25에 나타내었다. 대규모 발전에 이용한 것은 프랑스가 최초이며, 랑스 하구에 조력발전소를 건설하였다. 이 경우 조수간만의 차가 최대 13.5 m나 되고 하구에 둑을 만들어 만조 시에 유입수와 간조 시 유출수 양쪽을 이용해서 발전하는 것이다. 그렇기 때문에 조력발전은 조수간만의 차가 커야만 하고 하구의 둑을 설치해서 저수지를 만들 장소가 있어야 한다. 하구가 있다고 해서 발전소를 건설할 수 있는 것은 아니고 상당한 면적이 있어야 한다. 그림 8.26에 그 원리를 보여주고 있다. 표 8.9는 세계 여러 위치의 간만의 차와 가능 동력을 나타내고 있다.

우리나라는 4,350,000 TOE/년의 가능 부존량이 있다. 우리나라 서해안은 간만의 차가 상당히 유리한 조건을 가지고 있고 현재 시화호에서는 건설이 완료되어 가동하고 있다. 여기

● 조력발전이 가능한 지역

그림 8.25 │ 조력에너지 이용의 유망 지점

시화호 시설에서 생산되는 전력량은 연간 5억 5200만 kWh 정도 생산 할 수 있으며 이는 86만 2000 bbl의 유류 대체 효과 와 15만 2000톤의 CO_2 저감효과가 있다.

표 8.10은 우리나라 조력발전의 건설 진행과 계획을 나타내고 있다. 그런데 이러한 계획은 자칫 갯벌의 생태계를 파괴시킬 염려가 크기 때문에 신중한 영향 평가가 있어야 한다.

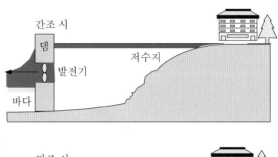

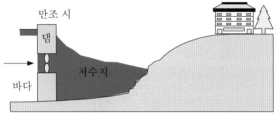

그림 8.26 │ 조수간만의 차를 이용한 발전원리

세계 최대 규모의 시화호 조력발전소(252 MW)
(자료제공: 한국수자원공사, 2011년 준공하여 가동 중)

프랑스 랑스 지역의 조수간만의 차를 이용한
조력발전시설(240 MW)

표 8.9 │ 조수간만의 이용이 가능한 지역과 출력 가능량

위 치	평균 간만의 차 (m)	포구면적 (km^2)	평균 동력 (만 kW)	가능 동력 연간생산량(GWh)
북 미				
Passamaquoddy	5.5	262	1,800	15,800
Cobscook	5.5	106	722	6,330

(계속)

위 치	평균 간만의 차 (m)	포구면적 (km^2)	평균 동력 (만 kW)	가능 동력 연간생산량(GWh)
Annapolis	6.4	83	765	6,710
Minas-Cobequid	10.0	777	19,900	175,000
Amhurst Point	10.7	10	256	2,250
Shepody	9.8	117	520	22,100
Cumberland	10.1	73	1,680	14,700
Petitcodiac	10.7	31	794	6,960
Memramcook	10.7	23	590	5,170
남 미 San Jose, Argentina	5.9	750	5,870	51,500
영 국 Severn	9.8	70	1,680	14,700
프랑스 Aber-Benoit	5.2	2.9	18	158
Aber-Wrac'h	5.0	1.1	6	53
Arguenon	8.4	28	446	3,910
Frenaye	7.4	12	148	1,300
La Rance	8.4	22	349	3,060
Rotheneuf	8.0	1.1	16	140
Mont St. Michel	8.4	610	9,700	85,100
Somme	6.5	49	466	4,090
아일랜드 Strangford Lough	3.6	125	350	3,970
러시아 Kislaya	2.4	2	2	22
Lumbouskii	4.2	70	277	2,430
White Sea	5.65	2,000	14,400	126,000
Mezene Stuary	6.6	140	1,370	12,000
한 국 시화호	7.8	39	25.4×10	553

표 8.10 | 우리나라 조력발전의 진행상황(자료: 태양에너지 6권 1호)

구 분	조차 (m)	조차면적 (km^2)	시설용량 (MW)	연간 발전량 (GWh)	추진상황
옹진만	4.15	358	20 MW×50=1,000 MW	886	−
해주만	5.79	1,132	20 MW×200=4,000 MW	6,360	−
석모도	7.7	85	25.4 MW×32=812.8 MW	1,518	추진 중

(계속)

구 분	조차 (m)	조차면적 (km²)	시설용량 (MW)	연간 발전량 (GWh)	추진상황
인천만	7.2	157	30 MW×48=1,440 MW	2,326	조사완료 그러나 보류
시화호	7.8	39	25.4 MW×10=254 MW	553	완공 (2011년부터 가동)
아산만	8.33	19	20 MW×8	320	토의 중
가로림	6.56	96	25 MW×20=500 MW	930	설계 완료(추진 중, 주민반대 심함)
천수만	5.19	380	20 MW×30=600 MW	966	–
강 화	8.97	84.9	25.4 MW×32=812.8 MW	1,536	중단 후 재검토

↘8.11 지열과 그 이용

지구는 과거 풍부하게 존재한 우라늄과 칼륨-40 등의 방사능 물질이 붕괴되면서 차차 냉각되어 표면에 지각이 형성되었다. 아직 내부까지는 냉각이 진행되지 않아 수십억 년 후인

그림 8.27 ｜ 세계 지열 이용국(자료: Geothermal Resources Council 2010)

표 8.11 | 각국의 지열발전용량 (단위: MW)

연도 국명	2000	2005	2010	2015	연도 국명	2000	2005	2010	2015
호 주	0.17	0.2	1.1	1.1	케 냐	45	127	167	594
중 국	29.17	28	24	27	멕시코	755	953	958	1,017
코스타리카	142.5	163	166	207	뉴질랜드	437	435	628	1,005
엘살바도르	161	151	204	204	니카라과	70	77	88	159
프랑스	4.2	15	16	16	필리핀	1,909	1,931	1,904	1,870
과테말라	33.4	33	52	52	포르투갈 (Azores)	16	16	29	29
아이슬란드	170	322	575	665	러시아	23	79	82	82
인도네시아	589.5	797	1,197	1,340	태 국	0.3	0.3	0.3	0.3
이탈리아	785	790	843	916	터 키	20.4	20.4	82	397
일 본	547	535	536	519	미 국	2,228	2,544	3,086	3,450
					총 계	7,974	9,064.1	10,709.7	12,635.9

지금도 지구의 내부는 고온으로 용해된 상태로 되어 있다. 그래서 두께가 40 km로 추정되는 지각의 내부에는 "마그마체"가 존재하고 화산활동의 원인이 되고 있다. 이와 같이 지각 내에 축적된 열량은 막대한 것으로 이것을 이용해서 발전 등의 에너지원으로 이용하려고 하는 것은 당연한 일이다. 세계의 지열분포를 그림 8.27에, 각국의 발전현황을 표 8.11에 나타낸다.

고온의 마그마의 일부는 지표로 분출된다. 이것이 활화산이다. 지각 내의 마그마 냉각에 의하여 분리된 물이 고온의 수증기로 상승한다거나 또한 고온의 암석에 지표로부터 빗물 등이 들어가 마그마와 접하면 이것이 고온의 열수나 증기로 되어 지표로 분출된다. 이 증기를 이용해서 발전하는 것이 오늘날의 주요 지열이용의 현황이다. 일본은 비교적 지열발전을 많이 하고 있고 규슈 핫쵸바라에 가장 큰 100 MW급을 위시해서 전국에 16기의 발전소에서 2010년 현재 536 MW의 용량을 가지고 있다. 앞으로 2800 MW 정도의 건설 목표를 가지고 그동안 침체되었던 지열발전 건설에 열을 올리기 시작했다.

발전용량으로 보면 미국이 가장 큰 용량을 가지고 있고 필리핀, 인도네시아, 멕시코 그리고 뉴질랜드를 들 수 있고 급격히 팽창 하는 국가는 터키이다. 역사적으로 보면 이탈리아의 Larderello에서 1904년, 즉 90년 전에 이미 행하였으며 현재도 이 지역에서 500 MW 정도의 발전시설로 연간 4,800 GWh의 전력을 생산하여 약 100만 가구에 공급하고 있다.

또한 미국에서도 캘리포니아의 가이사스 지역만 하더라도 500 MW 규모로 발전하고 있고, 2005년도에 미국은 2,544 MW로 가장 큰 시설용량을 가지고 있었다. 2015년 현재는 3,450 MW의 시설용량으로 발전하고 있으며 1년에 150억 kWh(석유환산 2500만 bbl, 석탄 6백만 ton)의 전력을 생산한다.

지열을 분류해 보면 심층(深層, deep)을 이용하는 지열과 소위 천층(淺層, shallow)으로 나눠볼 수가 있는데 심층은 ~400 m로부터 수 km 깊이의 지열을 이용하는 것으로 화산지역이냐 일반지역이냐에 따라 깊이가 달라 질수가 있다. 천층지열의 이용은 태양에너지의 영향을 받아 여름에는 온도가 올라가고 겨울에는 내려가는 대기온도의 영향을 받는 깊이에서 ~400 m(20~25℃) 정도까지에서 지열을 회수 하는 것을 말할 수 있다.

▌ 열 이용방식

깊이가 깊지 않거나 깊더라도 발전에 이용하기가 충분하지 않은 경우는 열을 그대로 이용하는 경우가 대부분이다. 물론 온도가 높더라도 전력보다는 열이 필요한 경우가 많으며 이런 경우는 열수 지지층(支持層)의 물을 직접 이용할 수도 있지만 일정한 수량의 보증이 힘들어 보통은 수직이나 수평(80~160 cm의 깊이)의 열교환기를 설치해서 지상에서 물을 보내서 가열하여 사용하고 식은 물은 다시 열교환기로 되돌려 보내서 가열한다. 이때 온도가 충분 하지 않는 경우는 지열을 열원으로 하는 히트펌프와 조합하여 온도를 올린다. 역으로 여름에는 더워진 물을 지각으로 돌려보내서 냉방을 할 수도 있다. 히트펌프는 압축식과 흡수식 어느 것도 사용이 가능 하며 주변의 여건 즉 태양에너지나 폐열원이 있으면 이들과의 조합을 적절히 고려하는 것이 보다 효과 적일 수가 있다.

이런 형식의 천층의 지열이용은 단독주택이나 소형아파트, 병원, 학교나 기업뿐만 아니라 도로의 겨울철 결빙을 용해하는데도 유용하게 사용할 수가 있다.

▌ 발전방식

2012년 현재 223 TWh의 에너지를 세계적으로 추출하고 있는데 이중 2/3가 열로 회수해서 사용 하고 있고 그 용량의 66%가 중국, 미국, 스웨덴, 독일 그리고 일본에서 생산 하고 있다. 그리고 지열 발전의 설비는 2015년 현재 12.6GWe이고 OECD국가의 평균 성장률은 2.1%라고 한다.

진행 중인 지열발전방식은 지하로부터 분출되는 수증기를 사용해서 터빈을 돌리는 증기발전방식이다. 연료를 사용해서 증기를 만드는 것이 아니기 때문에 발전 단가가 낮을 것으로 예상된다. 증기와 함께 다량의 열수(熱水)가 나오지만 이 열수는 대부분 이용되지 않고 그대로 지하로 되돌아가며 일부는 주택지에서 열로 공급된다.

발전 형식에는 배압(back pressure), 바이너리(binary), 건조증기(dry steam), 단일/이중/삼중 후레쉬(single/double/triple flash)발전방식이 있다. 배압법은 지하에서 올라온 압의 스팀을 수분 등을 제거한 후 그대로 터빈에 보내서 발전 하는 것으로 증기 이용효율이 낮아 10~20% 정도 된다. 건조증기는 수분 등 제거가 필요 없어 바로 터빈에 보내서 발전 한다. 후레쉬발전

표 8.12 | 각국의 발전방식별 용량(2014)　　　　　　　　　　　　　　　　(단위: MWe)

국 명	배 압	바이너리	이중 후레쉬	건조증기	하이브리드	단일 후레쉬	삼중 후레쉬	합계
호주	–	1	–	–	–	–	–	1
오스트리아	–	1	–	–	–	–	–	1
중국	–	3	24	–	–	1	–	28
코스타리카	5	63	–	–	–	140	–	206
엘살바도르	–	9	35	–	–	160	–	204
에티오피아	–	7	–	–	–	–	–	7
프랑스	–	2	5	–	–	10	–	16
독일	–	27	–	–	–	–	–	27
과테말라	–	52	–	–	–	–	–	52
아이스 랜드	–	10	90	–	–	564	–	665
인도네시아	–	8	–	460	–	873	–	1,340
이태리	–	1	–	795	–	120	–	916
일본	–	7	136	24	–	355	–	520
케냐	48	4	–	–	–	543	–	594
멕시코	75	3	475	–	–	466	–	1,019
뉴질랜드	44	265	365	–	–	209	132	1,005
니카라과	10	8	–	–	–	142	–	160
파파뉴기니아	–	–	–	–	–	50	–	50
필리핀	–	219	365	–	–	1,286	–	1,870
포르투갈	–	29	–	–	–	–	–	29
루마니아	–	0	–	–	–	–	–	0
러시아	–	–	–	–	–	82	–	82
대만	–	0	–	–	–	–	–	0
타이 랜드	–	–	–	–	–	–	–	0
터키	–	198	178	–	–	20	–	397
미국	–	873	881	1,584	2	60	50	3,450
합계	181	1,790	2,544	2,863	2	5,079	182	12,640

자료: Proceedings WGC(2015) R. Bertani, 하이브리드: 두개의 방법을 조합한 것

방식은 끌어올린 열수를 기수분리기에서 고압의 스팀을 얻고 이를 터빈에 보내는데 단 한번만 후레쉬 하는 것이 단일 이고 후레쉬 한물을 다시 보다 저압에서 후레쉬 한번 더하여 터빈의 중심부에 삽입하는 것이 이중 후레쉬 그리고 후레쉬를 또 한번 더해서 낮은 압의 증기를 얻어 터빈의 낮은 부위에 삽입하는 것이 삼중 후레쉬이다.

　이중 바이너리 발전방식을 여기서는 소개 한다. 이것은 중저온 열수에너지를 효과적으로 이용하기 위하여 설계된 것이다. 이 방식은 중저온수의 열로 비점이 낮은 소위 2차 유기매체를 기화시켜 큰 압력이 걸리도록 하며 유기랭킨 사이클 터빈을 돌려 발전하는 방식이다. 그림 8.28이 바이너리 발전방식이다.

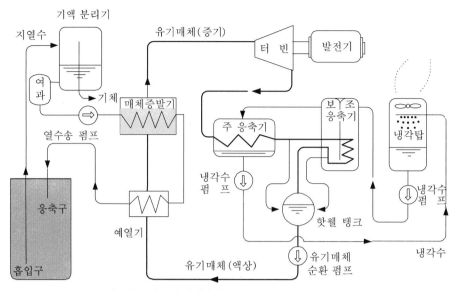

그림 8.28 | 열수 전용형 발전방식(바이너리 발전방식, 유기매체 랭킨)

　　지하 흡입구에서 올라온 열수는 기체성분을 분리(기액 분리기)하고 증발기로 가서 열을 전달하게 되며, 다시 예열기를 통해서 지하로 되돌아간다. 한편 증발기에서 증발된 유기매체는 팽창하여 터빈을 돌리고 발전에 쓰인다.

　　터빈에서 나온 유기매체는 주 응축기에서 응축되어 핫웰(hotwell) 탱크에 저장된 후 펌프에 의하여 예열기에서 예열되고 증발기에서 다시 증발하는 형식으로 순환하며 지열발전을 하게 된다. 주 응축기의 냉각수는 냉각탑에서 기화열로 냉각되고 순환한다.

일본 규슈 핫죠바라 지열 발전소 전경

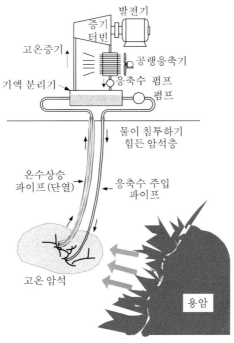

그림 8.29 | 고온 암체열을 이용한 발전방식

바이너리 발전의 경우는 그의 중·저온의 열수가 장소에 따라 산성이 매우 강한 경우가 있고 황화수소 같은 가스가 포함되어 있는 곳도 있어서 이것의 사용에는 각종 사용재료에 내부식성이 큰 재료를 선택하지 않으면 안 된다. 또한 열수에 따라 이산화규소(실리카) 등 여러 가지 침전물의 생성이 문제가 되고 있고 증기발전만의 경우에도 구멍의 파이프가 폐쇄될 가능성이 커서 이것이 지열발전의 경제성에 영향을 준다.

이와 같이 지역에 따라 또한 같은 지역에서도 위치에 따라 증기와 열수의 성상이 다른 경우도 있다. 지열발전용 재료로는 지열을 빼내는 구멍에 적합한 재료를 선택할 때 경제성도 생긴다.

약알칼리성의 열수에는 재료적인 문제는 없지만 산성의 경우에는 스테인리스강과 지탄합금 등 내식성이 우수한 재료가 필요하다. 염산과 같은 산성을 나타내는 조건에서는 적당한 재료를 얻기 곤란하지만 염산 산성의 열수는 그리 많지 않다. 제2매체를 선택할 때에도 적어도 효율이 좋은 물질을 찾지 않으면 안 된다. 효율은 물론 열에 안전성이 높으며 금속을 부식하지 말아야 한다. 그리고 값이 저렴해야 하는 등 여러 가지 조건에 적합한 물질이어야 한다. 현재 이와 같은 조건을 만족하는 것으로는 옛날에는 프레온을 사용했지만 자제되고 있으며 지금은 저급탄화수소로 아이소뷰테인, 펜탄 그리고 프로판도 사용 된다. 특히 프레온이 사용된다면 수소가 붙어 있는 R134a 정도 생각할 수가 있다.

이와 같은 천연의 증기와 열수를 발전용으로 사용하는 것과는 별도로 그림 8.29에서 보는 바와 같이 지하의 300~500℃의 건조한 암체의 열에너지를 이용하여 발전을 행하는 것도 시도되어 왔다. 러시아에서 많은 연구가 진행되고 있지만 이것은 지표로부터 두 개의 구멍을 뚫고 그 중 하나의 고온 암체 틈으로 물을 보내고 다른 하나의 구멍으로부터는 발생된 증기를 끄집어내서 터빈을 돌려 전기를 얻는 방법이다. 이 방법에서는 고온 암체의 굴착기술이 핵심이다.

심층 지열 중 수 km에서 지열지대가 아닌 우리나라도 5~6년 전부터 심층지열발전 개발에 들어갔다. 후보지는 남동쪽의 포항에 현재 약 4 km를 임이 굴착해서 160~180℃ 정도의 스팀을 얻었으며 곧 우리나라도 지열 발전국이 될 전망이다. 그리고 울릉도와 광주광역시에 민간기업이 4 MW급 지열발전을 계획하고 있다. 원리는 암반의 틈새로 냉수를 보내 다른 쪽에서 증기를 생산하는 발전 방식을 시공 하고 있다. 앞으로 여러 지역에서 시공이 이루어 질것으로 생각된다.

1 지구상에 도달하는 태양에너지의 양을 석탄과 석유의 양으로 환산하여라.

2 우리나라의 강우량 중 발전으로 이용되는 양은 전 강우량의 몇 %나 되는지 개략치를 계산하여라.

3 북유럽 나라들이 상대적으로 수력발전 비율이 높다. 그 이유를 설명하여라.

4 우리나라에서도 바이오매스를 에너지원으로 사용하는 경우가 있다. 사례를 조사해서 그 과정을 열거하여라.

5 태양열을 이용하기 위하여 흡열판을 지붕에 설치한다. 현재 우리나라에서 많이 사용되는 흡혈판의 구조를 설명하여라. 또한 일체형 온수기, 자연순환식 온수기, 강제순환식 온수기의 장단점을 비교하여라.

6 각자 나름대로 우리 실정에 맞는 솔라 하우스를 설계하여라. 개인주택은 가능하겠지만 아파트도 가능할까?

7 풍차발전이 경제성이 있으려면 어떤 조건이 구비되어야 하는지 설명하여라.

8 바다와 강이 만나는 지점에 설치하는 농도차 발전을 현실화하려면 어떤 문제가 해결되어야 하는지 나름대로 생각하는 바를 써 보고, 또 현실성이 있을지에 대해서도 말해보아라.

9 우리나라에는 조수간만의 차를 이용하는 조력발전이 건설 되었거나 계획 중인 것이 있다. 그러나 앞으로 확대하는데 고려되어야 할 사항을 설명하여라.

10 온천수를 온천지역의 실생활의 에너지로 이용하는 방법을 구상하여 설명하여라.

11 지열을 가장 많이 쓰는 나라의 예를 들고 그 이용방법(이용계통도)을 써라.

12 지열발전 방식에서 후래쉬발전 방식의 공정도를 그리고 설명하여라.

13 석유를 재생성 에너지로 대체해서 에너지 문제를 어느 정도 해결할 수가 있다고 보는가?

14 화석연료와 재생성 에너지(그린에너지) 사용의 장단점을 비교 설명하여라(인터넷 참조).

15 현재 우리나라에서 개발 중인 심층지열이용에 대하여 조사하여라.

Chapter 9

수소
에너지

현재 수소가 쓰이고 있는 곳은 로켓연료로 사용되고 있고, 자동차 연료 그리고 제트엔진에도 실용화가 시작되고 있다. 최근에는 실용화 단계에 들어선 연료전지용 연료로 쓰이고 있다. 수소를 사용한 후 생성되는 생성물은 물이 되기 때문에 환경에 아무런 영향을 주지 않아서 청정에너지로 장차 그 사용이 우리 실 생활 속으로 파고 들어올 가능성이 커지고 있다. 수소는 영하 253℃에서 액화하지만 액체가 되면 체적이 작아서 저장하기에 매우 좋고 수송할 경우에도 전력과 같이 수송 손실 같은 것이 발생하지 않아 장래 유망한 에너지원이라고 할 수 있는 것이다.

미국에서 1956년경으로부터 액체 수소를 사용하는 로켓과 제트 엔진이 개발되어 사용되고 있고 이미 사툰 로켓에 중요한 연료가 되고 있다. 또한 제트기에서도 지금까지의 석유연료의 대체로 수소를 연료로 사용하기 위한 시험비행이 진행되고 있다. 수소가 로켓과 제트

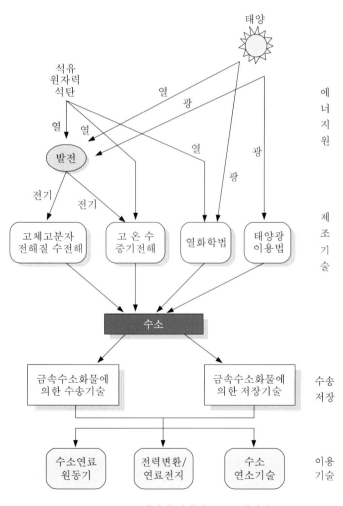

그림 9.1 ┃ 21세기에 기대되는 수소에너지

연료로 사용되는 이유는 단위중량에 대한 발열량이 크다는 의미보다는 차라리 제트 추진의 추진력이 가스의 분자량에 반비례하기 때문으로 가장 큰 속도를 일으킨다는 점이 중요시되기 때문이다.

또한 자동차에도 현재 사용되고 있는 엔진에 조금만 개량을 가하면 수소를 연료로 사용할 수 있다는 것이 실증되어 있다. 이 경우 휘발유 차에 비하여 SO_x(황산화물)과 HC(탄화수소)의 배출이 전혀 없다. 광화학 스모그의 원인이 되는 NO_x(산화질소)의 배출은 1/10로 줄어들기 때문에 청정에너지임이 틀림없다.

이와 같이 수소를 연료로 사용하면 전기에서와 같은 수송 손실은 없다고 하지만 액체 수소로서 저장은 매우 힘들다. 그러나 전기를 필요로 할 경우는 연료전지를 사용하여 전기로 변환시킬 수 있는 능력이 있다.

그림 9.1은 장차 수소를 제조하여 사용 가능한 계통을 보여주고 있다.

⬊ 9.1 수소의 제조

1. 석탄 및 석유의 전환

보통 쉽게 생각하면 물을 전기분해하면 수소를 얻을 수 있다. 그러나 현재 산업체에서는 석탄을 가스화해서 수성가스를 만들고 여기서 수소를 분리한다. 즉 1,200℃ 정도에서 수증기와 석탄을 반응시키면 일산화탄소와 수소가 얻어지고 일산화탄소는 다시 수증기와 반응해서 또 하나의 수소를 발생하게 된다.

$$C + H_2O \rightarrow CO + H_2$$
$$CO + H_2O \rightarrow CO_2 + H_2$$

또한 값이 싼 나프타와 천연가스를 사용하여 다음과 같이 고온에서 수증기와 반응시켜 석유를 분해함으로써 수소를 제조한다.

$$CH_4 + H_2O \rightarrow CO + 3H_2$$
$$C_nH_{2n+2} + nH_2O \rightarrow nCO + 2(2n+1)H_2$$
$$CO + H_2O \rightarrow CO_2 + H_2$$

다량의 수소는 지금까지 석유와 천연가스에서 제조하여 왔다. 그렇기 때문에 수소는 가격 면에서 석유와 연동될 가능성이 있다. 얼마 전만 하더라도 원자력에 의하여 얻은 싼 전기를 사용하여 물을 전기분해하는 것이 어떻겠는가 하는 의견도 있었지만, 선진국에서는 원자력을 이용한 수소의 제조가 사실상 정지된 상태였다가 최근 다시 원자력의 열을 이용한 물의 화학적 열분해(열화학법)에 관심을 갖기 시작했다.

근본적으로는 물이 수소 제조의 원료가 되어야 한다는 것은 틀림없지만 어떤 방법으로 물을 분해하는 것이 경제성이 있겠는가는 좀 두고 보아야 할 일이다. 물은 그 자체로도 3,000℃ 정도로 온도를 올리게 되면 분해되어 산소와 수소가 된다. 그러나 이렇게 높은 온도를 얻는다는 것은 매우 힘들고 몇 백도 정도의 낮은 온도에서 분해해야 실용성이 있다.

2. 열화학법

낮은 온도에서 물을 분해하는 몇 가지 화학반응(열화학법)을 살펴보기로 하자. 유라톰 (Euratom, 유럽원자력공동체)은 이탈리아 이스프라에 큰 수소연구소를 가지고 있다. 여기서 개발한 마크-1, 마크-9를 그림 9.2와 9.3에 나타낸다.

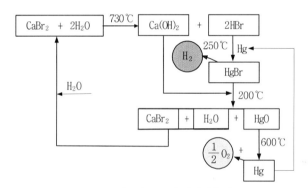

그림 9.2 │ 마크-1의 화학반응식

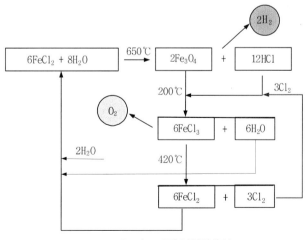

그림 9.3 │ 마크-9의 화학반응식

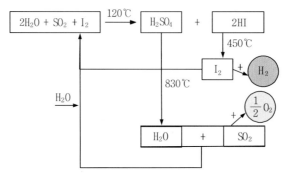

그림 9.4 | S-I 사이클 공정에 의한 산소/수소의 발생원리

그리고 그림 9.4는 앞으로 제4세대 원자로의 초고온고속로에서 나온 열을 수소제조화학에서 수소를 제조하려 할 때 사용할 S-I 사이클 공정이다.

위 반응들은 모두 수소와 산소 이외의 반응 생성물은 반응의 원료로서 재이용되는 사이클을 형성하고 있다. 이러한 사이클은 물과 필요로 하는 열만 있으면 계속해서 산소와 수소를 만들어 낼 수가 있다. 또한 이 사이클로부터 산소와 수소를 얻음으로써 궁극적으로는 원료의 물이 산소와 수소만을 발생하는 시스템이라고 할 수 있다. 마크-13은 $2H_2O + SO_2 + Br_2$가 출발 원료인 것만 다르고 S-I 사이클과 거의 같다.

3. 광화학법

제3의 방법으로는 일본의 요코하마 마크-3이 있다. 이것은 광을 화학반응의 순환 중에 사용하여 수소를 제조하도록 하고 있다. 반응 사이클은 그림 9.5와 같다.

이 경우 옥시황산제2철($Fe(OH)SO_4$)의 분해반응에 250℃의 열이 필요하다. 이 열을 얻기 위하여 태양열의 이용이 가능하다. 앞서 말한 유라톰의 열화학분해법에 의한 수소의 제조에서는 650℃의 높은 온도가 필요하지만 250℃라는 낮은 온도에서 가능하다는 데 흥미가 있다.

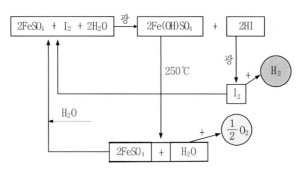

그림 9.5 | 마크-3의 화학식 (일본 요코하마)

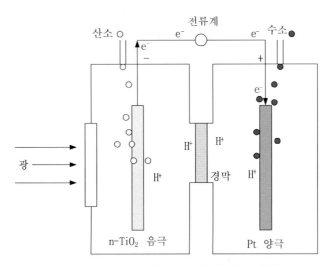

그림 9.6 ┃ 반도체상에 광을 조사한 물의 전기분해 원리도

물의 전기분해에 태양열 발전과 태양전지로부터 얻은 전기를 사용하는 방법이 있고, 또 태양광을 이용하여 물로부터 수소를 발생시키는 Boer의 방법으로 동경대학의 혼다·후시지마 교수의 반도체를 사용한 것이 있다. 예를 들면 그림 9.6과 같이 물속에 있는 전극인 n-TiO₂에 광을 조사하면 +홀이 생기며 전자를 백금전극으로 밀어내며 기전력을 발생시키고 발생된 수소이온은 격막을 거쳐 백금전극으로 가서 전자를 받아 수소를 생성한다.

$$\text{산화티탄 극} \quad H_2O + 2p^+ \rightarrow 1/2O_2 + 2H^+ + 2e^-$$
$$\text{백금 극} \quad\quad 2H^+ + 2e^- \rightarrow H_2$$

위와 같이 수소와 산소가 발생한다.

같은 아이디어이지만 TiO₂ 입자에 미세한 백금을 입히고 물에 부유(浮遊)시켜 산성으로 하면 태양광의 조사 시 역시 산소와 수소가 발생한다. 이 방법은 산소와 수소가 혼합되어 나오기 때문에 별도로 분리를 해야 하는 번거로움이 있다.

4. 바이오매스로부터 수소의 제조

바이오매스로부터 수소의 생산은 바이오매스의 생산이 증대되고 수소의 수요가 커짐에 따라 그 중요성이 앞으로 크게 발전될 것으로 보인다. 현재 예측되는 수소제조 방법은 다음과 같이 분류할 수 있다.

- 수성가스 반응이 결합된 열화학적 가스화
- 급속 열분해 후 생성된 바이오유의 개질

- 태양빛으로 직접 분해
- 앞으로 나타날 새로운 가스화 방법
- 바이오매스로부터 얻은 syngas의 전환(앞장의 바이오매스 참조)
- 바이오매스의 초임계상태에서의 전환
- 바이오매스의 미생물에 의한 전환

▌ 수성가스와 결합된 열화학적 방법은 바이오매스를 600~1,000℃에서 급속히 열분해 시켜 얻어진 [CO+H_2+CO_2+에너지]로부터 CO를 수성가스 반응으로 니켈촉매 하에서 CO+$H_2O \rightarrow CO_2$+H_2로 하는 방법이다. 원료 바이오매스는 아몬드각, 솔 나무 톱밥, 볏짚, 미소조류, 차 찌꺼기, 땅콩 각, 단풍나무톱밥, 도시쓰레기, 펄프생산의 크라프트 반응의 리그닌, 펄프제지 폐기물 등이 있다.

▌ 급속열분해 후 생성된 바이오유의 개질방법은 흡열반응으로 우선

바이오매스(소나무 톱밥)+에너지(700℃) → 바이오유+차+가스(Ni-Al 촉매)

의 반응이 일어나고 두 번째 단계에서

$$바이오유 + H_2O \rightarrow CO + H_2$$

로 하여 수소를 생산한다.

▌ 태양빛으로 직접 분해하는 것은 태양빛을 집광하여 유기물에 고온으로 조사하여 분해/가스화 시키는 것으로, syngas 같은 중간 생성물을 거쳐 수소나 유기물류를 만드는 것이다. 집광온도는 500~700℃ 정도가 되며 농산물 폐기물에 적합하고 생성혼합가스로부터 수소의 분리는 Pd-다이어프램이 좋다고 보고되어 있다.

▌ 새로운 가스화 방법은 여러 가지를 제시하고 있는데 한 예를 들어 보면 In_2O_3를 차(char)로 환원하여

$$In_2O_3 + C = In_2O + CO_2 \qquad T > 873\,K$$
$$In_2O + 2H_2O = In_2O_3 + 2H_2 \qquad T < 673\,K$$

로 수소를 얻는 것이다.

▌ 바이오매스에서 얻은 syngas의 전환은 스펀지–철 반응계에 의한 것인데, 이는 syngas를

$$Fe_2O_3 + 3CO \rightarrow 2Fe + 3CO_2$$
$$2Fe + 3H_2O \rightarrow Fe_2O_3 + 3H_2$$

로 수소를 제조하는 방법이다.

바이오매스의 초임계상태에서의 전환은 온도는 낮지만 초임계 수용액 상태에서 바이오매스를 가스화하는 것이다. 예를 들면 글루코오스나 단풍나무톱밥을 물에 고농도로 하고 압력 22 MPa, 온도 374℃에서 가스화한다. 물론 이렇게 하면 차(char)나 고형 잔사물이 생성되지 않는 이점이 있다. 얻어진 수소가스의 농도는 18%가 가능하다고 한다.

바이오매스의 미생물에 의한 전환은 탄수화물을 적절한 미생물과 함께 발효시키면 마치 혐기성 소화처럼 처리되며 수소와 탄산가스가 생성된다. 그런데 목초 폐기물을 칩으로 하여 발효시키고 생성된 유기산에 그림 9.7과 같이 저전압에 0.2~0.8 V의 전기(biocatalysed electrolysis)를 가하면 그대로 발효시켜 수소를 얻는 것보다 미생물 촉매작용이 촉진되어 더 많은 양의 수소가 양극에서 발생할 수 있다. 과일이나 야채시장의 산성 폐기물도 고속으로 수소를 발생시키므로 앞으로 도시 폐수처리에서 볼 때 폐수의 정화는 물론 수소도 얻는 일거양득의 효과가 기대되는 방법이라고 할 수 있다.

광촉매발효(photo-fermentation)와 어둠발효(dark fermentation: 빛 없이도 발효되므로 24시간 발효 가능) 그리고 혐기성 박테리아 작용을 함께 조합하면 다양한 종류의 바이오매스의 처리가 가능할 것으로 보고 있다. 다시 말해 폐기물 처리/수소에너지 제조 면에서 주목되는 공정이라고 할 수 있으나 아직 연구 단계이다.

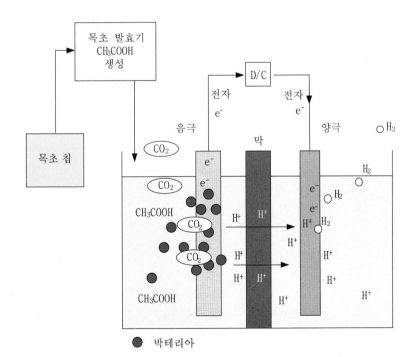

그림 9.7 ┃ 미생물 촉매전해에 의한 수소의 생성

↘ 9.2 수소의 저장

　액체 수소는 저온 연료로서 기본적으로는 LPG, LNG와 다를 바가 없다. 그러나 수소는 천연자원이 아니고 2차 에너지로서 고가이고 액화하는 데도 비교적 가격이 비싸기 때문에 액체 수소의 보급률은 LPG, LNG에 비하여 아직은 매우 낮을 수밖에 없다. 물론 액체 수소로도 저장할 수 있다. 그러나 가장 안전한 저장법은 금속수소화합물을 만들어 저장하는 것이다.

　금속의 수소화물은 전이 금속과 그의 합금으로서 수소화물 반응이 가역적으로 쉽게 일어나야 한다. 표에서 보면 대표적인 것이 MgH_2와 Mg_2NiH_4로 최근에 나노구조, 나노촉매, 나노콤포지트를 중심으로 수소의 함량을 증가 시키려는 연구를 발전시키고 있다. 실험실적 결과로 보면 볼밀(ball mill)에 넣고 처리하면 이러한 수소의 결합과 탈착이 잘 일어나는데 그 이유가 이렇게 처리함으로서 입자의 크기가 1.3 nm 이하고 작아지기 때문이다. 촉매는 수소 분자의 분해와 재결합을 도와주는데 모두 전이 금속으로서 Pd, V, Ni 그리고 산화물은 Cr_2O_3, Nb_2O_5, 비금속은 흑연 모두 나노입자의 MgH_2(나노 크기의 TiF_3 촉매)에서 수소화/탈수소화를 돕는다. 300℃에서 6분 안에 4.5%를 탈착 키고 상온에서 다시 흡착 한다. 그러니까 촉매가 수소흡/탈착의 활성화 에너지를 감소시키기 때문이다.

　다음에 연구가 많이 되고 있는 것은 복합금속수화물(complex hydrides)로서 예를 들면 아마이드 수소화물(amide-hydrides), 보로수소화물(borohydrides), 그리고 알라네이트(alanates) 등이다. 알라네이트의 예를 들면 $NaAlH_4$는 실은 수소용량이 작지만 최근 수소화물의 생성 기구의 이해와 촉매 사용으로 주목을 끌고 있다.

　아마이드는 Li_3N의 경우 다음과 같이 수소를 저장 한다.

$$Li_3N + 2H_2 = Li_2NH + LiH + H_2 = LiNH_2 + 2LiH$$

로서 10.5%(질량)의 수화가 가능한데 탈수가 흡열인데다가 250℃로 높고 탈수소열이 80(1단계)과 66(2단계) $kJ/molH_2$로 너무 높아 실용성에 문제가 있는데 앞으로 연구가 더 진행되는 것을 지켜 볼 필요가 있다.

　보로수화물 $LiBH_4$은 그의 높은 수소함량(18.4%) 때문에 많은 주목을 받고 있는데 수소탈착이 물론 흡열이고 탈착온도도 높다. 그러나 다른 물체 $LiNH_2$, MgH_2 그리고 CaH_2 등과 반응시켜 그의 열역학적 성질을 변화 시켜 흡/탈수소화 성능을 개량 시키는 연구를 계속 하고 있다. 이와 같이 물질에 수소를 결합 상태로 저장 하려는 노력은 연료전지 특히 자동차 등에 사용하는 연료전지를 안정적으로 그리고 실질적인 저장 형식으로 해야 하는 긴박한 상태에 와 있기 때문이다.

　표 9.1에서는 액체 수소와 가스 실린더에 의한 수소의 저장법, 수소를 암모니아 형태로

표 9.1 │ 수소 저장 매체의 비교

구 분	밀도(g/cm^3)	수소의 wt(%)	원자 수 H/cm^3(10^{22})
H$_2$(liquid)	0.07	100	4.2
H$_2$(gas, 150 atm, 20℃)	0.012	100	0.38
NH$_3$(liquid)	0.6	17.7	6.5
MgH$_2$	1.4	7.6	6.7
TiH$_2$	3.8	4.0	9.1
VH$_2$	2.9	2.08	11.37
Mg$_2$NiH$_4$	2.6	3.6	5.6
FeTiH$_{1.74}$-FeTiH$_{0.14}$	6.1	1.52	5.5
LaNi$_5$H$_6$	8.25	1.37	6.76

만들어 암모니아 액체로 저장하는 방법, 또한 위에서 언급한대로 금속수소화합물에 의한 수소 저장의 저장성능을 비교하고 있다.

가장 가볍고 수소 함유율이 좋은 것은 액체수소이나 저온용기라는 요소를 고려하면 암모니아법과 금속수소화합물법에 비하여 반드시 우수하다고 마는 할 수 없다.

암모니아법은 수소와 질소를 산화철과 알루미나의 혼합촉매를 사용하여 200 내지 1,000기압의 높은 압력, 그리고 400℃ 내지 700℃의 높은 온도에서 암모니아를 합성해서 저장한다. 따라서 이와 같은 암모니아 합성은 공정에너지가 절약되어 가격면에서 낮아져야 액체 수소와 경합할 수 있다. 암모니아를 만들 때 수소 1 kg당 입력에너지는 56,512 kcal이다. 이것은 수소를 액화할 때의 입력인 32,436 kcal와 비교해 보면 상당히 크나 수소의 수송비용을 고려하면 경쟁력이 있다. 극히 대량의 수소를 석유 대체용으로 이용한다고 할 때 암모니아법에 의한 수송저장이 충분히 주목을 받을 수 있다.

예를 들면 600만 m^{3}의 수소를 운반하는 매체로서 암모니아 액체를 사용하게 된다면 3,000톤(431만 리터)의 양에 상당한다. 석유환산으로 185만 내지 157만 리터에 해당한다. 옛날에는 LNG를 운반할 때 암모니아로 해서 운반하는 쪽이 어떻겠는가 하는 논의도 있었다고 한다. 천연가스도 액화된 LNG로 수송하게 된 데에는 과학/기술상 그리고 경제적인 견지에서 결론이 나기보다는 오히려 정치적으로 해결되었다고 하지만 지금 보면 LNG 수송이 합리적이라고 생각된다. 암모니아법에 의한 연료론은 지금부터 주장되는 것이라 생각하면 좋다. 표 9.1에는 이러한 방법으로 운반했을 때의 수송비는 쓰여 있지 않으나 어떠한 기기에 수소가 이용되는가에 따라 달라진다. 예를 들면 연료전지에 사용할 때에는 액체 수소의 저온의 냉열을 이용할 수 없기 때문에 암모니아법과 금속수소화합물이 좋다. 항공기에서는 액체 수소에 한하며, 자동차에는 금속수소화합물이 좋다.

1 수소는 청정에너지로 생각된다. 그러나 수소도 연소과정에서 오염물질을 발생한다. 그 물질이 무엇이며 이물질이 나오지 않거나 발생량을 감소시키는 방법에 대하여 써라.

2 수소의 제조방법으로는 물을 전기분해해서 얻은 것이 가장 이상적이다. 그의 전기분해방법에서 값싼 전원을 사용하면 좋다. 가장 접근하기 쉽고 현실성이 있는 것을 말해 보아라.

3 현재로는 석유(예 나프타)를 분해해서 수소를 생산하는 것이 가장 저렴하다. 제조공정을 그리고 설명하여라.

4 수소는 사용상 위험하며 안전한 저장방법이 매우 중요하다. 여러 방법 중 가장 적합하다고 생각되는 방법을 용도에 따라 쓰고 그 이유를 설명하여라.

5 S-I 사이클이 4세대원자로 개념에 들어 있다. 원자력의 무엇이 이 반응을 가능케 하는가? 그 공정도를 만들어 보아라.

Chapter

10

에너지
이용 효율

한 국가의 에너지 사용은 그것을 어떻게 효과적으로 사용하는가가 매우 중요한 일이 되었다. 더구나 에너지를 보유하지 못한 나라에서는 만일의 경우 에너지를 수입할 수가 없게 된다거나 수입량에 차질이 생길 때에는 경제에 큰 타격을 주게 되기 때문이다. 그래서 어디에서 에너지가 얼마나 소비되며 어떻게 사용되는지 국민들이 주의 깊게 관찰하며 행동하여야 하는 것이다. 그래서 수입비중을 덜어 낼 수 있는 방향을 항상 모색해 나가야 한다. 그러면 먼저 우리나라에서 에너지가 얼마나 유효하게 관리/사용되고 있는지 또 어떻게 하는 것이 효율적인지 살펴본다.

↘ 10.1 에너지원단위

'에너지원단위'라는 말은 두 가지 의미로 사용된다. 첫째는 단위소득액(원)에 대하여 소요되는 에너지(TOE), 즉 TOE/백만 원(소득)으로 나타낸다. 또 다른 하나는 기준을 생산제품의 단위량에 기준 한다. 즉 TOE/제품의 개수(또는 m^2 또는 m^3)를 에너지원단위라고 한다. 전자를 부가가치 원 단위라고 하지만 결국 같은 의미를 가진다. 즉 원단위가 적은 형의 생산 공장 또는 생산구조가 필요한 것이다. 더구나 최근에는 지구환경과 관련해서 볼 때 탄산가스 발생을 줄이는 일은 결국 에너지원단위를 줄이는 일과도 같기 때문이다. 표 10.1은 우리나라의 부가가치원단위를 업종별로 나타내었다.

1994~2013년을 비교해 보면 에너지원단위가 업종별로 크게 개선되고 있는 것을 알 수가 있다. 이것은 시설에 대하여 에너지 효율이 좋은 공정을 계속해서 도입하기 때문이다.

석유화학과 식품/담배 업종은 같은 부가가치를 내는 데에도 다른 업종에 비하여 에너지 소비가 크게 소요되고 있다. 따라서 앞으로 에너지원단위를 향상시키려면(낮게) 가급적 산업구조 조정에서 에너지 다소비형의 공업은 피하는 것이 바람직하다.

원단위의 개념은 생산제품에 대해서만 생각할 수 있는 것은 아니고, 수송이나 건물의 에너지 사용상에서도 얼마나 효과적으로 사용하고 있는지를 구별해 내는 데도 사용할 수 있으

표 10.1 │ 업종별 에너지원단위 (TOE/백만 원)

업 종	1994	2000	2007	2013	업 종	1994	2000	2007	2013
식품/담배	1.734	1.612	1.674	1.685	요업	0.98	0.74	0.58	0.43
섬유	0.19	0.23	0.14	0.08	1차 금속	0.45	0.4	0.34	0.48
제지/인쇄	0.27	0.27	0.22	0.17	조립금속	0.09	0.07	0.05	0.05
석유화학	1.03	1.03	1.01	1.06	제조업	0.496	0.416	0.328	0.314

자료: 한국에너지공단 2015 에너지통계 핸드북

며, 에너지원단위를 감소시키는 일이 에너지 절약의 기본이라고 할 수 있다. 그러면 구체적으로 에너지원단위 향상방법을 알아보기로 하자.

◻ 10.2 건물의 에너지원단위

주택이나 건물의 경우는 주거면적의 단위면적당 1년간의 에너지 소비량 $kcal/m^2$ year으로 나타낸다. 이러한 원단위는 개인주택과 아파트가 다르고 단열이 잘 시공된 주택과 그렇지 못한 주택에는 이 원단위가 틀리게 나타난다. 또 원단위는 겨울 동안에 몹시 추우면 값이 올라가는데, 기온의 변화에 따라 에너지 소비 변화가 심한 집이 단열이 부실한 주택이라고 할 수 있다.

일반 건물/주택의 원단위(에너지 절약)에 영향을 줄 수 있는 변수를 요약하면 다음과 같다.

- 단열의 상태(천장, 바닥, 벽, 창 주변)
- 창과 문의 숫자와 단열 상태, 겹창, 틈새(기밀성) 등
- 남/북쪽으로 난 창의 면적

표 10.2 │ 국내의 344개 건물의 전력원단위 예(1991년)   (단위: kWh/m^2y)

용도＼항목	조사대상 건물 수	동력용					조명	합계	최고	최소
		냉동기	엘리베이터	전산용	일반동력	소계				
상　용	54	10.84	8.77	8.19	32.44	60.06	27.8	87.9	163.5	52.25
공　공	13	8.49	3.98	4.02	29.01	45.52	29.2	74.7	113.0	31.25
호　텔	45	21.66	10.88	0.83	56.33	89.73	36.7	126.5	263.1	27.28
병　원	39	13.45	7.05	1.86	40.62	62.81	22.5	85.3	170.7	35.89
학　교	22	0.71	0.28	0.84	10.34	12.20	9.1	21.37	42.8	12.60
상　가	33	19.46	5.80	2.45	48.72	76.46	87.4	163.9	432.5	31.68
아파트	78	−	2.39	−	9.52	11.91	18.9	30.8	976.0	15.60
기　타	17	11.88	2.74	3.51	26.16	44.32	36.4	80.8	239.4	12.16
전화국	22	20.70	5.20	9.46	84.84	120.22	22.4	142.6	243.5	31.18
은　행	13	35.37	9.08	108.58	27.98	181.04	30.1	211.1	580.8	67.89
연구소	8	12.63	2.67	7.06	40.38	62.78	20.1	82.9	130.3	59.14
평　균	344	11.80	5.72	7.12	34.22	58.89	31.0	89.96	580.7	12.18
구성비%		13.11	6.35	7.91	38.03	65.46	34.5	100.0		

자료: 한국에너지공단
주: 표10.2의 데이터는 1991년도로 비교적 오래전의 것으로 지금은 많이 개선되었을 것으로 생각되나 수치의 상대적인 값에는 큰 영향이 없다고 생각 한다.

표 10.3 ┃ 건물의 업종별 연료원단위 예(1991년)				(단위 : kgoe/m²y)
호 텔	은 행	사무용	백화점	기 타
26.7	7.6	8.9	11.6	10.3

원단위 조사 대상 건물 수: 118개(최근 자료가 없다.)

- 보일러의 효율
- 집의 방향(남향 또는 북향 등)
- 기후조건
- 실내 환기의 빈도
- 실내 설정온도
- 대형 건물일 때는 냉난방 제어방식

표 10.2는 우리나라 주택과 건물별 전력에너지원단위를, 그리고 표 10.3은 연료원단위의 한 예를 나타내고 있다.

전기소비는 은행이 가장 많고 연료소비는 호텔이 가장 크다. 전기 사용의 내용에서 보면 은행 같은 곳은 전산기용이 크고 호텔은 엘리베이터, 그리고 상가는 조명에서 전기가 많이 쓰이고 있으므로 LED 전구를 쓰는 등의 전기절약에 대해 계획을 세울 때는 조명에 세심하게 힘써야 한다.

우리가 사용하는 에너지 중 가정/상업부분, 즉 주택과 건물에서 소비되는 것이 전 에너지 사용량의 20% 수준을 차지하고 있다. 이 중에서도 가장 많이 소비되는 곳이 냉난방 에너지이다. 물론 여름에는 냉방에 사용되는 전기가 대부분이다. 특히 대형 쇼핑센터 같은 곳이

에어컨과 선풍기는 같이 사용해야 전력소비가 감소한다.
에어컨에서 나온 찬 공기를 선풍기가 순환시키므로 냉각효과를 올려준다.

그렇다. 얼마 전까지만 해도 흡수식 냉방기가 대형 건물에 보급되어 일부 전기소비를 줄여 주고는 있었지만 전기에 의한 압축식 냉방기가 주류를 이루고 있고 이것은 앞으로도 계속 설치가 늘어날 전망이다. 난방은 아파트와 같은 경우는 지역난방이나 중앙난방을 하는 경우 와 아파트라고 하더라도 도시가스 보급의 확대에 따라 개별난방을 하며 이때는 주택별로 거 주자의 난방 성향이 중요시된다.

⊾ 10.3 건물의 에너지원단위 대책

그러면 몇 가지 건물의 에너지원단위, 즉 냉난방 부하를 좌우하는 요소를 생각해 보자.

1. 냉난방 제어방식

건물의 원단위를 좌우하는 것 중에 냉난방 제어방식이 있는데, 보통은 사람이 실내에서 활동할 때의 상황이 고려되지 않고 제어된 적이 있었으나 최근에는 사람의 생활패턴에 따라서 자동으로 대처하는 제어방식이 나와서 처리해 주는 곳이 늘고 있다. 따라서 이런 경우는 생활패턴에 잘 맞는 제어방식이 에너지 효율에 영향을 주게 된다. 즉 낭비하는 에너지를 최소가 되도록 줄이는 일이 중요하다. 현재 우리가 살고 그리고 일하고 있는 건물에 불필요하게 낭비되는 에너지를 줄이기 위한 대책만 세운다면 현재 냉난방에너지 소비를 반 이상 (> 50%)으로 줄일 수가 있다.

2. 기후와 실내 적정 설정온도

기후조건 같은 것은 자연의 섭리이지만 실내의 온도 설정은 사람이 하는 것이다. 일반적으로 사람들은 실내온도를 가급적 올리려고 노력한다. 따뜻하게 지내고 싶은 것이다. 당연한 것이라고 생각할 수도 있으나 여기에는 상당한 문제점이 있다는 것도 알아야 한다. 특히 아파트에 살 경우는 25℃ 이상을 유지하는 경우도 있다. 최근 우리는 한 가지 스스로 발견해 나가고 있는 것이 있다. 그것은 아파트에는 겨울에 필수적으로 가습기를 설치하지 않으면 감기에 걸리기가 쉽고 더욱이 인후에 염증이 많이 발생한다. 그 이유는 건조하기 때문이다.

보통 겨울의 외기의 온도가 영하 10℃이고 이때 상대습도가 50%라고 하자. 이 정도의 습도는 좋은 상태이다. 그러나 이 공기가 실내로 들어오면 사정은 달라진다. 실내온도에 따라 변하는 습도를 보자.

실내온도	상대습도	실내온도	상대습도
10℃	10%	20℃	5.7%
15℃	7.8%	24℃	4.4%
18℃	6.4%	28℃	3.5%

여기서 보면 실내의 온도가 영상 10℃만 되어도 습도는 1/5로 떨어지고 있다. 온도가 올라가서 24℃ 정도가 되면 습도가 매우 낮아 흡사 사막지대와도 같아진다. 따라서 건강을 위해서는 덥다고 좋은 것은 아니며 적절한 온도가 필요한데, 대략 체온보다 15~20℃가 낮으면 좋다. 그렇다고 너무 추위를 느낀다면 이것도 해롭다는 것을 유념할 필요는 있다. 특히 노인에게서 그렇다. 이런 경우는 스스로 알 맞는 온도와 습도를 찾아 설정 해 둘 필요가 있다.

(3) 실내 환기의 적절한 빈도

건물 같이 난방공간이 크고 많은 사람이 함께 일하는 장소에서는 실내공기를 외부공기와 교체하여야 하는데, 여기에 전기에너지가 필요하다. 실내공기를 너무 많이 외부의 공기와 교체하면 찬 공기가 들어오고 더운 공기를 밖으로 버리는 결과를 초래하기 때문에 너무 많은 양을 교체하는 것은 에너지의 낭비를 가져온다. 그래서 대형건물에는 나가는 공기와 들어오는 공기를 전(全)열교환기(제11장 참조)를 거쳐 열 교환함으로써 열을 회수하고 있다. 이때 회수율이 열교환기의 성능에 따라 다르겠지만 대략 75% 정도가 가능하다.

(4) 난방도일 및 냉방도일

건물의 난방 및 냉방에 필요한 에너지의 크기를 지역에 따라 비교할 때는 난방도일(HDD, Heating Degree-Days)과 냉방도일(CDD, Cooling Degree Days)의 개념이 사용된다. 도일이란 개념은 그 지역의 과거 경험한 기온변화를 기준온도와의 차로 연간 또는 월간에 일수를 곱해서 결정한 것이다. 즉 외부의 하루 평균온도와 설정된 실내온도의 차가 연료소비 및 냉방 전력과 관계된다는 데 근거하고 있다. 실내기준 온도는 나라마다 다르며 우리나라는 보통 대형건물에 대하여 난방 시 18~20℃, 냉방 시 26~27℃를 권장하고 있다.

냉난방 도일은 기준온도를 겨울 18℃(난방), 여름(냉방) 26℃라고 하면 외부온도의 일일 평균치를 T라고 할 때 온도차 $(18-T)$ 및 $(T-26)$을 냉난방기간(일수)에 관해서 적산한 값이다. 이 값은 24시간 난방 할 경우 각지의 냉난방용 열부하 산출의 자료로 이용될 수 있다. 이 값이 크면 클수록 에너지 소비가 증가하게 된다고 볼 수 있다.

$$난방도일(HDD_{18}) = \Sigma 365(18 - T)$$
$$냉방도일(CDD_{26}) = \Sigma 365(T - 26)$$

T값은 난방일 때는 18보다 작을 때, 냉방일 때는 26보다 클 때 값을 가지며 30(한 달) 또는 365일간의 것을 합해서 이 값이 크면 클수록 냉난방량이 크다는 것을 의미한다. 그러나 실제 우리나라의 경우 지난 30년간 월 평균온도가 하절기에 8월 제주 서귀포가 26.5℃가 최고이었고 그리고 동절기에는 춘천이 −4.5℃가 1월 월평균 최저 기온이다. 그래서 하절기 월평균온도가 24℃를 넘는 경우가 거의 없어서 냉방도일 CDD_{26}값이 나오지 않는다. 그래서 냉방 부하를 계산할 때는 실제 실내외 온도차에서 합리적인 누계 통계치를 사용한다. 부하의 비교 목적 및 추위의 정도를 나타내고자 할 때는 $CDD18 = \Sigma 365(T - 18)$을 사용하는 경우가 대부분이며 우리나라 각 지역의 지난 30년간 냉난방도일의 연간 및 월평균값을 표 10.4, 10.5에 각각 나타내었다.

표 10.4 ┃ 우리나라 지역별 연간 냉난방도일(HDD_{18}, CDD_{18}) (1971~2000년 월평균온도 사용)

지 역	HDD_{18}	CDD_{18}	지 역	HDD_{18}	CDD_{18}	지 역	HDD_{18}	CDD_{18}
서울	2,180	630	추풍령	2,787	480	대구	2,289	729
부산	1,902	615	대전	2,670	633	포항	2,118	615
인천	2,805	540	서산	2,802	552	울릉도	2,421	360
수원	2,901	588	전주	2,487	696	울산	2,148	630
속초	2,535	396	군산	2,550	624	통영	1,971	618
춘천	3,081	516	광주	2,325	690	진주	2,409	633
강릉	2,364	516	목포	2,178	657	제주	1,620	723
청주	2,805	627	여수	2,034	624	서귀포	1,416	765

각국의 설정 기준온도는 미국 18.3℃(동절기), 26.5℃(하절기); 영국 19, −; 프랑스 19, −; 일본 18, 28; 이탈리아 20, 26이다.

표 10.5 ┃ 우리나라 월별 냉난방도일(HDD_{18}/CDD_{18}) (1971~2000년 평균 월별 온도 사용)

지 역	1월	2월	3월	4월	5월	6월	7월	8월	9월	10월	11월	12월
서울	615	549	384	177	18	117	207	222	84	108	333	534
부산	450	411	291	138	18	75	186	231	123	21	201	372
춘천	675	594	414	198	36	105	195	189	27	177	396	591
강릉	531	498	363	162	12	78	183	192	63	87	270	441
대전	597	534	378	168	12	120	219	225	69	126	336	519

(계속)

지역	1월	2월	3월	4월	5월	6월	7월	8월	9월	10월	11월	12월
전주	558	513	363	162	6	126	234	243	93	99	303	483
군산	552	513	387	207	45	93	207	231	93	87	288	471
목포	486	462	345	171	30	93	204	240	120	42	234	408
대구	534	477	327	126	21	135	231	243	99	78	282	465
포항	492	447	318	138	3	90	204	222	99	57	243	420
진주	537	480	339	156	15	105	213	228	87	99	303	480
제주	372	360	273	132	15	96	231	255	141	6	162	300

난방은 겨울 12~3월(4개월, HDD$_{18}$), 냉방은 여름 6~9월 4개월(표의 음영 부분의 값이 CCD$_{18}$)이다.
설계기준 외기온도는 가장 더운 날과 추운 날이 아닌 어떤 제시하는 값이나 통계치를 사용한다.

냉난방도일을 월별로 나타내면 편리할 때가 많다. 365일 대신에 30일(2월도 30일로 봄)의 온도차를 합해서 얻으면 월별로 어느 달 어느 지역이 냉난방비가 가장 크게 될지를 이해하는 데 도움이 된다.

(5) 건물의 단열

건물의 열 손실은 단열로 줄일 수가 있고 창이나 문틈으로 빠져나가는 따뜻한 공기의 유출 방지는 문틀과 문(또는 창) 사이의 기밀성을 주어서 방지할 수가 있다.

그러면 단열효과를 열전달 이론으로 생각해 보자. 열이 물체를 통과할 때는 물체에 따라 열을 빨리 통과시킬 수 있는 것과 잘 통과시키지 못하는 물체가 있다. 잘 통과시키는 것은 금속 같은 것이고, 이것을 열도체라고 한다. 잘 통과시키지 못하는 것은 열부도체(단열재라고 함)라고 할 수가 있다. 건물을 지을 때는 열의 출입이 벽이나 천장으로 새어 나가거나 새어 들어오지 말아야 하기 때문에 단열재를 두껍게 써서 시공하여야 한다.

겨울철 추울 때는 밖의 온도가 낮고 실내의 온도가 높다. 이때 벽을 통하는 열의 흐름을 한 번 생각해 보자. 그림 10.1과 같이 벽이 내부에 석고보드, 바깥쪽으로 그 다음이 벽돌 그리고 외기와 접한 벽이 있고 그 사이에 단열재가 있다고 하자. 바깥 공기와 접한 벽면의 온도를 T_o라 하고 실내와 접한 벽의 온도를 T_i 그리고 여러 벽재 사이의 온도를 그림과 같이 T_1, T_2, T_3라고 하자.

그림에서 보는 바와 같이 온도분포가 생기게 된다. 실내공기의 온도가 높기 때문에 열은 실내에서 옥외로 흐르며 이때 흐르는 열량을 Q라고 하자. 이 Q는 벽을 이루는 4개의 벽재를 통해서 흐르며, 이 열의 흐름을 식으로 나타내면 다음과 같다.

$$Q = (k_3/c)(T_i - T_1) = (k_1/a)(T_1 - T_2) = (k_2/b)(T_2 - T_3) = (k_1/a)(T_3 - T_o)$$

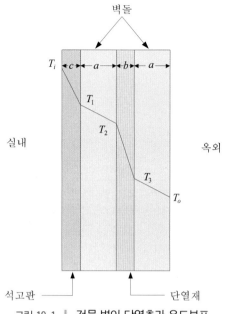

벽돌

T_i ← c → ← a → ← b → ← a →

T_1

T_2

실내
옥외

T_3

T_o

석고판 —— 단열재

그림 10.1 | 건물 벽의 단열층과 온도분포

여기서 a, b 그리고 c는 자재의 두께이고 k는 그 물체의 열전도도(W/m℃)이다.

단열재 층 사이의 온도는 알 수가 없기 때문에 만일 Q를 온도차 $T_i - T_o$로 나타내는 식, 즉

$$Q = U(T_i - T_o)$$

라고 쓰면

$$1/U = c/k_3 + 2a/k_1 + b/k_2$$

가 된다.

여기서 U를 총괄 열손실(전달)계수(W/m² ℃)라고 한다. 이 값이 작아야 같은 온도차라 하더라도 Q가 작아지며 외기온의 영향을 덜 받아 방이 여름에 시원하거나 겨울에 따뜻해진다. U가 작다는 말은 결국 k값들이 작거나 a, b나 c, 즉 재료의 두께가 커야 하는데 두께를 크게 하는 것은 건평만 커지고 실내공간이 적어져서 바람직하지 못하다. 따라서 k값, 즉 단열재의 열전도도가 작아져야 하는 즉 좋은 단열재를 써야 하는 것이다.

위에서는 단순히 벽의 재질만을 따지고 바람이 불 때 방이 추워지는 것은 고려하지 않았다. 즉 실내나 실 외벽에 접한 공기에 흐름이 있으면 없을 때보다 벽으로부터 쉽게 열을 빼앗기며 그만큼 열이 잘 흐르게 된다.

이렇게 바람의 영향을 받는 벽에 붙은 공기층의 열전달계수를 이 식에 넣으면

$$1/U = 1/h_i + c/k_3 + 2a/k_1 + b/k_2 + 1/h_o$$

가 된다. 여기서 h_i와 h_o를 대류 열손실(전달)계수라고 하며 W/m²℃의 단위를 가진다.

h값은 바람이 불면 커진다. h값은 자연현상에서 오는 것으로 우리가 어떻게 할 수가 없고, 결국 단열재의 열전도도가 작은 것을 사용해서 U값을 줄이는 것이다. 보통 사용되는 단열재의 종류와 열전도도를 표 10.6에 나타낸다. 발포된 유기고분자 물질이 열전도도가 작

천장에 유리솜으로 단열하는 장면(캐나다)

표 10.6 ┃ 건축자재의 열전도도

건축자재명		열전도도 k (W/m ℃)
금 속	알미늄(aluminum)	240
	동(copper)	390
	납(lead)	34
	강철(steel)	48
무기재료	발포 콘크리트(aerated concrete)	0.17
	적벽돌(brick)	0.7
	콘크리트(concrete)	0.7~1.9
	질석 콘크리트(vermiculite concrete)	0.2
	유리(glass)	0.85
	석고(plaster)	1.0
	유리섬유(glass fiber)	0.04
목 재	코르크(cork)	0.04
	합판(timber)	0.17
고분자소재	폴리스타이렌(expanded polystyrene)	0.03
	모발(hair)	0.035
	폴리우레탄폼(polyuretan foam)	0.035~0.04
	우레아폼(urea formaldehyde foam)	0.035
	모(wool)	0.05
기 타	공기(air)	0.03
	물(water)	0.6

표 10.7 ┃ 여러 형태의 단열시공 효과의 비교

시공의 형태	총괄 열손실계수 $U(W/m^2\,{}^\circ C)$	
	바람이 없을 경우	바람이 48 km/h로 불 경우
1. 벽돌 한 장을 쌓고 내부에 석고판으로 시공한 벽	3.5	5.7
2. 벽돌을 두 겹으로 쌓고 내부에 석고판으로 시공한 벽	2.2	3.0
3. 5 cm 간격을 두고 벽돌 두 장을 쌓고 내측에 석고판으로 시공한 벽	1.4	1.8
4. 3.의 경우와 같고 5 cm 간격 속에 우레아폼을 넣은 벽	0.5	0.53
5. 3 mm 유리창	4.1	7.7
6. 2.5 cm 간격, 3 mm 유리로 겹창(pair glass)	2.35	3.25

아서 단열재로 쓰기에 좋음을 알 수 있다. 공기만 하더라도 작은 열전도도를 나타내고 있으나 공기는 유동성이 있어서 열을 대류에 의하여 전달한다(겹창의 경우 유리 사이에 있는 공기는 대류가 힘들어 단열재로서의 역할을 할 수 있다). 물의 열전도도는 높아서 단열재에 물이 묻으면 열전도성이 좋아지므로 단열시공 때 외벽으로부터 물이 스며들지 않도록 플라스틱 필름(PE)을 외벽 쪽으로 두는 것이 좋다. 창에 대해서도 창틀과 창 사이에 기밀성이 일단 보장되어야 한다. 다음에는 벽과 같이 창도 단열성이 있어야 하는데, 여러 가지 형식이 적용되고 있다.

그러면 실제 위의 단열재를 벽이나 창에 적용했을 경우의 열의 손실률(총괄 열전달계수)을 비교해 보자. 표 10.7에서 나타낸 시공법은 현재 우리나라에서 사용하고 있다. 우레아폼보다는 폴리스타이렌(일명 스티로폼)이 많이 시공되고 있다.

바람이 불 때와 불지 않을 때의 h가 미치는 U에 대한 영향이 창이나 얇은 단층 벽돌의 벽에서 심한 것을 알 수가 있다. 주택, 특히 단층집에서는 천장의 단열이 매우 중요하다. 천장의 단열에는 분말의 폴리스타이렌이나 우레아폼을 유연성이 좋은 플라스틱 자루에 넣고 빈틈을 주지 않고 천장에 잘 펴서 깔면 된다. 다른 단열재로는 유리솜의 이불형(블랭킷)을 깔면 된다. 보통 까는 두께는 약 30 cm 정도 이상으로 하는 것이 완벽하다.

아무리 단열이 잘 되었다고 하더라도 창이나 문 등에 틈이 있어서 외부의 공기가 들어오면(틈새바람, infiltration) 단열효과가 크게 감소하는 것은 말할 필요도 없다. 따라서 기밀성과 함께 공기의 순환이 되지 않아 오염(실내 가스레인지 사용으로 생기는 탄산가스, 연기, CO, NO_x 등)이 증가하므로 그만큼 외부공기와 순환을 해 주어야 한다. 또한 창은 빛을 들어오게 하는 것이므로 가급적 남쪽으로 두고 겨울에는 햇빛을 듬뿍 받아야 한다. 그러면 낮동안에는 온실효과가 만들어져 방이 매우 따뜻해진다. 옛날 우리 조상들의 지혜 가운데 남향

집을 선호했으며 적어도 동향집을 지었던 것도 이런 것의 하나이다.

◿ 10.4 냉난방 부하

사람이 거주하는 건물의 냉난방 부하는 건물의 성격, 즉 단독주택, 아파트, 연립주택, 상가 건물, 사무 빌딩 등 그 사용 목적에 따라 달라지며 건물의 향(동서남북 방위), 창의 수, 건물의 시공 상태(틈새가 많이 있느냐 없느냐) 외에 변수가 많아서 일률적으로 말할 수는 없으나 여기서는 그 개념만 몇 가지 설명하고자 한다. 내부 설정온도(및 설정 상대습도/빌딩)를 유지하기 위해 필요한 난방열 그리고 냉방에너지를 공급하는데 여름 유입열의 제거 그리고 겨울에 공급열의 양은 ① 벽 – 지붕의 출입열, ② 바닥을 통한 출입열, ③ 창을 통한 출입열, ④ 실내 발열기기(전열기, 가스연소기 등) 및 사람으로부터 나오는 열 제거, ⑤ 틈새바람 손실/연속공기순환 손실 등이 있다.

1. 난방

(1) 외벽체와 천장을 통한 손실열

HDD(월)를 사용하여 구하는 경우에는 손실열량(power) q(W)는

$$q = C_{\mathrm{specific}} \, HDD \ (\mathrm{W})$$

여기서 Cspecific은 건물과 지역 등에 따라 정해지는 특수계수(W/day·℃)이고, HDD는 월 또는 연간으로 본 난방도일(℃·day)이다. 또는

$$q = UA_o \kappa \, \Delta T \ (\mathrm{W})$$

여기서, U: 총괄열손실계수(W/m^2℃), A_o: 외벽면 전열면적(m^2), ΔT: 벽, 천장 내외 온도차(℃)이다. 그리고 $\kappa(-)$는 방위계수로서 벽의 향과 관계가 있다. U값은 표 10.7을 참조하면 되나 건축회사가 그의 시공방법에 따른 U값을 가지고 있다. 외국에서는 국가가 시공법을 정하고 이 값을 제시한다.

(2) 내벽체를 통한 손실열

$$q_i = UA_i \Delta T \ (\mathrm{W})$$

한 집안의 벽이 다른 방과 접한 경우는 온도차가 생기지 않는 경우가 있으며 이때 q_i는 0이 되나 난방을 하지 않는 창고나 빈방 같은 것과 접할 때는 값을 가진다.

(3) 지면과 접한 부위의 손실열

방의 벽 하부 외주를 따라 접한 부분의 열손실은 값이 크기 때문에 별도로 구한다.

$$q_p = f_2 P \Delta T$$

여기서, q_p: 외주로부터의 손실열량(W)

P(periphery): 외주 길이(m)

f_2: 열손실계수(W/℃ m)

(4) 틈새바람 침입에 의한 손실열

$$q_{\inf} = q_i + q_l$$
$$= 1.012 G_i (T_o - T_i) + \gamma G_i (AH_o - AH_i)$$

여기서 q_i: 현열 손실량(kW)　　　　　　q_l: 잠열 손실량(kW)

1.012: 건조공기의 정압비열(kJ/kg℃)　γ: 물의 잠열(2,497 kJ/kg, at 0℃)

AH_o, AH_i: 실외, 실내 절대습도(kg/kg)

G_i: 틈새 바람량(kg/s 또는 m³/s). 틈새 바람량 G_i가 부피(m³/s)의 단위일 때는 환산계수 1.012에 1.29(=29 kg/22.4 m³ at 0℃)를 곱해야 한다.

(5) 참고사항

▍ 난방 외기 설계조건의 한 예

지역	외기 최저온도 평균치(℃)	설계조건		풍속(m/s)
		건구온도(℃)	상대습도(%)	
춘천	−17.9	−13.3	69.7	1.7
서울	−14.0	−10.0	65.2	2.8
부산	−7.9	−4.6	55.3	4.8
목포	−6.5	−3.4	74.5	5.1
서귀포	−2.2	−0.3	67.4	3.9

실제: 실내 설계온도 22℃, 상대습도 40%

- 거실과 식당: 16~20
- 욕실과 화장실: 18~20
- 공부방: 15~17
- 침실: 12~14
- 복도/현관: 10~15

실내의 적정온도는 보통 연령, 옷을 여러 겹 입는 경우 등 그리고 나라마다 설계기준에서 다르다. 침실의 경우는 머리는 차게 몸은 따뜻하게 자야 머리가 아침에 맑다. 공부방도 개인에 따라 좀 달라지겠으나 낮은 편이 머리가 맑다. 미국에서 정하고 있는 공부방의 온도는 21℃, 침실의 온도 18℃, 거실 21℃, 화장실과 욕실이 각각 18℃와 21℃로 우리가 보통 위에서 제시하는 적정온도보다 훨씬 높다.

노인의 경우는 적정 온도보다 높아야 하며 어린이나 젊은 연령대는 얇은 옷을 여러 개 껴입고 방에 온도계를 설치하여 적정 실내온도를 지키는 것이 건강에 좋다.

2. 냉방

(1) 지붕 벽을 통한 전도 냉방부하

$$q = UA_o(EDT) \ \text{(W)}$$

EDT(Equivalent Differential Temperature)는 계절, 시각, 방위, 구조체에 따라 달라지는 온도차로서 실제 설계의 경우는 대상이 되는 구조체에 따라 시공사의 자료가 있으며 지역과 실내온도 설정에 따라 보정하여 사용한다. EDT대신 사용할 수 있는 CLTD(Cooling Load Temperature Difference)도 상당 외기 온도차로 벽의 축열시간 지연, 벽체 복사, 대류, 전도 등에 의하여 지연되는 시간적 요소를 고려한 온도차로 사용된다.

(2) 유리창에 의한 냉방부하 손실

여기에는 대류전열과 복사열이 있는데, 창의 전도열은 창 내외의 온도차를 ΔT라고 하면 블라인드에 관계없이

$$q_c = UA_o(\Delta T) \ \text{(W)}$$

이고, 복사열은

$$q_r = A(SC)(SHGF) \ \text{(W)}$$

이다. 여기서 차폐계수인 SC(Shading Coefficient, $-$)는 창 및 유리의 종류에 따라 정해진다. 그리고 표준 일사 열취득량인 $SHGF$(Solar Heat Gain Factor, W/m²)는 월별, 지역별로 정해져 있다.

(3) 환기 또는 침입 외기에 의한 냉방부하 손실

$$q = q_i + q_l$$

q_i(kW)는 현열 손실량이고, q_l(kW)은 잠열 손실량이다.

$$q_i = 1.012\,G_i\,(T_o - T_i) = 1.29\,G_{iv}\,(T_o - T_i)$$
$$q_l = \gamma G_i\,(AH_o - AH_i)$$

여기서, 1.012: 건공기의 정압비열(kJ/kg ℃) 또는 1.29(kJ/m³·℃)

      G_i: 환기 또는 틈새바람량(kg/s) 또는(m³/s)

      $T_o,\ T_i$: 실외 및 실내온도(℃)

      γ: 물의 잠열(2,497 kJ/kg, at 0℃)

      $AH_o,\ AH_i$: 실외, 실내 절대습도(kg/kg)

보통 큰 건물에는 전(全)열교환기가 설치되어 손실열을 최대 75%까지 회수하고 있다. 틈새바람량 G_i가 부피단위(m3/s)일 때는 환산계수 1.012에 1.29(=29 kg/22.4 m³·℃)를 곱해야 한다.

(4) 조명기기 냉방손실

$$q = 0.86 \cdot W \cdot f \cdot (CLF)\text{(백열등)}$$
$$q = 0.86 \cdot 1.2 \cdot W \cdot f \cdot (CLF)\text{(형광등)}$$

여기서, W: 조명기구의 와트 수(W)

      f: 조명 점등률($-$)

      CLF(Cooling Load Factor)($-$): 냉방부하계수

백열전구 80 W짜리 하나면 50 W 이상의 열을 낸다.

(5) 인체 발산열 냉방부하손실

$$q_s = N(SHG)(CLF)$$

$$q_i = N(LHG)$$

여기서, N: 인원수

SHG: 인체현열량(W/인)

LHG: 인체잠열량(W/인)

만일 5명이 같이 있으면 전기히터 1 kW와 거의 맞먹는다.

기타 손실 예를 들면 대형건물의 경우 실내에 컴퓨터, 전동기 등 열 발생 기기가 있는 경우 이것도 포함시켜야 하며, 설계할 때는 전문가의 정밀한 계산이나 그동안의 경험을 통한 건설회사의 자료가 뒷받침된다.

앞으로는 주택의 완벽한 단열과 창의 수를 최소화하고 창도 이중창을 삼중창 이상으로 하며 틈새바람을 거의 없애(공기순환용 전열교환기 설치) 열의 출입을 차단함으로써 냉난방 에너지가 춘하추동 거의 걸리지 않는 주택을 건설해야 한다.

⊾ 10.5 물체의 색이 미치는 영향

물체의 색에는 난색(적색, 자주)과 한색(청색, 남색)이 있다. 난색은 빛을 잘 흡수하여 금방 따뜻해지는 것이다. 실내 벽의 색상이나 바닥이 이러한 난색으로 되어 있으면 겨울철에 훨씬 방이 따뜻해져서 온실효과가 상승하게 된다. 한색에 비하여 난색이 적절히 배합되어 있으면 5배 정도 따뜻한 효과가 있다고 한다. 이는 위에서 다룬 창을 통한 투입량과 관계가 있다.

⊾ 10.6 자동차의 에너지원단위 향상

1. 자동차의 에너지원단위 표시방법

자동차의 에너지원단위는 일반적으로 연료 1리터당 자동차가 주행한 거리(일반적으로 마일레이지라 함)를 말한다. 또한 자동차의 사용목적에 따른 효율성도 고려해야 한다. 그리고 수송량 당 에너지 소비를 중요시한다면 이런 경우는 수송량 당의 에너지 소비를 나타내야 한다. 여기에는 일반적으로 다음과 같은 두 가지의 정의가 있다.

$$수송효율 = \frac{에너지\ 사용량}{수송량}$$

$$기동효율 = \frac{에너지 사용량}{수송량 \times 기동력}$$

표 10.8은 수송효율과 기동효율을 비교한 것이다. 수송효율에서 철도와 버스는 같은 대량 수송수단으로 효율이 좋다. 그러나 서비스 면에서 보면 기동성이 좋은 자가용 승용차가 효율

표 10.8 │ 수송효율과 기동효율의 상대적인 비교

수송수단	수송효율	기동효율
철 도	1	1
버 스	4.4	2.1
자가용	7.4	1.0

철도수송을 1로 하고 상대적으로 비교함.
기동력도 철도를 1로 하고 상대적으로 정해지는 값이다.

표 10.9 │ 차종별 연비(I)

차 종	항 목	연비(km/L)					비 고
		1981	1999	2005	2007	2013	
승용차	LPG 차(택시)	9.9	9.0	8.16	8.73	–	승차인원: 4 2013년 값은 차 출고 시 측정
	휘발유	10.9	8.9	11.02	12.10	12.02	
	경 유	10.6	9.2	11.84	12.38	–	
	평 균	10.4	9.0	10.69	11.47	–	

표 10.10 │ 차종별 연비(II)

차 종	항 목	연비(km/L)					비 고
		1981	1989	1999	2006	2013*	
버 스	고속버스	2.7	3.15	3.5	3.8	4.35	승차인원: 45
	시외버스	3.3	3.07	3.2	3.6	4.27	승차인원: 40
	시내버스	2.9	2.74	2.4	2.2	2.77	승차인원: 60
	전세버스	3.4	–	–	–	4.35	승차인원: 40
	평 균	3.0	3.0	3.0	3.2	3.93	
화물차	1톤 이하	10.0				7.76	적재량: 1톤
	1.1~2.5톤	6.2				6.89	적재량: 2.5톤
	2.6~4.5톤	4.5	2.57 (평균)	2.3 (평균)	2.6 (평균)	4.75	적재량: 4.5톤
	4.6~8.0톤	3.1				4.13	적재량: 8톤
	8.1~20.0톤	2.3				3.09	적재량: 12톤 * 2013년도의 값은 타연도와 적재량에 차이가 약간 있음

자료: 한국에너지공단, *에너지경제 연구원 보고서(2014)

에너지 소비 중 차에서의 소비는 엄청나다. 쓸데없이 또는 혼자 탄 차의 운행은 자제하여야 한다.

이 좋다. 그러나 교통이 매우 혼잡한 도시의 경우는 기동효율이 매우 작아지게 된다. 표 10.8은 교통의 혼잡성이 없을 때의 효율을 비교한 것이다. 우리나라의 차종별 연비를 표 10.9 및 표 10.10에 나타내었다. 여기서 보면 승용차의 연비가 꾸준히 상승하고 있고 화물차도 약간 개선된 것을 알 수 있다.

2. 원단위(연비) 향상 방법

자동차의 연비를 줄이려면 첫째는 자동차 제작회사에서 효율이 뛰어난 자동차를 개발해서 생산하는 것이다. 이를 위해서는 효율 향상을 위한 기술개발을 꾸준히 해야 한다.

첫째는 자동차 제작자의 효율 향상을 위한 주요 기술사항이다.

- 차체 무게의 감소
- 자동차 엔진의 효율 향상
- 동력 전달방법의 개선
- 차의 유선형(차가 달릴 때 공기로부터 받는 저항의 저감)
- 마찰손실이 최소가 되는 타이어의 사용
- 차의 스마트화(경제/안전운행, 차간거리 제어, 차선 유지, 엔진변속기/엔진오일 실시간 확인, 원격진단, 최적연비 설정/제시 등)

보통 휘발유엔진이 25~30%, 디젤엔진이 35~40%의 효율을 나타낸다.

둘째, 차의 운행관리를 합리적으로 하여야 한다. 합리적인 운행에서 추천되는 내용은 다음에서 소개한다.

셋째, 전기자동차의 개발은 시급한 실정이다. 도시의 환경 악화와 특히 밤에 각종의 값싼 전기 생산이 스마트그리드에서 공급원이 되기 시작하면 스마트 하우스에서 차의 전기 충전은 자연히 이루어져야 하기 때문이다.

(1) 승용차의 경우

▌정기적인 점검(스마트화의 경우는 자동 제시)

- 엔진오일의 적정시기 교환
- 적정 시 타이어의 교환
- 부품 교환 시기

▌올바른 운행(스마트차 모니터에 여러 가지 정보 제공)

- 경제속도 유지(일반도로: 40~60 km/h), (고속도로: 80~100 km/h)
- 급가속, 급출발 방지(급가속 1회에 휘발유 5 cc 손실, 급출발 1회에 10 cc 손실)
- 차에 불필요한 짐 안 싣기(10 kg 더 싣고 50 km 달리면 80 cc 손실)
- 차를 세워 놓은 채 액셀러레이터를 밟으면 1회 5 cc 소비
- 공회전(차가 정지한 채로 엔진만 가동) 시 10분에 최대 200 cc 정도 연료 손실 따라서 차가 신호대기 시 자연 엔진의 정지와 출발 시 자동 시동되는 차의 개발

(2) 화물차의 경우

▌정기적인 점검

- 엔진오일 교환시기의 정확한 결정(회사에서 기록 관리)
- 운전자 개인의 연비관리(연료 주입관리, 운전습관분석, 정기적인 교육)
- 자동차별 연비관리(회사차원에서 자동기록 분석)

▌올바른 차종의 선택과 운행

- 올바른 차종의 선택과 구입(짐의 성격에 따라, 거리에 따라 차종을 선택)
- 차 구조의 주문제작(에너지 절약형으로 선택사양 제시/제작)
- 큰 회사의 경우는 빈 차의 운행이 없도록 전국의 수송망을 조직화한다.
- 작은 회사의 경우는 몇 개 회사를 묶어서 상호 협력함으로써 빈 차의 운행을 적극 방지

최근에는 자동차도 진화하고 있다. 통신기술의 발달로 위에서 말한바와 같이 스마트 화하고 있으며 전기자동차의 급속한 보급, 하이브리드 카(전기＋휘발유, 연료전지＋휘발유, 수소＋휘발유, 기타) 등 앞으로 시장의 패턴 변화와 함께 에너지효율이 좋은 차들이 많이 출현할 것이고 센서가 많이 부착된 차의 운행으로 안전/에너지 절약운전 그리고 유지 등이 메이커와 함께 자동(IoT를 통한)관리될 것이다.

10.7 가전제품의 에너지원단위 향상

1. 우리나라 가전제품의 에너지원단위

우리가 보통 일상생활에서 사용하는 가전제품인 조명, 냉방기, 정보기기, 주방기기 등에 대한 에너지 소비전력의 개략치를 표 10.11에 나타내었다.

표 10.11 ┃ 가전제품의 전력 또는 효율

구 분	기기명	에너지원단위
조 명	백열등 형광램프 나트륨등 메탈할라이드 LED	7～22 lm/W(효율) 40～80 lm/W 80～150 lm/W 70～105 lm/W ～100 lm/W
에어컨	일체형	＜1,800 W(전력)
정보기기	PC형 컴퓨터 프린터 모니터(19″ LCD)	＜100 W ＜60 W ＜30 W
가전기기 취사기기	냉장고 전기세탁기 TV 선풍기 복사형 히터(가게용)	～0.1 kWh월평균/L당 100～500 W 70～120 W 30～70 W 1,000～3,000 W
	전자레인지 전기밥솥(3인용) 진공청소기 전기다리미 전기매트	1,200 W 360 W(보온 50 W) 900 W 600 W 300 W

위 수치들은 무작위로 측정, 조사한 것으로 평균값이거나 대표적인 값이다. 같은 기기라도 제품마다 전력에 큰 차이가 있으며 작동할 때와 쉬고 있을 때 전력 차가 컸으며 냉장고의 경우는 단열이 좋아서 문만 자주 여닫지 않으면 전력이 몇 W에 지나지 않으며 따라서 L당 평균 kWh로 나타내었다.

기업은 제품의 효율 향상에 힘써야 하고 기기 사용자는 전력소비의 크기를 염두에 두고 소비전력이 큰 것은 사용시간을 최대한 억제하는 등 절전요령을 잘 알아서 시행해야 한다. 에너지 절약은 그린라운드와 함께 지구인이 지켜야 할 사항이다. 백열전구는 세계의 추세에 따라 우리나라에서도 앞으로 100% 형광등도 지나가고 LED 등으로 교체될 예정이다.

2. 조명의 절전요령

조명은 인공광원이다. 어두운 곳을 밝게 해주는 기구로서 보통 쓰이는 광원에는 다음 네 가지가 있다.

- 백열전구(거의 다 사라지고 있음)
- 3파장 형광등(서서히 LED로 교체되고 있음)
- LED 조명등(독일은 거의 다 교체)
- 나트륨/수은등

이 네 가지 광원의 색이 모두 다르다는 것을 알고 있다. 그 이유는 광원의 스펙트럼 분포에 차이가 있기 때문이다. 백열전구는 에디슨이 발명한 것으로 물체(텅스텐 필라멘트)의 온도가 올라갈 때 그 물체로부터 전자파가 방사된다. 백열전구는 연속 스펙트럼으로 적외선 영역에 많은 에너지가 나오므로 많은 열이 발생한다. 그리고 온도가 상승함에 따라 짧은 파장의 수가 늘어나 점점 흰색을 띠게 된다.

그러나 형광등(+나트륨/수은등도 같음)은 그림 10.2에서 보는 바와 같이 비연속 스펙트럼의 빛인 것을 알 수 있다. 그림 10.2에서 스펙트럼으로 둘러싸인 밑면적이 에너지양을 나타

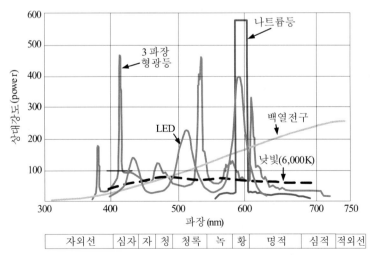

그림 10.2 ┃ 3파장 형광등과 백색형광등의 파장의 스펙트럼 비교

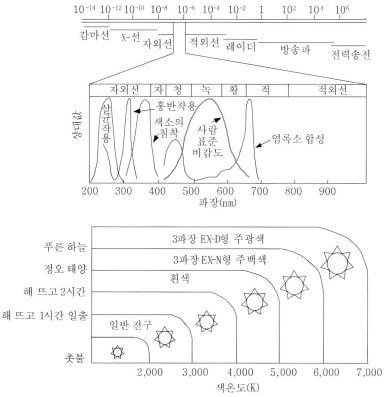

그림 10.3 │ 각종 파장의 작용효과(위)와 자연광과 전등의 색온도 비교(아래)
(색온도: 실제 나오는 색의 빛의 흙체의 온도, 실체온도보다 약간 높다)

낸다. 따라서 자연히 비연속 스펙트럼으로 둘러싸인 면적이 연속 스펙트럼인 백열전구보다 적어서 에너지 소비, 즉 전기의 소비량이 감소하게 된다.

사람의 눈은 빛의 에너지 파장 중에서 380~780 nm(1 nm는 1미터의 10억분의 1) 사이의 파장만을 볼 수 있으며, 이 파장의 범위의 빛을 가시광선이라고 한다. 가시광선의 파장보다 짧은 파장의 빛을 자외선이라 하고, 큰 것은 적외선이라고 하는데 이러한 파장은 전구에서 나오더라도 밝기와 아무런 관계가 없으며 밝기를 목적으로 할 때는 적외선과 자외선은 손실로 본다. 자외선은 파장이 짧으나 강한 에너지로서 물체에 닿으면 물체를 뚫고 들어갈 수 있다. 그래서 사람의 피부를 태울 수가 있다. 이 자외선은 화학반응을 일으킬 수가 있다고 해서 화학선이라고도 한다. 적외선은 비교적 파장이 크고 낮은 온도의 물체로부터 많이 발생하며 열선이라고 한다. 백열전구에서 발생하는 파장의 대부분이 적외선영역에 있어서 전구를 만져보면 몹시 뜨거운 것을 알 수가 있다. 즉 광을 내기보다는 열을 더 많이 내는 것이다. 이비인후과에서 사용하는 붉은색의 전구는 적외선 쪽 파장이 많이 포함된 등이다.

그림 10.3은 적외선과 자외선의 종류와 파장 범위 그리고 그의 역할 및 색의 온도를 낮의

밝기의 조건으로 나타내고 있다.

형광등은 긴 유리관 내부에 형광물질이 얇게 붙어 있고 내부에는 수은증기와 아르곤 가스가 들어 있다. 그리고 양쪽에 전극이 있다. 전극에서 나온 전류가 수은증기를 따라 흐르게 된다. 이때 내부 수은에서는 185 nm와 254 nm의 두 개의 자외선이 방출되면서 형광물질을 때리면 형광체로부터 가시 스펙트럼을 발산하게 된다. 이때는 백열전구와는 달리 불필요한 적외선의 방출이 크게 줄어들어 전기소비가 약 1/3 정도로 감소하게 된다.

나트륨등은 전구 내에 나트륨 증기가 들어 있고 그 자체에서 거의 황색의 파장만을 방사한다. 흰색은 청색, 녹색 그리고 적색의 3개의 파장이 조화 있게 분포된 것이지만 나트륨등은 거의 단파장을 가지며 전기소비는 더욱 줄어들어 백열전구에 비하여 약 1/6 정도로 낮아진다. 나트륨등은 황색이 강해서 현재는 가로등에 많이 쓰이고 있다.

표 10.12는 여러 형태의 전등의 특성을 비교한 것이다.

(1) 형광등

현재 우리나라 시중에서 유통되는 형광등은 할로인산칼슘형과 3파장 형광등 두 가지로 나눌 수 있다. 종전에는 주로 사용해 온 것이 전자였지만 지금은 후자가 대부분 생산 유통되고 있고, 전구형으로 만든 것이 많으며 지금은 전자를 거의 대체했다고 볼 수 있다.

표 10.12 ┃ 각종 전등의 특성 비교

품 종	크기 (W)	광속 (lm)	소비전력 (W)	발광효율 (%)	광의 색온도 (K)	연색 평가지수 (Ra)	평균수명 (시간)
백열전구 (백색 확산형)	40	485	40	12.1	2,850	100	1,000
	60	810	60	13.4	2,850	100	1,000
	100	1,520	100	14.2	2,850	100	1,000
할로겐 전구	500	10,500	500	21.0	3,000	100	2,000
백색 형광등 (환형)	15	850	19	44.7	4,500	65~69	5,000
	20	1,200	24	50.0	4,500	65~69	7,500
	30	1,670	36	46.4	4,500	65~69	5,000
	40	3,200	49	65.3	4,500	65~69	10,000
	110	9,500	140	67.9	4,500	65~69	10,000
백색 LED	6	580	6	100	4,500	70~90	50,000
수은등	400	24,000	425	57.0	4,100	45	12,000
고압 나트륨등	400	46,000	450	102.0	2,100	27	10,000

광속은 광원에서 방사되는 에너지 중 가시광의 량(lm= lumen)이고 연색 평가지수 Ra은 자연광의 척도로 백열등과 같이 연속파장의 빛을 100으로 하여 정의된 것이다. LED는 6 W 한 예를 나타낸 것이고 다양한 스펙이 있다.

표 10.13 | 광원의 색과 연색성

광원색	제품표기	색온도 (K)	자연환경 유사조건	광속(lm)		연색지수(Ra)	
				3파장	보통제품	3파장	보통제품
주광색	EX-D	6,700	주간 응달빛	2,000	1,450	84	77
주백색	EX-N	5,000	주간 직사광	2,100	–	84	74
백 색	EX-W	4,200	아침 일출 직후	2,150	1,670	84	63
전구색	EX-L	2,800	저녁 전구빛	–	–	84	–

3파장형은 청, 녹, 적의 3색의 형광발광체를 섞어서 백색을 내지만 할로인산칼슘형은 한 가지 형광발광체로 백색을 낸다. 따라서 3파장형은 세 가지 색을 섞는 조합에 의하여 여러 가지 색을 만들어 낼 수가 있으며 표 10.13에서 보는 바와 같이 네 가지 색이 규격화되어 있다.

(2) LED조명등

LED등은 발광 다이오드(Light Emitting Diode)의 약자로 반도체의 p-n 접합부분에서 생기는 전기장 발광현상을 이용하여 만든 전등이다.

LED 전구형

LED 정사각 방등(커버를 씌우지 않은 상태)

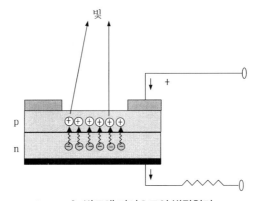

그림 10.4 | 반도체 다이오드의 발광원리

표 10.14 | LED용의 재료별 발광색

색	파장범위(nm)	전압(V)	반도체 재료
적외선	> 760	< 1.9	GaAS, AlGaAs
적색	610~760	1.63~2.03	AlGaAs, GaAsP, AlGaInP, GaP
오렌지색	590~610	2.03~2.1	GaAsP, AlGaInP, GaP
황색	570~590	2.10~2.18	GaAsP, AlGaInP, GaP
녹색	500~570	1.9~4.0	InGaN/GaN, GaP, AlGaInP, AlGaP
청색	450~500	2.48~3.7	ZnSe, InGaN, SiC(as substrate)
바이올렛	400~450	2.76~4.0	InGaN
자색	–	2.48~3.7	Dual blue/red LEDs, Blue with red phosphor
자외선	< 400	3.1~4.4	Diamond(235 nm), Boron nitride(215 nm), AlGaN, AlGaInN
백색	넓은 영역	= 3.5	Blue/UV diode with yellow phosphor

표 10.15 | LED, 형광등 및 백열등의 특성 비교

구 분	LED 전등	형광등	백열등
밝기(Cd)	480	270	130
수명(시간)	50,000	6,000	1,000
광효율(lm/W)	140	75	10

즉 n층의 전자와 p층의 정공(hole)이 결합하면서 전도대(傳導帶)와 가전대(價電帶)의 에너지 갭에 해당하는 만큼의 에너지를 방출하는 단파장이다. 반도체 다이오드의 종류에 따르는 색의 분포를 보면 표 10.14와 같다.

표를 보면 재료의 선택과 전압에 따라 여러 형의 단색광이 나오고 자외선과 백색은 형광 재료를 혼합하여 얻어진다.

LED는 고출력이 어려워 현재 발광 점을 여럿을 나열해서 기판을 만들고 있으며 이런 기판을 여럿 묶어서 소정의 밝기를 내고 있다. 가격은 현재 많이 저렴해 졌다. 표 10.15에서 보는 바와 같이 효율과 수명이 길어 에너지 절약형 전등이다. 색상이 기존 전구와 약간 다르나 실제 큰 차이를 느낄 수가 없기 때문에 가격이 좀 크더라도 앞으로 기존 전구(백열등과 형광등)를 전부 LED 전구로 교체를 서둘러야 한다.

3. 에너지 효율이 높은 조명

(1) 조명등의 갓

빛은 특성상 반경방향으로 퍼져 나간다. 따라서 빛의 밝기는 빛이 지나가는 거리의 제곱에 반비례하여 어두워진다. 그러나 등 상부에 반사각을 두어 빛을 모으면 밝기가 커져서 전등의 효율을 20~40% 정도 상승시킬 수가 있다.

표 10.16은 우리 가정에서 흔히 사용하는 갓 모양의 등을 다른 여러 형의 등과 비교하여 실험한 결과이다. 100룩스가 되는 데 필요한 전력소비량을 와트(W)로 나타낸 전력이다.

두 평의 방에서 사각갓이 달린 백열등(220 W)과 팬던트 반구형(140 W)을 비교해 보면 반구형 갓이 달린 전등이 거의 1/2의 전력으로 같은 밝기를 낼 수가 있다.

표 10.16 ┃ 각 방의 넓이와 와트

기구별 방 크기	형광등				백열등			
	유윳빛 가리개	노출형	직관	환형	사각 하향갓	팬던트 구형	팬던트 원통형	팬던트 반구형
2평	80	60	40	60	220	200	160	140
3평	100	60	60	90	280	240	200	180
4평	120	80	60	90	340	300	240	220
5평	120	80	80	120	420	340	260	240
6평	140	100	80	120	480	400	300	260

주: 방의 한 지점이 100룩스가 되기 위하여 필요한 전력소비 와트 수
　　여러 등으로 되어 있을 때에는 등을 합한 전력
예: 120 W=20 W×6개 또는 40 W×3개

(2) 적절한 조도

일상적인 가정환경에서 조명해야 할 곳은 다음과 같다.

- 거실
- 공부방, 어린이 놀이방
- 부엌
- 복도
- 침실
- 기타

빌딩의 사무실과 상품전시장이라든가 공장, 특히 사람의 손이 많이 닿는 봉제 가공공장 그리고 기계공작실 등 목적에 따라 조명의 밝기와 구성이 달라진다. 만일 창고를 전시장처럼 밝게 한다면 우스운 일이 된다. 결국 목적에 맞게 조명을 하는 것이 합리적인 절전요령이다.

또한 광원의 선택에서도 백열전구를 쓸 것인가, 형광등을 쓸 것인가 그렇지 않으면 나트륨등을 쓸 것인가 하는 선택의 지혜도 필요하다. 그러나 이제는 백열전구는 제외된다. 뿐만 아니라 최근에는 좋은 분위기, 쾌적성, 건강, 안전 그리고 사람의 나이에 따라서도 조명의 형태를 달리하고자 하는 형태로 변화하고 있다. 그렇다면 적절한 조명이란 과연 무엇을 말하는 것일까?

생활 패턴과 일의 성격에 따라 적합한 조명환경을 확보해야 생활수준이 올라갔다고 말할 수가 있다.

조명을 위해서는 우선 생각해야 하는 것이 위에서 말한 바와 같이 에너지 절약적인 차원에서의 고려가 우선이겠지만 생활수준의 고도화에 따라 표 10.17에서 보는 바와 같이 생활목적과 수준에 따라 조명의 역할이 변화되고 있다. 주위를 밝게 하는 것은 물론이거니와 상쾌한 느낌을 주는 조명의 역할과 시각의 특성을 기초로 해서 필요한 조명의 질적 수준을 확보하여야 한다.

표 10.17 ┃ 조명에 대한 생활목적과 생활수준의 고도화에 따른 변화

단 계	생활목적	생활수준
↓ 고도화	생리적인 충족	생물의 수준
	질적 충족	안전과 안전성의 확보
	질적·감각적 충족	쾌적성의 실현
	지적·정신적 충족	물질적 생활의 안정

표 10.18 ┃ 각 방의 소요 조도(주택)

조도 (lx)	거실	서재	어린이 공부방	응접실	주방	침실	가사실/ 작업실	욕실	화장실	계단/ 복도	현관 (내측)	대문현관 (외측)	차고	정원
2,000	수예						수예							
1,500	재봉						재봉							
1,000		공부	공부											
750		독서	독서											
500	독서 화장 전화	독서	독서		세탁 조리 싱크	독서 화장	공작				열쇠			
300				테이블 소파 장식				면도 화장 세면			신 벗음		청소 점검	
200	오락		놀이				세탁				장식대			

(계속)

조도 (lx)	거실	서재	어린이 공부방	응접실	주방	침실	가사실/ 작업실	욕실	화장실	계단/ 복도	현관 (내측)	대문현관 (외측)	차고	정원
150														파티
100			전체				전체	전체					전체	식사
75		전체			전체	전체								테라스
50	전체			전체					전체	전체		문패 문 우편함 초인종		
30														전체
20						전체								
10														
5												통로		통로
2									심야	심야		심야		
1						심야								심야

lx(조도): 부록 참조

건물의 복도 조명. 특별한 사정이 없는 한 복도 조명은 최소로 줄이거나 소등하는 것이 상식이다. 유럽의 대부분의 건물에서는 복도 조명은 타이머로 설정되어 있어 사람이 걸어가는 3분 정도만 불이 들어오고 꺼진다. 그러나 사람의 왕래가 큰 복도는 최소한의 조명은 유지해야 한다.

4. 냉장고의 절전요령

가정에서 사용하는 전기 중 가장 많이 사용하는 것이 냉장고이다. 최근에는 우리나라 대형 냉장고가 크게 보급되어 841 L의 경우 34 kWh/월로 세계에서 가장 큰 절약형이 생산되고 있다. 외국산 제품인 경우 710 L의 경우 48~50 kWh/월과 비교하면 용량이 크면서도 30% 이상 절약형이다. 1인당 필요 냉장용량은 40 L 정도이면 되지만 생활 패턴이 바뀌면서 가정마다 다르고, 시장을 보는 방법에 따라, 또 개인(가정주부)의 성향에 따라 냉장고 수도 늘어나고 크기도 점점 커지고 있다.

냉장고는 냉각방식에 따라 직랭식(직접 냉각방식)과 간랭식(간접 냉각방식)으로 나눌 수 있다. 직랭식은 식품을 냉동실(후리자)에서 냉각하는 방식이고 간랭식은 팬으로 찬 공기를 음식물에 순환시켜서 냉각하는 방식이다. 30℃의 물을 얼릴 경우, 직랭식에서 40분 걸리는 것이 간랭식에서는 약 3배, 즉 2시간이 걸린다. 음식을 채워 넣는 방식에서도 직랭식에서는 꽉 채워도 되지만 간랭식은 찬 공기가 잘 순환하도록 음식물 사이에 간격이 있어야 한다. 보통 2도어 형에서는 냉동실은 직랭식 그리고 냉장실은 상부에 냉각기가 붙은 간랭식으로 하는 경우가 많다.

냉장고의 내부는 외부 공기의 온도보다 낮기 때문에 외부 공기가 냉장고 내부로 들어가면 이슬점 이하로 되는 경우가 많다. 특히 여름 공기가 습할 때 그러하다. 이렇게 되면 냉동실 내부에서는 서리가 생성되어 냉각기 표면에서 자라게 된다. 이 자라난 얼음 덩어리는 공기방울이 많이 들어 있어서 색도 맑지 않고 흰색을 띠며 열전도성이 나빠지기 때문에 냉동효율이 떨어지고 결국 에너지 효율이 내려가게 된다. 따라서 일정한 두께가 되면 제설이 필요하다. 문을 많이 여닫지도 않은 상태에서 서리가 많이 생기면 어딘가에서 공기의 출입이 일어나고 있는 것이므로 점검해서 수리해야 한다.

냉장고는 히트펌프이므로 열을 냉장고 내부로부터 끄집어내어 밖으로 내보낸다. 내보내는 장소가 뒤에 달린 코일형 냉각식인 경우가 많아서 냉각기 주변은 냉각기 표면온도보다 낮아야 열이 잘 빠져나갈 수가 있다. 그리고 주변의 공기가 잘 순환되어야 한다. 그러기 위해서는 냉각기가 뒤에 달린 경우는 냉장고 뒤를 벽과 10 cm 이상 간격을 두고 공기의 순환이 잘 이루어지도록 다른 물건들을 걸쳐놓지 말아야 한다. 그러나 최근에는 냉각기가 냉장고의 상부나 옆면인 경우가 많으며 이런 경우는 벽과의 거리를 둘 필요는 없다.

식품에는 적절한 냉장온도가 있다. 따라서 냉장실에서 식품의 종류에 따라 위치를 정해야한다. 표 10.19는 식품의 저장온도별 온도를 나타내고 있다.

냉장고에 식품을 넣을 때 보통 폴리에틸렌 백(bag)에 넣는다. 그런데 폴리에틸렌 필름은 통기성이 있기 때문에 오히려 염화비닐(랩) 쪽이 좋다. 랩을 사용할 때는 공기가 들어가지 않도록 랩을 식품에 바짝 붙여야 한다.

가능한 냉장하지 말아야 하는 식품은 스위트 콘, 아스파라거스, 풋콩, 완두콩 등인데 냉장고에 넣으면 맛이 떨어진다. 차게 하기 위하여 냉장고에 넣을 경우는 빨리 먹는 것이 좋다.

빵 종류는 오히려 오랫동안 냉장실에 넣어 두어도 변화가 없다. 특히 식빵이 그러하며 비닐봉지에 넣어 두었다가 필요할 때 냉장실에서 꺼내 토스트에 구워 먹으면 맛이 그대로 살아난다.

표 10.19 | 식품의 저장온도의 대략 값 (냉동식품은 제외)

분 류	식 품	온 도(℃)
야채류	토마토(푸른 것)	1.25~21.0
	토마토(익은 것)	7.5~10.0
	호박	10.0~12.5
	감자(일찍 수확한 것)	3.5~10
	감자(늦게 수확한 것)	10~12.5
	오이	7.0~10.0
	가지	7.0~10.0
	무, 어린 양배추, 당근, 양파	0
	파슬리	0
	파프리카	5~8
과일류	파인애플, 수박	7.0, 8~10
	감귤, 자두	4~5, 5~7
	딸기, 멜론	−0.5~0, 5~7
	배, 사과	−1.5~0, 4~5
	감, 단감	−10, 5~7
	포도, 키위	1~5, 0
생선류	신선한 생선	0.5~3.0

맥주는 여름에는 6~8℃ 그리고 겨울에는 12~20℃에서 맛이 가장 좋다. 최하 냉각온도는 3℃로서 이보다 내려가면 탁해진다. 실온으로 하면 탁한 것은 없어지지만 품질이 떨어진다. 맥주는 보통 영하 5℃에서 얼게 된다.

(3) 냉장고의 에너지 절약의 지혜

- 냉장실에는 공기의 순환이 잘 되도록 식품을 약 60%의 공간에만 채운다.
- 냉장고 문을 자주 여닫지 않는다(1회 개폐에 3 Wh의 전력이 소비).
- 뜨거운 음식은 식혀서 넣는다.
- 냉장고는 바람이 잘 순환하는 곳에 벽으로부터 10 cm 이상 떨어진 곳에 설치한다(냉장고 모델에 따라 달라 근래는 옆면이나 상부면에 냉각판을 둔 것이 많다.)
- 1주일 이상 저장할 것은 넣지 않는다.
- 가끔씩 냉장/냉동물을 모두 끄집어내어 정리하고 내부도 깨끗이 청소한다.

최근에는 앞으로 연계될 스마트 그리드와 정보가 연결되는 스마트냉장고(센서가 읽은 냉장고 정보를 인터넷통신을 통해서 사물 인터넷 구성)가 출시되고 있으며 이는 엔터테인먼트 및 식재관리를 가능하게 하고 그 정보를 스마트폰에서 관리할 수가 있게 줄 것이다.

5. 세탁기의 절전요령

세탁기는 여러 가지 형태로 생산되고 있다. 원리 또한 다양해서

- 빨랫감이 들어가는 드럼의 축이 수평인 세탁기
- 빨랫감이 들어가는 드럼의 축이 수직인 세탁기
- 기포를 넣어주거나 제트유의 물살을 만들어 주는 세탁기
- 물을 끓이도록 해서 빨래를 삶아 주는 세탁기

등이 있는데 세탁과 탈수를 따로따로 하는 것과 세탁드럼이 세탁과 탈수를 겸할 수 있도록 한 일체형이 있다. 최근에는 일체형이 대부분 이며 자동화되어 있어서 원터치로 작동된다. 용량이 작은 것으로는 세탁물 2.5 kg을 넣을 수가 있는 것과 ~20 kg 이상까지 되는 큰 용량 이 가정용으로 생산/판매되고 있다.

사용방법에서 볼 때 세제량은

- 빨랫감의 양과 오염의 정도
- 물의 온도
- 물과 빨랫감 양의 비율
- 빨래시간

등에 따라 달라질 수가 있다. 보통 물 30 L에 40~50 g이면 된다. 세탁도(세탁이 이루어진 정도)면에서 보면 완전히 세탁이 잘 된 경우를 100으로 보면 세제 없는 물로만 세탁했을 경우에도 30% 정도나 된다. 세제를 썼을 경우는 약 60% 정도 세탁이 된다. 세탁시간도 보통 10분 정도면 충분하다. 물의 온도는 40℃ 이상에서는 더 효과가 나타나지 않는다. 세탁에서 물을 절약하는 방법은 헹굴 때마다 탈수를 하는 것으로 판매되는 자동세탁기는 대부분 그러하다. 표 10.20에 헹굼이 있을 경우 탈수효과를 탈수가 없는 경우와 비교하고 있다.

지금의 세탁기는 전부 자동화되어 있어서 전기 및 물의 절약은 세탁방식의 모드를 "절약"으로 선택하면 여기서 헹굴 때 탈수/헹굼이 자동으로 이루어진다. 세탁기의 절전요령은 빨랫감이 세탁의 용량에 맞도록 모아서 운전하는 것이 좋다.

표 10.20 │ 탈수효과의 비교(한 예)

구 분		탈수하면서 헹굼	탈수 없이 헹굼
전 기	1회 소비전력(kWh)	0.082	0.123
	1개월 소비전력량(kWh)	2.5	3.7
	1개월 전기료	1	1.48(상대값)
물	1회 소비량(L)	8.9	233.5
	1개월 소비량(L)	2,700	7,000
	1개월 수도료	1	2.59(상대값)

1 에너지 절약이란 무엇인지 그 의미를 써라.

2 우리나라의 에너지 절약은 어디서부터 하는 것이 가장 합리적인지 설명하여라. 산업, 가정, 자동차 등에서 예를 들어 설명하여라.

3 주택의 난방에너지를 줄이는 방법에 있어서 가장 중요한 점은 무엇인가?

4 표 10.2를 보면 건물의 용도에 따라 냉동기, 엘리베이터, 전산용, 일반 동력의 원 단위가 차이가 난다. 그 이유를 건물별로 자세히 설명하여라.

5 기상청 사이트를 통해 매일 매일의 평균기온의 데이터를 얻을 수가 있다. 이를 이용하여 2015년 월별 난방도일을 서울과 제주에 대하여 구하여라.

6 단열재란 무엇인지 그 종류를 시장 판매품으로 나열하고 특징을 설명하여라. 단열재로 시중제품이 아닌 것으로 어떤 것이 있는지 우리 생활 주변에서 찾아 나열하여라.

7 자동차의 연비란 무엇을 말하며 운행 중 연비를 구하는 방법을 설명하여라.

8 각자 자기 집에서 사용하는 전기제품의 소비전력의 절약방법을 제시하여라.

9 백열전구, 형광등, LED 그리고 나트륨 등의 용도를 달리해야 한다. 각자 자기 집에 이 네 가지 전구를 배치해 보아라.

10 LED 전구가 에너지 효율적인 이유를 설명하여라.

11 3파장 형광등의 색의 온도가 있다. 무엇을 의미하는가?

12 전등에 반사갓을 씌우는 이유를 설명하여라.

13 냉장고의 전기효율을 올리기 위한 설치요령과 관리/사용 요령을 설명하여라.

14 세탁기에서 전기와 물의 절약 포인트는 무엇인가?

Chapter

11

산업체 에너지의 이용 효율

↘ 11.1 연료의 종류

연료의 사용을 시대적으로 보면, 해방 후부터 60년대 초반까지는 무연탄, 장작을 주로 사용했으나 1969년 중반부터 경제개발계획에 따라 석유사용이 증가해 왔다. 그 중에서도 BC유 연료는 산업체를 중심으로 사용해 왔으며 가정에서의 난방과 버스, 트럭에 경유 그리고 항공기에는 등유를 그리고 많은 승용차 엔진에는 휘발유를 사용하여 왔고 최근에는 승용차에도 경유의 사용이 늘어나 미세먼지 등 환경문제를 일으키고 있다. 그러나 두 차례의 석유파동을 겪으면서 고체연료인 석탄 사용이 점차 증가하여 발전소에서는 이제 석탄을 대부분 사용하거나 석유와 혼소하며, 시멘트공장은 벌써부터 석탄을 사용하여 왔고 연료도 여러 가지 저급한 것까지 사용하고 있다.

1. 기체연료(저급기체연료 포함)

- 천연가스(유전가스, 탄전가스, 쉐일가스)
- 도시가스(코크로 가스, 석탄가스)
- 액화 석유가스(석유화학공장의 나프타 분해로부터 발생하는 나프타 수소화 분해가스)
- 용광로 가스와 정유소 배기가스

2. 액체연료

- 나프타(원유의 정유 시 175℃ 이하에서 10% 이상 유출되고 240℃ 이하에서 95% 이상 유출되는 유분)
- 휘발유
- 등유(150~260℃ 유분), S=0.01(1호) 이하 또는 0.22(2호) 이하
- 경유(200~400℃ 유분), S=1.2% 이하, 회분 ~0.03% 이하
- 중유

중유는 점도에 따라 경질중유(벙커A유, B-A유), 중유(벙커B유, B-B유), 중질중유(벙커C유, B-C유)로 분류되며, A중유, B중유, C중유라고도 한다.

(1) A중유(벙커A유)

A중유는 1호 제품은 인화점 60℃ 이상, S 2.0% 이하, 점도 20 cst(50℃ 이하)이고, 2호는 인화점 60℃ 이상, S 2.0% 이하, 회분 0.05% 이하, 점도 20 cst(50℃ 이하)로 중질유 중 점도

가 가장 낮은 제품으로 경유와 벙커C유를 60 : 40의 비율로 혼합한 것을 말한다. 사용 전 예열이 필요 없고, 회분 및 잔류 탄소분의 함량이 낮은 점이 특징이다. 1호는 요업 및 금속 제련용 연료로, 2호는 소형 내연기관용으로 적합하다.

(2) B중유(벙커B유)

인화점 60℃ 이상, S 3% 이하, 회분 0.1% 이하, 점도 50 cst(50℃ 이하)인 벙커B유는 경유와 벙커C유를 40 : 60의 비율로 혼합한 것이다. 예열 없이 사용할 수 있도록 만든 제품이며, 벙커A유에 비해 점도 및 잔류 탄소분의 함량이 높으나 내연기관용 연료로 사용된다.

(3) C중유(벙커C유, BC)

1호는 인화점 70℃ 이상, S 1.5% 이하, 회분 0.1% 이하, 점도 50~150 cst(50℃), 2호는 인화점 70℃ 이상, S 3.5% 이하, 회분 0.1% 이하, 점도 50~150 cst(50℃), 3호는 인화점 70℃ 이상, S 1.5% 이하, 회분 0.1% 이하, 점도 150~400 cst(50℃), 4호는 인화점 70℃ 이상, S, 회분, 점도 400 cst(50℃) 이하인 4종으로 구분한다. 중질유 중 점도가 가장 높은 벙커C유는 잔류 탄소분 및 회분 함량이 높고, 1호는 철강용, 2호는 대형 보일러, 대형 내연기관용, 3호는 철강용, 4호는 대형 공장이나 일반 연료용으로 사용된다. 국내에서는 중질유 가운데 가장 수요가 높은 제품으로 벙커C유의 비중이 95% 이상을 차지한다. 이들의 스펙을 표 11.1에 정리하였다.

표 11.1 | 중질유의 종류와 특성

구 분	벙커 A	벙커 B	벙커 C
인화점(℃)	60 이상	60 이상	70 이상
동점도(50℃, cst)	20 이하	50 이하	–
유동점(℃)	5.0 이하	10.0 이하	–
잔류 탄소분(wt%)	8 이하	12 이하	–
수분 및 침전물(vol%)	0.5 이하	0.5 이하	1.0 이하
회분(wt%)	0.05 이하	0.1 이하	–
황(S)분(wt%)	2.0 이하	3.0 이하	–

3. 고체연료

ASTM D388-05에 의한 분류

- 무연탄(비점결탄)
  - 용도: 가스화, 카바이드, 난방연료, 발전소
- 역청탄(유연탄)
  - 비점결탄: 저휘발분 역청탄, 중휘발분 역청탄
  - 약점결탄: 고휘발분 역청탄(A) 발열량 32.6 MJ/kg 이상
    - 고휘발분 역청탄(B) 발열량 30.23~32.6 MJ/kg(7,000~7,500 kcal/kg)
    - 고휘발분 역청탄(C) 발열량 26.7~30.2 MJ/kg
  - 용도: 제철 코크스용, 도시가스제조용, 일반연료용, 가스발생로용, 발전소용
- 아역청탄(강점결탄)
  - 아역청탄(A): 발열량 24.4~26.7 MJ/kg
  - 아역청탄(B): 발열량 22.1~24.4 MJ/kg(5,278~5,827 kcal/kg)
  - 아역청탄(C): 발열량 19.3~22.1 MJ/kg
  - 용도: 발전소용, 가스발생로용, 일반연료
- 갈탄(비점결)
  - 갈탄(A): 발열량 14.7~10.3 MJ/kg(3,511~2,460 kcal/kg)
  - 갈탄(B): 발열량 14.7 MJ/kg 이하
  - 용도: 발전소용, 난방연료
- 코크스(점결탄을 1,000℃ 내외에서 건류해서 얻은 탄소로 다공성이 있는 연료. 용도별로 용광로용, 주물용, 비철금속제련용, 가스화용, 카바이드 원료용, 일반용)
- 반(半)코크스(점결탄을 600℃ 전후의 낮은 온도에서 건류한 것으로 탄소가 풍부한 스펀지탄을 말한다). 건류법에는 여러 가지 방법이 있고 용도는 가정용 난방연료로 착화가 쉽게 이루어진다.

이상의 연료 중 우리에게 친숙한 것은 무연탄과 액체연료이며, 일상생활에서 흔히 접하는 연료이다. 특히 산업용 연료로는 중유가, 그리고 가정에서는 LNG와 경유가 가장 많이 쓰이고 있다. 그런데 최근에는 도시화 지수가 커지고 산업의 대형화로 인해서 이로부터 발생하는 쓰레기(플라스틱 포함)와 폐유 또는 아스팔트, 폐타이어가 실용연료로 사용되기에 이르렀고, 특히 도시 쓰레기인 고형물은 대형 사용처에 공급할 정도로 대단위 연료가 되었다.

4. 폐유 연료

① 엔진오일, ② 모터오일, ③ 윤활유, 절연유, ④ 원유탱크 슬러지, ⑤ 탱크 슬러지, ⑥

화학처리폐수 중 유화유(乳化油), ⑦ 유정(油井)의 3차 회수유, 즉 유화제 투입으로 채취된 에멀션유 등이 있다.

표 11.2 | 폐유의 종류

폐유의 종류	폐유 발생의 원인	열량 단위(kcal/kg)	점도(cst)	비중
불량유(폐윤활유)	윤활성 저하	1,000~900	–	0.9
탱크 슬러지	중질 석유유분, 니(泥)(~20%), 물(1~40%)	1,000~600	200~800	0.85~0.95
탱크 잔류물	물(10~50%), 니(10~60%)	90~500	>200	<0.95
유화유	물(50~99%), 유화제	500	<100	0.85~0.95
화학처리폐수 중 유화유	물(0~30%), 유화제	1,000~700	10~100	0.85~0.95
C중유 감압 잔사유		1,000 1,000~950	약 100(50℃) 300~400(50℃)	0.95 0.97

5. 쓰레기 연료

보통 도시쓰레기를 가공하여 만든 것을 말한다. 폐기물은 기계적으로 선별하며 건식과 습식으로 나뉜다. 건식은 쓰레기를 분쇄 또는 파쇄하여 분급에 의하여 비중차를 이용 유기물(가연성)과 무기물(불가연성)을 우선 선별한다. 여기서 유기분을 쓰레기 연료(RDF, Refuse Derived Fuel)라고 한다. 그런데 이를 물리적 처리를 하면 '성형쓰레기 연료' 또는 '미분쓰레기 연료'가 된다. 성형 쓰레기 연료라는 것은 펠릿(pellet)화된 고체성형연료로서 화격자의 스톡카로에 쓰기 편리하도록 한 것이다. 미분쓰레기(dust- RDF)는 0.5 mm 이하의 크기 입자로 분쇄하여 만든 것으로 발열량이 높고 밀도나 물리적인 상태가 비교적 균일하다. 미분상이기 때문에 폭발의 위험성이 있어 주의를 요한다.

또한 습식 쓰레기(wet-RDF) 연료는 젖은 상태에서 쓰레기 크기를 균일하게 섞어 액상 원심사이클론에 의하여 파쇄물의 경질부(가연성)와 중질부(난연성)를 분리한 후 경질부를 탈수한 것이 습식 쓰레기 연료이다.

6. 아스팔트 연료

산업용으로 사용하는 연료는 주로 B-C이다. 그러나 최근 연료의 다양화로 정유공정에서 발생되는 아스팔트까지도 보일러의 연료로 사용하려는 시도를 하고 있다. 표 11.3에 C중유와 비교하여 아스팔트의 특징을 비교하였다.

표 11.3 | 아스팔트와 C중유의 특성비교

구 분	C-중유	아스팔트	
		쿠웨이트 중유로부터	아라비아 중유로부터
비중(15/4℃)	0.975	1.024	1.017
점도(cst, 100℃)	45	1,440	800
유동점(℃)	–	45	40
탄소분(wt%)	85.2	84.1	86.0
수소분(wt%)	10.9	10.2	10.2
황분(wt%)	3.7	5.3	4.4
질소분(wt%)	0.24	0.38	0.35
잔탄분(wt%)	16.2	20.7	20.0
바나듐(ppm)	46	86	80
니켈(ppm)	10	39	–
나트륨(ppm)	10	13	25
발열량(kcal/kg)(MJ/kg)	10,190(42.6)	9,900(41.4)	10,130(42.3)
발열량(kcal/L)	9,935	10,140	10,300

C중유에 비하여 점도, 황분, 질소분의 양이 크나 발열량은 약간 높다. 보일러 버너에서는 점도가 40~50 cst 정도로 낮아 저야 쓸 수가 있다. 때문에 C중유에서는 약 90℃ 정도로 예열을 해야 하나 아스팔트의 경우는 170~180℃ 정도까지 가열해야 한다.

7. 새로운 연료 중 바이오

새로운 연료유라고 하면 석유 이외의 자원으로부터 추출, 분해·합성된 석유나 석유제품(탄화수소), 알코올류, 구조 중에 산소를 함유한 바이오식물유 등이 새로운 연료라고 할 수가 있다. 추출, 분해·합성된 석유나 석유제품은 유사석유라고 할 수가 있다. 그러나 알코올과 식물유는 크게 다르나 유사석유는 일반 석유제품과 같다. 메탄올이나 에탄올로 된 알코올 연료는 미국이나 남미에서는 이미 옥수수나 사탕수수로부터 생산되고 있다. 식물유도 식용유가 아니라 공업용 연료로 사용되는 경우가 많다.

이러한 연료 중 알코올과 식물유는 사용할 때 특히 문제가 발생하는데 그것은 지금 석유제품에 사용한 연소기기에 그대로 사용할 수가 없다는 것을 말한다. 그러니까 현재 석유화학제품의 공급, 수송, 분배에 혼란을 일으키지 않고 도입되어야 하는 것이다. 우리가 LNG 도입에 따르는 막대한 공급배관라인 체계를 만든 것을 생각해 보면 알 수가 있다. 사용상의 법의 제정, 안전에 대한 막대한 투자, 취급기술자의 전문화가 그것이다.

▷ 11.2 연소효과를 높이기 위한 연료의 전처리 기술

기체연료나 경질석유의 경우는 연료사용면에서 좋은 유동성으로 인해 특별한 연료 자체의 전처리 없이도, 현재까지 사용해 온 버너형식을 포함한 연소장치의 구조만 좋으면 효율 좋은 연소를 시킬 수가 있다. 그러나 디젤 그리고 중질유로부터 출발해서 아스팔트 그리고 석탄 등의 고체연료(도시폐기물 포함)를 사용할 경우는 공기 중의 산소와 연료가 빠르게 연소될 수 있도록 충분한 면적으로 그리고 연료체의 유동이 잘 일어나도록 해 주어야 한다. 이를 위한 전처리 기술 중 에너지 절약 효과가 충분히 인정되고 또한 사용되고 있는 몇 가지 처리법과 그 원리를 알아보자.

1. 에멀션화

물을 연료에 혼입하여 에멀션화 하는 방법이 현재 많이 쓰이고 있는데, 그 이유는 연소효과(효율)를 근본적으로 올리고 동시에 공해 배출의 저감에도 의미가 있기 때문이다.

이 유화유(에멀션 연료)는 각종 석유계 액체연료와 물을 여러 가지 방법으로 섞어 에멀션화하는 것인데, 작은 물방울이 석유에 분산된 것(W/O형)과 반대로 물중에 작은 석유 방울이 분산된(O/W형) 것이 있다.

에멀션 연료유의 물리적인 성질은 우선 생각할 수 있는 것으로 그의 유동 특성이다. W/O형은 수적(水滴)과 석유의 계면의 영향으로 분산된 물의 농도가 클수록 점도가 증가하고 점탄성 유체로서의 특성을 갖게 된다. 따라서 일반적으로 사용되는 함수(含水)율은 10~33%, 수적의 직경이 1~3 μm 정도가 기준이다. 기름과 물은 서로 용해될 수가 없기 때문에 에멀션이 파괴되어 상의 분리가 가능하므로 반드시 유화제를 첨가해야 한다.

에멀션 연료는 연소과정에서 소위 기름보다 비점이 낮은 물이 미폭(微爆)이라는 미립화분산이 일어나 연소효과가 올라가 그 결과 미연탄분과 매연 발생이 저하하게 되는 것이다.

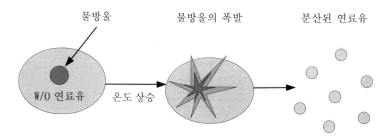

물방울   물방울의 폭발   분산된 연료유

W/O 연료유   온도 상승

그림 11.1 │ 에멀션 연료의 미폭현상

표 11.4 | C 중유의 에멀션 점도(cp) 개략치

표 11.4 | C 중유의 에멀션 점도(cp) 개략치

물	30℃	40℃	50℃	60℃	70℃	80℃
0% 유동점	191	121	67	54	39	24
10% 유동점	201	132	75	62	41	26
20% 유동점	320	220	101	77	54	32

공업적으로 연료로 이용되는 것은 W/O형이고 경제적으로 에멀션 연료를 생성하기 위해서는 그의 사용량이 될 수 있는 한 미량으로 장시간 안정하게 유지되는 유화제를 선택 하는 것이 중요하며, 이것은 기름의 종류에 따라 적당한 것을 택하는 데 주안점이 있는 것이다. 에멀션 연료는 앞서 말한 바와 같이 연소공정에서 소위 기름보다도 비점이 낮은 물의 미폭(微爆)이라는 미립화 분산이 일어나 연소효과가 올라가고, 그 결과 미연 탄화수소와 매연의 발생이 저하된다. 이러한 연료유의 연소과정에서도 반드시 H_2/CO의 발생과정이 있다. 때문에 여기에 보다 효과적으로 물이 들어가 있어 결국 수성가스 반응으로 H_2/CO의 생성이 현저히 촉진되고 연료 자신도 급속히 연소하게 된다.

2. 연료의 자계 처리

연료를 연소하기 전에 액체연료에 자계(磁界)를 주어 연소효과를 높이는 방법이 있다. 사용 초기에는 확실성이 없었기 때문에 비판을 받았으나 현재는 그 효과가 명확하게 되었고 보일러 등에 이미 사용되고 있다.

이 자계 처리의 특징은 배기가스의 열손실을 줄이는 것이 주목적이나 환경에도 좋은 성적을 나타낸다. 또 이 자계 처리는 자동차엔진에도 이용할 수가 있다. 가솔린 엔진에도 유효하나 전자식 공급장치를 새로이 부착시켜야 하기 때문에 자동차 제작사의 관심과 노력이 필요하다. 디젤차나 선박형 디젤엔진에는 배관의 진동과 분사펌프에 의한 맥동류(脈動流) 때문에 효과가 불확실하다.

자계 처리 후 관찰된 결과는 대략 다음과 같다.

• 화염의 길이가 짧아진다.

표 11.5 | 자계 전후의 연료비 비교

부하	0.2 kW	1 kW
자계 전 연료소비	0.250 cc/s	0.379 cc/s
자계 후 연료소비	0.238 cc/s	0.251 cc/s
연료비 향상률	4.8%	33.8%

- 버너관의 폐쇄를 일으키는 카본이 감소한다.
- 노 내가 밝아진다. 즉 화염의 밝기가 증가한다.
- 매연이 감소한다.
- 보일러의 효율이 상승한다.
- NO_x의 농도가 변화한다.

그러나 이론적인 설명은 아직 불분명하다.

3. 연료의 초음파 처리

저질중유의 연소 전처리용으로 지금까지는 원심청정(遠心淸淨) 즉 청정기로 수분제거와 중질의 슬러지 제거의 1차 처리를 행했다. 이러한 조작을 마리제이브(MARISAVE, 초음파 연료유 개질장치)를 설치해서 보다 정밀한 여과와 슬러지 분산을 고도로 실시함에 의하여 디젤 실린더 내에서 완전연소를 보다 효과 있게 행하도록 하는 것이다. MARISAVE는 여과 성능이 높아 고 정밀도(5~10 μm) 분리가 가능하며 초음파 분산에 의하여 노재(爐材)에 폐쇄가 전혀 일어나지 않고 금속 불순물을 포함하지 않는 한 반영구적으로 연속 운전이 가능하고 배제되는 슬러지 없이 사용하게 됨으로써 에너지 절약이 이루어진다.

따라서 내연기관의 연소 개선이 대폭 이루어져서 연소실 주변 부분, 연료펌프 등의 손상의 감소도 현저해진다.

실적을 보면 다수의 디젤 발전기의 C중유의 운전 결과, 특히 3,500 s(초)(Saybolt 점도)급 C중유에서 현저히 나타나고 있다.

⟍ 11.3 연소효과를 높이기 위한 연료에 첨가제 효과

휘발유 엔진에 압축비를 올리면 열효율은 향상되나 동시에 옥테인가의 값도 올라가야 한다. 따라서 압축비를 올리려면 옥테인가가 낮은 휘발유에서는 노크(knock)가 일어나기 쉬워 열효율이 내려가며 또한 엔진파손의 원인이 된다. 이 때문에 안티 노크제를 사용하여 이를 방지해야 하는데 여기에 탁월한 것이 4에틸납(TEL)이다. 그러나 중금속인 납을 함유하고 있기 때문에 이 첨가제를 포함하지 않는 고옥테인가 가솔린제품을 제조공정에서 수행하고 있는 것이다.

그러나 옥테인가를 공정상에서 올리려면 접촉개질장치의 운전조건을 가혹하게 하는 등 정유사에서는 그만큼 에너지를 더 써야 할 필요가 생기며 휘발유 수율도 내려가게 된다. 따라서 제조 시 증가 소비된 원료량 때문에 상승된 옥테인가의 휘발유 가격은 올라가게 되며 제조 시와 사용 시 에너지 절약과 경제성을 종합적으로 고려해서 최적의 옥테인가를 결정해야 한다. 미국의 경우 94~95 부근의 옥테인가가 최적점이라고 한다.

최근에는 첨가제로 안티노킹에 주목하기보다는 자동차 대체연료 또는 종합 기재(基材)로서 알코올이나 에테르에 주목하고 있다. 이 중 MTBE(Methyl Tert-Butyl Ether, $C_5H_{12}O$)와 TBA(Tertiary ButAnol, $C_4H_{10}O$)가 최대 7%까지 허용되며 모두 휘발유의 옥탄가를 올리고 있다.

다음은 간접적인 방법으로 엔진 내의 마찰손실(약 10%)을 감소시켜 에너지를 절약하기 위하여 첨가물을 가한다. 다음 세 가지 방법이 있다.

- 저점도화제의 첨가
- 고체윤활제의 첨가
- 유용성(油溶性) 마찰 조정제의 첨가

저점도화나 고체윤활제를 첨가하는 일은 외기온(外氣溫)이 상온 이상에서는 연료 개선 효과가 적어서 3% 정도 밖에 안 되며 외기온 보다 낮은 콜드 스타트(cold start)에 단거리 주행이 반복되는 조건하에서는 개선효과가 커서 5% 정도까지도 된다.

고체 윤활제는 1~50 μm 크기의 미립자를 기름 중에 콜로이드 상태로 현탁(懸濁)시켜 사용하는 것으로, 대표적으로 2황화몰리브덴, 편상흑연 등이 사용되는데 기름에 약 1% 첨가된다. 그의 역할은 움직이는 면(실린더와 피스톤)에 부착/침착해서 경계 마찰부의 마찰계수를 저하시키는 것으로 연료 개선 효과는 평가방법에 따라 달라지나 대략 최대치가 22%까지 발표된 것도 있으나 5~7%선이 보통이다.

유용성(油溶性) 마찰조정제란 유용성 몰리브덴 화합물, 황화 에스터, 아민화합물, 이미드 화합물 등이 있다. 이 첨가로 3~5% 정도의 절약효과가 있다고 한다.

◲ 11.4 연소기술

1. 저발열량 가스

가스연료＋공기(또는 농축산소) 혼합기체에는 가연농도 범위가 가스상 연료의 종류에 따라 다르나, 혼합가스의 온도 압력 등을 변화시키면 가연농도 범위가 넓어지고 저급 가스 연료에서도 연소가 가능해 진다. 저급 가스의 종류와 그의 발열량은 표 11.6과 같다.

연소기는 ① 열순환식, ② 플라스마 또는 라디칼을 화염에 주입하는 방식, ③ 압축기에 의한 가스 단열압축방식, ④ 촉매 연소방식 등의 각종 연소방식이 제안되어 있으나 장단점이 있어 기술적인 과제가 되고 있다.

표 11.6 │ 저발열량 가스 연료

종 류			CO	H₂	CH₄	CₙHₘ	CO₂	N₂	O₂	저발열량	
도시가스					89	11				11,000 kcal/m³	46.1 MJ/m³
코크스로 가스			6.7	57.4	29.8		2.6	3.5		4,400	18.4
전로가스			69.8	2.4			12.4		0.6	2,150	9.0
고로가스			23.0	3.7			20.2		0.2	790	3.3
석탄 가스화 가스	공기 사용	Lurgi	15.1	23.1	4.0		15.0	42.3		1,080	4.5
		Foster	29.8	14.2	3.45		2.53	49.9		1,480	6.19
		GE	29.5	16.9	4.52	0.63	4.37	43.5		1,440	6.02
		Texaco	19.7	11.5	0.79		6.36	61.6		850	3.56
	산소 사용	Texaco	52.3	36.1	0.26		9.25	0.97		2,430	10.16
		Foster	44.1	36.9	7.38		11.8	0.57		2,720	11.39
	용융 철상에서 가스화된 가스		59~63	26~33			3~5			2,550 ~2,630	10.7 ~11
폐기물 가스화 가스										900 ~7,000	3.7 ~29.3

2. 저급 가스 연소의 새로운 연소 기술

(1) 복합발전용 석탄가스의 연소

이미 4장 석탄편의 4.13절에서 언급한 기술이나 여기서는 연소 특성을 말하고자 한다. 석탄의 가스화로 얻어지는 저칼로리 가스에 의한 가스터빈/기력발전의 조합으로 된 석탄가스화 복합발전 시스템 개발을 미국의 WH(웨스팅하우스)와 GE(제너럴 일렉트릭스) 두 회사가 중심이 되어 진행하여 왔다.

개발 목표는 1,000 kcal/m³ 정도까지의 가스연료를 고부하, 안전 연소시킬 수 있도록 하자는 것이다. 종래형 가스터빈 연소기를 그대로 사용할 경우는 저발열량으로 2,000 kcal/m³ 정도 이하에서 화염의 안정성을 유지하도록 하자면 공기를 200℃ 이상 예열한다든가 수소가스를 첨가할 필요가 생긴다. 이러한 결점을 보완한 것으로 최근 사이클론연소로의 개발 연구가 있다.

이 연구에서 주목되는 것은 발열량이 낮더라도 여기에 따라 연소용 공기도 감소하도록 만들었기 때문에 단열 이론연소온도는 그만큼 저하하지 않는다는 점이다. 발열량이 1,200 kcal/m³의 저발열량 가스(C_3H_8/N_2)로 낮기 때문에 열 NO_x가 현저히 감소하여 LNG 연소의 NO_x값 75 ppm에 비해 10 ppm 정도로 현저히 저하된다.

(2) 유동층 입자 순환을 이용한 연소

유동층에서 열순환을 행하면 저발열량 가스의 연소도 용이하다는 것이 확인되었다. 층 내에 설치된 누드상(漏斗狀) 드래프트(draft)관의 외측에는 층의 상부에서 유동화가 생기나 관 내에 들어간 입자는 그림 11.2에서 보는 바와 같이 유동화하지 않고 서서히 아래 방향으로 이동한다. 이와 같은 연속적인 입자 순환에 따라 열수송이 일어나며, 이러한 열순환방식의 원리에 기초를 두고 저발열량 가스의 연소가 가능한 범위가 확대된다. 이 방법은 가스만이 아니고 액체, 고체에도 적용되는 것이 최대 장점이다.

(3) 촉매연소방식

촉매연소방식은 저급 및 고품위 연료에 모두 사용할 수 있다. 직접연소방식에서는 화염의 온도가 1,600~2,200℃의 고온이며 이 때문에 다량의 열-NO_x가 발생한다. 촉매연소방식은 연료와 공기의 혼합비를 자유로이 선택할 수가 있고 NO_x가 발생하기 힘든 1,000℃ 이하의 저온에서도 완전 연소하는 특징을 가지고 있다. 이것이 소위 저온접촉(촉매)연소법(500℃ 이

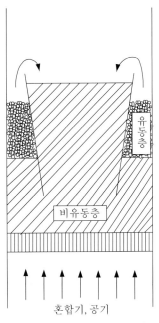

그림 11.2 │ 열순환식 유동층 연소로

하에서도 완전연소 된다)으로 가정용 난방기기 등에 널리 이용될 수 있다.

그런데 발전용 대용량의 보일러와 가스터빈에서는 열효율이 크게 올라가야 하기 때문에 1,000℃ 이상, 1,500℃, 2,000℃의 고온에서 연소할 필요가 있다. 최근에는 고온에서 연소 되더라도 NO_x 및 기타 대기오염물질의 발생을 현재의 연소 기술로 발생할 수 있는 레벨 이하의 크기로 저감시키는 고온 촉매연소기술이 개발되어 사용되고 있다. 이러한 고온 접촉 연소 방식은 대형 보일러와 가스터빈뿐만 아니라 항공기용 제트엔진, 자동차용 가스터빈 등에도 고려되어 에너지 절약, 환경보존에서 큰 역할을 할 것으로 기대하고 있다.

탄화수소 대신에 차세대 연료인 2차 에너지로서 수소가 대량 사용되기 시작하면 대형 산업용 열원(熱源)은 물론 가정용 난방 등을 포함하여 촉매연소방식이 수소의 안전면에서 효과적인 연소방식으로서 가장 중요시 될 것으로 보인다. 촉매, 예를 들면 허니콤(honeycomb)상(狀), 세라믹상에 백금과 팔라듐의 합금을 부착시킨 것이 있다.

3. 저급 액체연료의 연소기술

(1) 아스팔트를 포함한 중질유계 연료의 연소

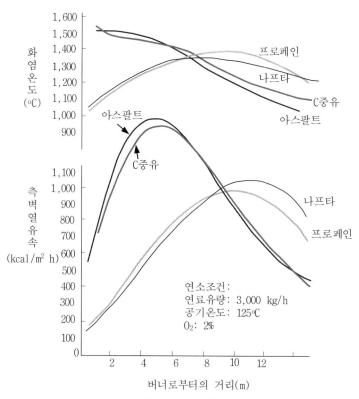

그림 11.3 ┃ 몇 가지 연료의 화염온도와 열유속

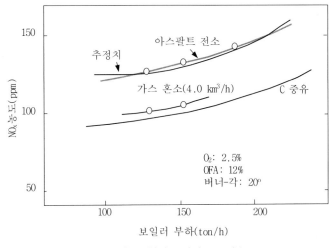

그림 11.4 │ 보일러 부하와 NO_x의 농도

일반적으로 점도가 높고 분무 등에서 힘든 것을 **빼면** 그림 11.3에서와 같이 벙커C와 거의 같은 특성을 갖는다.

그런데 문제는 SO_x와 NO_x 그리고 분진배출의 저감이다.

▌ NO_x의 발생

NO_x의 발생은 보일러 부하, 연료의 종류, 공기 과잉률 외에 버너의 분사각, 2단 연소공기량(OFA, Over Fire Air) 등에 의하여 변한다.

- 보일러 부하와 NO_x 농도 : 아스팔트는 보통 석유의 정제공정에서 발생하는 부생가스와 혼소하는 경우가 많다. 전소(專燒) 또는 가스와의 혼소 시 NO_x의 발생량에 관한 한 예의 운전 실적을 그림 11.4에 나타내었다. NO_x의 농도는 시험 이전의 추정값과 거의 일치하는데 이는 아스팔트 연소 시의 열-NO_x의 발생량 및 연료-NO_x의 전환비율이 C중유 연소 시와 거의 같다는 것을 나타낸다.

- 배기가스 중 O_2 농도와 NO_x 농도 : 일반적으로 O_2의 농도 저하가 NO_x 억제에 효과가 있다는 것은 알고 있다. 아스팔트 연소 시의 O_2 농도의 하한이 1.5%이기 때문에 O_2 저하에 의한 NO_x 농도의 관리범위로 1.8~2.3% 정도를 O_2 농도의 상한으로 하고 있다.

- OFA량과 NO_x의 농도 : 1차 연소에서 필요한 공기의 70~90%의 공기로 일단 연소하고 이때 생성된 연소가스 중에 2차 공기(OFA) 10~30%를 가하여 연소를 완결시키면 저온 연소로 인하여 NO_x의 저감률은 증가한다. 그러나 화염의 길이가 커지며 매연량이 많아지기 때문에 보통 연소공기량보다 16~18%를 상한으로 하고 있다.

▍매연의 발생

- 매연량과 CO 농도 : 아스팔트와 부생가스 혼소 시 O_2 농도에 대한 매연 및 CO의 생성량은 과잉 O_2 농도가 1.5% 이하가 되면 급격히 상승한다. 따라서 어떠한 운전조건에서 보면 O_2 농도에 대한 최고 효율점은 과잉 1.3% 정도인 경우가 좋다. 그리고 연료유 중의 잔탄분(殘炭分)의 증가는 그대로 연료분자량의 증가에 따라 증가한다.
- 매연의 입경분포와 조성 : 누적 %의 50% 평균경이 3.3 μm이며 10 μm 이하가 전체의 86%를 차지한다. 매연의 조성은 표 11.7에 나타냈으며 약 80%가 잔탄형의 탄소이다.

표 11.7 ┃ 아스팔트 매연의 조성

항 목	함유량(wt%)	항 목	함유량(wt%)
탄소(잔탄)	78.5	니켈	0.6
황	5.8	나트륨	0.9
철	3.7	황산근(根)	7.3
바나듐	1.0	암모니아	0.2

매연은 ① 물/에멀션, ② 배기가스 재순환 및 ③ 금속첨가의 효과로 시험해 보면, 배기가스 재순환은 역으로 매연량이 증가하고 금속의 첨가에서는 Fe, Mn, Cu 등이 효과가 나지만 2차 공해의 원인이 되기 때문에 현재로는 물/에멀션 연소가 가장 유효하다. 즉 수첨효과가 연소 과정에서 분명하게 나타나고 있는 것이다.

(2) 함산소 액체의 연소

석탄 또는 바이오매스로부터 합성된 메탄올 등의 함산소 액체연료는 석유 대체로 앞으로 크게 주목되는 연료이다. 현재 기초적인 연소특성과 실용 연소기의 개발의 양면에서 연구가 되고 있고 전력발전에 쓸 경우에 문제점과 가능성에 관한 자세한 조사도 하고 있다. 예를 들면 사용 시 물을 더 첨가할 경우 어떻게 될 것인가 하는 문제이다. 일반적으로 보면 물 혼합비율이 증가하면 연소속도, 연소온도가 저하하고 포르말린(Formalin)의 생성이 많아지는 문제가 발생한다.

한편 몇 가지 버너를 사용해서 실험해 본 결과 NO_x의 생성은 아주 적어 문제 되지 않는다. 그러나 검댕이 적어 이 때문에 검댕복사를 기대할 수가 없다. 이것은 실용로(實用爐)를 사용할 경우의 문제가 되며 하나의 해결책으로 석탄, 중유 등의 혼소가 고려되고 있다.

4. 저급 고체연료의 연소기술

저급 고체연료의 연소는 이것이 보통 반응성이 다른 많은 물질의 집합체이기 때문에 가스 및 액체연료에 비해 그의 연소기구가 아주 복잡하다. 구체적으로 말하면 표 11.8에서와 같이 공업분석에서 보면 휘발분, 고정탄소, 수분 및 회분이 존재하며 연소과정은 우선 휘발분의 열분해연소가 초기 단계에서 일어나고 이것과 병행 또는 수차적(遂次的)으로 고정 탄소를 포함한 차(char)연소가 진행되어 적어도 2단계의 연소과정을 거친다. 이와 같은 연소과정에서

표 11.8 | 저품위 고체연료의 조성과 발열량

연료 종류		원소 분석치 (wt%)						고발열량	
		C	H	S	N	O	회분	kcal/kg	MJ/kg
태평양탄		66.9	5.4	0.1	1.4	13.2	13.0	4,600~5,000	28
저품위탄	캐나다탄	54.4 ~58.6	3.5 ~4.5	0.31 ~0.71	0.04 ~0.82	19.5 ~20.7	17.1 ~21.5	4,600~5,000	19.2~20.9
	니(泥)탄	42~52	4.5~6	0.1 ~0.2	0.5 ~0.9	38 ~40	3 ~14	3,600~4,500	15.1~18.7
고형폐기물	폐목재	41~60	5.7-9.5	0.07 ~0.52	0.43 ~3.3	27.6 ~37.5	3.5 ~21.8	4,000~4,700	16.7~19.7
	고지(古紙)	32~50	5~6.2	0.08 ~0.21	0 ~0.25	30 ~48	1.0 ~23.5	2,900~4,500	12.1~18.8
	도시쓰레기 (미국)	34.7	4.76	0.2	0.14	35.2	25	3,333	13.9
	도시쓰레시 (일본)							770~1,650	3.22~6.9
	도시쓰레기 (한국)*	48.5	7.2	0.2	1.5	30.9	–	738~1,681 (저발열량)	3.07~7.04 (저발열량)
	잉여오니*(도시)	22 ~31.1	3.5 ~5	0.8 ~2	1.7 ~6.5	13 ~23.5	38.5 ~60	2,200 ~2,900	9.2 ~12.1
	잉여오니(산업)	29.5	4.6	2.92	6.4	20.6	36	3,160	13.2
	오니차(400℃)	23.5	2.3	2.84	4.4	14.1	52.9	2,160	9.23
	오니차(600℃)	18.6	1.0	2.36	3.0	7.0	68.0	1,606	6.71
	오니차(800℃)	17.5	0.4	2.14	1.6	5.5	72.9	1,374	5.75

* 이승무 외, 한국폐기물학회지, 9권 2호(1992)

Footnote

* 잉여오니(excess sludge)　최종 침전지에서 침전에 의하여 생긴 오니 중 재이용되는 반송오니 외 나머지 오니를 말하며, 제거하여 최종적인 오니처리가 행해진다. 이를 과잉오니라고도 한다.

SO_x, NO_x가 생기고 회분이 따라 나오며 저발열성에 추가해서 N, S 및 회분을 다량 포함하는 2중 문제를 연소기의 설계확립과정에서 해결하지 않으면 안 되게 되어 있다.

석탄 단일입자의 연소에 관한 기초자료는 많다. 예를 들면 탄의 입경이 100 μm를 넘어서면 연소기구가 크게 변한다는 것이다. 그래서 비교적 고품위의 탄이라고 하더라도 연소속도에 주는 석탄화도(石炭化度), 회분촉매효과 그리고 실용상 가장 중요한 입자군의 연소속도에 관해서는 명확하지 않은 점이 많다. 그러므로 저품위탄, 잉여오니, 도시쓰레기 같은 저품위 고체연료의 연소특성에 관해서는 아직 미확인된 상태라고 할 수 있다.

고체연소장치는 스톡카로식, 다단로식, 이동층식, 유동층식 등 많은 형식이 있다.

11.5 연소기술에서 산소농축공기의 이용

대기 중에는 산소가 21% 부피로 포함되어 있다. 따라서 연소에 공기를 사용하게 되면 그 중 약 79%의 질소는 그대로 연료에서 발생한 열량만 빼앗아 도망가게 된다. 따라서 연소가스의 배출온도가 높을수록 에너지의 손실이 커지게 되는 것이다. 그러므로 이 대기 중 포함된 질소를 만일 줄인다면 그만큼 배기 열손실이 줄어들게 되므로 에너지 사용에서 볼 때 크게 효율을 향상시킬 수가 있다. 여기에 착안하여 산소를 농축한 공기를 사용하여 연소과정에 사용하자는 것이다. 이렇게 되면 물론 연소온도도 보통 공기보다 훨씬 올릴 수가 있어 열효율면에서 크게 향상된다.

1. 산소농축기술

산소 21%, 질소 79%를 포함하는 공기에서 산소 %를 높이는 기술을 산소농축기술이라고 하며, 1950년 Weller와 Steiner에 의하여 두께 25 μm의 에틸셀룰로오스의 막을 사용하여 1단에서 32.6% 정도, 5단계 정도로 농축하면 91.1%의 산소 농도까지 얻을 수가 있었고 $10^6 \, m^2$의 막에서는 투과가스 3,400 m^3(stp)/h를 얻었다.

그러나 그 당시에 공업화가 되지 않은 이유는 투과성과 분리 선택성에 있어 실용성을 인정받지 못하였다가 1973년 석유파동 이후 에너지 절약기술에 대한 욕구가 크게 대두되고 또 그 동안 고분자 합성기술이 크게 발전되어 박막기술 또는 모듈화 기술의 발전에 따라 막에 의한 가스 분리기술이 크게 발달하게 된 것이다.

1975년 Thorman이 실리콘 중공사막에 의하여 3단계 농축으로 산소 함량 38%의 공기를 제조하였고, 1976년에는 GE(General Electric)사가 실리콘·폴리카보네이트 공중합막을 개발하여 이 막을 150 A°까지 극박막으로 하는 데 성공했다. 이 막이 소위 P-11 이라는 것으로 의료용 산소 농축기 등에 사용하게 되었다.

이와 같은 소위 고분자막에 의한 산소 농축기술과 함께 다른 농축법은 제올라이트와 같은 분자여과제(molecular sieves), 금속착체, 탄소 및 금속 합금막에 의한 분리기술이다. 이 중에서 분자여과체인 zeolite의 사용이 가장 많이 실용화되어 사용되고 있다.

표 11.9는 산소농축방법과 그의 조작조건 및 기술의 현 단계를 나타낸다. 유기분자막에 의한 방법에서는 1단계 분리에 의한 공기의 산소 농도는 이론적으로 50%가 되기 어렵다. 그래서 다단 모듈을 사용해야 하는데 산소 농도는 증가하지만 에너지소비가 커지게 된다. 이 방법의 중요한 포인트는 가스의 투과량이 커서 처리량이 많아져야 하는 것인데, 이렇게 해야 장치의 크기가 작아져서 콤팩트한 형이 될 수 있기 때문이다.

고분자막은 만드는 방법에 따라 달라지나 100~200 A° 두께 정도의 박막이며 평막으로 할 경우 막의 충전밀도(m^2/m^3)가 200~400이 되나 중공사의 경우는 10,000~40,000 정도로 대단이 커서 막의 투과면적이 커지고 따라서 가스 투과량이 커지게 된다. 중공사는 또한 모

표 11.9 | 산소농축방법

방법	소재	시스템	회사명	탈착온도 (℃)	흡수압력 (atm)	O_2 농도 (%)	기술 정도
흡착법	금속 산화물	Ce-Pr 산화물	UCC	380~450	6.5	공기~100	연구
		BaO	Lunass	700~750	3~4	70~100	실용
		Zeolites	Brit. Oxygen	상온	1	90~95	실용
		Molecular Sieves	The Devil Biss	상온	1.5	54~94	실용
	금속 착체	Fluomine	U.S.공군	38~107	2.8	100	연구
	탄소	코크스	Bergwerks Verband	20	40	~70	연구
막분리법	금속 합금막	Ag-Cu	UCC	515	2	100	연구
		Ag-(Mg,Cd-Ni)-Cu	General Amer. Trans. Pilot	745	1	100	연구
	유기 고분자막	실리콘·카보네이트 공중합체	GE	25	1	~40	실용
		실리콘(平膜)	로스프란	25	1	3~21	실용
		실리콘폴리술폰 (중공사)	몬산토	25	가압	~55	실용
		금속착체 배위막	일본(早大)	25	1	−	연구

Fluomine: $C_{16}H_{12}CoF_2N_2O_2$

표 11.10 | P-11 평판에 의한 산소농축공기의 제조

항목	30% O₂	35% O₂
막면적(ft²)	78,000	55,000
공급가스압(atm)	1	1
투과가스압(atm)	0.35	0.1
온도(℃)	25	25
투과가스(1 atm) 생산동력(kWh/100 ft³)	0.15	0.48

듈화 할 때 막 지지체가 필요 없고 내압성이 크나 압력손실이 많다.

현재 공업적으로 농축산소를 사용하는 공장에서 보면 순산소를 구입해 공기로 희석시켜 사용하는 경우가 많다. 그렇다면 사용농도가 35% 이하로도 충분한 곳, 예를 들면 저질탄을 연소한다거나 화염의 온도를 단순히 높일 목적이라면 위에서 말한 막분리에 의한 산소농축 공기를 사용하는 쪽이 훨씬 유리하다는 것을 의미한다.

이와 같은 용도에 맞게 개발한 것이 미국 GE사의 P-11의 유기막(실리콘 57%−폴리카보네이트 43%의 공중합체, 산소의 선택성인 분리계수: $\alpha(PO_2/PN_2)=2.3$)이다. 이 유기막은 보통 극박막을 만드는데 Millipore사의 Millipore VSWP, 슈라비아 슈엘사의 Sellectron B-13, 겔만 인스트루멘드사의 Acropor AN-200 등의 공경 0.025∼0.2 μm의 다공질막이 있다.

표 11.10에 시간당 30, 35%의 산소농축공기 10,000 m³를 생산할 때 사용압력과 제조비 (kWh)를 나타내었다. 35%의 산소농도를 얻을 때는 농축공기 측의 압력을 0.1 atm으로 더 낮추어야 하며, 그만큼 산소가격이 올라가게 된다. 공기를 그대로 사용하는 것에 비해 산소 농도를 23∼31%로 올릴 경우 보통 가열로에서 30∼50%의 연료절약효과를 낸다고 한다.

막은 폴리카보네이트/실리콘 외에 폴리설폰막과 폴리이미드 중공사막이 시중에서 현재 많이 판매되고 있다.

2. PSA(Pressure Swing Adsorption)에 의한 산소 농축

여기서는 간단히 흡착탑 2개를 이용하여 공기 중 산소를 농축하는 PSA원리(그림 11.5)를 소개 한다. 공기를 압축해서 건조기를 거쳐 발브 3을 열고 흡착탑(몰레큘라 씨브 13X, Zeolite충전)1에 가압해서 공급되면 질소가 우선 흡착 되고 분리된 산소는 밸브1을 통해서 나간다. 이를 저장 탱크에 보내며 산소 농도를 측정 하다가 질소가 미량 나오게 되면 1과 3을 잠그고 4를 열어 흡착된 질소를 배출시킨다. 한편 계속해서 흡착탑2에 공기를 보내서 흡착탑 1과 같이 행하고 5를 열어 질소를 배출시키는 밥법으로 해서 산소가 농축 될 수 있다. 산소농도를 더 농축하려면 산소가 농축된 제품을 다시 압축해서 이상과 같이 계속하면 거의 순수한 산소를 얻을 수 있다.

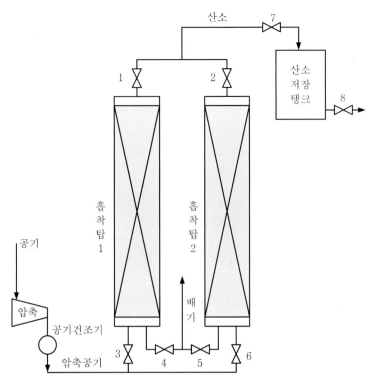

그림 11.5 ┃ 두 흡착탑 형식의 공기 분리용 PSA 장치

3. 산소농축공기의 이용 예

(1) 제철

산소가 농축된 공기를 사용하여 제철용 가열로를 움직이는 일은 이미 널리 알려져 있다. 그러나 이와 같은 산소농축공기를 사용하는 공정을 가열로로 사용할 경우 "산소제조가격/연료가격"의 비 R가 대단히 중요하다. 예를 들면 가열로의 배기가스 온도가 1,370℃일 때 R값 0.3 전후가 산소 농축을 가열시스템에 사용할 수 있는지를 판가름하는 값이라고 한다. R값이 작을수록 경제적으로 유리한 것은 말할 것도 없다.

산소농축공기를 제강에 사용하면 크게 유리한 점의 하나는 천연공기를 사용할 때 생기는 스케일(scale)로서 철분의 30% 정도가 손실되는 것에 비해 산소농도 35%의 농축공기를 사용하면 클린한 연소에 의하여 스케일 손실이 없어진다.

(2) 유리용해로에 이용

GE사에 의하면 각종 산소제조법에 있어서 그의 필요 에너지가격(kWh/m^3(O$_2$))을 보면

- 심랭분리(50% O_2): 0.57
- 압력스윙 흡착법(PSA)(90% O_2): 0.79
- 막법(44% O_2): 0.43
- 심랭분리(99% O_2) 액화: 1.57
- 막법(37.5% O_2): 0.3

의 계산값이 나와 있다. 이것은 막법을 사용한 산소제조가 다른 프로세스에 비하여 산소농도가 낮을 때 경쟁력이 크다는 것을 말해 주고 있다.

유리용해로에 농축공기를 사용해서 가열할 때에는 LNG를 사용할 경우 에너지 절약률이 30~40% 내지는 40~50%까지도 가능하며 그 만큼 CO_2의 발생량도 줄어든다. 유리를 용해시킬 때에도 제강 때와 같이 역시 R값이 중요한 역할을 하게 된다. 막법을 사용한 산소농축공기를 사용할 경우 LNG 절약률은 30~40% 된다.

(3) 자동차 분야에 이용

산소농도가 큰 공기를 사용하여 에너지 절약형 엔진에 이용하려는 노력이 많이 시도되고 있다. 더구나 디젤엔진에 산소 부화막을 사용하면 농축이 가능한 범위 내(~38% O_2)에서 동력이 크게 증가한다. 물론 분진(검댕)의 감소, HC, CO 등도 일반적으로 감소한다. 그러나 NO_x는 다소 증가하고 있어 아직은 연구가 필요한 단계에 있으나 매우 중요한 이용분야이다.

(4) 기타 이용

해양에서는 해수 중(잠수 중) 또는 해상에서 산소를 제조하거나, 항공기에서는 소비된 연료의 빈 공간에 질소를 채워야 하는데 반대로 life 시스템에는 농축산소가 필요하다. 따라서 공기 분리 시 얻은 각각의 질소와 산소를 여기에 쓰도록 하자는 것이다.

석탄 및 회수된 폐플라스틱이 액화 및 가스화에서도 이용할 수가 있다. 산소농축공기를 사용하면 석탄의 가스화 시 공기가스화에 비해 질소농도가 작아져서 에너지 밀도가 높은 가스를 만들 수 있고 또 탄산가스의 회수도 압/냉 액화에서 용이해진다.

또한 폐수처리에서 호기성 소화에 공기를 불어넣을 경우 소화속도가 보다 빨라지고 효율이 올라간다.

11.6 폐열회수에 의한 에너지의 효율적 이용

산업공정의 관리 측면에서 보면 공정을 보다 합리적으로 효율화시켜 유틸리티의 원가 부분을 최소화하는 것은 에너지 사용에서 매우 중요한 일이다. 그 중에서도 폐열회수, 즉 에너지 사용측면에서 볼 때 공정에서 배기나 폐수의 형태로 부득이 방출되는 에너지를 잡아 공정에 재이용하는 것이다. 공정에서 방출되는 폐열은 산업에 따라 달라지는데 저온(식품공업, 제지 등), 중온(화학공업), 고온(요업)의 폐열이 부득이하게 발생되는 경우가 많다. 물론 설계 시 폐열 발생을 최소화한다고 하지만 유가변동, 즉 유가가 저렴할 때는 폐열의 온도 수준이 올라가게 된다. 그리고 다시 유가가 상승할 때는 폐열회수 문제가 항상 발생하게 되는 것이다.

산업공정이 이상적이려면 그림 11.6과 같이 고온공정의 폐열을 중온공정에서 받아쓰고, 중온에서 나오는 저온의 폐열은 거기에 알맞은 다른 공정에 사용하는 식으로 이용하는 것이 이상적이겠으나 산업의 구조상 이런 이상적인 에너지의 흐름을 만들 수 있는 단일 공정은 없다.

고온 → 중온 → 저온의 공장이 하나의 열공급 콤비나트형식으로 한 단지 내에 있으면 가능하다고 생각할 수 있겠지만 사업주가 같은 경우는 몰라도 서로 이해관계가 얽혀 있어 에너지의 상호 교환이 쉽지가 않아 폐열을 발출해 버리는 경우가 많다.

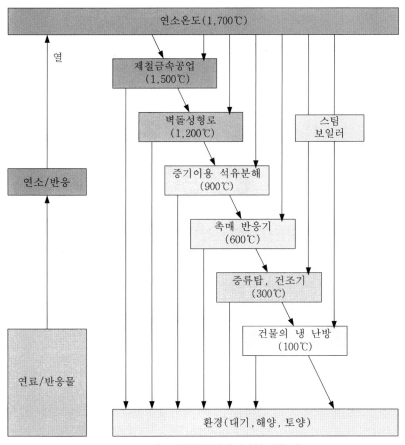

그림 11.6 | 이상적인 열에너지의 이용 예

1. 중저온의 폐열

표 11.11은 폐열 온도 수준과 열의 이용이 가능한 용도 예를 나타내고 있다.

중저온의 경우는 이를 쉽게 회수하여 사용하는 경우가 많으나 회수가 쉽지 않은 경우도 많다. 이용이 쉽지 않은 경우는 일반적으로 다음과 같은 이유에서이다.

- 중저온의 유효에너지(Exergie)가 적기 때문에 회수원가가 커서 이익성이 거의 없다.
- 폐가스 중에는 SO_x의 농도가 높아 산노점(酸露點)*의 제한조건이 있어서 이 노점 이상의 고온으로 방출해야 한다. 그런데 중저온 폐열보일러에서는 산노점 이하에서 열을 회수해야 하는 경우가 대부분이다.
- 이미 운전 중인 공정에는 회수장치를 설치할 만한 공간이 없는 경우가 많다.
- 제품과 주 생산라인에 영향을 주지 않도록 하면서 설비를 개조한다는 것이 쉬운 일이 아니다.
- 폐열을 회수하더라도 근처에 사용처가 없으면 소용이 없는 경우가 많다.

표 11.11 | 폐열 온도 수준과 용도의 예

폐열원의 온도 수준(℃)	재이용 가능한 예	동력으로의 회수방법
20~30	산업에서는 거의 없음	곤란
30~50	양식, 온실재배, 히트펌프 열원	다량일 경우 암모니아 스크류 익스팬더에 의한 랭킨사이클 가능
50~70	난방, 건조, 멸균, 온수, 히트펌프 열원	다량일 경우 유기물 작동유체에 의한 랭킨사이클 가능
100	난방, 증발, 농축, 건조, 살균, 세정, 염색, 공정온수, 증기	
200	난방, 건조, 증류, 공정증기	유기 작동매체에 의한 랭킨사이클 가능
300		
500	각종 산업 가열 공정	물의 랭킨사이클 가능
700		
1,000		가스터빈 가능
1,200		

Footnote

* 산노점(acid dew point)　연소 생성물의 혼합가스 중 수분이 응축되는 포화온도이다. 산성가스(SO_3 등)가 혼합물 중에 있으면 수증기와 결합하기 쉽기 때문에 산이 없을 때 포화온도보다 높은 온도에서 벌써 응축이 일어난다. 이 올라간 온도를 산노점이라고 한다. 산노점 이하로 혼합가스의 온도가 내려가면 응축이 일어나 산성의 액체가 열교환기의 금속표면에 응축되어 부식을 일으키게 된다. 따라서 폐열회수 측면에서 보면 회수 온도가 낮을수록 좋으나 산이 많으면 노점온도가 올라가 폐열회수율이 낮아진다.

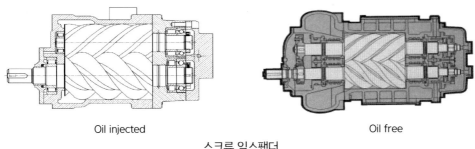

Oil injected　　　　　　　　　　　Oil free

스크류 익스팬더

따라서 이런 문제점들을 해결하고자 노력해 왔다. 예를 들면 고효율의 저급탄화수소 터빈과 오일 프리의 스크류 익스팬더(SE, Screw Expander)에 의하여 유효에너지가 적더라도 동력회수가 가능해지고 있으며, 또한 부식과 관련해서도 황산에 부식되지 않는 열교환기의 개발과 고효율 축열 시스템의 개발 등 저온폐열도 점차 회수가 경제성을 띠고 있다.

폐열보일러의 성능을 해치는 요소는 전열면상에 분진 부착과 부식, 더욱이 200℃ 이하의 폐열을 이용할 경우는 저온의 부식문제를 해결하지 않으면 안 된다. 저온 부식이란 연료에 포함되어 있는 황이 연소 후 황산이 되어 금속을 부식하는 것인데 BC(중유)의 경우 160℃ 이하부터 부식작용이 시작된다.

부식 문제 때문에 근년에는 유리로 된 열교환기가 출연하고 있는데, 부착된 분진 제거도 수세가 용이함에 따라 보급되고 있다. 또한 히트파이프로 폐열회수 시 표면온도를 산노점 이상으로 고도로 정밀하게 제어하는 기술도 있다.

폐열은 방출되는 온도 수준으로 회수하기보다는 히트펌프를 사용하여 유효에너지(엑서지)가 큰 질이 좋은 고온의 에너지로 회수하는 것이 합리적이다(14장 히트펌프 참조).

2. 폐열의 동력회수

폐열로부터 동력을 얻는 것은 일반적으로 중·저온의 경우는 유효에너지(엑서지) 수준이 낮기 때문에 효율이 떨어진다. 폐열이라고 하더라도 비교적 고온의 경우는 물의 랭킨사이클과 가스터빈에 의한 동력으로 회수를 할 수 있으나 중·저온 폐열에는 적절한 익스팬더가 없어 동력회수가 불가능하다.

한때는 프레온 터빈이 주목을 받아 개발되었으나 경제성에서 문제가 발생하고 있고, 더구나 최근에는 세계적으로 지구환경과 관련하여 프레온 사용이 규제되고 있기 때문에 암모니아/물계가 떠오르고 있다.

예를 들면 45℃의 저온 폐열과 20℃의 냉각수가 이용될 경우 암모니아를 작동 매체로 한 랭킨사이클에서는 동력회수용 익스팬더의 입구와 출구 압력이 각각 19 atm과 9 atm으로 작동될 수 있다. 중·저온용 폐열회수로 개발된 오일 프리의 스크루 익스팬더 등을 이용하면 고효율로 동력이 회수될 수 있다.

3 폐열회수장치

우선 생각할 수 있는 것이 열교환기이며 가장 많이 사용된다.

표 11.12 ┃ 열교환기의 형식 분류

열교환기	관형 열교환기	다관식형	고정관식, U자관식, 케틀식, 유동두식
		2중관식	평활관식, 핀 튜브식, 나선상 핀 튜브식
		연돌식	
		개방 액막식	
		원통식	
	판형 열교환기	와권식	액·액향류식, 증기응축식, 증기응축냉각식
		평판식	구상 돌기형, 파형, 특수파형, 플레이트 히터
		재킷식	
		원통식(복사형)	
	특수형 열교환기	공랭식	
		축열식	
		전(全)열교환식	
		히트 파이프식	
		바로매틱 콘덴서	

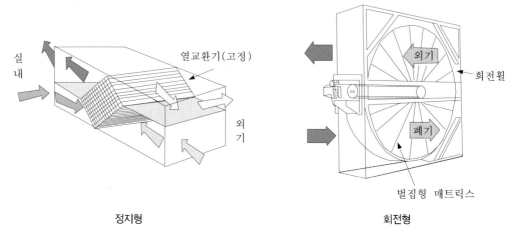

정지형   회전형

그림 11.7 ┃ 전(全)열교환기의 작동형식

(1) 전(全)열교환기

전열교환기(total heat exchangeer, 오염된 실내의 더운 공기를 내보내고 신선하고 찬 외부 공기를 흡인하며 열교환 하는 장치)에는 정지형 과 회전형이 있다. 정지형은 건물의 급·배기 계통에 접속되어 있는 경우가 대부분이다. 회전형은 공조형 흡배기계통에 접속되는 것으로 회전체는 서서히 회전하며 그림 11.7과 같이 연속적으로 벌집형 매트릭스가 폐열의 현열을 급기와 열교환 한다. 회전형은 75% 이상의 열교환이 가능하며 대형 건물에 용도에 따라 큰 것에서부터 가정형인 소형의 것까지 있다.

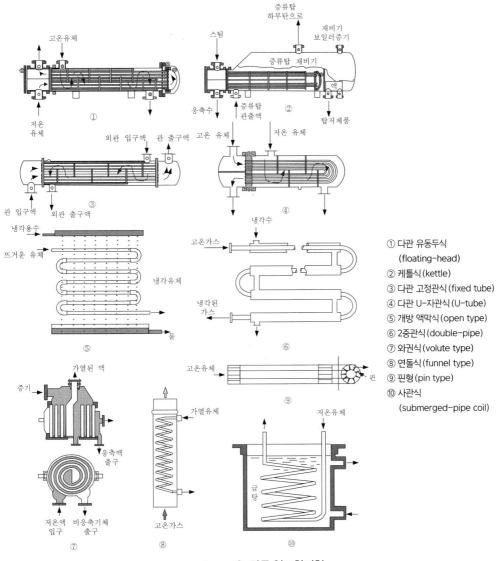

① 다관 유동두식 (floating-head)
② 케틀식 (kettle)
③ 다관 고정관식 (fixed tube)
④ 다관 U-자관식 (U-tube)
⑤ 개방 액막식 (open type)
⑥ 2중관식 (double-pipe)
⑦ 와권식 (volute type)
⑧ 연돌식 (funnel type)
⑨ 핀형 (pin type)
⑩ 사관식 (submerged-pipe coil)

그림 11.8 │ 각종 열교환기형

수리/청소 중에 있는 열교환기. 내부에 스케일($Ca(OH)_2$, $Mg(OH)_2$, …) 등이 전열면 표면에 부착하여 두꺼워 지면 열전달이 힘들어지게 된다. 따라서 일정 기간마다 청소를 해서 에너지 이용효율을 올리고 있다.

(2) 폐열 보일러

폐열 보일러는 1차 연료를 사용하여 증기를 발생시키는 보일러가 아니라 열 이용시설의 배기가스의 폐열을 열교환기로 받아 증기를 발생시키는 열교환기식 보일러이다. 폐열 보일 러에 사용되는 연소폐열의 종류를 분류하면 그림 11.9와 같다.

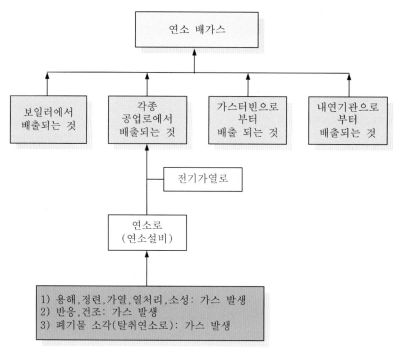

그림 11.9 ┃ 연소 폐열(furnaces)의 종류와 발생원

몇 가지 예를 들면, 코크스 건식소화설비(제철소), 슬래브 쿨링 보일러(철강), 선박폐가스 이코노마이저(economizer, 절약장치) 등이 있으나 산업에 있어서 폐열 회수는 궁극적으로 보면 공정을 합리화하는 것으로 각 장치의 효율을 최대로 하면서 동시에 공정 전체가 열에 대하여 유기적으로 결합(그림 3.3 참조)되어야 한다. 나아가서는 고온공정의 산업과 중·저온 공정의 산업이 앞서 말한 바와 같이 상호이익을 확보하는 형태로(그림 11.6) 에너지의 흐름을 비가역이 큰 상태에서 가역에 가깝도록 가져가야 하는 것이다.

이를 위해서는 에너지 전반에 대한 평가를 지역단위 규모로 확대하여 고려하고, 한 공장 내에서도 공정 전체를 놓고 열의 흐름을 체크해서 대책을 세워야 한다. 열 흐름의 비가역성이 큰 곳을 해소시키기 위해서이다.

(3) 슬래브 쿨링 보일러의 예

그림 11.10은 작열된 강재편을 냉각시키면서 이 강재로부터 열을 회수하여 증기를 발생시키는 폐열 보일러를 나타낸 것이다.

열을 받는 부분은 들어가는 강재의 상하에 급수관이 설치되어 있어서 여기서 열을 받아 고압의 물이 되고 증기 드럼에 가서 플래시 되며 증기를 발생하여 사용처에 보내게 된다.

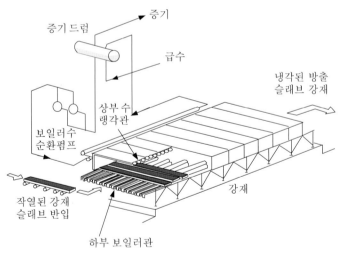

그림 11.10 ┃ 슬래브 쿨링(cooling) 보일러의 개략도

(4) 히트파이프의 원리와 이용

히트파이프는 일종의 열교환기이다. 질소, 암모니아, 물, 수은, 나트륨금속, 칼륨금속 등의 작동유체를 그림 11.11과 같이 파이프 내에 장입하였다. 그림과 같이 고온부에서 액체의 작

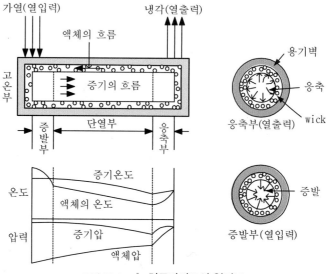

그림 11.11 | 히트파이프의 원리도

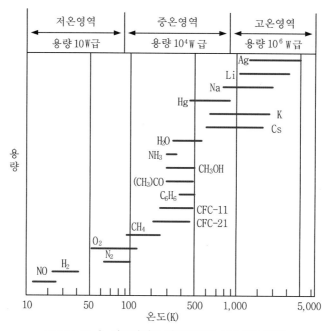

그림 11.12 | 히트파이프 작동유체별 사용온도 범위

동유체가 열을 받으면 증발하게 되고 파이프내의 압력이 증가하여 저온부로 이동하게 된다. 저온부에서 증기가 응축되어 열을 방열하게 되고 결국 고온부의 열을 저온부로 이동시킨 결과를 가져온다. 따라서 가동부분이 없고 열을 연속적으로 이동시키게 된다. 저온부에서 응축된 작동액체의 유체는 히트파이프 내에 있는 wick라는 심지에서 모세관 현상에 의하여 고온

측으로 다시 이동한다.

보통 지름이 10~20 mm, 길이가 수십 cm 되는 경우가 많으나 이보다 아주 작거나 아주 큰 대형의 것도 개발되어 있다. 작동유체는 고온의 열을 운반할 경우는 Na, K과 같은 액체 금속이 사용되고 영하 200℃ 정도로 낮은 경우는 액체 질소가 사용된다.

그림 11.12는 각 작동유체의 사용온도 영역을 나타낸다. 히트파이프의 전열능력은 수 kW/cm^2 정도가 되지만 겉보기 열전도율은 아주 커서 큰 것은 1,000 kW/m^{2}배까지도 된다. 다공질의 wick 재료로서는 스테인리스강과 유리섬유 등이 사용된다.

용기의 재료로 저온용으로는 알루미늄과 동이 사용되지만 고온용으로는 스테인리스강과 유리 및 세라믹이 사용된다. 히트파이프는 열의 수송과 방열 등 열전달이 필요한 장소에서 사용될 뿐만 아니라 효율이 좋은 열교환기로서 폐열회수 등에 많이 이용된다.

(5) 히트 파이프식 폐열 보일러의 예

소둔로에서 나오는 고온 폐열회수에 사용되며 여기에 히트 파이프식 폐열 보일러가 유용하다. 장치 내에는 다음 그림 11.13과 같이 많은 수의 히트 파이프를 내장하고 회수부에 물을 보내 증기를 발생시킨다.

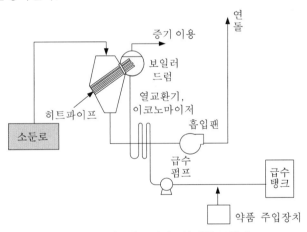

그림 11.13 | 히트 파이프식 폐열 보일러

◪11.7 단위조작 및 공정에서의 에너지의 효율적 이용

1. 다중효용관(MED, Multiple Effect Distillation)

화학공업, 식품공업 등 저온의 증기를 사용하는 공장에서는 증발과정(상변화)에서 발생한

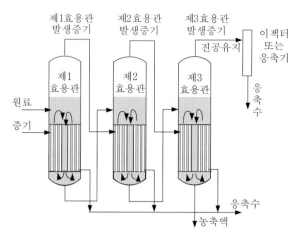

그림 11.14 | 3중효용 증발관

증기를 열원으로 사용하고 나면 온도가 내려간 폐증기를 얻게 된다.

그러나 이 증기는 아직 큰 잠열을 가지고 있고 온도 수준도 아직 높은 경우는 이보다 낮은 열원이 필요한 곳에 사용할 수가 있다. 한 단위공정에서 나온 증기를 계속 이보다 낮은 증발관에 사용하도록 만든 공정이 다중효용시스템이다. 일반적으로 증발공정과 증류공정에서 사용할 수가 있다. 증발공정의 경우는 무기물의 염(鹽)용액 등을 농축해서 그의 결정을 얻는 공정이나 그대로 묽은 액을 농축할 때도 사용한다.

또 물이 부족한 중동 국가 등에서는 바닷물을 증발해서 나오는 응축수를 회수해서 담수(淡水)를 얻는 데 사용하고 있다.

(1) 증발

증발은 비교적 비점차(沸點差)가 큰 혼합물의 분리에 사용한다. 무기화학공업에서는 용액의 농축 또는 결정화가 목적인 경우가 많다. 장치에 사용되는 에너지는 수증기이며 소규모일 때는 그대로 연료로 직화해도 된다. 대규모의 경우는 고능률의 보일러를 사용하여 증기를 발생시켜 효율이 좋은 증발관에 증기를 공급하는 것이 경제적이다. 용액이 증발관에서 비등 증발해서 발생하는 증기는 잠열이 다량 에너지로 포함되어 있기 때문에 이를 열원으로 다시 사용하기 위하여 압력이 낮고 온도가 낮은 다른 증발관의 열원으로 사용하도록 하여 에너지 소비를 줄이는 것이다.

직렬 증발관의 수가 많을수록 경제성이 올라갈 것으로 생각된다. 최대 12개의 예가 있으나 보통은 3~5개의 관이 사용되며, 3개의 관일 경우 생 증기 1 kg에 대하여 원액으로부터 증발되는 증기의 양은 직관적으로 보면 3 kg 정도가 되나 손실/비점 상승 등 다른 요인에

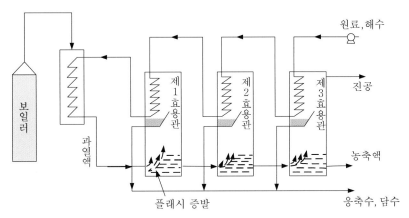

그림 11.15 | 해수 담수화 다단 플래시 증발(MSF) (3중관)

중동지역에 설치된 MSF법 공장(자료: www.roplant.org/)

의하여 약 2 kg 정도가 증발된다. 그림 11.14에 3중 효용 증발관을 나타내었다.

　최근에는 위에서 말한 바와 같이 다중효용 증발관의 큰 응용분야는 중동지역에서 바닷물의 담수화이다. 다중 효용관에서 응축수가 담수인 것이다. 많이 사용되는 다중효용관은 다단 플래시 증발(Multi-Stage Flash, MSF)이다. 이 방법은 증발관에 들어가는 원액을 과열하여 증발관에 낮은 압력에서 플래시 즉 과열된 열량만큼의 열이 잠열로 바뀌어 증발(플래시)하는 것이다. 이것을 그림 11.15에 나타내었다.

(2) 증류

　증류의 경우는 첫 증류탑의 탑상증기를 환류응축기를 별도로 사용하는 대신에 다음 탑의 재비기의 열원으로 사용하는 것이다. 석유화학공업에서 소비되는 에너지의 50% 이상은 바로 이 증류탑에서 소비되기 때문에 증류탑의 에너지사용의 효율성 제고는 매우 중요한 의미

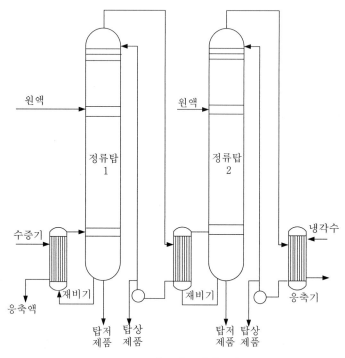

그림 11.16 ┃ 2중 효용증류탑

를 가지게 된다. 따라서 이러한 다중효용증류탑을 생각하게 된 것이다.

이때에도 물론 증류탑의 수를 늘려야 하는데 워낙 비용이 많이 들어가므로 장치 투자비와 에너지 절약으로 얻어지는 소득을 따져보아 경제성이 있어야 하는 것이다. 따라서 기존공장을 변형한다는 것은 매우 힘들며 설계 단계에서 검토해야 하는데 이때에도 변화하는 유가가 문제를 간단하게 하지 않는 경우도 있다.

2. 증기 재압축

증발관이나 증류탑에서 발생되는 증기를 다중 효용관에서는 압력이 낮은 다른 관의 열원으로 사용하지만, 온도가 낮아진 증발관에서 증발하여 나오는 증기를 ① 기계식 압축기를 사용하여(동력사용) 압축하여 온도를 상승시켜 그대로 자체 증발관의 열원으로 다시 사용하는 것이 가능하다. 설탕을 결정화시키는 과정에서 나오는 증기를 압축해서 사용하는 예가 있다. 또는 온도가 낮아졌으나 앞서 말한 대로 잠열이 크므로 온도를 올리는 방법은 기계적인 방법 외에 ② 보다 고온의 스팀을 섞어주는 방법(스팀 이젝터)이 있다.

그림 11.17은 기계적인 증기 재 압축식을 보여주고 있다.

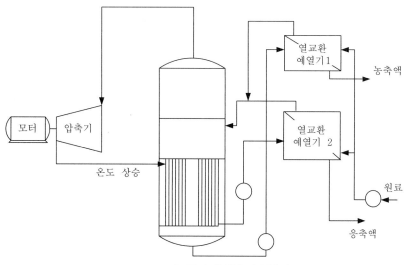

그림 11.17 | 증기 재 압축식 증발관

3. 막분리

위에서 열거한 다중효용관이나 증기 재 압축 방식은 모두 분리공정이다. 그러나 이와 같은 분리공정에는 열의 개입이 있어야 하며 반드시 잠열이 개재되므로 에너지 다소비 조작이라고 언급한 바 있다. 따라서 잠열의 개입을 없애보려는 노력이 고분자의 분리막을 통한 혼합물의 분리이다.

막을 이용한 분리기술에는 분리의 구동력으로 전기를 사용하여 이온을 이동시키는 전기투석법(electrical dialysis)과 압력으로 물을 투과시켜 현탁입자, 콜로이드, 이온을 분리하는 100 A° 단위의 세공을 가진 막에 의한 정밀여과법(MF, Micro Filtration), 수십 A° 정도의 분자 크기의 세공으로 되어 있는 한외여과법(Ultra Filtration), 그리고 한외보다 세공이 더 적은 초여과법(Hyper Filtration)인 역삼투막(逆滲透膜, Reverse Osmosis)이 있다.

그림 11.18에 막에다 온도차, 농도차, 압력차 그리고 전위차를 주면 이 각각의 추진력에 의하여 물질의 이동이 일어나며 실제 이동하는 것은 물, 염분자, 전류와 열류이다. 여러 가지 이동사이에 연결이 가능해 지는 것을 나타 낸 것이고 선위에 글자는 현상의 이름 이다. 예를 들면 전위차로 염류가 생기면 전기투석이고 농도차로 염류가 생기면 확산이다.

여기서는 막공정의 경제성을 보자. 막공정의 자원 및 에너지 절약성에 관하여, 종래의 공정과 간수의 탈염에 관하여 표 11.13에 비교하였다. 종래의 프로세스인 증발법과 막법에서 역삼투법과 전기투석법에 관해 처리비 시산 결과를 증발법을 기준으로 하여 상대적인 가격의 비를 나타내었다.

막법에서는 고압펌프의 동력 또는 투석전력으로서 에너지를 소비하는 데 비해 증발법에서는 그의 12배에 가까운 에너지를 스팀의 형태로 소비한다. 또한 막법에서는 열을 사용하지 않기 때문에 공정 전체의 자동화가 가능하고 1일 수회의 순회와 수질분석으로 운전이 가능하며 유지관리에 요하는 비용이 증발법에 비하여 반 정도밖에 안 된다. 따라서 중동지역에서 NSF법에 이어 역삼투막법(RO)이 최근 많이 건설되고 있다.

표 11.14와 표 11.15에 전기투석과 역삼투막법(RO)의 응용분야를 나타내었다.

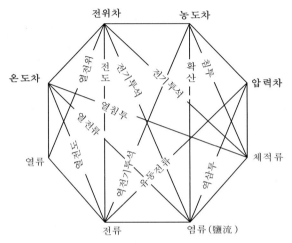

그림 11.18 ┃ 막공정에서 주어지는 힘(추진력)과 물질이동

표 11.13 ┃ 증발법과 막처리법의 상대적 경제성 비교 예(증발법 기준)

구 분	증발법(기준)		역삼투법		전기투석법	
건설비	1		0.52		0.52	
상각비(10년, 10%)	1		0.53		0.52	
용역비:	전처리	탈염처리	전처리	탈염처리	전처리	탈염처리
전기	1	1	1	1.23	0.69	1.38
증기	–	12	–	–	–	–
약품	1	1	0.85	3.29	0.71	0.96
인건비	1		0.5		0.5	
보수비	1		0.53		0.52	
관리비	1		0.46		0.36	

표 11.14 ┃ 전기투석의 응용분야

농 축	제염(해수농축), 도금액의 회수, 펄프폐액의 회수, 유기산의 농축 회수
탈 염	해수 간수의 담수화, 당(糖)액의 정제, 아미노산류의 정제, 효소 비타민류의 정제, 치즈의 탈염

표 11.15 | 역삼투막법의 응용

응용분야	용도
담수화	해수, 간수의 담수화, 용수의 전처리, 초순수의 제조
분리, 농축, 정제	과즙(果汁), 당액의 농축, 아미노산의 분리·농축, 어(魚)담백의 농축, 효소·왁진의 정제농축, 발효액의 처리, 동물혈액의 처리
의학·제약용	무균순수의 제조
배수 중에서 유가물(有價物)의 회수	치즈가공, 대두가공, 수산가공, 전분가공, 배수로부터 담백·전분·당의 회수, 도금공업 폐수로부터 유기금속의 회수, 펄프공업 폐수로부터 리크닌 등 회수, 섬유가공 폐수로부터 PVA의 회수, 전착도료·에멀션 도료의 배수로부터 도료(塗料) 회수, 사진공업 폐수로부터 약재의 회수, 알코올 증류 폐액의 처리, 석유화학 폐수로부터 글리세린의 회수
유수(油水) 분리	석유공업폐수, 에멀션 폐수, 압연유 폐수, 수용성 절삭유 폐수, 동식물 가공폐수 처리
하수(下水) 고도(高度) 처리	하수의 탈질(脫窒)·탈인(脫燐)·탈염(脫鹽)에 의한 물의 회수와 재처리
섬유·염색가공	폐수로부터 염료·조제·계면활성제의 제거와 물의 회수 이용
원자력공업	방사성 세액폐수, 기기 드레인 폐수의 처리

11.8 산업체 에너지의 효율적 이용 사례/제철 공정

제철에서의 일괄 처리 공정을 그림 11.19에 나타내었다. 여기에는 코크스 제조, 용광로, 평로, 전로, 전기로 등을 모두 포함하고 있으며 고로, 전로, 코크스 제조에서 나오는 가스의 가스터빈 발전도 함께 나타내었다.

1. 코크스의 제조

산화철을 환원시켜 금속 철성분을 만들어 내는 역할로서 코크스는 매우 중요한 위치를 차지하고 있다. 물론 최근에는 유연탄을 직접 사용하는 다음에 언급할 포항제철의 신공법도 있지만 아직 대부분이 코크스를 환원제로 사용하여 선철한다.

코크스는 용광로 내에서 열원·환원가스원·통기유지재(通氣維持材) 등 세 가지 역할을 한다. 열원과 환원가스원은 기체나 액체연료로도 대체되지만 통기성까지 갖춘 연료는 코크스뿐이다. 코크스가 건류(2,000℃)되는 과정에서 보면 유연탄이 코크스를 형성할 때 휘발성 성분으로 생성되는 가스는 상온에서 액상이 될 수 있는 물질(암모니아, 벤젠 및 그의 유도체,

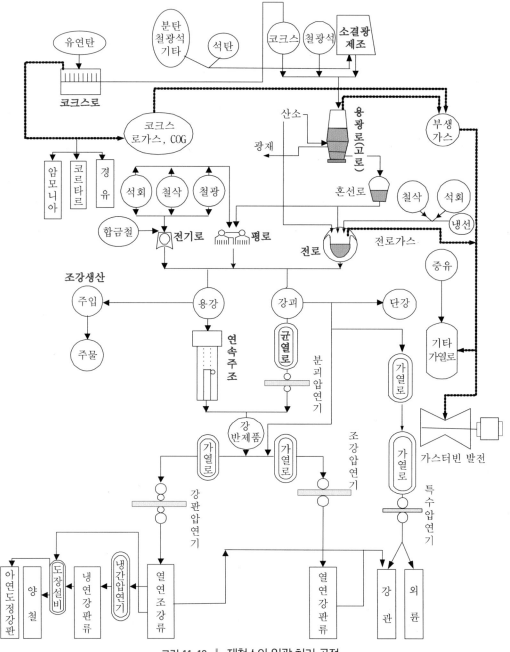

그림 11.19 │ 제철소의 일괄 처리 공정

타르 등)(그림 11.20)과 다음과 같은 예의 조성의 가스로 이루어진다.

이산화탄소: 2~4%, 산소: 0.2~0.5%, 탄화수소: 2~5%, 일산화탄소: 6~11%, 수소: 40~50%, 질소: 6~10%로 발열량은 17.5~20.1 MJ/m³가 된다.

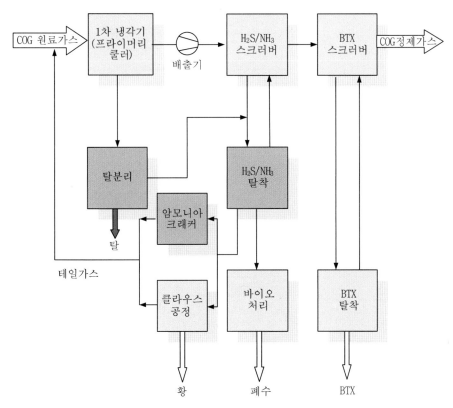

그림 11.20 | 코크스 오븐가스(COG)의 처리 및 부가가치 회수약품

2. 고로(용광로)

고로인 용광로는 원료(코크스/소결철광: 과거에는 이 비가 1 이상이었으나 최근에는 최소로 하여 0.5 이하를 유지)를 파쇄, 시빙(sieving), 정립하여 용광로에 투입하고 고온 송풍하며 산소의 농도를 크게 하기 위하여, 즉 불필요한 질소를 줄이기 위하여 산소부화를 실시한다. 노 내 유속을 낮추기 위하여 고압(보통의 노정압: 0.04~0.07이던 것을 5~2.0 atm으로 높이고 있음)으로 한다. 또한 송풍 중에 중유, 코크스 가스, LNG, 코크스분말 등의 연료를 첨가하여 생산량을 증대시키고 있다. 이렇게 얻는 철을 선철, 제선이라고 한다.

고로(-용광로)에서 발생하는 가스(약칭 BFG) 발생량은 고로에서 생산되는 선철(銑鐵) 1 t당 약 1,500 m³(stp)이고 조성의 한 예를 들면,

질소: 53~56%, 일산화탄소: 21~23%, 이산화탄소: 19~22%, 수소: 2~3%

의 재연소 가능한 조성을 가지며 발열량은 3.7~4.2 MJ/m³가 된다. 선철은 탄소함량이 많고 또한 불순물을 가지고 있다. 따라서 이를 제강공정에서 용도에 맞게 조정하게 된다.

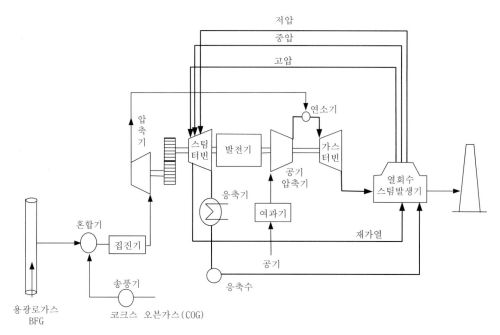

그림 11.21 | 고로가스 메인라인(혼합가스)의 에너지 회수 시스템(자료: www.mhi.co.jp)

이처럼 고로는 에너지 회수면에서 보면 ① 노정압, ② 열에너지(1,453℃)와 ③ 연소성 가스의 세 가지를 회수할 수가 있다.

3. 평로

사각형의 내화물로 된 노로서 노저에 선철, 고철, 철광석 등을 배합해 넣고 노의 좌우에 있는 풍구의 한쪽으로부터 주입되는 연료와 송풍에 의해 용철(熔鐵) 속에 탄소와 불순물을 산화제거하여 강을 만드는 제강로이다. 특징은 선철과 고철의 비율을 대폭 변화시킬 수 있어 좋으나 최근에는 거의 사용하지 않고 전로가 사용된다. 한국에서는 인천중공업에서 80 ton 용량을 도입한 적이 있다.

4. 전로

현재 사용되고 있는 전로는 LD 전로인데, 개발한 Linz와 Donawitz 두 제철소(오스트리아, 1953)의 이름을 딴 것이다. 이는 노의 하부에서 공기를 송풍하는 종래의 방식과는 달리, 노의 상부로부터 순산소를 제트유로 송풍하는 방식이며, 평로의 약 6배에 달하는 생산량을 낼 수 있고 건설비도 약 30% 저렴하다. 그러나 현재 러시아, 미국 등은 아직 많은 평로를 운영

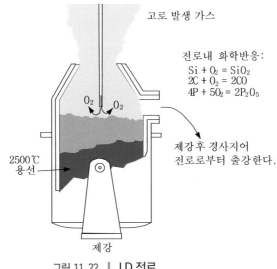

고로 발생 가스

전로내 화학반응:
Si + O₂ = SiO₂
2C + O₂ = 2CO
4P + 5O₂ = 2P₂O₅

제강후 경사지어
전로로부터 출강한다.

2500℃
용선

제강

그림 11.22 | LD 전로

하고 있다. 전로는 순도가 좋아 강판형 강재를 만들 때 적합하며 양질의 강을 불과 30~40분 내에 얻을 수 있다. 원료로는 용선(녹은 선철)이 대부분이고 고철장입량은 10~20%로 낮으므로 고철을 외부로부터 들여올 필요가 없고 사내에서 발생하는 것으로 충당할 수가 있다. 전로가스의 조성은 다음과 같다.

이산화탄소: 10~15%, 일산화탄소: 70~80%, 수소: 3%, 질소: 5~10%

로 대부분 일산화탄소로 구성되어 가연성을 가지고 발열량은 8.4 MJ/m³이고 발생가스의 온도는 1,600℃이다.

전로에서의 주요 화학반응은 다음과 같으며, 고순도 고압의 산소가 들어가 불순물을 제거한다.

$$Si \; + \; O_2 \;\; \rightarrow \; SiO_2$$
$$2C \; + \; O_2 \; \rightarrow \; 2CO$$
$$4P \; + \; 5O_2 \; \rightarrow \; 2P_2O_5$$

5. 전기로

금속정제에 사용되는 전기로는 발열방식에 따라 분류하면 저항로, 아크로, 유도로로 전기를 사용하므로 에너지 다소비 시설이다.

저항로는 철크롬선, 니크롬선 등의 절연선을 노 안에 저항체로 설치하고 여기에 전기를 보내거나 탄소를 흑연으로 만들어 전기를 직접 흐르게 하는 것도 있다.

이와 같은 간접로로 온도가 약 1,000℃ 이상 되는 노는 저항체로 캔탈선(코발트＋철＋알미늄＋크롬의 합금)을 사용한다. 용도는 용해, 가열, 소결, 아닐링(annealing), 담금질, 도자기 등의 소성 등 여러 가지가 있다. 3,000℃ 이상의 고온을 얻으려면 진공으로 하고 텅스텐을 발열체로 사용한다.

아크로는 제강용으로 노 안에 피용용제와 전극 사이에 아크의 형태로 전기를 흘려 가열하는 것이다.

유도로는 피가열물에 교류 자기장을 가하여 피가열물 속으로 전류가 흘러(금속 자체의 저항으로) 용융하는 것으로 금속정제에 사용된다.

전기로 특히 유도로는 고철용해에 많이 쓴다. 문제는 엄청난 수전 설비가 필요한 것이다.

6. 연속주조공정

옛날에는 전로의 용강을 잉곳(Ingot, 주괴)형으로 하여 식은(냉각) 형태로 저장 하였다가 다음에 필요에 따라 재가열하여 사용하였으나, 지금은 전로의 용해 금속을 주형에 연속적으로 주입하고 응고시켜 만든다. 보통 판, 봉, 선, 관용의 잉곳은 어떤 길이(최장 2~3 m)의 것을 만들어 소성 가공한다. 이 연속주조에서는 수랭(水冷)한 주형물을 계속 끌어내는 방식으로 수십 미터에 이르는 긴 물건을 만들 수 있다. 따라서 굳어진 잉곳을 재 가열하는데 드는 열만큼 연속주조의 연료가 절약된다.

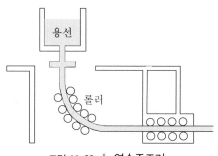

그림 11.23 │ 연속주조기

7. 코크스 현열 회수

제철에 사용하는 코크스는 물론 석탄(유연탄)으로부터 제조한다. 제조 시 적열 코크스는 950~1,100℃의 고온으로 현열을 다량 함유하고 있다. 건식 소화설비라는 것은 이 현열을 질소로 냉각시키고 가열된 질소를 열교환기를 통해서 증기를 생산한다. 이 시설을 코크스 건식 급랭, 즉 CDQ(Cokes Dry Quenching)라고 한다.

8. 소결광의 현열 회수

용광로에 철광석이 들어가기 전에 소결 처리를 한다. 이때 뜨거운 소결광을 식히는 과정에 공기를 보내 식힘으로써 뜨거워진 소결광에서 현열을 회수해서 폐열 보일러를 가동한다.

9. 탄산가스 대책

제철/제강공정은 그동안 에너지 가격이 요동 치고 있었기 때문에 에너지 원단위(Kcal/iron metal)가 많이 향상 되어 왔으나 제철/제강공업은 원악 에너지 강도가 높은 산업이어서 화석 연료 즉 석탄에서 오는 많은 CO_2의 발생은 부득이 하다. 특히 공장의 70~80%의 CO_2가 용광로(BF)에서 발생 하고 있다. 모두 환원제 연료로 사용 하는 석탄과 코크스에서 CO_2가 발생 하는 것이 일반적이다.

IPCC(International Panel on Climate Change)에 의하면 발생 되는 CO_2의 량은

- 유럽: ~1.5~2.0 tCO_2/thm(ton of hot metal, 용융상태)
- 부라질: 1.25
- 미국: 2.9
- 한국과 멕시코: 1.6
- 중국과 인도: 3.1~3.8

이 됨으로 우리나라는 비교적 양호한 편이다.

중요한 대책은 우선

- 기본적으로 용광로에 사용하는 원료의 질(환원성이 좋게 함)을 향상해서 그의 양을 감소
- 스크랩강의 회수율을 최대로 끌어올려 용광로에 들어가는 탄소소비를 줄임
- 공정의 여러 곳에서 나오는 폐가스의 이용효율을 최대로 끌어 올림

재생 스크랩 강에서 얻는 철강은 용광로에서 철광석으로 부터 얻는 것 보다 50~60% 이하의 에너지(전기 아크로)로 제강이 가능 하다. 용광로에 사용 하는 원광이 환원성 좋은 경우는 유럽의 경우 1.5 t CO_2/thm도 가능 하다고 한다.

그래서 유럽의 15개국의 제강 회사가 컨소시엄으로 수행 하고 있는 프로젝트가 있는데 ULCOS(Ultra-Low Carbon diOxide Steel making)라 칭하는데 목적은 적어도 현재 방출량의 50%를 감소시키고자 하는 것이다. 이것은 기존 용광로 상부 가스로부터 그림 11.24와 같이 CO_2를 분리시키고 나머지 가스를 가열 하여 하부에 재공급하는 폐가스 재순환 공정 (TGR-BF, Top Gas Recycling-Blast Furnace)으로 코크스의 소비량을 줄여서 20~26%의 탄

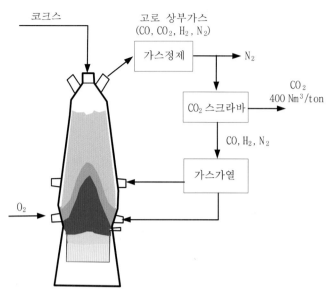

그림 11.24 | 상부가스 순환식 용광로(ULCOS 프로젝트)

소 투입을 감소시킬 수가 있고 조강 톤당 45~55%를 CCS와 함께 줄일 수가 있다는 것이다. 아직 실험 단계에 있고 CO와 CO_2의 분리를 쉽게 하기 위해서 공기 대신 질소가 포함 되지 않는 순수한 산소를 용광로에 공급해야 한다. 이러한 가스의 분리는 PSA(Pressure Swing Adsorption)로 분리 가능 하다고 한다.

제철공법에 다른 새로운 공법을 보면

- HISARA 기술: 아직 연구 프로젝트로 철광의 소결과정이 생략된 공정으로 HISARA 기술이라는 것이 있다. 이는 스크류식 석탄분쇄 공급기로 공급된 석탄과 함께 철광석을 CCF(Cyclone Converter Furnace)에서 환원 시키고 용융 철을 바로 얻는 공정이다. 순 산소를 사용하며 기존 용광로법보다 CO_2가 20% 감소하고 CCS와 결합하면 80%의 감소가 가능 하다.

- DRI(Direct Reduced Iron)제강기술: 철광석을 샤프트, 고정탑 또는 유동층 반응기에서 환원가스에 의하여 환원 하여 철금속이 많이 생성된 중간제품(금속철 많음)을 스크랩과 함께 전기로(EAF, Electric Arc Furnace) 에서 용해 시켜서 철을 얻는 방식이다. 환원가스는 비싼 천연가스를 사용하지만 조강 톤당 20~25%의 CO_2가 감소한다.

- COURSE-50: 이것은 일본의 국책과제로 개발 된 것인데 목적은 용광로에서 나오는 가스로부터 CO_2를 최대한 줄이고 CCS와 결합하는 기술이다.

- POSCO Finex법: 한국 포철의 고유한 기술로서 석탄 가루와 철광석 가루를 별도로 처리하지 않고 4단의 유동로에 투입하여 환원가스에 의해 균일 하게 환원시킨 후 환원된 미

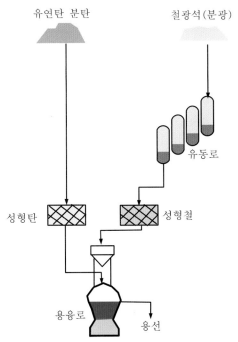

유연탄 분탄   철광석 (분광)

유동로

성형탄   성형철

용융로   용선

그림 11.25 ┃ POSCO의 Finex 공법 (자료: 인터넷)

입자를 성형하여 단광으로 크게 만들어 밀폐형용융로 상부를 통해 투입 한다. 동시에
일반 코크스제조에 사용되지 못하는 저 품위의 석탄을 상온에서 단순히 콤팩팅
(compacting)만 하여 성형탄으로 제조 하고 용융로에 같이 투입 하여 가열 한다. 가열된
성형탄은 하부에서 들어오는 상온의 산소와 반응해 열을 발생시켜 이때 발생한 환원가
스 로 일단 환원로에서 환원된 단광을 최종 환원 시켜 액상의 철을 얻는다. 따라서 코크
스 제조와 소결광을 얻는 소결공정이 생약 되어 CO_2도 크게 감소시킬 수가 있다. 또한
대기오염 물질에 있어서는 용광로법 보다 SO_x는 3%, NO_x는 1% 그리고 비산 먼지를
28%로 수준으로 나추고 조강의 생산비를 용광로 법에 비하여 30% 감소시킬 수가 있다
고 한다.

◢ 11.9 시멘트 공정

시멘트의 제조공정은 에너지 다소비 업종이다. 옛날에는 클링커(clinker)를 얻기 위한 소성
에 중유를 사용하였으나 석유 파동 이후에는 대부분 유연탄으로 대체되었다. 표 11.16에 연
료별 사용비율을 외국과 비교하여 나타내고 있다.

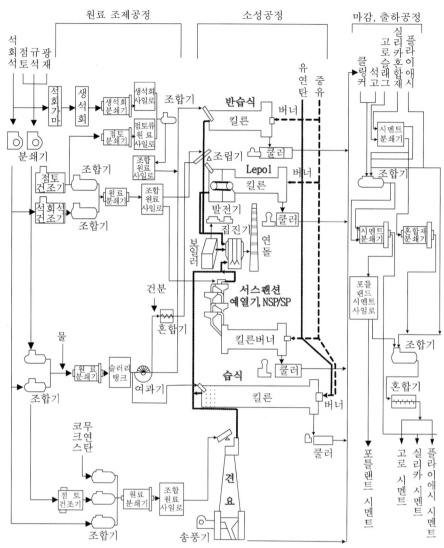

그림 11.26 | 시멘트 제조공정(견요, 습식, 반습식(여과 투입), Lepol식, SP/NSP 방식)

표 11.16 | 각국의 시멘트 제조 시 사용연료의 비율(단위: %)

국가	유연탄	오일	가스	중유	대체연료
미국	58	2	13	0	26
캐나다	52	6	22	4	15
서유럽	48	4	2	4	42
일본	94	1	0	< 1	3
남미	20	36	24	8	12
한국	87	11	0	0	2

대체연료: 재생연료유 + 고상 폐기물

표 11.16을 보면 대부분 유연탄으로 교체된 것을 알 수 있다. 시멘트 제조공정은 석회석, 점토, 모래 및 기타 첨가제가 들어가 분쇄되고, 이를 적절히 혼합하여 소성가마(로)에 들어가도록 하여 약 1,450℃의 온도에서 구워 클링커를 생산하고 이를 분쇄한 후 석고를 첨가하여 최종제품을 만든다.

공정을 크게 나누면 ① 원료제조공정, ② 소성공정, ③ 마감 출하공정으로 나뉘는데, 가장 에너지가 많이 투입되는 곳이 소성공정이다.

1. 시멘트 소성로의 에너지 절약형

SP/NSP(소성로의 배기열 회수)

초창기에는 원료소성로로 견요[vertical(또는 shaft) kiln, 선요]를 사용하면서 단속적인 조업을 실시했고 생산량에도 한계가 있었다. 그러나 지금은 이 견요는 진부화되어 중국 등 몇 개국을 제외하고는 사용하지 않는다.

생산을 연속적으로 하고 그 양도 증대시키기 위하여 도입된 것이 로터리 킬른(경사진 회전식 가마)이다. 이것도 초기에는 젖은 혼합원료를 그대로 사용하거나 여과 정도로 탈수 하거나 또는 젖은 것을 그대로 사용하다가 에너지 절약 차원에서 이러한 젖은 원료의 투입이 불합리하다 하여 아이디어로 내놓은 것이 반건식 킬른이다. 즉 원료분말을 입자로 만들어 격자 위에서 열처리 건조하여 가마에 투입하도록 한 것이 바로 레폴(Lepol) 킬른이다. 젖은 원료를 그대로 사용하던 습식 롱 킬른(long kiln, 현재 사용하는 곳은 없음)에 비하여 35% 정도의 연료를 절감할 수 있었다. 우리나라는 1956년에 동양시멘트 삼척공장이 레폴 킬른을 사용한 적이 있다.

그 후 개발을 거듭하여 현재 사용하는 것이 로터리 킬른에 에너지 절감을 위하여 SP(Suspension Preheater) 또는 NSP(New Suspension Preheater)라는 부유예열기 또는 소성성(燒成性) 부유 예열기를 설치한 개량형이다. 킬른의 원료 주입구 상부에 이를 설치하여 예열 + 반소성 등이 이루어진 후 킬른에 들어가도록 한 것이다.

SP는 킬른에서 나오는 연소 배기열로 들어오는 원료를 가열하여 거의 분해(탈탄산, 40% 분해)된 상태로 킬른에 들어가 킬른의 필요 열량이 약 60% 줄어들게 된다. 그런데 NSP는 그림 11.27에서 보는 바와 같이 로터리 킬른 하단부에 있는 공기식 클링커 냉각기 AQC(Air Quenching Cooler)에서 SP로 들어오는 공기(700~1,000℃)에 연료를 별도로 주입하여 연소시킴으로써 온도를 더 상승시켜 원료의 탈탄산율을 거의 90%까지 높인 것이다.

킬른 내의 온도는 1,450℃ 이상이며 이를 나온 소성된 클링커는 1,200℃ 정도가 된다. 이를 공기로 급랭하는데 냉각되어 배출되는 클링커의 온도는 60~80℃가 가장 이상적이라고 한다. 소결된 클링커의 평균 직경은 1 cm 정도 된다. 그림 11.26은 이들 모든 종류의 킬른을 모두 나타내는 공정을 보여준다. 현재 우리나라는 대부분 SP/NSP를 도입하고 있으며 그 현황을 표 11.17에 나타내었다. 표 중에는 현재 가동이 중지되어 있는 것도 있다.

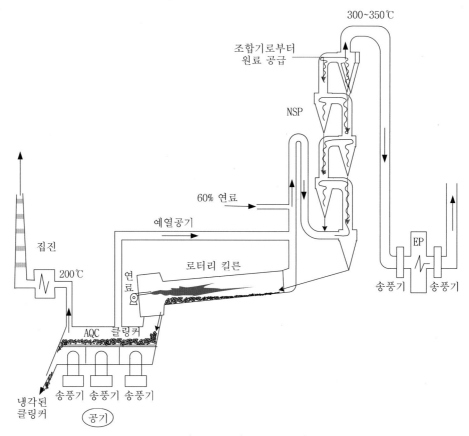

그림 11.27 | NSP를 갖춘 시멘트 소성 킬른

표 11.17 | 우리나라 시멘트공장의 소성 킬른의 설치 현황

회사명	공 장	킬른(설치 기수)	쿨 러
동양	삼척	NSP7	G
쌍용	동해	NSP4, SP3	G
	영월	NSP2, SP3	G
	문경	Wet4	P
한일	단양	NSP5, SP1	G, P1
현대	단양	NSP3, SP1	G
	영월	NSP2	G

(계속)

회사명	공장	킬른(설치 기수)	쿨러
아세아	제천	NSP4	G
성신	단양	NSP5	G
고려	장성	SP1	G
라파즈 한라	삼척	NSP1	G
	옥계	NSP4	G
유니온	청주	NSP1	R

주: G: Grate Cooler, P: Planetary Cooler, R: Rotary Cooler
자료: 최상흘, 세라미스트 13권 3호(2010)

표 11.18 | 로터리 킬른의 클링커 kg당 에너지 소비량

공정	습식	반건식	건식	
			SP	NSP
킬른의 길이/직경(m)	40~232	24~75	40~95	54~110
출력(톤/일)	100~3,350	100~2,400	200~3,500	1,500~8,500
원료 중 수분함량(%)	24~48	10~15	≲8	≲8
연료소비량(kcal/kg-clinker)	1,000~2,300	~950	~800	~770

자료: 최상흘, 세라미스트 13권 3호(2010) 및 www.docstoc.com(일본, 2006)

표 11.18은 습식, 반건식, 그리고 건식의 SP/NSP의 클링커 1 kg당 필요한 열량을 나타내는, 즉 에너지원단위를 보여주고 있다.

2. HP/AQC 보일러와 전력생산

NSP와 AQC에서 나오는 배기열을 이용하여 스팀 보일러를 설치하고 발전하는 경우가 있다. 그림 11.28이 그 예이다.

사진: NSP와 로터리 킬른

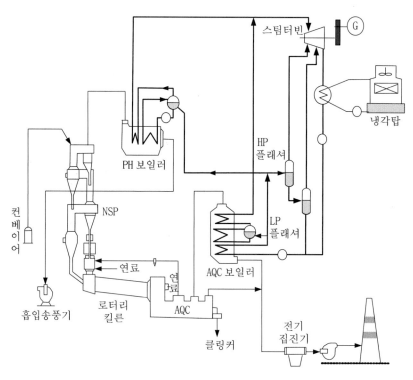

그림 11.28 │ PH+AQC 배열회수 스팀/발전기(자료: 일본 가와자키)

NSP 예열 배열기(PH, PreHeater)의 온도는 경우에 따라 다르나 대략 300~350℃이고 클링커 쿨러(AQC)의 온도는 대략 200℃가 되므로 스팀을 생산할 수가 있고 저압 랭킨증기 발전이 가능하게 되는 것이다.

3. 시멘트 제조에서 폐·부산물의 투입

시멘트 제조공정에 투입되는 폐·부산물은 다음과 같다.

(1) 원료 배합 시 투입되는 것

고로 슬래그, 석탄재, 오니, 슬러지, 비철광재, 저질탄, 철강 슬래그, 소각재, 분진, 매진(煤塵), 폐주물사

(2) 예열기 하소로(NSP)

폐플라스틱, 폐유, 폐백토

(3) 로터리 킬른 입구

폐타이어

(4) 로터리 킬른 하단

폐타이어, 폐유

(5) 시멘트에 가하는 석고 저장소

탈황석고, 부산석고

(6) 마지막 제품 혼합기에 첨가하는 폐기물

플라이애시(석탄재), 슬래그(slag) 분말

일본의 부산물 폐기물의 사용량은 시멘트업계 전체에서 2,600만 톤/년에 달하고 있다. 미국은 시멘트 소성로를 "우수한 폐기물 처리시설"로 고시한 이후 소각 처리되는 폐기물의 33%가 시멘트 소성로에서 열원으로 재활용되고 있다. 우리나라도 쓰레기 분리가 원활하므로 앞으로 기대되고 있는 실정이다.

4. 탄산가스 대책

시멘트 1 ton 생산에 CO_2 0.8 ton이 일반적으로 발생 하며 발생원은 시멘트 원료인 석회석($CaCO_3$)의 탈탄산에서 나오는 것과 연료의 연소의 의한 것이 전체 배출량의 90%나 된다. 석회석의 탈탄산에서 나오는 탄산가스가 전체 CO_2 배출량의 59%가 되며 연료는 유연탄이 주 연료이며 여기에 BC유와 Pet-Cokes 그리고 대체 연료로는 위(3)에서 보시는 바와 같이 폐타이어, 폐플라스틱, 재생유, 저질탄, 오니 및 슬러지 가 사용된다. 세계적으로 일반적인 CO_2의 저감 대책은

- 에너지 사용설비의 효율 향상
- 대체연료 및 바이오 연료의 사용 증대
- 클링커의 대체

이런 대책을 통해서 1990년 750 kg CO_2/ton of cement 수준의 발생을 현재 16% 정도 감소시켜 왔으나 이 대책에는 한계가 있어 보다 큰 CO_2의 감소는 결국 CCS를 사용 하지 않으면

안 되는 환경에 와 있다. 위 세 가지에서 우리나라의 자세한 대책내용을 보면

- 에너지 효율설비 보완(냉각기, 예비분쇄기, 버너, 분급기)
- 폐열발전 설비 설치
- 대체연료인 폐유, 폐플라스틱, 폐목재(바이오)등 사용의 증대
- 원료의 대체로는 슬래그, 석탄회, 비탄산염의 사용
- 포틀랜드 시멘트 혼합재 비율의 증대(현재 5%에서 10%로 증대)
- 혼합 시멘트 생산 비율 증대
- 에너지 저소비형 클링커 제조

폐열발전의 설비는 최근에 우리나라 시멘트 회사가 5기를 임의 설치를 완료 하였다. 이정도는 현재 1 ton의 시멘트 생산의 약 0.5% 감축이 가능 하다고 한다. 위 외에 부득이 하게 발생 되는 CO_2는 분리/수송/저장(CCS)이 중요한 위치를 차지한다. 무엇보다도 CO_2를 쉽게 분리 하려면 가급적 배출 가스 중 CO_2의 농도가 커야 하는데 그렇게 하려면 현재 연소에 사용하는 공기 대신에 공기로부터 분리한 순산소를 사용해야 하며 이렇게 되려면 공기로부터 산소를 분리 하는 공기 분리 시설이 필요 하게 된다. 따라서 이에 대한 연구가 진행되고 있다.

혼합재는 일반적으로 고로 슬래그의 경우 70%까지로 규정 되어 있으나 현재 40~50% 수준에서 사용 되고 있으며 석회석($CaCO_3$)의 경우는 임이 포틀랜드 시멘트는 감소세에 있고 석회석 혼합시멘드가 흔하게 사용되고 있다. 이태리의 경우는 64% 정도가 석회석 혼합시멘트가 사용된다고 한다. 5%까지 혼합할 경우 CO_2 2.6%감소시킬 수가 있다.

↘ 11.10 화학공업과 석유화학

화학공업의 대부분은 장치산업으로서 중화학공업의 에너지 다소비공업이기 때문에 에너지 절약 역시 중요한 의미를 가진다. 모두 공정산업이며 설계단계에서 에너지가 최소가 되도록 해야 하는 것이다.

공정을 구성하는 것은 이 ① 공정을 관리 제어하는 중앙관리실, ② 수증기 관련시스템, ③ 가열로와 공정가열기, ④ 가열과 냉각시스템, ⑤ 모터, ⑥ 펌프, ⑦ 팬, ⑧ 송풍기, ⑨ 압축기, ⑩ 증류/증발탑, ⑪ 흡수/흡착탑, ⑫ 건조/조습, ⑬ 반응탑 등이 포함되는데 여기서 핵심은 반응탑이다. 모두 반응을 위한 준비 조작과 반응탑을 나온 생성물중 미반응물, 부생물 등의 혼합물을 분리하는 조작이 주류를 이루고 있고, 에너지의 대부분을 여기에 사용한다.

1. 수증기와 그의 공급망

석유화학공업에서 공정을 가열하는 데 직접 연료를 연소하는 경우도 많으나 대부분은 스팀보일러를 가동하고, 여기서 나온 스팀을 열교환기를 통해서 필요한 곳에 공급하게 된다. 스팀의 공급은 매우 복잡하게 구성된 배관망을 통해서 하게 되는데 화학공업은 발전소와는 달리 비교적 저온, 즉 200℃ 전후의 수증기로서 길게는 몇 km까지도 보내야 한다. 이렇게 되면 과열증기라 하더라도 수송 중 압력이 강하하며 습증기의 발생으로 응축도 일어나기 때문에 응축수로 인해서 관이 막혀 증기가 흐를 수 없게 된다. 따라서 응축수가 생기면 바로 제거해 주어야 한다. 또 보일러도 오랜 기간 사용하게 되면 관석을 생성한다. 이러한 보일러 내의 관석은 주로 칼슘이나 마그네슘이고 물론 다른 분진 같은 오염물질이 보일러 벽에 두껍게 부착하여 열전달을 방해하게 하고 관의 유체흐름의 저항을 증가시키는 등 문제가 발생하게 된다.

따라서 열공급 배관에는 철저히 단열을 함과 동시에 응축수를 배출시키는 스팀 트랩(steam trap)을 달아 액이 관에 어느 정도 차오르면 자동적으로 배출하도록 하고 있다. 이때 트랩수(水)가 공기 중에 배출될 때 압력이 떨어지므로 플래시가 일어나 스팀을 발생 한다. 그렇기 때문에 응축수 발생을 줄이려면 ① 보온의 강화가 필수적인 것이다.

보일러 쪽에서도 보일러관 내에 오염물이 많이 생기면 보일러 관액을 배출시키고 새로운 물이 들어가도록 해야 하는데, 이때 관액을 배출시키는 것을 ② 불로우 다운이라고 한다. 이때도 압력이 떨어지므로 플래시가 일어나 증기와 물이 동시에 나오게 된다. 이때 나오는 열은 회수해서 급수를 예열한다거나 공장 내 건물의 난방열로도 사용할 수가 있다.

보일러의 에너지 절약은 이 두 인자 외에 보일러에 들어가는 ③ 공기를 연소 배기열과 열교환하든지, ④ 급수를 배기열과 열교환 함으로써 에너지 사용효율을 올릴 수가 있다. 또한 연소에 공급하는 ⑤ 공기도 과량으로 하면 불필요한 공기가 가열되어 나가게 되므로 보통 15% 가량 과량 사용했으나 지금은 3% 정도대로 떨어뜨리고 있다. 공정의 ⑥ 스팀 배관도 기존공장의 확장이나 개조로 일관성(설계 시 선정한 관의 지름과 길이 등 네트워크의 구조)이 없어질 수 있으므로 열공급 체계의 개선은 신중하게 검토(투자효과)해서 처리해야 한다. 즉 열이 남는 곳도 있고 모자라는 곳도 생겨 이들을 묶어 많은 열교환기가 증설된다거나 폐열온도가 높으면 열병합발전시스템 같은 것을 증설하여 전 공정이 에너지 면에서 버리는 에너지가 없게 해야 하는 것이다.

산업용 보일러는 대형이므로 철저한 제어가 요구되며 ⑦ 배가스의 온도와 이를 화학분석해서 과잉공기의 제어나 연소상태를 전산 제어/관리해야 한다.

(1) 보일러의 가동

보통 가열계는 경우에 따라서 보일러를 100% 가동하기 보다는 연중 50~60% 사이에서 조업하는 경우도 있다. 이런 경우 보일러 가열의 최적점은 이 범위 안에서 가장 좋은 효율을 찾아야 한다.

최대 연소효율을 알려면 연돌온도와 배출가스 중 CO_2%, O_2%의 농도로부터 알 수 있다. 따라서 적절한 공/연비가 이루어져 있는지를 연속적으로 감지(센싱)(연돌가스온도, CO_2%, O_2%) 해서 그림 11.29에서와 같이 보일러 효율을 읽을 수 있다.

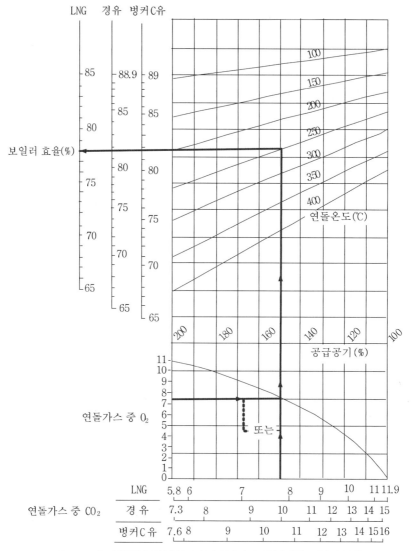

그림 11.29 ┃ 연돌가스의 탄산가스나 산소 농도로부터의 보일러 효율

이를 수동으로 하는 경우도 있었지만 지금은 대형 보일러에서는 정밀하게 조절해야 연료가 절약되므로 자동 산소분석계를 부착하여 부하조건의 변화에 맞추어 공/연비를 자동조절하게 된다.

공연비를 최소로 해서 공기량을 줄이다 보면 환경문제가 생길 수 있다. 보통 연돌에 2차 공기를 도입해서 희석시키는 방법이 있으나 총량규제를 시행할 경우는 공정에서 에너지 절약이 이루어지도록 노력해야 한다.

난방이나 공장의 사정에 따라 보일러는 그의 설계출력에서 가동될 때 최대효율이 나오며, 출력을 감소시키게 되면 효율이 내려가게 된다. 건물에서는 보통 난방계절에 전형적인 난방부하 분포를 보면 그림 11.30과 같이 풀가동 시간은 짧고 거의 90%의 시간이 풀 부하의 60%로 가동된다. 따라서 단일 대형 보일러는 짧은 시간 동안만 설계효율을 낼 수밖에 없다. 그림 11.31은 가동률의 감소에 따르는 효율의 감소를 나타낸다.

따라서 모듈형 보일러를 쓰게 되는데 이는 작은 용량의 보일러를 다중(多重)으로 만든 것으로 이를 사용하면 효율이 증가될 수 있다. 부하의 많은 변동이 있을 때 그의 용량에 맞추어 연소될 수 있다. 보통 효율이 68%에서 75% 정도까지도 올라갈 수가 있다.

연소에 사용하는 1, 2차 공기를 예열하고 연료와 공기가 잘 혼합되도록 하면 효율이 더 증가하게 된다. 보통 예열에는 연돌로부터 나가는 폐열을 열교환기로 회수하거나 불로다운(blowdown)한 폐열 또는 응축수로부터 열교환기를 거쳐 회수하면 된다. 역시 투자가 있어야

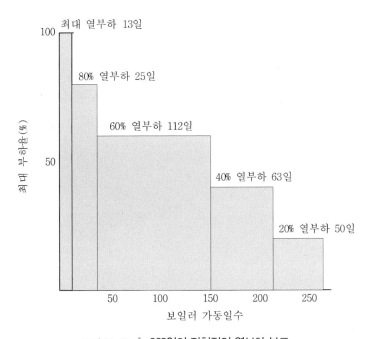

그림 11.30 | 263일의 전형적인 열부하 분포

하는데 지금은 대부분의 보일러가 이렇게 가동되고 있다.

그림 11.32는 연소공기의 예열온도에 따르는 효율 증가 정도를 나타내고 있다. 그림에서 보면 예열온도가 75℃ 정도가 되면 효율이 약 2% 정도 증가한다. 공급공기와 연돌 배기가스 사이의 열교환은 관형(管形), 판형(板形) 열교환기가 사용될 수 있다.

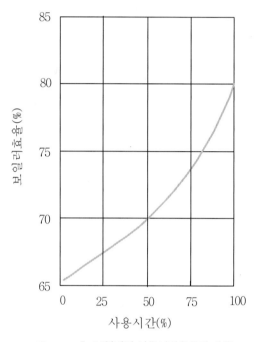

그림 11.31 ┃ 보일러의 사용시간(%)과 효율

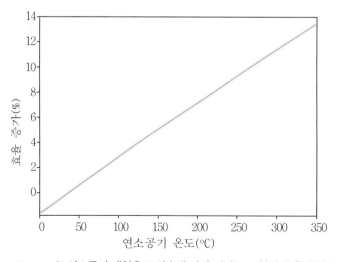

그림 11.32 ┃ 연소공기 예열온도 상승에 따라 변하는 보일러 효율 증가(%)

연돌 내에 코일형 열교환기를 설치해서 공급공기를 예열할 수도 있다. 경우에 따라 태양열판에서 얻은 열까지도 저장탱크 내의 연료유를 예열하는 데 사용하는 경우가 있다.

앞서 말한 보일러의 불로다운은 보일러 내 물 중에 녹아 있거나 부유해 있는 고형물의 저농도를 유지하기 위해 슬러지를 제거하는 것을 말한다. 불로다운에는 두 가지 방법이 있는데 간헐적인 수동식과 연속식이다. 불로다운은 에너지를 가진 배출수이기 때문에 열교환기로 그 만큼 새로운 물을 공급/가열해야 하는 것이다. 이와 같은 블로다운으로 부터 에너지 손실을 적게 하려면 자동식 불로다운을 모니터링으로 시행하여 최소로 줄일 수가 있다. 보통 보일러 내 물의 전기전도도와 pH를 모니터링하며 제어시스템이 배출과 에너지 회수를 제어한다. 이때 불로다운수와 보충수 사이에 열교환을 수행하면 78~98%까지 배출수열을 회수할 수가 있다.

(2) 보일러와 스팀 배관망

전형적인 간단한 스팀 공급 시스템을 그림 11.33에 나타낸다. 찬 공업용수를 보일러에 보내서 수증기를 만들어 공급망에 보내게 된다. 일반적으로 공급수는 화학적으로 처리해서 불순물을 제거하고 공급해야 하는데, 그렇지 않으면 불순물이 보일러에 축적 되며 관면에 부착하여 열전달을 방해하게 된다. 공업용수는 실제 처리를 했다고 하더라도 앞서 말한 바와 같이 분진이 미량 남아 있을 수가 있어 오래 사용하면 이것이 보일러 내에 쌓이게 된다. 그래서 위에서 말한 것처럼 보일러수를 주기적 또는 자동으로 불로다운 해야 하는 것이다. 스팀을 사용하는 공정에서도 응축수는 그림 11.33처럼 스팀트랩에서 회수해서 보일러에 되돌려 보낸다. 그러면 공업용수의 양을 줄일 수도 있고 응축으로 오는 열손실의 문제점이 없어지게 된다. 스팀트랩은 응축수가 감지되면 이를 배출시켜 리턴 라인에 보낸다. 원리는 스팀이 트

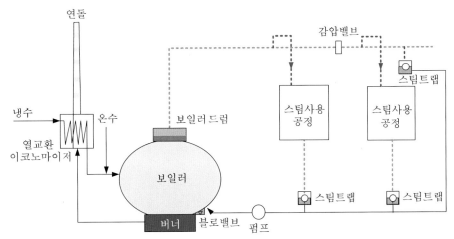

그림 11.33 │ 보일러와 분배 시스템의 약도

랩에 닿으면 온도가 상승하여 바이메탈이 관로를 차단하는 방식이 있고 물 위에 부자가 있어 물이 차오르면 수로를 열어 주고 다 빠져나가면 닫아버리는 등 여러 가지 형의 트랩이 있다.

2. 분리정제기술

분리기술은 단순히 화학공업에서뿐만 아니라 금속의 정련, 식품, 향료 등 널리 이용되는 기술로서 화학공업에서 40~50%의 에너지 비용이 들어간다.

광업에서 보면 철로부터 시작하여 알미늄, 코발트, 지르코늄 등 희토류 금속까지 많은 종류의 금속이 분리조작을 통하여 얻어진다. 이때는 단순한 물리화학적인 조작이 아니라 반응과 전기분해가 이를 가능케 해 준다. 공기 중 산소, 질소＋아르곤의 분리는 액화공기의 증류조작이나 기체공기의 분자여과(molecular sieving)로 분리가 가능하다. 식품공업, 염업(鹽業), 제당공업은 정제(분리)기술이 중심이 되며 증발, 결정화, 여과 등의 단위조작이 사용된다. 원자력공업에서는 우라늄광으로부터 우라늄의 분리는 농축과 정제 그리고 사용된 연료의 재처리도 분리공정을 거쳐 재생된다. 중수로에 사용되는 중수는 천연수 중에 150 ppm 정도 포함되어 있는 중수를 99.8%까지 분리농축 제조한다. 최근에는 전자공업의 팽창으로 희토류금속의 분리가 중요시되고 있다.

석유화학공장 설비의 50~90%가 분리설비이고, 주로 증류장치이다. 이론적으로 증류에 의한 혼합물이 각 성분으로 분리되는 데는 현재 필요한 에너지의 20% 정도면 되고 나머지 대부분은 냉각수와 대기로 방출된다. 따라서 앞서 열거한 증기 재압축법(히트펌프)을 도입한다든가 분리방법을 증류가 아닌 막분리 등 여러 가지 방법을 구상해 왔으나 실제 공정에 적용하는 예는 대형 공정의 경우 아직 거의 없다.

분리공정의 종류를 표 11.19에 나타내었다.

표 11.19 | 분리공정의 원리별 종류

종류		종류	
평형분리	• 증발, 플래시 증발 • 증류(공비 증류, 추출 증류, 염효과 증류) • 흡수(물리흡수, 화학흡수), 탈수(감압, 가열) • 추출(물리적, 화학적, 액·액추출, 고·액추출) • 흡착(PSA, TSA) • 이온교환 • 건조(고체), 냉동건조 • 초임계가스 추출 • 조습 • 결정화 • 세정, 부유, 자기분리, 승화	확산속도제어	• 투석, 전기투석, 가스투석 • 전기영동(泳動) • 역침투법　　• 분자 증류 • 가스상 확산　• 열확산
		기계적분리	• 여과와 압착 • 데미스터(demister) • 침강 • 원심분리 • 사이클론(액체, 고체) • 집진(동력, 관성, 원심력, 필터, 세정)

표 11.20 ┃ 수단으로 나타낸 분리조작

	수 단	예
1	에너지만을 사용하는 분리 물질만을 사용하는 분리 에너지+물질이 사용되는 분리	증발, 증류, 원심분리 흡수, 추출, 흡착 공비추출, 증류
2	한 종류의 성분분리만으로 종결되는 분리 다른 분리법을 필요로 하는 분리 재생을 요하는 분리	증발, 증류 흡수, 추출 흡착, 이온교환
3	반응이 이용되지 않는 분리 반응을 이용하는 분리	증발, 증류, 원심분리 반응흡수, 반응추출

소형의 경우라도 일단 공장이 건설되면 공정을 변경하는 것이 쉬운 일이 아니므로 분리공정의 선정은 원리적으로만 보아서는 안 되고 경험과 신중함이 필요하다.

분리방법의 선정은 다음의 조건으로부터 결정한다.

- 물성(분리수단의 원리 제공)
- 설계조건(처리량과 순도에 따라 결정)

물성

분리는 혼합물의 각 성분에 따른 물성의 차를 이용하는 것이다. 물성의 어떠한 차를 이용하더라도 에너지가 적게 드는 등 경제성이 있으면 된다. 예를 들면 증기압 차와 같은 평형물성도 좋고 반응속도와 확산속도의 차도 좋다.

많이 이용되는 물성은 다음과 같다.

- 평형물성
- 분자의 이동속도 차
- 전자기적 성질의 차
- 분자 등의 크기의 차
- 화학반응의 차

분자레벨의 물성에 기초한 선정법에서 보면 분자량, 분자용(容), 분자형(形), 그리고 극성을 보아서 어느 방법이 가능한가를 생각해야 한다. 무엇보다도 중요한 것은 그의 원리를 잘 이해하는 것이 분리공정의 출발점이다.

설계조건

분리공정을 선정하는 데는 원리만 집착해서는 안 되며 설계조건도 크게 관여한다. 같은 혼합물의 분리에서도 생산량이 다르면 분리방법이 달라질 수가 있는 것이다. 공정에 영향을 주는 항목은 다음과 같다.

- 물질의 상(가스, 액, 고체)
- 처리량의 다소(예: 1 kg/h 정도 또는 10 ton/h 정도)
- 조성구성(함유량의 다소)
- 성분의 수(2성분계, 다성분계)
- 목표순도(99%, 99.99%)
- 농축도(10배, 1,000배)
- 회수율(고회수율의 필요성 여부)
- 열안정성(천연물, 과즙, 비타민 농축)
- 화학안정성(흡착의 경우 촉매반응의 우려)
- 부식
- 압력, 온도
- 제품의 가격과 부가가치
- 수명(매개물질: 촉매, 용액 등)
- 설계의 난이도와 신뢰성

(1) 증류에 의한 분리

열역학적으로 보면 증류는 에너지효율이 낮고 재비기에 열을 주어 상부 응축기에서 이를 그대로 응축하여 방출해 버리는 공정이다. 연료로 증발잠열을 주고 응축수로 응축잠열을 버린다는 이야기이다. 따라서 장차 에너지 절약 측면에서 보면 없어져야 할 분리법이나 앞서 말한 바와 같이 이 방법 외에는 더 효과적인 방법이 아직은 없다. 먼저 증류탑의 구조와 조작을 보자. 그림 11.34에 증류탑을 나타낸다. 에너지의 최대 효율적인 이용은 공정이 가역에 가깝도록(비가역성 최소화) 되어야 하는데 그러려면 다음과 같은 조건이 갖추어져야 한다.

- 각 단의 유체는 온도 압력 조성에서 서로 평형이 되어야 하며 단과 단의 평형조성은 서로 근접해야 한다. 그렇게 되려면 단수가 무한대가 되어야 한다. 즉 공급단 상부(농축부)는 응축기를, 그리고 공급단 하부에는 각 단이 재비기로 되어 있으면 된다.
- 모든 유체의 이동은 유동의 추진력인 압력차가 무한소가 되어야 한다.
- 모든 전열은 열이동 추진력인 온도차가 무한소가 되어야 한다.
- 열원은 모두 외부 시스템에서 얻고 외부 시스템과의 사이에 카르노 사이클에 의한 열엔진 또는 열펌프가 설치되어 있어야 한다.

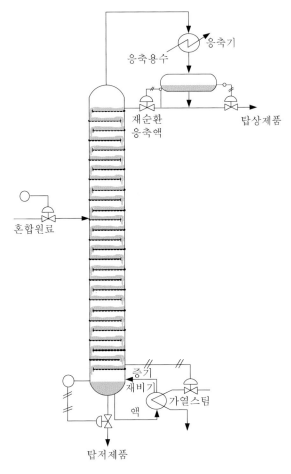

그림 11.34 │ 전형적인 시브 트레이(Sieve Tray)형 증류탑

그러나 실제로 이런 증류탑은 불가능하며 있을 수도 없다. 따라서 경제성 있게 하려면 이에 근접하려는 설계에 노력을 하는 것이며, 아래와 같은 조건이 필요하다.

- 접촉효율이 좋은 트레이(tray)를 선정하고 중간 단 응축기, 재비기의 채용과 그의 개소, 단수, 환류비 및 원료공급단의 위치를 적절히 결정
- 열교환기의 최소 온도차와 적절한 열전달 계수의 결정
- 압력손실이 작은 트레이 선정, 관경/배관경 등의 최소 압력손실 결정, 탑 내 및 제품유체로부터의 에너지회수
- 합리적인 열펌프의 사용 여부, 합리적인 열회수 시스템의 구성, 에너지원의 선정을 합리적으로 해야 한다.

증류 시스템의 에너지 절약은 위의 기본개념에 입각하여 두 가지로 나눌 수가 있다.

- 증류탑의 설계조건, 조작조건 등의 증류공정의 기본적인 조건을 변화시켜 증류 조작에 필요한 에너지를 감소시키는 "Flow 집약적 증류 프로세스"
- 증류공정으로부터 나오는 에너지를 회수하여 유효하게 이용함으로써 에너지를 절약하는 방법이다.

Flow 집약적 방법

- 프로세스 시스템을 에너지절약형으로 체질 변환하는 방법
- 증류탑에 여러 가지 기능을 주는 방법
- 제품의 순도 및 수율, 원료 공급조건 등을 최적화
- 분석기기, 전산기 등의 적극적인 도입으로 최적화
- 고효율의 트레이 사용
- 탑의 철저한 단열

에너지를 회수하여 이용하는 방법

- 잠열 회수
- 현열 회수
- 유체의 정압 회수

에너지 절약형 Flow 시스템

- 공정의 배열 : 종래의 여러 가지 증류탑이 갖고 있는 기능에 다단공급, 다단측류, 복합처리의 기능을 추가하여 증류탑을 집약화 하여 이것으로 위에서 말한 것처럼 비가역을 조금이라도 덜어 보려는 것이다. 이렇게 되면 증류탑에 요구되는 기능이 증가하여 운전조작이 복잡해지고 제품의 품질제어도 사실 힘들어지게 된다.
- 공급상(相) : 원료 공급을 액상으로 할 것인가 증기상으로 할 것인가 하는 것인데 단수(트레이 수)와 제품의 순도를 동일하게 할 경우에도 조작선이 달라져 원료를 액공급으로부터 증기상으로 바꾸면 환류량이 증가하고 반대로 회수부(공급단 하부)의 상승증기량은 감소하고 원료 공급단은 액상공급일 때보다 아래로 이동한다.

  이로 인하여 응축기의 부하량은 증가하고 재비기의 열부하량(증기)은 감소한다. 어느 쪽이 더 에너지절약형인지는 간단히 판별되지 않으므로 냉각수 가격과 연료비의 가격으로 따져 보아야 한다.
- 측부 재비기 : 측부 재비기(side reboiler)와 측부 응축기가 붙은 증류탑을 그림 11.35에 나타내었다. 시산에 의하면 이 경우 프로페인＋헥세인 혼합물에 대하여 약 12%의 열에너지가 절약된다고 한다.

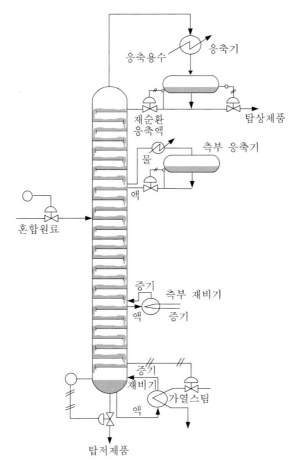

그림 11.35 │ 측부 재비기와 측부 응축기가 붙은 증류탑

잠열 회수형 시스템

에너지 절약 증류 시스템에는 앞서 언급된 열펌프와 다중효용증발관 시스템이 있다.

기액 평형곡선의 변화

기액 평형의 변화는 평형이 각 단에서 이루어지므로 그의 변화 등으로 인하여 효과가 나타난다.

변화시키는 방법은 다음과 같다.

- 압력 변화
- 용제의 첨가
- 염의 첨가

표 11.21 | 80℃에서 프로페인 + 프로필렌의 비휘발도에 대한 용매의 효과

용 매	혼합물 중 프로필렌(mol%)	비휘발도, α
없 음	100	0.83~0.87
아세톤	40	1.03
푸르푸랄	15~18	1.19
아크릴나이트릴	26~34	1.29
아세트나이트릴	14~19	1.35

압력 변화는 프로필렌+프로페인계의 예에서 보면 압력이 300 psig에서 100으로 낮아지면 단수, 탑경이 달라지며 또한 저압의 경우 직접 비교는 되지 않았으나 에너지는 약 20% 절약된다.

공비 증류나 추출 증류에서는 일반적으로 용제를 첨가하는데, 용제를 첨가하면 기·액 평형이 변하여 표 11.21에서처럼 비휘발도 α도 변화를 나타낸다. 그러나 용매의 첨가는 그의 회수가 공업적으로 문제가 된다.

염의 첨가는 대부분 물을 한 성분으로 포함하는 계에 관한 것이다. 흥미로운 사실은 염을 첨가하면 간단히 비휘발도를 증대시킬 뿐만 아니라 계에 따라서는 공비점까지 없어진다는 것이다. 예를 들면 메탄올+물계에 $CaCl_2$를 첨가하면 비휘발도가 첨가/무첨가에서 10.1/3.52

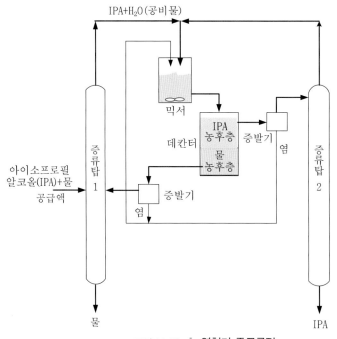

그림 11.36 | 염첨가 증류공정

(50 mol% 액상)로 크게 변화한다. 공비점의 소멸은 그림 11.36을 통해 알 수 있듯이, 양 탑의 유출액에 탄산칼륨을 첨가 혼합하여 데칸터(decanter)에서 두 상으로 분리하고 각각을 탑에 공급 정류하도록 하는 것이다. 이 방법은 탑에 직접 염이 가해지지 않기 때문에 부식이나 염의 회수라는 문제에서 유리하다.

▌증류 이외의 조작과의 조합

증류 이외의 설비를 조합하여 조작을 변화시키면 에너지 절약에서 유리하게 되는 경우가 많다. 예를 들면 증류로 20 ppm 정도 탈수하던 어떤 설비를 150 ppm까지 증류로 탈수하고 그 이상은 흡착을 이용한다.

또 저비점 제거탑의 상부 관출액과 고비점 제거탑의 하부 관출액 중 유효성분의 회수는 추출이 유효한 경우도 있고 증류＋흡착/막분리의 조합이 유리한 경우도 있다. 실용화된 것은 아니나 앞으로 주목할 점이다.

그림 11.37은 아이소프로판올＋물계의 증류를 나타낸 것이며, 증류와 막분리를 조합한 것이다. 제1탑의 탑정으로부터 아이소프로판올＋물계의 공비 혼합물이 얻어지고, 이것을 막분리기에 의하여 공비를 이탈한 혼합물이 얻어진다. 이것을 제2탑에서 증류하여 탑저로부터 순도가 높은 아이소프로판올을 얻도록 한 것이다. 막분리는 아직 막의 개발상 문제점이 많다.

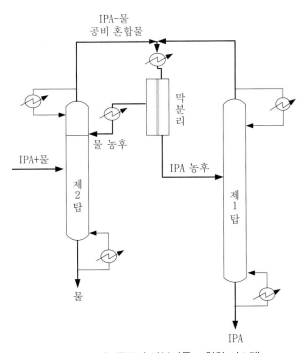

그림 11.37 ▌ 증류와 막분리를 조합한 시스템

증류탑을 가지고 있는 공정은 석유화학의 경우 그 수가 많고 또 많은 열교환기와 가열기 등이 있어서 어느 곳은 열에너지가 남아돌아서 버려지고 어느 곳은 모자라서 연료를 사용하여 가열을 해야 하는 경우가 생길 수가 있다. 따라서 설계 시 이런 현상이 생기지 않도록 복합적으로 검토하는 것이 중요하다.

그리고 모든 조업은 설계 시 설정된 값으로 해야 하며, 이 값을 벗어나는 일이 없도록 모니터링하는 것이 중요하며 그래야 가동 중인 공장에서 에너지의 효율적인 이용이 되는 것이다.

(2) 증류탑의 폐열회수 발전의 예(일본 도레이의 경우)

이 공장은 제1차 석유파동 후(1974년) BTX(Benzene + Toluene + Xylene) 공장에서 증류계의 폐열회수를 실시함으로써, 5% 이상의 에너지 절약을 달성한 예이다. 증류 탑정의 응축기는 공랭식을 사용하였으며, 폐열은 Air-Fin-Cooler로부터 방열형으로 65% 정도가 폐기되고 있었다.

이 폐열의 특징은 대량이라는 점이다. 따라서 그대로 버릴 수가 없고, 온도는 150℃ 정도로 낮아 열원으로서의 직접회수기술을 적용하기가 매우 힘들게 되어 있었다. 이에 회수기술을 개발하여 자일렌 증류탑의 탑정 증기폐열 회수에 저압수증기터빈 발전시스템을 도입한 것이다.

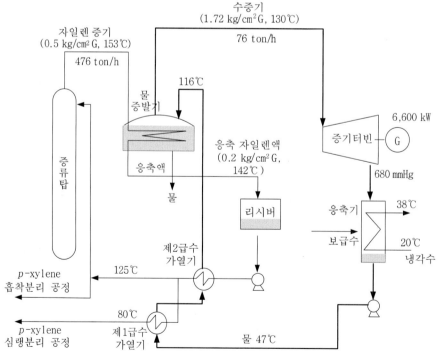

그림 11.38 │ 에너지 회수를 위한 자일렌 증류시스템의 한 예

어느 석유화학 회사의 열교환기의 외형

그림 11.38은 자일렌 시스템을 나타낸 것이다. 증류 탑정의 자일렌 포화증기(153℃, 0.5 kg/cm²G)는 물증발기에서 응축되고 142℃에서 리시버에 들어간다. 리시버를 나온 자일렌액은 일부는 제2의 급수가열기에서 125℃까지 냉각되어 p-xylene 분리공정을 거쳐 환류되며, 나머지는 다시 제1급수 가열기에서 80℃까지 냉각되고 p-xylene 심랭 분리공정으로 가는 구조로 되어 있다. 터빈 발전기의 응축기/펌프를 나온 물은 제1, 제2급수 가열기에서 116℃까지 승온되고 물증발기에 들어간다. 여기서 1.72 kg/cm²G의 포화증기가 되며 미스트(mist)를 제거하고 배관계의 압력손실에 의하여 1.32 kg/cm²G까지 감소되어 발전터빈에 들어간다. 그리고 이 터빈에서 680 mmHg까지 팽창하고 6,600 kW의 일을 한 후 응축기에서 응축된다. 설비에 들어간 투자비는 약 2년 만에 회수되었으며 아무런 문제점도 일으키지 않았다고 한다.

3. 반응기에서 촉매의 역할

화학공업에서 핵심은 반응기이다. 보통 반응기는 일반적으로 촉매(觸媒)를 사용하는데 특히 석유화학에서 촉매의 역할은 반응온도와 압력을 낮추고 원하는 생성물의 선택성을 향상시키는 것이다. 이렇게 되면

• 원료의 절약
• 에너지 절약
• 환경대책에서 처리 부하 경감

등이 일어나게 되는데, 이를 요약하면 즉 좋은 촉매를 사용하면

- 촉매 개량에 의한 반응기의 수율 향상 및 부생물의 감소
- 반응압력, 온도 등 보다 반응조건의 온화화(에너지 절약)
- 저렴한 원료를 사용한 새로운 공정 개발의 가능성
- 부원료를 사용하지 않거나 또는 보다 소량 사용이 가능한 공정으로의 개량
- 본질적으로 환경대책을 위한 비용이 없는 공정

이 가능하게 된다. 즉 촉매의 개량이 에너지 절약을 가져다준다. 촉매를 보다 고성능화하면 최소한의 설비의 개조에 의하여 바로 원료 사용효율의 향상, 부생물의 감소를 가져올 수가 있고 따라서 분리공정의 조업비 절감이 가능해진다. 이러한 개량으로 얻어지는 근소한 %의 수율의 향상이나 또는 몇 도의 반응온도의 저하는 수십 내지 수백억의 이익으로 결부될 수 있다.

(1) 반응촉매에 의한 공정의 개량 예(암모니아 합성)

그림 11.39는 암모니아 합성공정의 흐름도의 예이다. 공정을 대별하면 ① 원료가스 제조공정(탈황, 개질, 변성), ② 가스 제조공정(CO 제거, 메테인화), ③ 암모니아 합성공정으로

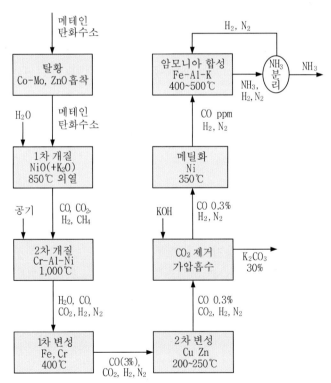

그림 11.39 │ 암모니아 합성공정에서 촉매 사용 예

되어 있고 각 공정마다 여러 종류의 촉매가 사용되고 있다.

지금까지의 암모니아 합성의 대형화에 기여한 기술은 다량으로 공급되는 저황석유계 원료의 사용, 계속 되어온 탈황기술의 개량, 터보압축기의 사용에 의한 개질압력의 상승 등 기계 및 재료면에서의 발전에도 있으나 결국 고성능 촉매의 개발, 더구나 평형적으로 유리한 저온인 고활성 제2차 변성촉매의 새로운 개발에 의하여 CO를 ppm 정도로 감소시켜서 메테인으로 전환함으로써 이를 흡수 제거하던 동액(CO 흡수제)흡수공정을 생략한 점이다.

최근 철계 암모니아 합성촉매는 수분과 탄산가스의 저해작용을 받으나 루테늄(Ru)계 촉매를 사용하면 다음 반응을 한꺼번에 시행할 가능성이 있다고 알려져 있다.

$$CH_4 \; + \; 2H_2O \; = \; CO_2 \; + \; 4H_2$$
$$3H_2 \; + \; N_2 \; = \; 2NH_3$$

암모니아 합성공정은 현재 산유(産油)지역에서 값싼 원료에 의하여 생산하고 있어서 국내 생산은 거의 없다. 원료면에서 보면 앞으로 중질유를 원료로 사용하면 좋겠고 촉매 사용면에서 보면 성능이 적합한 보다 저온에서의 촉매가 요망되고 있다.

(2) 원료 전환 시 새로운 공정 촉매

일반적으로 변동비 중에서 가장 큰 부분을 차지하는 것이 원료비이다. 따라서 원료를 바꿔 새로운 공정을 개발하는 것은 매우 중요하다. 즉 값이 저렴하고 입수가 쉬운 다른 원료를 사용하고자 할 때 필연적으로 고려해야 하는 것이 새로운 촉매를 개발하는 것이다.

한 예를 들어 보자. 어느 시점에서 볼 때 원료가격의 추이를 보면 에틸렌($C_2=$), 프로필렌($C_3=$)은 석유파동 이후 대폭 상승했으나 부타디엔($CH_2=CH-CH=CH_2$)의 가격은 일반적으로 감소하였다.

현재 C_2, C_3는 여러 유도품 원료로서 이용되는 곳이 많으나 C_4에 관해서는 부타디엔 제조 이외에는 대규모로 이용되는 데가 없어서 석유의 완전이용이라는 관점에서 볼 때 문제였다. 따라서 방향족과 C_2를 원료로 하는 대신 상대적으로 가격 상승이 적은 C_1과 C_4로 원료를 전환하는 것이 좋다는 것이다.

아디핀산의 합성 예를 든다.

지금까지의 사이클로헥세인을 산화해서 아디핀산을 얻는 공법으로 그림 11.40과 같이 DuPont사가 벤젠의 부분 수첨에 의하여 얻은 사이클로헥세인을 산화하는 방법이 있다. 그러나 BASF사는 Rh계 촉매에 의한 부타디엔의 카보닐화 반응에 의하여 아디핀산을 만들었다.

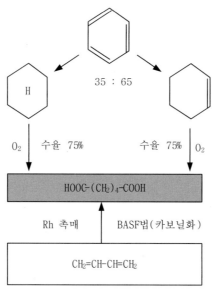

그림 11.40 | 아디핀산의 합성법

이 후자의 방법은 현재 수율은 낮으나 촉매의 개량이 이루어져 수율이 향상되면 흥미 있는 방법으로 발전할 가능성이 크다.

(3) 부원료의 촉매에 의한 절감

변동비를 적게 하는 대책으로는 부원료를 아예 쓰지 않든가 또는 크게 절감하는 것이다. 표 11.22에 몇 가지 화학제품의 부원료비의 예를 나타내었다.

표 11.22 | 원가구성의 한 예(부원료비와 용역비)

생성물	부원료비(M)×100%/원료비	용역비(U)×100%/원료비
카프로락탐	20	8
디메틸텔레프탈레이트	4	28
스타이렌 모노마	2	12
트리클로로에틸렌	1	17
멜라민(요소법)	1	15
아크릴나이트릴	10	7
초산비닐	7	15
메타클린산 메틸(시안하이드린법)	20	17
산화 프로필렌(클로로하이드린법)	45	15
아이소프로판올	7	7
산화에틸렌	5	6

용역비: 전기, 물, 스팀, 연료(환경비는 포함되지 않음)

표를 보면 원료비 중 차지하는 부원료비의 비율이 아주 크다. 특히 부 원료가 염소와나 황산일 경우 가격이 갑자기 상승하여 직접 원가비에 영향을 줄 수도 있다. 예를 들면 산화프로필렌을 클로로하이드린법으로 만들 때 염소의 원가는 때로 직접원료인 프로필렌 가격을 능가한다.

클로로하이드린법

$$2CH_3-CH=CH_2 \xrightarrow[H_2O]{Cl_2} 2CH_3-CH-CH_2 \xrightarrow{Ca(OH)_2} 2CH_3-CH-CH_2 + CaCl_2 + 2H_2O$$

프로피렌 크로로히드린

표 11.22에서는 실제 중화제의 배수 처리비 등의 환경대책비와 폐산의 처리비 등은 포함되지 않으므로 실질적으로 부원료 사용에 대한 비용은 이보다 약간 크다고 보아야 한다.

제품의 최종 구조식에는 염소나 술폰산기는 갖지 않으나 반응 시 산의 강도와 산도의 조절을 해야 하므로 오히려 다른 촉매 또는 이들을 사용하지 않는 다른 경로를 선택하는 것이 코스트가 낮아지는 경우가 있다. 따라서 수율이 약간 저하하고 직접원료비가 다소 커지더라도 부원료비, 환경대책비의 저감과의 상쇄를 통해서 유리하게 되는 경우도 있다.

에틸렌의 산화에 관해서는 염소를 사용하지 않는 은촉매에 의한 기상 직접산화법이 있다. 즉 Halcon법으로 최근 공장이 가동되고 있다.

Halcon법 (유기과산화물에 의한 프로필렌의 산화)

여기서 스타이렌은 수소를 첨가하여 다시 에틸벤젠으로 회수한다. Mo촉매는 균일촉매이고 Ti/SiO_2는 불균일촉매이다.

(4) 장래 요망되는 촉매

반응조건을 완화하고 원료의 효율적인 사용 및 그의 다변화는 물론, 부원료와 용역 사용이 적은 공정이 기대되는 촉매는 탄화수소의 부분산화반응에 대한 것이 그 하나이다. 이들은 수율이 매우 낮기 때문이다.

최근 아크롤레인, 아크린산 촉매 등에는 고선택성 촉매가 개발되어 있으나 다른 반응에서도 보다 고활성, 고선택성의 촉매가 기대된다. 몇 가지를 보면 다음과 같다.

- 벤젠으로부터 직접 페놀의 합성
- 벤젠으로부터 암모니아에 의한 직접 아닐린의 제조
- 벤젠으로부터 에틸렌에 의한 직접 스타이렌의 제조
- 에틸렌 및 프로필렌으로부터 산소에 의한 직접 산화에틸렌 및 산화프로필렌의 제조
- 에틸렌 및 프로필렌으로부터 알코올의 직접 제조
- 아이소부타디엔으로부터 아크린산의 직접 제조

이들 반응의 실현은 촉매반응의 꿈이며 차차 실현 가능성이 보이고 있고 이러한 것이 실현됨으로써 얻어지는 에너지 절약은 상상 이상일 것으로 예측된다.

4. 탄산가스 대책

화학공업에서 탄산가스 대책은 기본적으로 지금 까지 언급한 각종 에너지 절약 대책이 그의 기본이며 그 이상의 탄산가스 즉 본 공정에서의 대책이 다 동원 되었는데도 어쩔 수 없이 나오는 탄산가스는 포집해서 적절한 수송공정을 통해서 지하 등에 저장 하여야 한다.

그러나 원료를 화석연료 대신에 신재생성이 있는 바이오-매스를 출발원료로 해 보자는 안이 있다. 즉 바이오-정유(Bio-Refinery)가 석유를 출발로 하는 석유화학 산업 대신해서 앞으로 머지않은 또는 먼 장래에 석유화학에서 생산되는 제품들을 대체해 나아갈 것으로 생각되기 때문이다. 그러니까 바이오-에틸렌 그리고 바이오-메탄올이 넓은 범위 걸쳐서 화석원료를 출발해서 얻을 수 있는 대부분의 중간 제품이나 완제품을 얻는 시도가 앞으로 이루어 질것으로 볼 수 있다. 그러나 아직은 바이오매스의 출발 물질의 량이 소규모 인 경우가 많고 바이오 – 정유를 염두에 둔 원료의 조달체계가 잡히지 않아 앞으로의 일이 되지 않을까 생각되며 이렇게 되면 CO_2의 증가 속도도 크게 감소하지 않을까 한다.

다음은 기왕의 화석연료를 다루는 공정에서 효율을 최대로 올려 그의 소비를 최소화 하는 것이 CO_2의 대책의 출발이다. 배출되는 폐열의 철저한 회수와 재사용, 특히 화학공정에 많은 각종 전기 모터의 사용상의 합리화로 전력소비의 감소, 예를 들면 암모니아 톤당 생산

에 이론적인 최소의 에너지양은 현재 23 GJ/tNH$_3$인데 지금 상태로 간다면 2020년에 가면 28 GJ/tNH$_3$으로 증가 될 것으로 생각된다고 한다. 그러나 노력하면 2050년에는 26 GJ/tNH$_3$ 정도가 될 것이라고 한다. 그리고 에틸렌 공장(cracker)에서는 현재 18 GJ/t(cracking product)인 것을 2050년에는 9 GJ/t가 될 것으로 보고 있다. 그 만큼 에너지소비 절약은 결국 CO_2의 배출을 감소시키게 될 것이다.

다음은 열원의 대체 이다. 아직 요원 할 것으로 생각은 되지만 생각은 해 볼만 하다. 예를 들어 지열 또는 태양열을 화학공정에 도입 하자는 것인데 현재 화산지역인 나라 즉 일본의 경우는 건조 조업에 예를 들면 모래 건조, 식품건조 같은 곳에 사용하고는 있지만 아직 화학 공정에 도입 한다는 것은 상상 하기 힘드나 앞으로 두고 볼 일로서 특히 심층지열(4 km 이상)이다.

CO_2의 발생량이 많은 배출원에서는 단독으로 CO_2를 포집 하는 일이 경제성이 소량 방출 사이트 보다 낳겠지만 소량 방출원에다 농도가 낮을 때에는 이들을 합해서 하나의 배출원으로 하고 적절한 포집 방법으로 분리해야 한다.

이렇게 포집된 CO_2는 화학 단지의 경우는 여러 회사의 배출량을 포집차량에 적재하여 저장장소로 가서 지하나 바다에 고압으로 주입하게 되는데 과연 소규모 발생원이 많은 곳에는 많은 연구가 필요하며 이제 앞으로 해결해 나가야 할 점들이 라고 생각한다.

◢ 11.11 펄프-제지

그림 11.41은 펄프제지의 일괄공정을 보여주고 있는데 에너지 다소비와 환경에 미치는 영향이 큰 산업이다.

1. 펄프의 제조공정

제조공정을 일단 보기로 하자. 원목을 껍질을 벗기고 절단기로 잘게 잘라 놓은 것이 칩(chip)이다. 이를 펄프공정에 투입하게 되는데 펄프제조는 화학적, 반화학적, 기계적 또는 폐지를 처리하여 만들며 여기서 얻어진 섬유질 물질을 표백하고, 이때 사용한 약품회수 그리고 펄프를 건조한 후 재고를 두고 종이 제조공정에 펄프를 보내서 종이를 만든다. 그러나 그림과 같이 일괄공정(펄프공장과 제지공장이 같이 있음)일 경우는 펄프를 건조할 필요가 없고 체스트(저장기)에 저장했다가 종이공정에 바로 보내면 된다. 그러면 펄프건조에 들어가는 에너지를 절약할 수가 있다. 펄프제조를 보자.

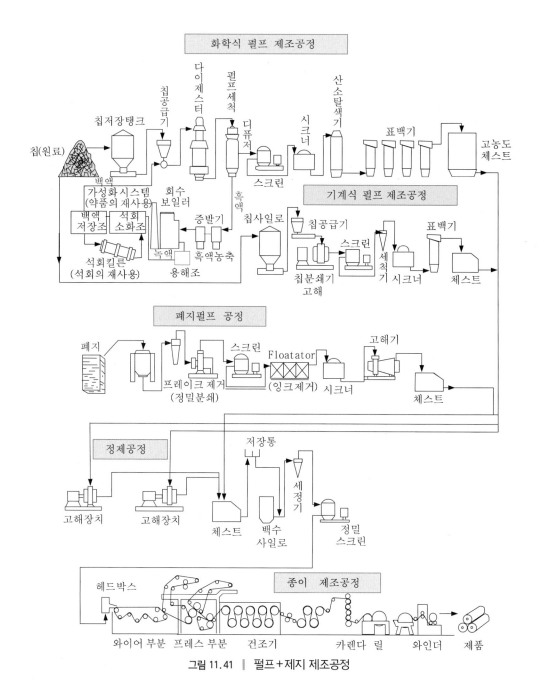

그림 11.41 | 펄프＋제지 제조공정

- 기계적으로 만드는 펄프는 질이 낮은 것으로 기계적으로 칩을 갈아서 분쇄하기 때문에 수율은 증가하나 리그닌 등 섬유질 외의 성분이 많이 포함되며, 섬유질도 짧아 강도가 약하게 된다. 이때 사용하는 칩의 분쇄기인 고해장치(refiner)는 홈이 있는 두 개의 회전 디스크로 비벼갈아 만들며 여기서 얻어진 펄프는 재질이 가벼워 인쇄용으로 사용한다.

- 열기계 펄프제조(thermomechnical pulping)에서 얻어지는 것은 기계펄프보다 고급펄프를 만들 수 있다. 지난 15년간 일반적인 방법으로 사용되어 왔으나 고에너지 공정이고 표백에도 비용이 많이 들어간다. 스팀으로 먼저 칩을 처리하기 때문에 부드러워지며 그 다음 고해하게 된다.

- 화학-기계펄프는 고해에 앞서 약품으로 처리하며 120~130℃로 한 후 고해하는데 섬유질이 덜 부스러진다. 따라서 섬유의 길이가 커지고 종이의 유연성도 좋아진다.

- 재생지(폐지)로부터 펄프를 얻는 것인데 폐지를 물에 넣고 강력한 교반기로 풀어서 슬러리상으로 한다. 우리나라는 최근 고지 회수율이 80% 이상으로 세계에서 가장 높아 중요한 펄프원이라고 할 수 있다.

- 화학펄프제조가 가장 많이 이용되는 방법으로 종이의 질도 가장 좋다. 크래프트(kraft) 또는 설페이트(sulfate)공정이라고도 하는데 가장 일반적인 방법이다. 칩을 먼저 스팀 처리하여 유연하게 하고 탈기(脫氣)한 후 강알칼리용액, 소위 백액(white liquor)과 접촉하게 하는데 이 백액은 가성소다(NaOH)와 황화소다(Na_2S)용액으로 되어 있다.

　이들 혼합물을 다이제스터(digester, 소화기)에 넣고 압력 하에서 160~170℃로 가열하고 수 시간 방치하면 액이 칩 속으로 스며들어가 섬유질 외의 대부분의 물질(리그닌이 다량)을 분리해 낼 수 있다.

　황산소다는 낮은 pH에서 상하는 섬유를 완충작용하게 한다. Na_2S는 수중에서 S^-이온이 되고 가수분해해서 OH^-와 HS^-를 만들게 된다. 이때 원액에 가해진 NaOH와 LeChatellier's 원리에 의하여 평형을 이룬다.

$$S^- + H_2O \rightleftarrows HS^- + OH^-$$

　이 평형액의 HS^-이 리그닌과 반응하여 그의 용해도를 증가시킨다. 반응이 끝난 다음에 압력을 낮추어 폐액과 용해물이 포함된 용액, 소위 리그닌이 함유된 흑액(black liquor)을 분리시킨다. 이 화학적인 방법으로 섬유질만 남게 하는 것이다. 그리고 이 섬유질을 표백과정에 보낸다.

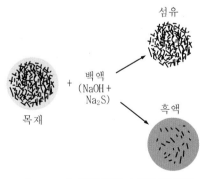

그림 11.42 ▮ 목재 칩의 소화조 내 반응

다른 화학펄프공정으로는

- 설파이트(Sulfite)법이 있는데 이는 HSO_3^-가 다이제스터에서 리그닌의 페놀그룹과 결합하여 설폰산을 만들어 제거한다. 이 공정도 크래프트와 유사하나 섬유질이 좀 짧다.
- 반-화학펄프 제조(semi-chemical pulping)는 화학과 기계적인 것을 혼합한 것으로 강한 목재에 사용하며 섬유질이 짧으나 부드럽고, 밀도가 크며 투명한 종이에 쓴다.

2. 화학펄프제조(kraft)에 사용된 물질의 회수와 순환

펄프제조공정에서 나오는 화학물질의 축출과 재사용은 ① 흑액의 농축, ② 에너지 회수, ③ 남은 화학액의 재이용이 된다. 액의 농축은 보통 다중효용증발관을 사용하거나 직접 가열하는 방식이 있다. 다중효용관은 보통 고형분을 50%까지 농축한다. 직접 가열방식은 폐열보일러에서 나오는 증기를 사용해서 79~80%까지 농축한다. 고형분이 많아지면 그만큼 회수보일러에서 열원으로 효과적으로 사용될 수가 있다. 농축된 흑액은 보통 회수보일러에서 분사(噴射)시켜서 연소시킨다. 이 연소열로 유기물은 다 타버리고 무기화합물이 용융상태(smelt)로 나오며 이를 물에 용해시켜 재사용이 가능하게 해준다. 대부분의 황은 화학반응을 통해서 감소하며 용해조 중 물질에 포함된다. 이 회수보일러에서 나온 용융물을 물에 용해하면 녹액(green liquor)을 형성하는데 이는 주로 탄산소다(Na_2CO_3)와 황화소다(Na_2S)로 되어 있다. 여기에 수산화칼슘($Ca(OH)_2$)을 첨가하여 온도를 조정하고 교반하면 $CaCO_3$가 침전하

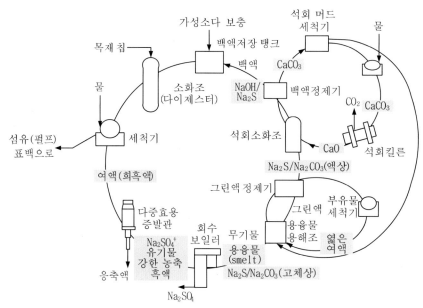

그림 11.43 | 크래프트 반응의 물질 사이클

여 분리되고 백액이 만들어지며 이를 재사용하게 된다. 침전된 탄산칼슘은 석회킬른에서 가열하여 산화칼슘(CaO)으로 분해시키고 물과 접촉시켜 다시 수산화칼슘[Ca(OH)₂]을 만들어 재사용한다.

3. 회수 보일러에서의 화학반응

그림 11.43은 화학펄프반응에 관여하는 물질의 순환과정을 보여주고 있다. 먼저 다이제스트에서 백액으로 ① 리그닌 고분자의 결합이 끊어지고, ② 유기산을 중화시키며, ③ 수지(resin)는 지방산 나트륨의 형태로 비누상으로 만들어 분리된다. 여기서 생긴 흑액은 농축하여 회수보일러에서 유기물이 연소 하며 무기물이 다음과 같이 화학반응이 일어나서 Na_2S/ Na_2CO_3의 녹액을 만들고 순환 한다.

회수보일러에서 흑액의 연소 시 화학반응

$$Na_2O + CO_2 \rightarrow Na_2CO_3$$
$$Na^+ + H^+ + S^- \rightarrow NaHS$$
$$Na^+ + OH^- \rightarrow NaOH$$
$$Na_2O + SO_2 + 1/2O_2 \rightarrow Na_2SO_4$$
$$Na_2S + 2O_2 \rightarrow Na_2SO_4$$
$$2Na_2S + 2O_2 + O_2 \rightarrow 2Na_2S_2O_3$$

이 외에 연소 중 생성된 탄소와 CO에 의하여 다음과 같이 Na_2SO_4가 환원되어 Na_2S가 된다.

$$Na_2SO_4 + 2C \rightarrow Na_2S + CO_2$$
$$Na_2SO_4 + 4CO \rightarrow Na_2S + 4CO_2$$

4. 표백

아직 남아 있는 리그닌을 일련의 표백과정에서도 계속 제거할 수가 있는데 이때 사용하는 약품은 오존, 효소, 염소이산화물(chlorine dioxide, ClO_2), 과산화수소 같은 화학물질을 더 써야 한다. 물론 표백제는 경우에 따라 달리 선택을 하겠지만 표백을 안 할 수도 있고 종이 제조에서 질(質)을 얼마만큼 요구하는지에 따라 달라진다. 또 각국의 환경규제 기준에 따라서도 달라질 수 있다. 염소가 들어간 화합물은 피하는 경향이 있어 무염소(無鹽素)공정으로 가고 있다. 표백작용을 하는 염소와 오존은 방향족 환에 염소화가 일어난다거나 오존의 경우는 카복실화를 한다. 이 이산화염소는 프리 OH가 붙은 페놀환과 반응하여 이때 남아 있는 리그닌도 제거하게 된다.

5. 펄프건조

펄프제조공장과 제지회사가 같은 장소에 있지 않으면 펄프를 건조(20% 수분 포함)해서 제품으로 내 놓아야 한다. 일단 건조한 것을 종이공장까지 수송해야 하는데 이 경우는 마치 폐지를 가지고 펄프를 만드는 것처럼 리펄핑(repulping)해야 하므로 그만큼 펄프건조에 들어가는 에너지가 더 들어가야 한다.

6. 제지

표백된 펄프는 준비과정을 거쳐 시트상으로 하고 압착과 건조를 하게 된다. 제지공정에서 앞부분의 준비공정은 펄프와 첨가제를 혼합하고 균일하게 한 후 연속 슬러리상으로 한다. 다음 시트(sheet)상으로 하고 포드리너(Fourdriner, 젖은 부+압착부+건조부+캘린더)에 들어가서 종이가 된다. 압착부는 종이의 자유수를 짜내는 것이고(dewatering) 다음 스팀드럼으로 감아 돌려서 건조한다. 건조기 중앙에 있는 프레스에서는 종이에 코팅이 가능하다. 그리고 마지막 캘린더에서는 종이의 두께와 부드러움을 주의해서 조정하게 된다.

7. 펄프제지공장의 에너지 절약 및 탄산가스 감소 대책

흑액의 다중효용 증발관에 의한 농축, 칩의 다이제스트에서의 쿠킹, 종이의 건조 시스템에서의 스팀 사용 등 전 공장의 에너지 소비 중 ① 스팀에서의 에너지 소비가 80%에 이른다.

다음은 많은 세척공정을 거쳐야 하므로 ② 물의 양이 막대하고 전 공정에서 ③ 전력이 모두 필요하여 정말 에너지 다소비산업이다. 많은 물이 소비되는 만큼 폐수의 처리도 만만치 않다.

칩을 만드는 원료제조공정은 통나무의 껍질을 벗겨내야 하며 칩의 형태로 잘게 잘라야 하는데 이때 많은 전기가 필요하고 껍질을 벗길 때에도 생 스팀을 필요로 하는 경우가 있으나 가급적 생 스팀 대신 공정에서 나오는 폐증기를 이용하면 에너지절약과 탄산가스 발생이 감소하게 된다.

화학 펄핑에서는 무엇보다도 중요한 것이 섬유질의 수율 향상이며 다이제스트의 불로(blow)/플래시(flash) 열의 회수, 표백공장의 폐열회수 등에 중점을 두고 있다.

초지기. 제지회사에서 종이를 생산하고 있다. 이 초지기에서는 많은 양의 증기가 소비되고 있는데 오른쪽이 드럼 건조기이며 상부의 뚜껑이 보온하므로 스팀이 절감된다.

약품 회수, 즉 석회의 회수 시는 석회킬른에 산소농축공기를 사용한다든가 킬른의 변형 및 분진 채취를 위한 EP를 설치한다. 기계적인 펄핑에서는 고해기의 개선과 회수펄프 사용 증대 그리고 열펄핑에서는 폐열회수 등 최대로 절약기술을 살리는 것이 에너지와 탄산가스 도 줄이는 것이다.

종이건조에서는 많은 스팀이 소비되므로 제어시스템을 고급화하고 노점(露点)의 정확한 조정, 필요한 공기의 최소화, 폐열회수(열교환기 설치), 건조 전에 철저한 탈수(dewatering), 후드의 밀폐화와 보온 강화 등을 들 수가 있으며 우리나라 대부분의 공정이 이렇게 하고 있다.

많은 스팀이 필요하므로 공장에서 발생하는 나무껍질 그리고 폐액(흑액 등)을 사용할 수 있는 열 병합발전소를 건설하면 고압의 스팀으로 전기를 생산하고 저압의 스팀은 공정용 스 팀으로 사용하면 전기는 거의 공짜로 얻을 수가 있으므로 최근 많이 건설되고 있다.

GHG의 방출원과 방출 가스의 종류를 보면

- CO_2, CH_4 N_2O 방출원
  - 화석연료나 바이오매스를 사용하는 보일러
  - 크라프트 펄프 및 반화학펄프 공정
  - 직화 건조기
  - 연소 터빈(종이 공정)
  - 화학약품 회수로(크라프트 & 소다공정)

- 화학약품 회수로(설파이트 펄프)
- 화학약품회수 연소로(반 화학펄프)
- 크라프트와 소다회 킬른(크라프트 & 소다공정)
- CO_2 방출원
  - 보충약품 $CaCO_3$, Na_2CO_3(크라프트 & 소다 공정)
  - 연도가스 탈황시스템
- CO_2, CH_4 방출원
  - 혐기성 폐수처리장
  - 쓰레기 매립장

위에서 보는 것처럼 공정의 대부분의 장치에서 GHG 가 방출 되는데 연료의 종류(잔사유, 증류유, LNG, LPG,석탄, 바이오매스), 연소 조건에 따라 그리고 공정 즉 크라프트(설페이트)나 설파이트 등에 따라 달라지며 에너지 사용에서 GHG가스를 결국 방출 하게 된다.

인근 공장 즉 제철이나 시멘트공장이 있어 여기서 나오는 폐열을 이용 한다든가 앞으로 바이오매스의 계통산업이 형성되어 바이오 화학제품, 바이오 연료를 만든 다거나 흑액을 이용해서 디젤유를 만드는 등의 형식으로 발전 하여 일부 에너지와 탄산가스 문제를 해결하게 될 것으로 보인다.

1. 산업체에서 사용하는 연료의 종류를 나열하고 그의 특징과 용도를 써라.

2. 산업체에서 아스팔트를 연료로 사용하려고 한다. 중유와 무엇이 다르며 사용 시 주의해야 할 점이 무엇인가? 특히 환경문제를 말해 보라.

3. 폐열보일러란 무엇을 말하는가? 실제 예를 들어 보아라. 특히 저온, 중온, 고온 폐열보일러의 차이점을 써라.

4. 폐열회수 시 산노점이 폐열회수에 중요한 영향을 준다. 산노점에 대하여 자세히 설명하여라.

5. 스팀트랩을 작동원리에 따라 분류하고 특징을 설명하여라.

6. 함산소 연료의 종류를 쓰고 성질을 나열하여라.

7. 증기 재압축은 일종의 히트펌프이다. 그 이유를 설명하여라.

8. 히트파이프가 이용되는 곳, 즉 용도를 나열하고 설치방법을 도면으로 그리고 설명하여라.

9. 우리나라 히트파이프 제조업체를 조사하여라.

10. 증기배관은 단열을 잘해야 응축수의 생성을 줄일 수가 있다. 단열을 잘한다는 말은 무슨 뜻인가?

11. 보일러의 블로다운 시 배출되는 물 중 포함된 성분에는 어떤 것들이 있는가?

12. 다중효용 증류탑에서 생증기 1 kg당 증발관으로부터 증발되는 증기는 효용관의 수와 일치하지 않고 적어진다. 그 이유를 설명하여라.

13. 혼합물의 분리로 막분리가 에너지 절약형이다. 그런데 아직 기술문제로 널리 쓰이지 못하고 극히 한정된 곳에서만 쓰인다. 어떤 기술문제인가?

14. 제철소에서 가연성 가스를 발생하는 곳을 열거하고 발생하는 이유를 써라.

15 본문에 보면 코크스를 만들지 않고 유연탄을 그대로 사용하여 제철이 가능하다고 했다. 그에 대한 내용을 해당 회사 홈페이지에서 조사하여라.

16 시멘트회사의 폐열회수 시스템으로 SP와 NSP가 있다. 차이점을 설명하여라.

17 화학공업에서 촉매의 역할을 에너지 절약측면에서 써라.

18 화학공업에서는 왜 분리공정이 중요한가?

19 보일러 관리에서 연돌의 산소농도와 탄산가스농도를 측정하여 공/연비를 알아낸다. 그 원리는 무엇인가?

20 제지공장의 백액, 흑액, 녹액은 무엇을 의미하는가?

21 제지공장에 열병합발전소를 건설하면 좋다고 한다. 그 이유를 자세히 설명하여라.

22 우리나라의 폐지회수율이 세계에서 가장 높다고 한다. 그 이유는 어디에 있다고 보는가?

23 다음 단어를 설명하여라.
   (1) 고해   (2) 기계식 펄프   (3) Fourdriner
   (4) 회수보일러와 그의 역할   (5) 크래프트 반응

Chapter

12

에너지의
수송과 저장

↘ 12.1 에너지의 수송

에너지는 생산한 곳에서 사용처로 운반해 와야 사용할 수가 있다. 그런데 에너지의 형태는 물론 운반기술도 다양하다고 볼 수가 있다. 표 12.1은 현재의 에너지 수송기술(수소는 미래)의 형태를 나타내고 있다.

표 12.1에서 제시한 방법이 옛날과 달라진 것은 없으나 수송량은 대폭 증가하고 있다. 질적으로는 구조재료나 운반속도가 빨라진 정도이다. 최근의 기술혁신은 액체연료의 수송비를 대폭 저하시켜 10~50만 톤급 슈퍼탱커, 극저온 액화에 의한 천연가스의 수송, 농축우라늄에 의한 핵에너지의 대량 수송, 송전압의 대폭 승압, 대전류화, 저손실화 및 컴퓨터에 의한 전력수송의 안정화 등이라고 할 수 있다.

에너지 수송기술의 중요한 평가기준은 경제성이기 때문에 지금까지 기술개발의 주력은 수송원가를 낮추는 일이다. 이러한 원가저하의 가장 용이한 수단은 스케일 메리트(scale merit)라고 할 수가 있다. 에너지 기술은 일반적으로 단일화, 고밀도화, 대용량화, 즉 기술의 스케일을 크게 하는 것이다. 예를 들면 파이프라인의 지름을 50% 증대시킬 경우 파이프의 구성 재료는 이에 비례하여 증가하지만 원유의 수송량은 2배 이상 증가하며 단위 수송량당 수송원가는 수송 가능량이 많을수록 저하된다.

수송용량을 증가시키는 방법은 크기의 증가뿐만 아니라 예를 들면 파이프라인에서는 압력과 유속, 송전선에서는 송전전압이 상승하고 또한 천연가스의 경우는 극저온 액체로 하여 밀도를 상승시킨다. 예를 들면 전력수송에서는 송전전압을 66 kV에서 500 kV로 증가시킬 경우 kW당 송전원가는 약 1/10로 저하된다. 또한 상기 스케일 메리트 외에 극히 개략적이기는 하지만 100 km 이하의 범위에서는 수송비용이 수송거리에 영향을 받는다.

특히 경제성은 안정성, 신뢰성과 관계가 있기 때문에 각종 에너지 수송방식의 경제성만을

표 12.1 ┃ 현재의 에너지 수송기술의 방식

수송방식	에너지 자원				2차 에너지		
	석 유	천연가스	석 탄	핵연료	전 기	열	수 소
배 철 도 자동차	원유 또는 정제유	액화	광석	산화 우라늄	– – –	– – –	압축 또는 액화
파이프		가스 또는 액화	가스 또는 슬러리	–	–	증기 (단거리)	가스
전 선	–	–	–	–	전선주 또는 지하 케이블	–	–

표 12.2 | 에너지 수송원가의 상대적인 비교

	수송형태	수송원가(상대값)
석 유	슈퍼탱커(초대형 유조선)	0.5
	탱커(유조선 또는 가스운반선)	1
	파이프라인	2
	철도탱크차	4
	탱크로리(탱크가 달린 화물차)	15~20
천연가스	탱커(극저온 액체)	4
	파이프라인	5
석 탄	화물선	5
	철도화차	6~10
	파이프라인(슬러리)	6
전 력	500 kV 교류탑 송전	30
	500 kV 직류 케이블	50

직접 비교하면서 논할 수만은 없다. 그러나 상대적인 수송원가의 추산치를 표 12.2에 비교하였다.

석유의 경우는 원유 1 kL를 100 km 수송할 때 탱커의 경우를 1로 하고, 정해진 원가이지만 석유 이외의 것에 관해서는 이와 등가의 열량(약 1,000만 kcal)을 같은 거리를 수송하는 데 들어가는 상대적인 비용으로 한다. 탱커가 보다 싸고 다음이 파이프라인이다. 전기는 수송설비가 크기 때문에 다른 것에 비하여 상당히 높다.

특히 스케일 메리트를 추구하기 시작하면서 많은 개량이 에너지 변환 및 수송기술에서 생겨서 에너지가격에 영향을 미치고 있다. 그러나 연간 10% 이상의 신장률로 에너지 소비가 늘어날 경우는 보다 대량수송이어야 하고 안정성, 환경보존 및 미관 등의 면에서 중요한 문제가 생기게 된다. 예를 들면 1998년 9월 부천의 가스 주유소에서 발생한 가스 폭발사고는 배관을 건드려서 일어난 사고인데, 수송량이 커서 대형사고로 이어졌고 각종 공사장에서의 사고도 수송관의 지름이 커지면서 폭발도 대형화되는 추세로 가고 있는 것이다.

1980년대 중반 마포지역의 가스폭발 사고는 수송량의 증대에 따라 승압을 시도한 후에 일어난 사고이다. 나프타를 분해해서 $CO + H_2$의 도시가스를 만들어 수송하던 파이프라인에 천연가스가 도입되면서 승압을 실시하게 되었는데, 이때 저압부와 고압부 사이의 칸막이가 녹이 슬면서 저압부로 고압이 들어가 저압부 파이프라인에서 가스가 새어나와 맨홀이 튀고 가정의 고무호스가 터져서 사고가 크게 발생한 것이다. 원유를 수송하는 유조선이 대형화되면서 2007년 12월 7일 태안 앞바다 유조선 사고유출(7만 9000만 bbl 유출)처럼 수송선의 사고는 대형의 기름유출을 가져와 엄청난 환경피해를 일으키고 있다. 따라서 대형화에 맞추어 비례적으로 안전에 대한 대책을 보다 튼튼히 세워야 하는 것이다.

전기에 있어서는 스케일 메리트의 관점에서 보면 고승압화와 대전류화이다. 우리나라는 최고 송전압이 765 kV이다. 발전소의 동향은 대용량화의 경향이 있으나 입지선정과 환경문제 등으로 인해서 원격화, 과밀화가 요구되고 있고 또 송전시설을 설치할 용지를 취득하는 것이 점점 어려워지고 있다. 따라서 최근에는 발전 시설을 소형화 하여 사용가능한 곳에 분산형으로 설치하고 송전용지 확보와 송전 손실 그리고 주민들과의 대립으로 오는 문제를 해결 하고자 하는 것이다. 송전 및 분배에서 오는 손실은 우리나라의 경우 약 3%, 미국 6%, 일본4% 독일 4%, 프랑스 7%, 뉴질랜드 7% 그리고 터키 같은 경우는 15% 심지어는 아프리카의 보츠와나는 157%가 되며 그 나라의 처한 형편에 따라 달라진다. 도전(盜電)이 있을 수가 있다. 우리나라도 최근에 지하 석유 배송관에서 도유(盜油) 하는 경우가 가끔 발생 하는 것을 보아도 간단한 문제가 아니다.

송전 분배 손실을 줄이는 기술은 여러 가지 제안이 있으나 몇 가지만 예를 들어 보면

- 발전 시설을 갖는 소형 그리드의 설치   · 지하 송전
- 스마트그리드의 설치   · 전기 저장 시설 설치
- 가정에 전력 스마트화   · 기타

등 "지하 송선"의 대도시의 큰 전력송전은 용지문제, 환경문제(전자파), 미관 안정성의 관점에서 지중 케이블 설치를 해야 하는데, 이용할 만한 공간적인 여유가 적다.

이러한 문제를 해결하기 위하여 최근 HVDC(high voltage direct current) 즉 초고압직류송전 기술을 통해서 송전 손실을 줄이고 해당지역의 주민들과 마찰을 줄일 수가 있다고 한다. 이유는 직류송전의 문제인 전압조절기술이 크게 발전하여 고전압으로 송전 할 수가 있게 되었기 때문이다. 유럽, 미국, 중국 그리고 부라질 등에서는 임이 사용하고 있고 아일랜드와

사진자료: 日本 川崎重工業 액화수소 운반선(파이롯형)

영국 사이에 직류 손전을 하고 있다. 우리나라에서는 해남과 제주 그리고 진도와 제주사이에 HVDC를 운영 하고 있고 점점확대 할 예정이다. 이런 방식은 발전소 건설이 쉽지 않는 지역에 HVDC로 송전 하여 발전소 건설의 문제점을 해결 할 수 있다.

◹ 12.2 파이프라인 수송

가스를 파이프라인을 이용해서 수송할 때 가장 큰 문제는 안정성이다. 물론 파이프라인의 안정성에 관해서는 최근 많은 연구개발이 진행되어 왔다. 특히 파이프의 부식(특히 전기화학적 부식)과 각종 소규모의 누출사고에 대해서 구성 재료와 검출법 및 운전제어법 등의 면에서 기술이 향상되어 안전도면에서 문제가 없다. 그러나 공사로 파헤치거나 해서 가스관을 건드리거나 위에서 하중을 받으면 파열되어 새고 폭발하는 안전사고가 발생할 수 있고, 우리나라의 경우 이런 사고가 많이 일어났다. 예를 들면 대형사고를 일으킨 경우가 대구지하철 사고라고 할 수 있다. 또 우리나라는 지진의 심각한 문제는 없으나 어느 정도 대형관이 매설된 곳에는 만일을 대비해서 지진에 의한 관의 변형으로 생길 수 있는 위험도 방지할 수 있도록 설계를 해야 한다.

기름을 지하관을 통해서 수송할 경우는 그림 12.1과 같이 2중관에서 누출되는 기름을 회수하도록 설계하여야 한다.

관에서 새어나온 기름이 모래가 든 고무시트에 의하여 잡히고 100~200 m 정도로 떨어진 누출유 흡입관으로 흘러가 회수된다. 이 방법은 누출에 의한 환경오염과 같은 장기적인 환경문제를 해결하는 데 매우 중요하다.

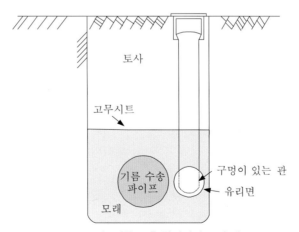

그림 12.1 ┃ 기름 누출 확산방지 구성 예

이와 같이 파이프라인의 수송은 앞으로 에너지 수송의 중요한 과제가 될 것으로 보고 있다. 특히 대체에너지로 가스화 및 액화된 석탄의 수송과 핵에너지 그리고 태양에너지를 이용해서 제조한 수소에너지의 수송에도 앞으로 적극적으로 검토될 것으로 보고 있다.

1. 석탄 슬러리의 수송

환경보전과 수송의 편이성 때문에 석탄의 가스화와 액화 등에 의한 유체화가 진행되고 있지만 그 전 단계로는 수송의 편이성 때문에 석탄을 슬러리로 해서 파이프라인에 의한 슬러리 수송이 일부 선진국에서는 실시되고 있다. 현재로는 주로 대형선박으로 해안에서 하역하고, 철도로 사용처까지 수송한다. 그러나 앞으로는 우리나라에서도 석탄의 슬러리가 수송될 경우가 생길 것으로 보고 있다. 여기서는 선진국의 슬러리 수송의 예를 소개한다.

석탄은 고형체이기 때문에 그대로 수송하는 데에는 석유수송에 비해서 취급이 복잡하고 단위 칼로리당 용적이 커서 상대적으로 비경제적이다. 그래서 미국에서는 일부 석탄을 슬러리화해서 파이프라인으로 마치 유체를 수송하는 것처럼 수송하고 있다. 현재 실시하는 방법은 물과 석탄의 혼합유체(석탄과 물의 중량비가 7 : 3)에 의한 물 슬러리가 사용되는데, 석유를 수송할 때와 같은 방법으로 하고 있다. 석유 외에 광물의 슬러리 수송을 포함해서 그의 실례를 표 12.3에 나타냈다.

이와 같이 슬러리로 수송함으로써 석탄의 수송, 저장의 유체화, 자동화가 용이하고 육상 및 해상수송비는 물론 선박(슬러리 전용탱크) 선적비도 크게 감소시킬 수가 있다. 표 12.4는 일본 북해도와 게이힌(京濱) 간 수송비의 비교 예를 나타낸 것이다. 또한 슬러리 수송 등 석탄의 유체수송 방식에서 석탄을 미분쇄해서 중유를 혼합하고 안정화된 유체연료(COM)로써 수송하는 방법도 검토되고 있다. 슬러리 흐름에 미치는 인자는 ① 슬러리의 온도, ② 농도,

표 12.3 | 물 슬러리 수송의 실시 예

실시 장소	수송물	관의 길이(km)	관경(mm)	수송량(100만 톤/년)
미국 오하이오 주	석 탄	174	254	1.30
미국 애리조나 주	석 탄	440	457	4.80
미국 유타 주	길소나이트	116	152	0.38
영국 잉글랜드	석회석	92	254	1.70
콜롬비아	석회석	14	152	0.35
미국 캘리포니아	석회석	27	203	2.00
남아프리카	광산 슬러지	35	178	1.05
테즈메니아 (호주 남쪽섬)	철광석	85	229	2.25
일본 아키다(秋田)	광산 슬러지	64	203	1.00

표 12.4 │ 수송방법에 따르는 비용 비교(1963년 기준의 한 일본의 한예)

구 분	현존 수송방법	고체 수송(전용선)	석탄 슬러리 수송
육로수송비	1.0	0.8	0.68
선적비	0.25	0.4	0.08
해상수송비	1.0	0.9	0.64
계	2.25	2.1	1.4

③ 입자의 크기, ④ 겉보기 점도, ⑤ 입자의 침강성, ⑥ 고체/유체/슬러리의 밀도, ⑦ 고체입자의 형상, ⑧ pH, ⑨ 화학반응의 가능성 등이 있기 때문에 이들을 염두에 두고 슬러리 수송을 검토해야 한다.

수송도중 입자의 침강을 방지하려면 물의 유속이 어느 정도 이하가 되면 파이프 내에서 갈아 앉는다. 따라서 200 mesh 이상은 1~1.5 m/s, 모래와 같은 200~20 mesh의 것은 1.5~2, 좀 입자가 큰 20~4 mesh의 것은 2~3.25, 그리고 슬러지의 경우는 3.25~4.25는 되어야 한다.

관을 통해서 수송하는 다른 방법은 석탄을 관의 직경보다 작게 하여 분말의 석탄을 원통형으로 압출해서 통나무 철럼하여 관을 통해 물로 밀어내서 수송하는 것이다. 이 경우는 슬러리 때 물이 따라나는 것을 원심분리로 제거 하는데 통나무형은 수분이 것이 없어 탈수에 들어가는 동력을 줄일 수가 있다.

2. 배관에 의한 수소의 수송

수소가 가정용 연료나 공업용으로 쓰이기까지는 아직 시간이 걸리겠지만 장차 예상되는 수소공급 시스템을 그림 12.2에 개략도로 나타내었다. 수소의 제조는 수소에너지 편에서 다루고 있지만 물의 전기분해나 화석연료의 개질에서 얻는 것 외에 앞으로는 원자력을 이용한 물의 열화학분해로 대량의 수소가 생산될 것으로 기대하고 있으며, 태양전지에 의한 물의 전기분해, 바이오매스의 발효로 다량의 수소생산이 가능할 것으로 보고 있다. 따라서 위의 공급 시스템의 경제성 여부는 다량의 수소를 값이 저렴하게 어떻게 생산하느냐가 성공을 결정할 것이다. 다량의 수소는 액체 수소로 해서 탱크 중에 비교적 고밀도로 저장하는 편이 좋다. 그리고 이것을 기화시켜 주로 배관으로 수송하며 그림 11.2와 같이 여러 가지 용도에 사용할 수 있다. 앞으로 가정용 전력은 종래의 가스배관을 이용해서 수송되는 수소로 장차 가정에 설치될 산-수소 연료전지를 이용해서 얻어지게 될 것 같다. 수소의 안정성은 기술적으로는 천연가스와 거의 같고 연소 결과 생성된 가스는 물이기 때문에 환경적으로도 친화적인 연료라고 할 수 있다. 그러나 연소조건이 나쁘면 산화질소를 만들 수 있으므로 주의(촉매 사용)를 요한다.

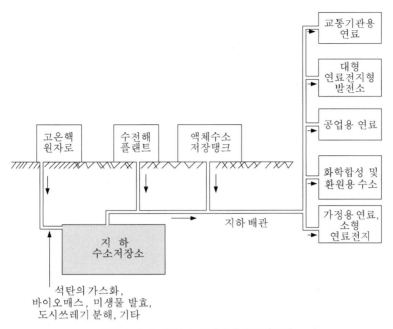

그림 12.2 │ 장래 수소에너지 공급시스템

3. 중요한 수송방식의 경제성과 환경/용지상의 문제점

앞으로 에너지는 그 수송방식에서 대용량이 될 것이다. 이에는 탱커, 파이프라인 수송방식이 되겠지만 이와 관련해서 수송비용은 표 12.5와 같이 달라질 것이기 때문에 적절한 방법을 택하는 것이 필요하다.

같은 파이프라인이라도 수송비용은 수송하는 1차 또는 2차 에너지의 종류에 따라 다소 차이가 있기 때문에 표에서는 상한과 하한의 범위를 나타내었다. 이 표로부터 알 수가 있는 것은 탱커수송(배)방식이 가장 저렴함을 알 수 있다. 다음으로 파이프라인, 철도, 탱크로리 순서로 수송비가 올라가고 있다. 이러한 수송비의 비교는 환경상의 문제와 장차 용지문제 등도 고려하여 정해질 것이다.

즉 탱커 수송에서는 슈퍼탱커의 출현이 있어야 하고 원유 수송 시 사고에 의한 원유의 유출을 막는 것이 중요한 과제라고 할 수가 있다. 또한 파이프라인 수송에서는 이미 기술한 바와 같이 기름의 누출, 가스의 누출 등에 의한 환경오염의 대책, 파이프라인 폭발 방지의 대책이 앞으로의 연구 대상이 되고 있다. 또한 철도수송에서는 소음 등의 방지가 연구되어야 한다.

수송의 용적을 감소시키고 에너지의 밀도를 올리며 장기수송 저장을 가능하게 하기 위해서는 액화, 냉동해서 수송할 것이 예상된다. 예를 들면 현재에도 천연가스는 액화해서 수송

표 12.5 | 탱크, 파이프라인 관련 수송방식의 비교

수송형태		환경 – 용지 등 중요 문제점	수송비용
탱커(배)	석유 천연가스 (극저온 액체) 메탄올	• 탱커의 사고, 누출에 의한 해양오염 • 폭발 등에 의한 위험성 • 항만설비의 과밀	1.0 (탱커의 경우 1.0으로 하고 다른 것은 이와 비교된 상대적 수치)
파이프 라인	석유 석탄 슬러리 수소(가스, 액체) 메탄올 도시가스	• 압력이 높기 때문에 사고에 의한 위험성 잠재 • 액체/가스 누출에 의한 환경오염(지하오염) • 배관매설을 위한 용지 취득의 곤란	2~6.0
철 도	석유 석탄	• 소음 • 용지 취득의 곤란	6~10
탱크로리	석유 천연가스 수소 메탄올	• 차의 과밀화 • 폭발 등에 의한 위험감	15~20
기타(냉동수송)		• 냉각/냉동매체의 폭발, 누출 위험감	
탑식 고전압선 송전 케이블 송전		• 인구 과밀지역에서 용지 취득의 곤란 • 라디오, TV 장애 • 고전자계의 영향	30~50

하고 있다. 이와 같은 저온전용 탱크는 특수저온재료를 필요로 하고 또한 질이 좋은 단열재가 사용되어야 하므로 값이 비싸다. 그러나 저온의 이용가치가 있을 때에는 이용의 장점이 생긴다.

4. 도시가스의 수송 시스템

도시가스는 청정에너지로 공해가 적어 가정, 빌딩, 공장 등에서 열원으로 적합하고 특히 도심지역에서 적합한 연료라고 할 수 있다. 우리나라에서도 6장에서 본 배관망처럼 천연가스의 공급이 최근 급격히 그 수요가 증가하고 있다. 일반적으로 우리나라에서 채택하고 있는 가스공급체계는 그림 12.3과 같다.

그림 12.3에서 나타낸 바와 같이 가스 제조공장 또는 LNG 공급소로부터 고압관(장거리 수송 시 보통 90 km 정도) 또는 중압관으로 정압기(거버너)까지 수송한다.

정압기에서 압력이 떨어지고 저압관을 통해서 가정에 공급된다. 고압 또는 중압관로의 중간에는 가스 홀더가 설치되어 있고 일단 여기에 저장되어 수요의 변동을 완화시켜 준다.

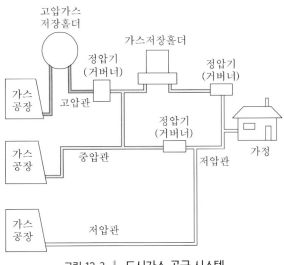

그림 12.3 ┃ 도시가스 공급 시스템

현재 사용 중인 고압, 중압, 저압의 게이지압은 다음과 같다.

- 고압관 $10\,kg/cm^2$ 이상
                 (특별고압: $70\,kg/cm^2$)~
- 중압관 $1{\sim}10\,kg/cm^2$
                 중압 A: $7{\sim}8\,kg/cm^2$
                 중압 B: $1.8{\sim}2.0\,kg/cm^2$
- 저압관 $1\,kg/cm^2$ 미만

정압기는 압력을 낮추기 위한 장치이며 그 원리는 그림 12.4와 같다.

홀더는 일일 수요변동을 평균화하고 제조공장의 제조량을 균일화함과 동시에 가스공장이 정전 등에 의하여 단시간 정전(20~30분 정도)이 되더라도 공급을 유지하도록 설계되어 있다. 용량은 피크공급량의 15~20% 정도이다. 정압기의 모양은 구형, 원통형으로 고압용과 중압용이 따로 있다. 이외에 수용가의 규정 가스압력(공급규정은 수주(水柱) 50~200 mm)으로 공급하기 위해서는 압력을 올리는 압송기가 사용된다.

우리나라에서는 보통 도시가스를 공급하고 있던 시스템을 천연가스를 사용하는 체제로 바꾸고 수요의 증가에 따라 고압화/고칼로리화가 진행되어 일부 위험성이 있는 곳도 아직 있지 않나 생각한다.

수소 파이프라인과 도시가스 공급 시스템에서 본 바와 같이 파이프라인 네트워크는 압송장치, 정압장치, 저장장치, 시공 시의 보호장치 등으로 구성되어야 한다. 우리나라의 파이프라인 네트워크는 현재로서는 소규모이지만 수요의 증대, 안전대책의 심각화, 고압화/관경의

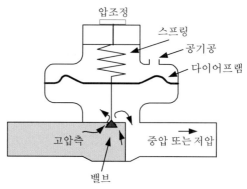

그림 12.4 │ 정압기의 원리도

확대에서 앞으로 풀어야 할 점이 많이 있다. 가스관은 앞으로 지중의 단순한 매설이 아니라 상수도와 함께 전용 갱도가 필요할 것 같다.

⟍ 12.3 에너지의 저장

화석연료를 태워서 열을 얻으면 바로 써야 한다. 태양열, 풍력, 조수간만의 차를 이용한 발전에너지 그리고 전력도 일단 생산하면 당장 쓰지 않는 한 소멸되고 만다. 따라서 에너지는 저장하여야 이용효율을 올릴 수가 있는데, 저장장치의 효율이 매우 뛰어나지 않는 한 저장하는 동안에도 새어 나가서 손실이 서서히 일어난다. 전기 같은 것은 대형 발전소에서 전기를 생산하기 때문에 최대수요에 맞춰서 생산을 하게 된다. 그러나 전기를 사용하는 사람의 생활양식은 일정할 수가 없어서 많이 쓸 때(낮)와 적게 쓸 때(밤)가 있다. 비수요기에는 전력생산을 감소시키면 될 것으로 생각되지만 발전방식의 사정이 수요변화에 쉽게 대처할 수 없고 일정한 생산을 할 때만 효율이 가장 좋다. 그리고 대형 발전소는 쉽게 시동과 정지를 할 수가 없다. 때문에 저장만 할 수가 있다면 비수요기에 저장했다가 수요기에 사용하면 수요변동에 대처할 수가 있게 된다. 따라서 비수요기에 에너지를 저장한다는 것은 결국 없어질 것을 저장하는 것인 만큼 에너지를 절약하는 셈이 된다. 풍차(풍력)발전 같은 것은 더구나 바람이 부는 사정에 따라서 전력생산이 다르게 변하며 변화주기도 매우 빠르다. 따라서 이러한 전력에너지는 배터리에 저장해서 사용한다거나 생활의 지혜로 물을 끓여 더운물을 저장했다가 사용하게 된다. 화학적인 방법은 풍차 같은 데서 얻는 불량의 전기로 물을 전기분해해서 수소와 산소를 만들고 이것을 분리해서 수소는 저장했다가 수요 시에 바로 태워서 열을 얻거나 연료전지를 사용해서 발전해서 전기를 생산할 수 있다.

표 12.6 | 여러 열저장물질과 저장용량

저장물질	사용온도범위 (℃)	양* (kg)	부피* (L)	부피당 저장용량(kWh/L)
용융물질				
가성소다	135~500	32	19	0.53
질산소다	135~310	65	32	0.31
파라핀왁스	45~320	40	62	0.16
현열이용재료				
철강	65~500	170	21	0.48
콘크리트	65~500	70	31	0.32
벽돌	65~500	95	49	0.20
물	45~100	155	155	0.065

* 여기서 무게와 부피는 10 kWh의 에너지를 저장하는 데 필요한 그 물질의 양과 부피

전력회사는 밤에 잉여전력을 특별히 할인된 가격으로 팔고 있다. 따라서 밤에 열에너지로 저장했다가 낮에 사용할 수 있는 상품을 내 놓고 있다. 예를 들면 축열식 온돌, 축열식 보일러 그리고 축열식 온수기 같은 것인데 저장방식은 여러 가지가 있다. 그런데 최근 전력회사의 잉여전력 할인가격이 많이 조정되고 있다.

표 12.6은 전기로부터 발생되는 열을 저장할 때 사용하는 물질이다.

표 12.6에서 보면 철강, 콘크리트 그리고 벽돌의 순으로 적은 부피에 많은 에너지를 저장할 수 있다. 그래서 보통은 값이 싼 벽돌을 많이 사용한다.

난방을 한다고 하면 온돌에 벽돌을 깔고 전기히터를 설치한다. 그리고 밤에 가열을 하면 축적된 열 때문에 낮에는 전기를 넣을 필요가 없다.

↘ 12.4 양수발전

물을 에너지 자원으로 생각하고 발전소 상하에 두 개의 저수지를 만들고 상부에 있는 물로 전기 수요가 클 때(peak time) 흘려서 발전을 한다. 비수요기(off time) 때 밑 저수지로부터 잉여 전력으로 모터 펌프를 돌려서 상부 저수지로 물을 올려서 비수요 시의 잉여 전력을 위치에너지로 바꿔서 저장해 주는 방법이다. 이러한 발전소를 양수발전이라고 한다. 이러한 수력발전은 화력발전의 보조적인 역할을 하여 전력의 수요/비수요의 피크 전력을 제어해 줄 수 있게 된다.

청평 양수발전소와 상하부 저수지

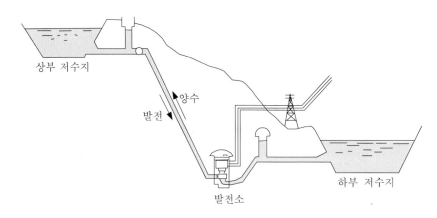

그림 12.5 │ 양수발전의 원리도

표 12.7 │ 현재 가동 중인 우리나라 양수발전소의 개요

양수발전소명	시설용량 (MW)	연간 전력생산량 (MWh)	발전유효낙차 (m)	총 저수량 (m³)	댐 길이 (m)	준공연월일
청 평	400(2기)	240,000	452	2,677,000	290	1980
삼량진	600(2기)	360,000	345	6,464,000	269	1985
무 주	600(2기)	385,000	589	5,300,000	287	1995
산 청	700(2기)	470,000	421	6,400,000	360	2001
양 양	1,000(4기)	687,000	783	4,930,000	247	2006
청 송	600(2기)	–	340	7,120,000	400	2006
예 천	800(2기)	–	63	6,800,000	360	2011

우리나라에는 표 12.7에서 보는 바와 같이 7개의 양수발전소가 있다.

끌어올린 물은 높은 언덕에 자연 호수가 있으면 가장 적합하지만 이런 호수가 없을 때에는 인공적으로 호수를 만들어야 한다. 올려진 물로 발전을 행할 경우는 철판을 내장한 지하 터널로 내려 보내서 터빈을 돌리게 된다.

▷ 12.5 화학적인 저장

화학적인 저장법은 비수요기에 남는 전기를 화학반응에 의하여 에너지 퍼텐셜이 큰 화학물질로 만들어 저장한다. 예를 들면 2차 연료로 저장하여 두었다가 필요한 곳에 수송해서 사용하면 전기를 송전하는 것보다 오히려 좋다. 물론 좋은 2차 연료라고 하면 단위중량당 그리고 단위부피당 에너지 저장량이 커야 한다. 좋은 것이 휘발유라고 할 수 있지만 수소가 여러모로 생각했을 때 가용성이 크다. 수소불꽃의 온도는 2,500℃ 정도나 되어 열 엔진에 이상적이며 연소가스도 깨끗하다. 온도가 높기 때문에 물론 산화질소의 생성이 불가피하다. 따라서 촉매 연소를 시키거나 생성물을 촉매에 통과시켜 산화질소를 정제하여야 한다. 1933년 영국에 살던 독일인 R. A. Erren이 비수요기에 남는 전력으로 물을 전기분해 하여 수소를 생산하자는 제안을 했다. 그 후 F. T. Bacon이 미국 NASA에서 연료전지에 수소를 사용하기 시작했고 지금은 수소의 경제성에 흥미를 가지고 있다. 또 다른 아이디어는 앞서 말한 바와 같이 원자력 발전소에서 생산되는 값싼 전기로 수소를 만들어 이것으로 연료나 화학제품을 만들어 저장하는 방법을 말하고 있으며 또 제4세대 원자력발전에서 설계에 고려되는 것 중 특별히 초고온 가스로(VHTR)에서 열화학반응으로 물을 분해하여 수소를 생산하려 하고 있다.

1. 물의 전기분해에 의한 수소의 저장

앞서 말한 대로 수소는 현재 대부분 석유로부터 만들지만 앞으로 태양에너지라든가, 파력, 풍력 등의 저급에너지로부터 발전을 하고, 이때 전기로 물을 전기분해해서 저장하게 될 것으로 보인다. 그런데 전기분해법은 효율이 낮아서 $65 \sim 70\%$ 정도가 된다. 그간 연구(Schenk 등) 된 것을 보면 이론적으로 수소 $1\ m^3$당 $2.8\ kWh$의 전력이 소비되지만 효율이 60%라고 하면 $4.7\ kWh$ 소비된다. 실제 수소의 가격이 석유에 비하여 약 2배 정도나 비싸고 수전되는 전기와 비교해도 배나 비싸다. 따라서 전기분해로 수소를 만든다는 것은 경제성이 없다. 그렇지만 전기분해 효율을 올리고 수소를 얻을 때 산소도 생산되는 것을 감안하면 앞으로 충분히 경제성이 있을 것으로 보고 있고 원자력의 이용이 경제성을 줄 것으로 보인다. 일반 물의 전기분해방법에서 효율을 올리기 위한 국제에너지협의회의 연구를 보면 다음 세 가지 방법으로 수행하고 있다.

(1) 알칼리수의 전해

알칼리수의 전해는 산화니켈과 라네이(Raney) 니켈을 음양극으로 하고 그 사이에 세라믹스 다이어프램을 설치한 알칼리수 전해를 말한다.

100℃에서 6,000시간 계속 가동시킬 수가 있고 효율도 높다.

(2) 고형 고분자 전해액 전해(SPE)

박막고분자 전해액 공정으로 전극 전류밀도가 30,000 A/m^{2}까지 가능하고 효율은 85~90%나 된다.

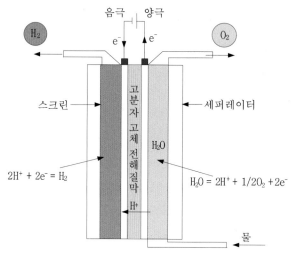

그림 12.6 ┃ 고형 고분자 전해액 전해조(SPE)

(3) 수증기 전해

고체산화물 전해액을 쓰면 1,000℃에서는 1 V로 전해가 가능하다.

2. 열화학 사이클에 의한 폐열의 저장

물을 분해하는 데 전기를 쓰지 않고 폐열 같이 버리는 에너지를 사용하여 수소를 만들어 저장하는 것이 열화학 사이클이다. 이것은 앞서 수소제조에서 화학적인 방법을 통해서 이미 다루었다.

수소가 저장 에너지원으로 좋다고 생각되는 것은 현재 우리나라는 물론 미국과 유럽의 LNG 수송관이 설치되어 있어서 이것을 사용할 수 있다는 점이다. 단위부피당 에너지 함량으로 따지면 수소($3,090 \text{ kcal/m}^3$)는 LNG($9,500 \text{ kcal/m}^3$)의 1/3 수준밖에 안 되나 점도와 밀도가 낮아서 같은 관에서 LNG보다 약 3배의 양을 더 수송할 수 있다. 더구나 수소의 저온저장은 이미 표준적인 방법으로 정착되어 있어서 NASA에서 우주개발에 사용하는 액체 수소탱크는 $5,000 \text{ m}^3$ 용량이나 되고, 최근에는 $20,000 \text{ m}^3$의 것이 진공 재킷으로 만들어져 있다. 또한 앞서 말한 바와 같이 수소는 암모니아를 합성해서 액체로 저장할 수도 있고 석유화학의 원료로 사용될 수도 있다. 가스 그대로 난방에 사용하게 되면 배출가스가 없고 생성된 물은 습도조절을 가능하게 해준다. 수소는 자동차의 연료, 더구나 앞으로는 비행기 연료로도 사용할 수가 있다. 간단히 자동차 캬브레터만 변형하는 것으로 휘발유 대신에 수소를 연료로 사용할 수가 있다. 또한 최근 관심을 끄는 열병합발전에 수소가스터빈(GT)을 사용하여 복합발전으로 하고 응축수열을 수자원으로 사용하는 시스템을 구성하여 수소의 이용효율을 크게 향상시킬 수가 있다.

그림 12.7은 여러 가지에너지 저장 방법 중 수소가스로서의 저장이 그의 저장 시간으로 보아 가장 좋음을 알 수 있다.

그러니까 수소는 어느 매체에 의한 저장 보다 저장 시간이 길어 불규칙하게 생성 되는 전력(태양전지 나 풍력발전등)으로 물을 전기 분해 하여 지하 동굴 같은 곳에 저장 할 수가 있다.

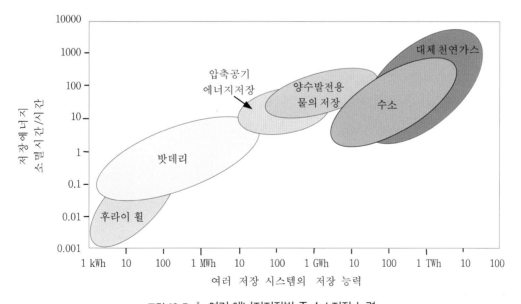

그림 12.7 │ 여러 에너지저장법 중 수소저장 능력

(자료: Mark Schiller 외, Renewable Energy World.com)

↘ **12.6** **배터리**

　전기에너지를 화합물, 예를 들면 수소 같은 것을 만들어 저장하는 것이 아니라 화학반응을 이용하여 에너지를 저장했다가 역반응으로 전기를 다시 빼서 쓰는 방법이 배터리이다. 배터리는 다른 말로 전기화학 저장법이다. 크게 두 가지가 있는데 하나는 1차전지이고 다른 하나는 2차전지이다. 1차전지는 제조과정에서 저장된 화학에너지를 전기로 빼내는 것이고, 2차전지는 직류전기를 전지에 보내서 그 내부에서 화학반응이 일어나도록 해서 전기를 저장한다. 그러니까 후자는 전기를 저장했다가 다시 빼서 쓸 수가 있으며 이때는 내부의 화학반응은 충전할 때의 역반응이 된다. 1차 전지는 휴대용 전화기, 라디오나 전기랜턴 그리고 휴대용 계산기에 현재 많이 쓴다. 2차전지로는 자동차 시동에 사용하는 납전지(lead-acid)가 유통되고 있다. 니켈-카드뮴(니카드전지, nickel-cadmium) 전지는 오래 쓸 수 있고 방전특성도 매우 좋다. 최근에는 리튬이온전지가 부피가 작고 대용량을 저장할 수가 있어 주목되며 특히 전기자동차에 장착되고 있다. 이러한 배터리는 1차, 2차 모두 앞으로 사물 배터리(BoT, Battery of Things)라고 할 정도로 IoT와 관련해서 모든 사물이 작동되게 하려면 반드시 다 필요하게 될것으로 보고 있다.

1. 납전지

　우선 납전지의 충/방전 시의 화학반응을 보자. 그림 12.8처럼 충전된 상태에서는 양극으로 PbO_2(산화물)의 상태 그리고 음극으로 Pb(금속)인 상태로 존재하며 전해액인 황산 속에 잠겨 있다. 부하를 걸어 방전을 하게 되면 음극에서는

$$Pb + H_2SO_4 \rightarrow PbSO_4 + 2e^- (전자) + 2H^+$$

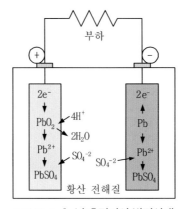

그림 12.8 ┃ 납 축전지의 방전상태

로 Pb 금속이 전자 2개를 내 놓으며 PbSO₄가 된다. 반면 양극 PbO₂에서는 이 전자 두 개를 받아 황산과 함께 PbSO₄가 된다.

$$PbO_2 + 2e^- (전자) + H_2SO_4 \rightarrow PbSO_4 + 2OH^-$$

납전지를 충전할 때는 위 반응의 역반응이 진행된다.

방전 시 전지의 전압은 2 V이며 보통 자동차에 사용할 때는 6개를 직렬로 묶어 12 V(또는 24 V)로 사용한다. 이 전지의 특징은 방전 시 황산이 소모되므로 작동전압이 서서히 감소한다.

2. 알칼리 전지

(1) 니카드 전지(Ni/Cd)

양극에 NiOOH, 그리고 음극에 Cd으로 구성되고 KOH/H₂O를 전해액으로 하는 전지로 고부하 방전성과 나타내는 전압이 1.2 V인 전지이다. 고부하 방전이 가능하므로 산업, 군사용으로 널리 사용되며 밀폐형의 경우에는 공구용, 휴대용 전동기기의 전원으로 사용된다. 메모리 효과(방전이 다 안 된 채 충전하면 남아 있는 전력을 영으로 기억하여 저장하는 효과)가 있고 Cd의 중금속 사용으로 점차 기피하는 경향이 있어 최근에는 거의 사용하지 않는다. 방전상태에서는

$$음극: Cd + 2OH^- \rightarrow Cd(OH)_2 + 2e^-$$
$$양극: 2NiOOH + 2H^+ + 2e^- \rightarrow 2Ni(OH)_2$$

의 반응이 일어나고 충전은 이의 역반응이다.

(2) 니켈메탈 할라이드전지(Ni/MHₓ)

Ni/Cd을 대체하는 차원에서 등장한 전지로 이 전지의 구성과 전압은 니카드와 유사하나 음극으로 사용하는 MH_x에서 M은 희토류 금속의 혼합물로서 수소를 할이드라이드 상태로 저장한다. 전해액은 그대로 KOH/H₂O이다. Cd에 비하여 1.5~2배 정도로 용량이 크고 보통 밀폐형으로 만들어지며 Ni/Cd보다는 작지만 메모리 효과는 역시 가지고 있다. 전압은 1.2 V를 넘을 수가 없다. 방전상태의 예를 들면 다음과 같다.

$$음극: MH_2 + 2OH^- \rightarrow M + 2H_2O + 2e^-$$
$$양극: 2NiOOH + 2H^+ + 2e^- \rightarrow 2Ni(OH)_2$$

충전은 이의 역반응이다. 여기서 금속의 할라이드는 MH_x로서 x를 2로 본 경우의 예이다.

3. 유기 전해액전지

(1) 리튬 이온전지(LIB, Lithium Ion Battery)

리튬이온전지는 일반 전지에 비하여 2배 이상의 높은 전압인 3.0~3.6 V를 가지며 −55~
85℃의 넓은 온도 범위에서 사용할 수가 있다. 메모리 효과도 없고 500회 이상 충방전이 가
능하다. 음극은 흑연, 양극은 리튬의 산화물금속염 그리고 전해질로는 유기용매를 사용한다.
방전반응은 다음과 같다.

$$\text{음극: } Li_xC_6 \rightarrow C_6 + xLi^+ + xe- \quad (Li+\text{이온이 양극으로 이동})$$
$$\text{양극: } Li_{1-x}CoO_2 + xLi^+ + xe- \rightarrow LiCoO_2$$

충전은 이의 역반응이다. 양극은 여러 가지 산화물($LiCoO_2$, $LiNiO_2$ 층상구조와 $LiMn_2O_4$
스피넬 구조, 기타)이 있으나 모두 문제점이 있어 $LiCoO_2$(고가)가 많이 쓰인다.

(2) 리튬 이온 폴리머 전지(LIPB, Lithium Ion Polymer Battery)

LIB와 전극 구성은 비슷하며 단지 전해질만 고체고분자 전해질, 유기용매와 염을 혼합한
하이브리드겔(gel) 전해질을 사용하는 것이 다르다. 기전력은 LIB와 같다.

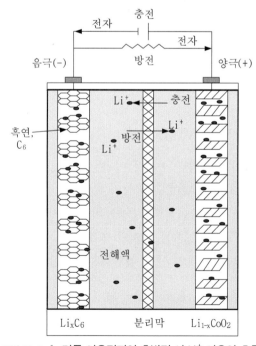

그림 12.9 │ 리튬 이온전지의 충방전 시 Li^+ 이온의 흐름

4. 황화 나트륨 전지(Na/S, NAS)

그림 12.10의 나트륨-황 전지는 미국의 포드 자동차 회사가 개발한 것으로 납전지에 비하면 약 3배 정도 이상 충전용량이 커서 전기비수요기의 전력저장에서뿐만 아니라 풍력발전에서 발생되는 질이 낮은 전력을 저장하는 데 유용하다. 그동안 일본 NEDO(신에너지개발기구) 등에서 많이 연구해 왔다. Na(용액)이 음극이고 S(용액)이 양극이며 고체 전해질로 β-alumina를 사용한다. 작동온도는 300~350℃인데 금속나트륨의 안전대책과 완전밀폐가 중요하다. 초기에는 전기히터로 가열하여 온도를 올려야 하지만 그 다음은 자체 열로 작동한다. 발생되는 전압은 2.1 V가 된다.

2005년 현재로 일본 동경전력이 53개소에서 전력을 저장하고 있으며 86,400 kW 출력의 전력을 가동하고 있다. 비상전원으로 유용하다. 방전반응은 아래와 같다.

음극: $2Na \rightarrow 2Na^+ + 2e^-$

양극: $xS + 2Na^+ + 2e^- \rightarrow Na_2S_x$

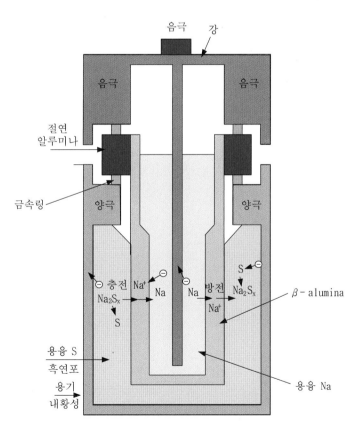

그림 12.10 | Na/S(나트륨/황) 전지의 원리도

일본 라가쇼 풍력발전시시템의 전기저장용 Na/S 배터리 전경

풍력 터빈: 51 MW(1.5 MW × 34기), Na/S 배터리: 34 MW(2 MW × 17기)

표 12.8 ┃ 배터리와 연료전지의 성능

구 분	전압(V)	충전밀도(Wh/kg)	단위중량당 동력(W/kg)
배터리			
납 – 산(lead-acid)	2.04	15	150
니켈 – 카드뮴(nickel-cadmium)	1.3	40	150
나트륨 – 황(sodium-sulfur)	1.7	200	
리튬 이온전지(Lithium ion)	~3.8	160	
연료전지			
수소 – 산소(hydrogen-oxygen)	1.2	1,000~2,000	100

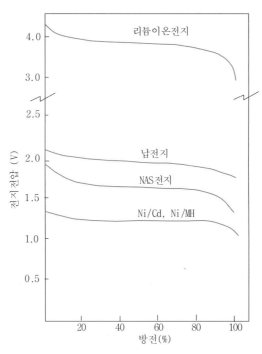

그림 12.11 ┃ 몇 가지 전지의 방전특성

배터리의 가장 중요한 사항은 충전용량과 방전특성이다. 충전용량이 많아서 오래 쓸 수 있는 것이 좋고 사용 도중 전압변동(방전특성)이 없는 것이 좋다. 표 12.8에 배터리와 연료전지의 성능을 나타내고, 그림 12.11에 몇 가지 전지의 방전특성을 나타낸다.

↘ 12.7 연료전지(발전)

연료전지는 연료를 직접 사용하여 전기를 얻을 수 있는 발전시설을 말한다. 따라서 15장 에너지 변환부분에서 다루어야 하나 화학적 요소가 크므로 전지와 함께 이 장에서 다루기로 한다. 현재 연료전지의 연료로 사용될 수 있고 거의 실용화 단계에 있는 연료는 수소의 사용이다. 그러므로 비수요기에 물을 전기분해해서 저장해 두었다가 수요기에 연료전지를 가동한다면 전기의 저장/응용의 역할까지도 할 수가 있는 것이다.

연료전지는 1839년 영국에서, 즉 170년 전에 이미 발명된 것이다. 그러나 사람들은 최근에서야 실용화하는 데 열을 올리고 있다. 원리는 물의 전기분해의 역반응이다. 전기분해는 물에 황산을 넣어 전도성을 준 다음 직류전기를 통하면 양극에서는 산소 그리고 음극에서는 수소가 발생한다. 반대로 전도성을 갖는 용액에 음극에는 수소 그리고 양극에는 산소를 각각 보내면 음극에서는 수소가 수소이온이 되며 전자를 음극에 밀어 넣고 양극에서는 전자를 끌어당기는 산소가 전자를 받아 수소이온과 결합하여 물을 만들면서 음-양극 사이에 기전력이 생긴다. 이런 현상으로 구성하여 외부로 전류를 흐르게 만든 것이 연료전지이다.

1. 천연가스(LNG)로부터 수소의 제조(LNG의 개질)

수소연료전지에 사용되는 수소는 아직 이에 필요한 수소공급망이 깔려 있지 않아 쉽게 얻을 수는 없다. 그러나 도시 공급망을 형성하고 있는 천연가스는 쉽게 얻을 수가 있어서 현재 이를 연료전지 설치장소에서 개질해서 수소를 얻고 바로 사용하는 것이 일반화되어 있다. 물론 수소 제조편에서 언급한 대로 일반 여러 형태의 탄화수소로부터도 개질반응을 통한 수소의 제조가 가능한 것은 물론, 잉여 전력이나 풍차발전 등에서 나오는 질이 떨어지는 전기로도 물을 전해해서 수소를 얻을 수 있다. 하지만 천연가스가 접근성이 가장 용이하다.

여기서는 수소를 얻기 위한 간단한 천연가스의 개질방법을 설명한다.

도시에 공급되는 천연가스는 누출 시 사람의 코로도 어느 정도 감지가 되도록 냄새나는 물질(부취제)을 넣었는데 그것이 THT(Tetra-Hydro-Thiophene)과 TBM(Tertiary Butyl Merca-ptane)을 7 : 3으로 하여 3.8 ppm 정도를 넣는다. 이 화합물은 황을 함유하고 있어서 개질촉매(백금)에 피독현상을 일으키기 때문에 보통 개질에 앞서 강한 흡착제로 제거하게 된다. 그리고 개질기로 들어간 천연가스는 다음과 같이 수증기에 의하여 개질되어 수소를 만들어 낸다.

$$CH_4 + 2H_2O \rightarrow 4H_2 + CO_2$$

$$CH_4 + H_2O \rightarrow 3H_2 + CO$$

즉 100% 전환이 되었다고 하면 H_2, CO, CO_2의 혼합물이 얻어지는데 부산물인 CO_2는 연료전지에서 별문제가 되지 않으나 CO는 10~15%가 생성되며 연료전지 백금전극에 문제를 일으키므로 이는 적어도 5 ppm 이하로 낮추어야 한다. 따라서 이 생성가스를 수성전이 반응, 즉

$$CO + H_2O \rightarrow H_2 + CO_2$$

로 해서 일단 1%대로 감소시킨다. 그리고 더 이상은 CO 흡수제에 통과시켜 제거함으로써 목적을 달성하고 연료전지의 전극 파트로 들어가 전극반응, 즉 전력을 생산할 수가 있게 된다.

2. 연료전지의 종류

연료전지는 수소-산소전지 외에 메탄올/에탄올 연료로 하는 것도 연구되었다. 프로페인과 휘발유를 사용하는 경우에는 고온형 연료전지로 가능해지고 있으며 기술적으로 아직 곤란한 점은 있으나 큰 용량의 연료전지가 계속 발전하고 있다.

연료전지는 전해질, 연료, 산화제, 작동온도 등에 의하여 표 12.9와 같이 분류된다. 그 중에서도 전해질의 종류에 따라 분류하는 것이 일반적이다. 그 이유는 전해질에 따라 작동온도와 연료가 결정된다.

표 12.9 | 연료전지의 종류와 특징의 비교

구 분	저온형				고온형	
	알칼리 수용액형	산 수용액형	고분자 전해질막	직접메탄 (에탄)올	용융 탄산염	고체 전해질
전해질	KOH	H_3PO_4	이온교환막	이온교환막	$LiCO_3$ K_2CO_3	안정화 지르코늄(박막) $ZrO_2 + Y_2O_3$
이온 전도종	OH^-	H^+	H^+	H^+	CO_3^-	O^-
작동온도	50~150℃	190~220℃	50~100℃	60~130℃	600~700℃	~1,000℃

(계속)

구 분	저온형				고온형	
	알칼리 수용액형	산 수용액형	고분자 전해질막	직접메탄 (에탄)올	용융 탄산염	고체 전해질
전극촉매	니켈/은	백금	백금	백금	불필요	불필요
연 료	순 수소	수소	수소	CH_3OH, C_2H_5OH	H_2, CO	H_2, CO
연료용 원료	물	LNG, 나프타, 메탄올, 경유	메탄올, 석탄가스	메탄올, 에탄올	석탄, 메탄올, LPG, 등유	석유, LNG, 석탄, 등유
효 율 (화석연료 기준)	60%	40~45%	<40%	40%	45~50%	50~60%
문제점	수명, 비용	백금 사용, 수명	고온운전 불가능, 낮은 효율	고온운전 불가능	고온부식, CO_2의 분리순환	전해질 안정화, 전해질 박막화, 신뢰성

3. 산(인산)형/알칼리형 연료전지

연료전지는 일반전지와 마찬가지로 두 개의 전극으로 되어 있고 전극 사이에 전해질/막이 들어 있다. 전해질로 인산을 사용한 경우의 원리를 그림 12.12에 나타내고 있다.

연료인 수소의 제조는 앞서 말한 LNG의 개질에서 얻은 것이 주로 사용되나 이외에 메탄올(메틸알코올) 및 석탄 등을 개질해서 얻을 수도 있으며 앞으로는 원자로에서 그리고 각종 syngas의 수성가스반응으로 만든 것들이 사용될 예정이다. 수소가 음극으로 들어가고 공기가 양극으로 공급되면 다공질의 촉매에 의하여 수소 분자는 양성자(H^+)가 되면서 전자 e^-를 방출한다. 전해질이 산성인 경우에는 프로톤(H^+)이 전해질층을 통해서 이동하여 양극에 도달한다. 한편 외부 회로의 부하를 통해서는 양극에 도달한 전자와 유입된 산소가 이 프로톤과 반응해서 물이 된다.

이동하는 이온의 종류는 전해질의 종류에 따라서 결정된다. 알칼리성인 경우에는 수산이온(OH^-)이 양극으로부터 음극으로 이동한다.

산성전해질 연료전지에서는 방전 시

$$H_2 \rightarrow 2H^+ + 2e^- \text{ (수소전극, 음극)}$$

$$\frac{1}{2}O_2 + 2H^+ + 2e^- \rightarrow H_2O \text{ (산소전극, 양극)}$$

가 일어난다.

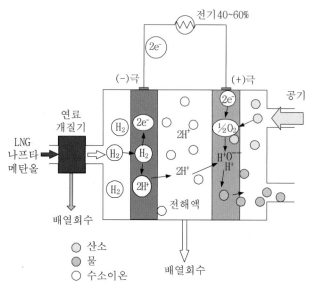

그림 12.12 │ 산성 수소형 연료전지의 원리도

그러나 알칼리 전해질 연료전지에서는 다음과 같다. 수소측 전극(음극)에서는 먼저 다음과 같은 반응이 일어난다.

$$H_2 + 2OH^- \rightarrow 2H_2O + 2e^-$$

즉 수소가 백금 전극에서 흡착되고 해리하여 자유전자를 전극에 주고 H^+ 이온이 되어 산소전극에서 온 전해질 중 OH^- 이온과 결합하여 물이 형성된다. 수소로부터 떨어져 나온 전자는 산소측(양극)의 전극으로 이동하며 이때 전류가 흐르며

$$H_2O + \frac{1}{2}O_2 + 2e^- \rightarrow 2OH^-$$

와 같이 산소가 전극에 흡착되어 해리하면서 수소전극에서 나온 전자를 탈취하여 OH^- 이온을 형성하고 이 OH^- 이온이 다공질막을 통과 이동하여 수소전극에서 생성된 H^+ 이온과 물을 형성한다. 이때 수소전극에서 전자를 방출하려는 힘과 산소전극에서 전자를 탈취하려는 힘이 기전력, 즉 전압을 형성한다. 산소–수소의 연료전지의 기전력은 최대 1.23 V로 낮은 전압이 나온다.

이러한 기술의 응용은 1957년에 영국에서 모델 실험을 행함으로써 시작되었다. 그 후 미국 우주선의 전원으로 실용화되어 각광을 받게 되었다. 이론적으로는 열효율이 아주 높아 열기관의 화력발전(30%)에 비하여 80%(열사용 포함)라는 높은 효율을 얻을 수가 있다. 그러나 연료로 값비싼 수소를 사용하는 것이 문제였으나 수소의 가격도 내려가고 전극의 수명도 늘어나 실용화되어 있다.

4. 고분자 전해질막 연료전지

고분자 전해질막 연료전지(PEMFC, Polymer Electrolyte Membrane Fuel Cell)는 원리상 인산형 연료전지와 같으나 단지 전해액이 특수 고분자 전해질막을 사용하는 것이다. 따라서 작동온도가 높을 수가 없어 50~100℃ 정도에서 작동하며, 이동성이 있다는 것이다. 방전반응의 반(半)반응을 보면

$$음극: \ H_2 \rightarrow 2H^+ + 2e^-$$

$$양극: \ \frac{1}{2}O_2 + 2H^+ + 2e^- \rightarrow H_2O \ (1.23 \ V)$$

고분자 전해막은 수소이온, H^+는 통과할 수 있으나 전자는 통과할 수 없는 전자부도체이다. 그리고 가스상 물질도 통과할 수가 없다. 그림 12.13은 PEMFC의 개략도를 나타내고 있다.

음극에서 수소의 해리(splitting)는 백금촉매를 사용하므로 고가이고 CO 같은 것에 피독이 쉬워 철로 대신하는 연구가 캐나다에서 진행되어 성과를 거둠으로써 실용화되고 있다. 용량 99 A/cm^3에 0.8 V가 가능하며 용도는 자동차가 그 대상이 되고 있다. 휴대용으로도 고려되고 100시간 사용이 가능하나 막의 성능이 저하하는 문제점이 있으나 개선되고 있다. 가장 많이 사용되는 막은 DuPont사의 Nafion이다.

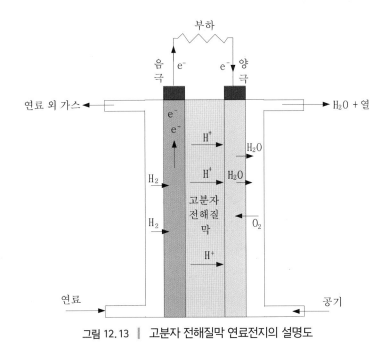

그림 12.13 ┃ 고분자 전해질막 연료전지의 설명도

5. 직접 메탄올 연료전지

직접 메탄올 연료전지(DMFC, Direct Methanol Fuel Cell)는 휴대기기용에서 주목되고 있으며 메탄올을 연료로 주입하여 사용할 수가 있다.

그림 12.14는 직접 메탄올 연료전지의 개념도이다. 음극에 일정한 농도의 메탄올 수용액을 보내면 음극의 백금표면에서 메커니즘이 아직 확실히 알려져 있지는 않으나 수소이온이 발생하여 전해질막을 통해서 양극으로 가며 전자를 전극에 방출하고 탄산가스를 생성물로 내보낸다. 전극의 백금 표면에서 생기는 CO의 피독을 막기 위하여 Pt-Ru의 합금을 사용하며 여기에 조촉매로 Os, Ir를 첨가하기도 한다. 전해액은 산성이어야 생성된 CO_2와 반응하지 않는다. 양극에서는 전해막을 통하여 건너온 H^+과 외선을 통해 들어온 전자를 받고 양극 쪽에 들어온 산소에 의하여 다음과 같이 물을 생성한다.

$$음극: CH_3OH + H_2O \rightarrow CO_2 + 6H^+ + 6e^-$$

$$양극: \frac{3}{2}O_2 + 6H^+ + 6e^- \rightarrow 3H_2O$$

형성되는 전압은 이론적으로는 1.18 V가 되나 전지 내에 걸리는 각종 저항 때문에 이보다 적게 나온다. 작동온도는 60~130℃이며 성능이 200~300 mW/cm^2 정도에서 0.5 V 정도의 전압이 나온다. 알코올로부터 수소를 만들지 않고 직접 사용할 수가 있어 이동하면서 사용이 가능하다. 그래서 휴대용으로 개발하고 있고 군사용은 물론 휴대용 전화기에까지도 고려하여 설계하고 있다. 이제 막 시작되는 형의 연료전지로서 우리나라의 여러 기업에서 개발에

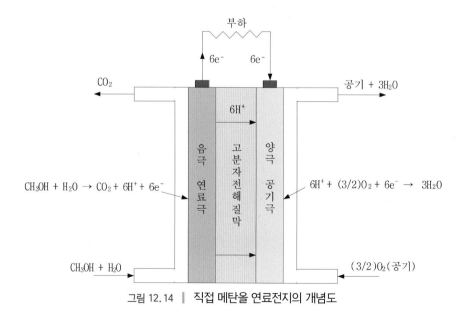

그림 12.14 ┃ 직접 메탄올 연료전지의 개념도

박차를 가하고 있고 많은 성과가 있어 곧 우리 시장에 나타날 것으로 생각된다. 메탄올뿐만 아니라 에탄올도 사용이 가능하며 2007년도 미국이 설계한 에탄올연료전지(DEFC)는 20~45 V의 것도 설계되어 있다. 기술의 핵심은 어셈블리, 즉 구조설계에 있다.

6. 용융탄산염/고체전해질형 연료전지

용융탄산염(MCFC, Molten Carbonate Fuel Cell)은 그림 12.15에 나타낸 것과 같이 높은 온도인 600~700℃에서 탄산염이 용해된 상태에서 양호한 전도성을 나타내며 작동 하는 연료전지이다. 이의 전극반응은 수소와 산소가 전해질/LiAlO₂ 매트릭스를 사이에 두고 다음과 같이 방전반응한다.

$$\text{음극(연료극): } H_2 + CO_3^{-2} = H_2O + CO_2 + 2e^-$$

$$\text{양극(공기극): } \frac{1}{2}O_2 + CO_2 + 2e^- = CO_3^{-2}$$

전해질로서 탄산칼륨 + 탄산리튬을 사용할 경우의 작동온도는 650℃ 정도이며 단자전극은 Ni을 사용한다. 또한 니켈은 내부 개질능력이 있어서 메테인 같은 연료가 내부에서 수소를 발생시켜 사용이 가능하게 할 수가 있기 때문에 메테인을 포함한 많은 다른 종류의 연료(하수처리장 발생가스, 매립지 가스 등)를 그대로 사용할 수가 있다.

산소이온 전도성 고체전해질형(SOFC, Solid Oxide Fuel Cell) 연료전지는 ~1,000℃ 정도

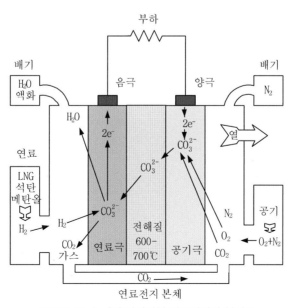

그림 12.15 │ 용융탄산염형 연료전지의 원리도

의 높은 작동온도가 적합하며 연료도 외부 개질 없이 메테인, 프로페인, 뷰테인 등도 직접 사용할 수 있고 효율은 50~60% 정도로 매우 크다. 효율이 뛰어나기 때문에 연구자들의 꿈이고 미국에서 개발이 급진전되고 있다. 또한 두 경우 모두 부생되는 열은 회수하여 복합발전에 이용할 수 있으며, 따라서 전력효율은 더 크게 올릴 수 있다.

현재 상당한 진척을 본 것은 인산형 전지이고 그 다음 이어지는 것이 용융탄산염 연료전지이다. 그리고 주목되고 있는 것은 고분자 전해질막 연료전지(PEMFC)로 보급이 진행되고 있다.

우리나라도 이 외에 한전, 포스코 파워 및 두산중공업이 용융탄산염 연료전지에 상당한 진전을 보이고 있다.

7. 미생물 연료전지

대부분의 미생물 연료전지(MFC, Microbial Fuel Cell)는 아직 연구단계이지만 매우 중요한 의미를 가진다. 그림 12.16에 그의 설명도를 나타내었다. 음극과 양극이 수용액상에 있고 두 극을 수소이온이 통과할 수 있는 선택성이 큰 막으로 분리해 놓았다. 그리고 음극 실에는 유기물(아세테이트 등)이 용해된 상태이고 특수 미생물(음극에 전자 공여성이 있는)이 같이 존

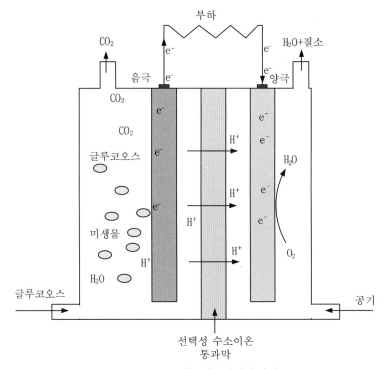

그림 12.16 | 미생물 연료전지의 설명도

재한다. 이 미생물은 유기물을 전환하며 탄산가스를 만들고 전자와 수소이온을 생성하는데 음극표면에 바이오막을 이루고 전자를 제공하게 된다. 그리고 양극에서는 산소가 들어가 전자를 끌어당겨 음극에서 온 수소이온과 함께 물을 형성하려는 힘이 두 극 사이에 기전력을 발생하게 된다. 작동온도는 비교적 낮아 한 예를 들어 보면 55℃ 정도 되기도 한다. 미생물이 음극 표면에서 전자를 제공하는 이론은 연구를 계속하고 있는데 전자를 전달해서 기전력을 생성하는 중요한 역할을 할 수 있는 매개물(mediator), 예를 들면 메틸렌 블루(methylene blue) 같은 물질을 음극실에 가하기도 한다.

이 미생물 연료전지의 중요성은 앞으로 연구를 계속하면 유기물을 포함하는 공장/도시폐수로부터 연료전지를 구성하는 것이 가능하게 될 것이다. 미생물로부터 수소를 만들 때 폐수를 이용한 것과 같이 미생물연료전지도 일거양득이 될 수 있기 때문에 주목을 받고 있다. 즉 폐수도 처리할 수 있고 전력도 생산할 수 있다는 것이다.

8. 연료전지의 보급계획

전기자동차용으로는 보통 PEMFC를 탑재하고 있으며 우리나라도 앞으로 자동차 3,200대, 버스 200대에 이 PEMFC를 탑재할 계획이다. 가정이나 건물용으로도 PEMFC가 보급될 예정이며 가정용 10,000대(3 kW), 상업용 2,000기(10~50 kW)를 보급 그리고 일반전원용으로도 300기(250~1,000 kW)를 보급할 예정이다. 2013년 경기도 화성에 58 MW급 연료전지 발전단지를 완공했으며 전국으로 보면 현재 118 MW 이상 보급된 상태 이며 계속 여러 곳에 연료전지 발전단지가 형성 되고 있다.

| (a) 본체의 외부 | (b) 본체의 내부 |

35 kW급 인산형 연료전지

포스코 파워 (포항제철)의 250 kW급 연료전지

↘ 12.8 연료전지의 특징

연료전지를 발전수단으로 이용하는 데는 기존 발전법에 비하여 많은 장점을 가지고 있기 때문이다.

첫째는 효율이 좋다. 열역학적 관점에서 보면 연료전지는 엔진과 같은 열기관이 아니므로 효율이 소위 Carnot Cycle의 제약을 받지 않고 변환효율은 원리적으로는 100%에 육박한다. 보통 화력발전소의 최대효율은 40% 정도에 불과한 것에 비교하면 획기적인 발전 기술이다. 그러나 표 12.9에서 보면 효율이 100보다 훨씬 적은데, 이것은 화석연료의 개질장치와 직류/교류변환장치에서 열손실이 발생하기 때문이다. 단순히 발전뿐만 아니라 내부저항에서 부생되는 열을 급탕과 냉난방에 공급할 수가 있어서 소위 열병합발전이 가능하고 이렇게 되면 종합 열효율은 80% 정도가 된다.

둘째는 환경보전에 좋다. 연료전지에서 방출되는 물질은 앞서 말한 바와 같이 전지 본체로부터의 물과 공기 그리고 연료개질장치에서 나오는 것으로 구분할 수가 있다. 일본의 문라이트 계획에서의 개발목표를 보면 1 MW급 인산형 연료전지에서 NO_x를 200 ppm 이하 그리고 SO_x를 0.1 ppm 이하로 하고 있다. 연료전지는 재래식 터빈 구동발전기 같은 기계적인 움직임이 없기 때문에 소음이 거의 없다고 할 수 있지만, 부대시설의 모터 등이 돌아가기 때문에 발전소의 경계에서 55 dB이 되는 것을 희망하고 있다. 따라서 연료전지는 환경오염의 발생 때문에 생기는 입지선정에는 문제가 없다. 또한 필요에 따라 분산설치를 할 수가 있어서 송배전선과 송배전설비가 필요 없다. 따라서 장거리에 전선을 통해서 전기를 보낼 때 전선에서 손실되는 전력손실은 없앨 수가 있다.

셋째는 시설의 크기를 모듈형으로 구성할 수가 있다. 연료전지는 전해액과 이온을 통과하는 막을 사이에 둔 음양극을 적층으로 구성하고 있다. 적층으로 한다는 말은 전극의 면적이 커진다는 뜻이고 전류량은 전극 면적에 비례하여 증가한다. 그렇기 때문에 수요처의 발전용량에 따라서 전극모듈을 재고로 두었다가 주문에 의하여 현지에서 조립하여 설치할 수가 있어서 건설이 용이하다.

넷째는 효율이 설비규모의 영향을 받지 않는다. 스케일 메리트가 없는 것이 연료전지의 특징이다. 보통 터빈식 발전기는 소형보다는 대형에서 효율이 커진다. 연료전지는 10만~100 kW급 온사이트급 설치형에서도 고효율을 유지할 수 있다.

다섯째는 연료전지는 전기의 비수요기와 수요기 등 수요의 변화가 있더라도 효율에는 변화가 없다. 종래의 터빈식에서는 최대용량(설계용량)에서 최대의 효율이 생기고 부분부하 운전에서는 효율이 일반적으로 떨어진다. 예를 들면 가스터빈의 복합발전에서도 50%의 부분부하가 되면 효율은 많이 떨어진다. 한편 연료전지의 경우는 25~100% 부하의 변동범위에서도 거의 일정한 효율을 나타낸다.

여섯째는 연료의 다양화가 가능하다는 것이다. 수소가 직접 연료이지만 수소를 제조하기 위한 원료는 매우 다양하다. 즉 나프타, LNG, 메탄올의 개질과 심지어는 석탄의 수소첨가 반응에 의하여 수소농도가 큰 가스(syngas)를 만들 수가 있고 용융탄산염과 고체 전해질 연료전지가 실용화되면 석탄으로부터 만든 H2/일산화탄소(수성가스)와 함께 저급탄화수소도 외부 개질 없이 직접 사용할 수가 있다. 연료의 다변화, 즉 석유 일변도에서 에너지원의 다변화를 만들 수가 있다.

현재 수만 kW의 분산 설치형 전원, 수십만 kW의 화력발전소의 대체용이 개발되고 있다. 업무용 또는 온사이트형에서는 수십~수백 kW의 자가발전 또는 낙도용 발전을 고려하고 있다.

↘ 12.9 스마트 그리드 및 스마트 홈

1. 스마트 그리드

미래의 에너지 시장은 신재생에너지의 사용과 더불어 그의 공급원이 다양화되고 이렇게 분산형으로 바뀜에 따라 기존의 전력공급망에 변화가 예측되며, 일부 국가에서는 이미 현실화되고 있다. 공급원의 다양화는 태양에너지(태양전지 및 풍력발전)의 확대, 수소에너지(LNG로부터)를 사용하는 연료전지의 이용, 전기저장을 위한 홈-배터리, 공해를 발생 하지 않는 전기자동차의 사용 그리고 히트펌프(지열 이용 및 공기 이용)의 사용 등이 복합적으로 엉켜 기존의 전력공급망에 혼란을 일으키게 될 것이기 때문이다. 예를 들면 오프-타임에 값싼 전기를 홈-배터리에 저장했다가(가격 차이가 있어야 함) 피크타임 시에 값이 비싼 외부전기를 사용하지 않고 집에 저장된 전기를 사용하게 된다. 또한 전기자동차를 저녁에 플러그-인해서 값싼 전기를 밤 동안에 저장/사용하게 되는 등 앞으로 전기에너지 사용의 패턴도 변할 것이기 때문에 공급전력의 생산을 기존 방식에서 바꿔야 한다. 그렇게 되려면 수요자의 사용패턴을 가정에 설치된 홈-오토메이션과 스마트미터로부터 전력회사가 수집, 분석하고 이와 연계하여 상호 정보를 알도록 하여 과소비 전력공급을 피하여 발전/공급/사용함으로써 전력사용을 크게 감소시킬 수가 있게 된다.

더구나 품질이 나쁜 풍력발전과 태양전지의 보급이 급속도로 확대되고 있고 더 나아가 소형풍력, 소형수력, 산업체의 소형 발전시설의 적절한 시기의 사용은 물론 바이오에너지를 통한 수소의 연료전지의 사용비율이 늘어나면 이렇게 산발적으로 생산되어 들어오는 여러 품질의 전력을 전력공급회사가 수용해야 하는 복잡성이 일어나게 된다. 따라서 기존전력망을 스마트화(지능화)하지 않을 수 없게 되었다. 이에 대처해서 구성한 전력망을 스마트 그리드(smart grid), 즉 지능형 전력망이라고 하며, 에너지 절약을 가져올 수 있다. 이를 위하여 실시간 관리, 송배전 자동화, 수요응답 그리고 통신 네트워크를 구성하여 전력망을 관리운영하게 된다.

그렇게 되면 기존의 화석연료를 사용하는 발전소를 줄일 수 있어 GHG를 대폭 줄여 나갈 수가 있고 산성비의 대책도 부분적으로 감소시킬 수가 있는 것이다.

이러한 지능형 전력망은 부분적으로 고장이 발생할 소지가 검출 되면 미리 이를 자동으로 처리해 정상적인 시스템으로 자동 복구 할 수도 있다. 소비자는 각 가정에 현재 사용하는 전력 적산계를 지능형 계량계인 스마트미터로 교체하여야 한다. 이는 공급자와 소비자 간에 새로운 인후라를 구축하고 가정 내 에너지사용을 시스템화 해서 관리할 수가 있게 된다. 시간에 따라 달라지는 전기요금의 절약, 투명한 소비, 요금관리, 미터의 보수등도 쉽게 수행할 수가 있다.

스마트 미터 (사진자료: 미국 Earthtechling)

미국은 현재 2,600만 세대에 스마트 미터를 설치했다. EU는 국가 간 통합과정을 거쳐 슈퍼그리드(super grid)를 구성할 계획을 가지고 유럽남부는 물론 태양열 발전설치가 용이한 아프리카 북부 까지 통합해서 구축 하려고 하고 있다. 이런 일이 가능하게 하기 위하여 국가 간 그리고 장거리 송전에 필요한 고압직류 전력망을 건설할 계획이다.

우리나라는 시범도시에 200개의 전기 자동차 충전소를 현재 설치했고 2030년까지 대형마트, 주차장과 주유소에 27,000개의 충전소를 확보할 예정이다. 제주도에 스마트그리드 시범프로젝트를 추진 중에 있다. 여기서는 스마트홈, 자동차 충전시설 등으로 실험을 수행 하고 있고 LG전자, 포스코, 현대 중공업, SK텔레콤 등 기업이 참여하고 있다.

스마트 그리드가 감당해야 할 일은

- 변화가 심한 전력시장에 안정적으로 대처하여 전력을 공급
- 전력공급의 운영이 효과적

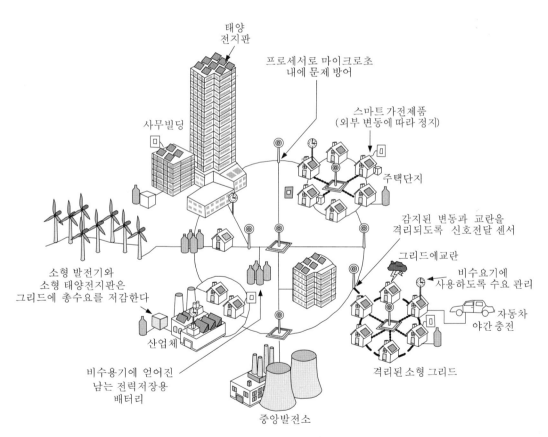

그림 12.17 | 스마트 그리드의 개념도
(소비패턴을 모니터하여 스스로 문제를 해결할 수 있는 집적소형 그리드의 전력망)

- 일부 공급망에 단전이 발생해도 사용자에게 안정적으로 전력을 공급하는 망의 구성
- 모든 형태의 발전시설과 저장시설의 수용이 가능
- 고품질의 전력 공급
- 공급망의 일부가 적의 공격을 받아도 전력공급이 안정적으로 가능한 전력망의 구성
- 소비자가 그리드 운영에 참여할 수 있는 동기부여(전체 공급망에 과소비가 걸리는 것을 체크하면서 가정에서 가전기기의 사용자제나 자가 저장 전력 사용)
- 현존 공급망에서 발생하는 문제점을 해결

2. 스마트 홈

스마트 그리드와 연계하여 작동할 수 있도록 주택에 전력저장시설(배터리), 각종 스마트 가전(플러그, 냉장고, TV, 보일러, 가스밸브, 조명등)사용, 연료전지(아파트의 경우 공동), 히트펌프 등을 설치하여 홈-네트워크 시스템(전용 단말기, 스마트폰 또는 사물인터넷)으로 감시 제어하며 스마트 그리드의 수요 상황에 대처하여 소비자가 주택의 전력소비가 최소가 되도록 하는 집을 에너지 측면에서 본 스마트 홈(smart home)(스마트 그린이라 함)이라고 한다. 홈-네트워크 시스템을 구성하기 때문에 전용 단말기 하나로 집안의 조명, 가스밸브, 보일러 등 모든 상황을 제어/모니터링 할 수 있어 홈 자동화가 가능해지며 이외에 안전문제, 원격의료, 원격교육, 원격검침 등도 가능해진다.

이를 위하여 주택에는 보통 계량기 대신 위에서 말한 스마트미터를 설치하게 되고 가전기기는 스마트기기(제조사 간에 네트워크구성상 호환성이 있어야 함)를 사용하며 전용 단말기와 유선 또는 무선으로 연결된다. 대형 건물 또는 아파트의 경우는 건물 전체를 통합할 수 있는 모니터를 관제실에 두어 관리하게 된다.

단독 주택의 경우는 태양전지나 소형 풍차발전기, 연료전지를 설치할 수 있으나 아파트의 경우는 대형 연료전지의 공동 설치 그리고 옥상, 공터 그리고 앞으로 상용화될 투명태양광전지를 창에 부착하여 스마트 그리드와 연계하는 것도 가능하게 될 것으로 보고 있다.

홈 자동화에 필요한 구성 부분은 예를 들면

- 온도, 습도, 햇빛 또는 움직임 포착센서
- PC, 주택 자동화 제어기
- 모터로 작동하는 밸브, 전등 스위치 그리고 여러 형의 모터 작동기
- 유선 또는 무선 통신기
- 사람 – 기계 그리고/또는 기계 – 기계간 인터페이스

이들에 따라 움직이는 인터넷 통신이 가능케 되는 가계기기 예: 전동식 수도꼭지, 전동식 가스밸브, 난/냉방제어기, 환기 조정기, 조명용 다중 스위치, 시청각설비의 스위치, 커튼 조정기, 실외용 카메라, 자석식 스위치, 배전제어식 스위치, 온도제어기, 매연 및 화재용 센서, 스마트 리모트 컨트롤, 적외선 실내 탐지기, 인터넷과 전화기 모바일 기타 등으로 복잡하게 얽히게 된다.

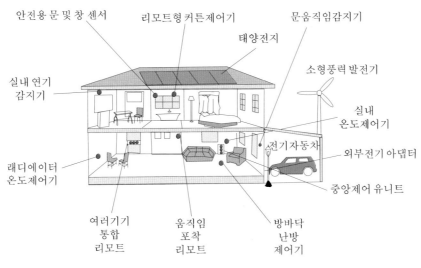

그림 12.18 ┃ 스마트홈의 한 예

1 화석연료의 수송에서 탱크로리, 파이프라인, 탱커, 철도 탱크의 수송상의 특징을 설명하여라.

2 옛날에는 110 V로 사용하다가 이제는 220 V 송전으로 대부분 바뀌었고, 또 사용량이 커질 때에는 360 V도 이용된다. 이처럼 승압되면 어떤 이점이 생기는지 설명하여라.

3 에너지 수송용 파이프라인 설치 시 용지의 취득이 힘든데 그 이유는 무엇일까? 해결책을 나름대로 열거하여라.

4 도시가스 공급라인에서 가끔 사고가 일어난다. 어디서 문제가 되었는지 조사하여라.

5 열에너지를 잠열이나 현열로 저장할 수가 있다. 얼마나 오랜 저장이 가능한가? 오랫동안 저장이 되지 않는 이유는 무엇인가?

6 양수발전은 전기의 비수요기에 물을 높은 곳에 저장했다가 피크시간에 발전을 함으로써 전기의 합리적인 이용방법이라고 할 수가 있다. 우리나라에 건설된 양수발전소의 이용상에 문제점은 없는지 조사하여라.

7 전기에너지의 저장으로 물을 전해해서 수소로 저장하고 수요기에 연료전지를 사용하여 발전함으로써 저장된 전기를 사용할 수가 있다. 이렇게 복잡한 여러 단계로 에너지를 변환하면 효율변화는 어떻게 되는 것일까?

8 전기자동차를 운행하려면 용량이 큰 2차전지가 필요하다. 2차전지는 충전과정과 사용으로 인한 방전과정이 반복되면 전지의 성능이 떨어진다. 따라서 전지에는 충·방전의 회수가 전지의 수명이라고 할 수 있다. 전지의 수명을 최대로 하려면 전지종류별로 어떻게 사용하여야 좋은가?

9 연료전지에 의하여 발전하는 것과 재래식 화력발전의 장단점을 비교하여라.

10 연료전지는 연료로 수소가 사용된다. 그 수소는 LNG로부터 얻는데 어떻게 얻어지는가? 그리고 아파트에 살 경우, 아파트에 연료전지를 설치할 것을 건의해보고자 한다. 이때 필요한 합리적인 건의서를 작성하여라.

11 스마트 그리드와 연계하여 스마트홈(스마트 그린)을 구성할 스마트 에너지 가정기기를 각자 자기 가정에 구성해 보아라(에너지 사용을 최소화할 목적임). 그리고 각 기기의 설치위치를 정하여라. 지하, 1층의 어느 방, 2층 등

Chapter

13

초전도
기술

보통 전기를 수송하는 데 사용하는 전선은 구리나 구리의 합금으로 되어 있고 일정한 저항을 가진다. 여기에 전기가 통하면 저항 때문에 전력이 소모되며 열을 발생하게 되고 이 열은 공기 중으로 발산해 버리고 만다. 우리가 사용하는 모든 전기제품에서도 전선을 따라 전기가 흐르면서 열을 발산(Joule 열이라고 함)하게 되는데, 이것은 결국 손실되는 열만큼 전기이용 효율을 떨어뜨리는 결과를 가져온다.

따라서 도체에 전류량을 줄이기 위하여 전압을 올리게 되고 그래서 줄(Joule)열을 감소시키고 있다.

초전도기술은 에너지 이용에서 발전기, 송전, 에너지의 저장 및 핵융합장치 등에 사용하여 에너지 이용효율을 올리는 것은 물론, 수송분야에서는 자기부상열차, 선박 추진, 로켓 추진, 그리고 산업기기에서는 자기분리, 의료기기에서는 자기공명 영상장치, 컴퓨터 등에 사용할 수 있다.

1911년 Kamelingh Onnes가 최초로 초전도 현상을 수은에서 발견하였다. 어떻게 보면 초전도체, 즉 저항이 없는(제로) 재료를 갖는다는 것은 인간의 꿈이라고 할 수 있다. 즉 액체질소온도(영하 200℃)에서 물질의 저항이 0이 되는 현상을 발견한 것이다. 아직은 "보통 사용되는 기술"은 아니지만 중요한 응용분야인 의료용 MRI(단층사진촬영장치)에는 실용화되어 있다. 초전도 현상을 이용하면 상전도 자석을 이용할 때보다 높은 자계를 만들기 때문에 자계를 이용한 응용이 많이 발전하여 왔다.

초전도의 실용화에는 초전도현상을 지배하는 초전도재료도 있어야 하겠지만 냉각기술 등의 주변기술에 대한 문제가 많이 있어 연구가 계속되어야 한다. 초전도재료는 1,000여 종이 발견되었지만 실용화가 가능한 것은 10여 종뿐이다.

⬎13.1 초전도재료의 특징

초전도재료는 3가지의 특징을 가진다. 임계온도(T_c), 임계자계(H_c), 임계전류밀도(J_c), 즉 이들이 초전도성이 시작되는 물성치이다.

그림 13.1은 T, H, J의 세 축의 좌표를 사용한 초전도상태와 상전도상태 범위를 나타낸다. 그림에서 보이는 곡면 내에서 초전도성을 가지며 곡면 밖에서는 상자전도 상태를 가진다.

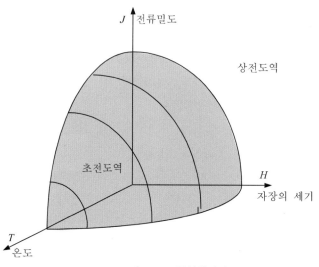

그림 13.1 | HTJ 곡선에너지

↘13.2 초전도체의 종류

1. 재래의 초전도체

초전도재료로 니오븀3주석(Nb_3Sn), 바나듐3갈륨(V_3Ga), 그리고 니오븀3게르마늄 등이 있다. 니오븀3게르마늄의 임계온도는 $T_c = 23$ K인데, 초전도 특성을 이해하는 데 연구재료로 많이 이용되어 왔다. 그 후 1953년에는 니오븀과 질소와 탄소의 고용체의 초전도체를 만들었고 이를 토대로 최근 이론적인 계산에 의한 예측으로부터 질소몰리브덴을 만들 수 있게 되었다. 이의 임계온도는 29 K 정도이다. 이 재료는 고임계온도의 초전도체를 합성하게 된 원인 제공을 하였다. 그 후 $PbMo_6S_8$이라는 결정이 발견되었다. 이 물질의 특징은 임계온도가 15 K으로 낮지만 임계자계가 매우 높다.

2. 유기 초전도체

유기물에도 초전도체가 있다. 초전도체의 임계온도를 높이는 것을 목표로 해서 새로운 초전도 기구를 구명하다가 유기 초전도 재료의 연구가 시작되었다. 1975년에 황과 질소의 화합물 $(SN)_x$가 0.3 K인 초전도체로 발견되었다. 1980년에는 $(TMTSF)_2PF_6$가 12 kbar의 압력하에서 1 K의 전도성을 나타냈으며 현재는 11 K까지 올라간 재료가 나오고 있다. 여기서 TMTSF는 TetraMethylTetraSelenaFlvalene의 약자이다.

3. 산화물 초전도체

산화물 초전도 재료는 1986년에 발견된 $(LaSr)_2CuSO_4$로부터 시작되었다. 산화물 초전도체는 YBa_2Cu_3Oy계가 90 K에서 초전도성이 인정되고 있고 구조가 가장 간단한 La_2CuO_4계는 임계온도가 30 K 부근으로 좀 낮지만 그의 간단한 결정구조 때문에 초전도 기구의 연구에서 중요시되고 있다.

산화물 초전도재료의 특징은

- 임계온도가 높다: 90 K
- 임계자계가 높다: 230 K

최근 희토류원소가 없는 $T_c = 105$ K의 $BiSrCaCu_2Ox$의 새로운 재료가 나왔고 135 K의 $HgBa_2Ca_2Cu_3O_8-\delta$ (1995년)에 이어 200~500 K을 넘는 실온의 초전도재료도 보고되고 있다. 그리고 2010년 현재 임계온도가 더 향상된 재료는 나오지 않고 있다.

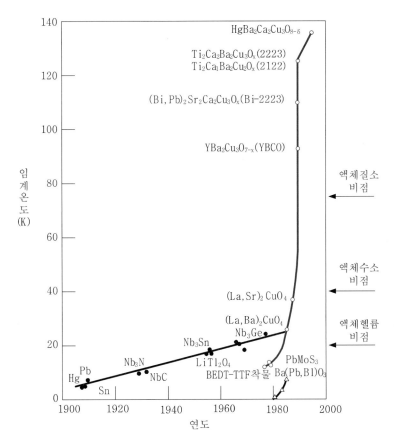

그림 13.2 ┃ 초전도체 임계온도의 상승

↘ 13.3 초전도재료의 응용

1. 초전도 발전기

초전도 발전기는, 즉 직류회전자 코일선이 초전도화되어 있고 전기자계 쪽은 교류자계가 걸려 있다. 초전도 상태를 만들기 위해서는 임계온도가 높은 산화물 초전도체를 사용하며 냉각도 해야 한다.

이를 위하여 회전자 중앙에 액체 헬륨의 냉매를 넣는다. 초전도 기술을 사용하면 자석밀도를 종래 모터에 비하여 2~3배 정도로 높일 수가 있다. 따라서 출력을 대폭 증가시킬 수 있다. 즉 출력이 같은 발전기라고 한다면 부피와 무게를 대폭 감소시킬 수가 있다. 발전효율은 현재 발전기의 효율이 98.5%인 데 비하여 초전도 발전기는 99.4%까지 올릴 수 있고, 시스템의 안정도도 높다. 현재 설계에서는 200~400 MW 이상의 규모에서 건설비와 연료비의 합이 종래의 발전기보다도 낮아진다. 스케일 메리트가 있어서 대용량일수록 비용이 적어진다. 일본에서 30 MW, 50 MW, 미국과 러시아에서는 20 MW가 실험되고 있고, 독일에서는 400 MW의 것이 기존의 전기차와 조합해서 시험 중에 있다.

2. 초전도 에너지의 저장

에너지 저장에서 자계에 축적(SMES, Superconducting Magnetic Energy Storage)하는 것이 가능하게 된 것은 초전도 기술 때문이다. 원리는 초전도 코일을 사용하여 냉각된 코일에 직류전류를 보내면 만들어지는 자장 내에 전자(電磁)에너지의 형태로 저장한다. 10 kWh 초전도 에너지 저장 마그넷의 경우에는 지름 약 200 m, 높이 100 m 크기의 저장 시스템이 된다. 500 MWh급의 개념설계 연구가 일본과 미국에서 행해졌고, 미국에서는 전력의 실제 시스템에 연결해서 실험이 진행되어 왔다.

3. 초전도 추진배

로렌스의 법칙에 의하면 전류와 자계의 상호작용으로 유체에 그림 13.3과 같이 흐름이 발생한다. 관련 식은 다음과 같다.

$$qE = q(u \times B)$$

여기서 E는 전자장의 세기, q는 전하, u는 유체의 유속, 그리고 B는 자속밀도이다. 초전도 자석밀도 B를 강하게 하고 E를 변화시켜 유체류의 속도 u를 변화시킬 수가 있다. 전자

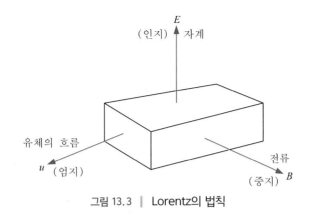

그림 13.3 │ Lorentz의 법칙

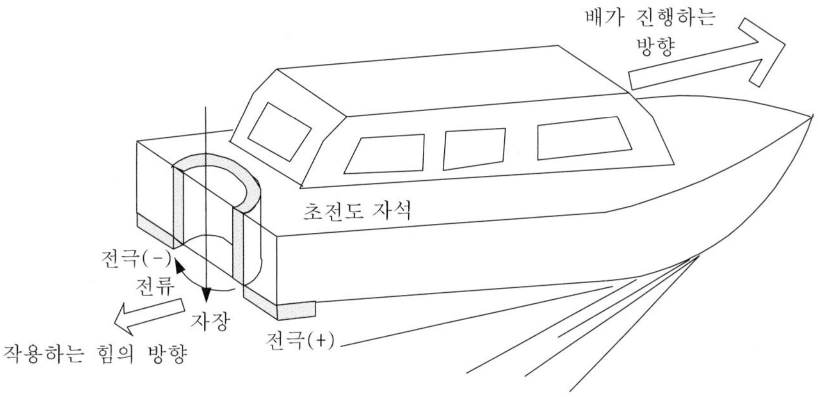

배가 진행하는
방향

초전도 자석

전극(-)
전류
자장
작용하는 힘의 방향
전극(+)

그림 13.4 │ 초전도원리를 이용한 배의 추진원리도

장의 크기를 초전도재료를 이용하여 크게 할 수가 있고 그만큼 추진력이 강해진다. 움직이는 부분이 없어서 소음이 없고 전극의 교환으로 추진 방향을 바꿀 수 있다.

4. 자기부상열차

열차바퀴 부분에 자석을 부착하면 자석의 반발력으로 열차를 들어 올릴 수가 있다. 여기에 강한 자성을 나타내는 초전도 마그넷을 사용하면 매우 큰 자기부상력을 얻을 수 있다. 물론 초전도 마그넷이 아닌 일반 마그넷으로도 가능하나 초전도 자석의 강한 자력을 이용하는 것이 매우 효과적이다. 또한 리니어(선형) 모터를 설치하면 열차를 공기 중에 부상한 상태로 달리게 할 수가 있다. 산화물 초전도체의 발견으로 부상열차의 실용화를 보다 앞당기게 되었다.

1 전기를 전선을 통해서 수송할 때 약 4%의 송전손실이 발생한다. 그 이유를 설명하여라. 또 전선의 송전손실을 줄이려면 어떻게 하는 것이 바람직한지 설명하여라.

2 보통 전선을 사용하여 자장을 얻는 것보다 초전도체를 이용하면 큰 자장을 얻을 수가 있다. 그 이유를 써라.

3 초전도체를 얻으려면 온도를 많이 내려야 한다. 온도가 낮은 액체질소의 제조방법을 써라.

4 초전도성을 이용한 응용분야 3개를 들고 유리한 점과 불리한 점을 써라.

5 극저온인 액체헬륨, 액체수소의 제조법을 조사하여 써라.

Chapter

14

히트펌프

히트펌프는 어떤 주어진 유체의 온도를 고온부와 저온부로 분리하여 사용하는 것이다. 이 장에서 히트펌프의 작동원리를 알아보자.

⌐ 14.1 히트펌프란?

3장에서 다룬 바와 같이 히트(열)펌프(heat pump)라는 말은 글자 그대로 열을 퍼 올리는 펌프라고 할 수 있다. 그 작동원리는 냉장고나 에어컨과 같다. 다른 점은 냉장고는 냉장고 내부를 냉각하는 것이 목적이나 히트펌프는 온도가 분리된, 즉 따뜻하게 하는 곳과 차게 한 곳이 둘 다 사용 가능하도록 설계된 것이다. 최근에 와서 히트펌프의 이용이 많이 거론되고 있고 이용이 급증하고 있지만 실제로는 그 역사가 오래되었다. 1852년 영국인 Lord Kelvin이 처음 고안했고, 실제 장치를 만든 것은 1930년 스코틀랜드 태생인 Haldane이다. 그는 자신이 만든 히트펌프를 이용해서 집에 난방을 했다. 열원은 대기를 그대로 사용했고 날씨가 추워서 대기로부터 열을 얻을 수 없을 때는 수돗물을 이용했다.

우리가 냉장고 뒷부분의 냉각코일을 만져 보면 따뜻한 것을 알 수 있다. 이 부분의 온도가 대기보다 높기 때문에 열은 여기를 통해서 대기로 빠져나가게 된다. 즉 냉장고나 히트펌프는 찬 부분이 있으며 또 반드시 따뜻한 부분이 있는, 즉 한쪽을 따뜻하게 함으로써 다른 쪽을 차게 하는 온도의 양분(분리)을 일으키는 것이다. 상온을 한쪽에서는 이보다 온도가 높도록 하고 다른 한쪽은 그만큼 낮도록 분리시키는 장치가 히트펌프라고 말할 수 있다. 따라서 찬 곳과 따뜻한 곳을 동시에 얻으려고 한다면 가장 이상적인 용도가 된다. 예를 들어 초봄과 초가을에 수영장에서 이용한다고 생각해 보자. 따뜻한 열원으로는 풀장의 물을 따뜻하게 덥히고 생성된 다른 쪽의 찬 공기는 실내에서 냉방으로 사용할 수가 있다. 이렇게 찬 것과 더운 것을 동시에 쓰면 이상적이지만 현재 한 곳에서 찬 곳과 더운 곳을 동시에 요구하는 데가 많지 않아서 동시에 쓰기보다는 겨울에는 따뜻한 공기를 대기로부터 만들고 여름에는 찬 공기를 만들어 쓰는 것이 보통이다.

보통 히트펌프의 효율은 승온폭(온도 분리폭)이 적은 범위에서 현저히 높다. 즉 열원온도가 사용온도에 충분히 근접되어 있을 때 효과적이다. 따라서 폐열회수를 위한 압축식 히트펌프에서는 상승온도차를 적게 하고 다단으로 압축·응축을 행하여 효율 향상을 얻고자 하는 노력이 진행되는 경우가 많다. 더욱이 중저온 폐열회수용 고온 출력형에서는 두 대의 스크류 압축기를 직렬로 연결하고 저단, 고단의 2단 압축과 이들 중간에 위치한 직접 접촉형 중간 냉각기에 의하여 냉각하여 고온출력을 얻는 기술도 실용화되고 있다.

화학공업과 식품공업에서 폐열회수에 현저한 성과를 얻고 있다. 즉 다량의 폐저압증기를 승온시켜 농축·증류공정의 가열원으로 다시 사용하는 것이다. 즉 오픈 사이클 히트펌프로 공정에서 발생된 저압증기를 오일 프리 스크류식 및 터보식 압축기로 직접 압축 승온시켜 그의 발생원에 되돌려 보내 가열원으로 재사용하는 것이다. 에너지 절약효과, 즉 증기 사용 효율을 높일 수가 있는 것이다.

이러한 증기 재압축식 히트펌프의 보급은 식품공업에서 두드러지고 있다. 이러한 압축식 히트펌프 외에 근래에는 흡수식 등 화학식 히트펌프가 많은 관심의 대상이 되는데 그 이유는 압축식에서는 프레온 가스가 사용되므로 오존층 파괴문제가 대두되고 승온의 한계가 있기 때문이다.

히트펌프를 그 원리에 따라 다음과 같은 종류로 분류해 보자.

- 압축식 히트펌프
- 화학식 히트펌프
  - 흡수식 히트펌프　　　 - 흡착식 히트펌프　　　 - 반응식 히트펌프

↘ 14.2 압축식 히트펌프의 원리

압축식 히트펌프는 냉매에 전기에너지를 투입하여 압축-응축-증발-압축을 반복하는 순환(cycle)에서 열의 흐름, 즉 온도차를 발생시키는 것이다. 그림 14.1이 그 원리도이다.

냉매로는 프레온이 가장 많이 사용되고 있으며, 그 외에도 냉각온도에 따라서, 즉 강한 냉동을 할 때는 암모니아(비점＝ -40℃)를 사용한다. 보통 많이 사용되는 냉매는 다음 표 14.1과 같으나 그림 3.10에 저온의 증기압을 같은 물질이 모두 냉매로 사용 가능하다.

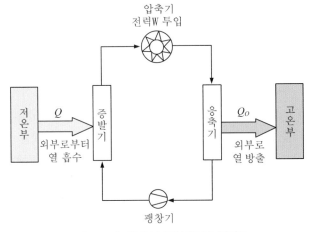

그림 14.1 ┃ 압축식 히트펌프의 원리도

표 14.1 | 냉매의 종류와 냉동 특성

프레온의 번호	화학식	분자량	비 점(℃)
CFC-11	CCl_3F	137.4	23.7
CFC-12	CCl_2F_2	120.9	-29.8
HCFC-21	$CHCl_2F$	102.9	8.9
HCFC-22	$CHClF_2$	86.5	-40.0
R-134a	$F_3C\text{-}CH_2F$	102.0	-26.6

HCFC는 CFC의 대체품으로 사용된다.

원리를 간단히 설명하면, 이미 3장에서 다룬 바와 같이 전기/모터에 의하여 가동되는 압축기가 증기냉매를 압축하면 압축된 증기가 응축기에서 액화하여 고온측에 열을 방열한다. 압축된 액체는 팽창기에서 압력이 낮아지고 증발기에서 증발하며 외부로부터 열을 흡수한다. 만일 주변이 따뜻해서 응축기의 온도와 같거나 오히려 높으면 잠열을 제거할 수가 없어서 응축될 수가 없다. 따라서 냉각기 주변은 냉각코일의 표면온도보다 항상 낮아야 열, 즉 응축잠열이 냉각기 내부에서부터 주변 공기로 흐를 수 있다.

증발기에서 취한 열량을 Q, 이때 온도를 T, 그리고 주변에 방출한 열량과 그 온도를 Q_o, T_o라고 하자. 그리고 히트펌프에 투입된 구동에너지인 모터에 들어가는 전기에너지를 W라고 하면,

$$Q_o = Q + W$$

공장에서 폐열 회수를 위하여 설치한 히트펌프. 폐열은 증발기에서 열교환에 의하여 투입된다(왼쪽 탑은 응축기, 오른쪽 탑은 증발기). 사진은 일본 문라이트 프로젝트 시 설치된 장치이다.

히트펌프의 효율은 냉각을 목적으로 할 경우, 투입된 전기에너지에 대하여 주변에서 빼앗은 열량의 비가 되며, 따라서 제3장에서 다룬 바와 같이 냉각에 대한 성능계수(COP, Coefficient Of Performance)는 다음과 같다.

$$COP_{cooling} = Q / W$$

가열을 목적으로 할 때는 주변에 제공한 열량, 즉 Q_o를 W로 나눈 값

$$COP_{heating} = Q_o / W$$

로 나타낸다.

⌐ 14.3 화학식 히트펌프의 원리

1. 흡수식 LiBr/H$_2$O 히트펌프

LiBr/H$_2$O 흡수식 히트펌프는 그림 14.2를 보면 쉽게 이해할 수 있다. 먼저 그림을 보자. 용기 (2)와 (3)에 LiBr액이 각각 들어 있다. 그리고 (1)과 (4)에는 물이 들어 있다. 이 시스템을 진공으로 하면 물만 들어 있는 용기(1)의 증기압이 LiBr 용액 쪽보다 커서 물이 증발하고

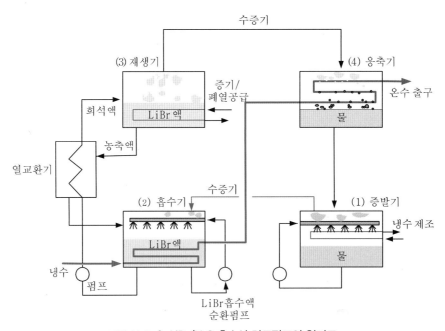

그림 14.2 | LiBr/H$_2$O 흡수식 히트펌프의 원리도

생활폐수를 활용한 일본의 히트펌프 급탕 시스템 한 예

용기 (2)의 LiBr 쪽으로 이동하여 LiBr 용액을 희석시키며 여기서 희석열이 발생하여 발열하게 된다.

용기 (2)에서 열이 발생되지 않을 정도로 희석이 되면 액을 용기 (3)으로 운반하고 외부로부터(가스의 연소열 또는 폐열) 가열하면 용액이 농축되며 물이 증기로 증발하여 증기는 오른쪽 용기 (4)에서 액상의 물로 응축한다. 여기서 또 열이 발생하고 출구 온도를 상승 시킨다. 그림에서는 증발, 흡수, 농축, 응축이 일어나는 모양을 보여주고 있다. 전기가 들어가는 곳은 용액펌프, 즉 액을 순환하는 것뿐이다. 따라서 전력은 압축식 히트펌프에 비하여 매우 적다. 즉, 가열이 에너지 공급원이 되고 (1)에서는 냉각효과를 얻게 되어 냉방에 사용된다.

흡수액과 냉매의 조합은 여러 가지가 가능하며 그 짝은 물-암모니아, 황산－물, KOH－물, NaOH－물, LiNO₃－암모니아를 들 수가 있다.

2. 흡착식 히트펌프

원리는 열을 얻고자 할 경우는 흡착제인 고체에 매체인 물이나 알코올을 흡착시켜 고온의 열(흡착열)을 발생하고, 이를 열교환기를 통해 온수 등으로 회수한다. 다음 진공으로 하여 탈착할 때는 흡열반응이 일어나며 냉각되는데 이때 탈착을 촉진하기 위하여 공정폐열, 엔진 배기열은 물론 집열된 태양열을 사용함으로써 결국 탈착시킨다. 즉 저온의 폐열을 질이 좋은 고온의 열로 회수하는 결과를 얻는 것이다. 냉수를 목적으로 할 경우는 흡착 시 발생된 열을 폐수로 제거하고 진공 탈착하여 탈착층을 냉각상태를 만들거나 물이든 증발기로부터 흡착에 의하여 물을 진공으로 빨아들여 물의 온도를 강하시켜 냉열의 물을 얻든가 한다.

그림 14.3은 냉수 제조장치이다. 즉 공조 및 공정용 냉각수 제조를 위한 흡착식 히트펌프의 원리를 보여주고 있다. 밀폐형으로 되어 있고 진공으로 작동되나 진공펌프는 가지고 있지 않다. 왼쪽 탑에서 탈착이 이루어진 흡착탑이 하부 밸브를 열어 증발기로부터 증기를 빨아들

여 공급받아 흡착함으로써 증발기의 물의 증발을 촉진시켜 잠열을 탈취하여 온도를 강하시킨다. 흡착이 완료되면 하부 밸브를 잠그고 상부 밸브를 연다. 그러면 공기가 없는 상부 응축기는 진공상태이어서 왼쪽 탑에서 탈착이 일어나는데 이때 진공 상태는 냉각수의 온도의 증기압 정도로 된다(25℃에서 약 23 torr). 이 진공으로 탈착이 이루어지며 온도가 내려가는데 탈착열은 폐열 등으로 공급해 준다. 그리고 열평형이 이루어지면 상부 밸브는 잠그고 하부 밸브를 다시 열어 증발기로부터 증기를 공급받으며 증발기의 온도를 계속 낮게 유지시킨다. 응축기의 응축수는 어느 수준이 되면 역지 밸브를 통해서 증발기로 내려온다. 오른쪽 흡착탑은 왼쪽 흡착탑과는 반대로 작동함으로써 증발기의 물의 온도를 냉각수의 상태로 계속 연속 유지하며 공조에 사용할 수가 있다.

흡착식 히트펌프의 다른 흡착제와 흡착질의 커플(couple)은

- zeolite/H_2O
- 활성탄/물
- 실리카겔/물
- 활성탄/메탄올
- 활성탄/암모니아

등이 가능하다.

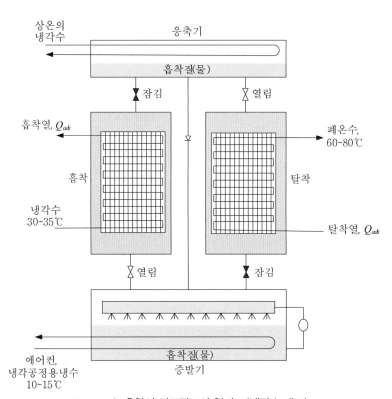

그림 14.3 ┃ 흡착식 히트펌프의 원리도 (냉각수 제조)

미국의 Zeopower사(냉난방), 프랑스의 BLM사(직화식 냉난방), 독일의 Zeotech사(직화식 냉난방), 일본의 GIRI사(폐열회수 냉방) 모두 zeolite를 사용한다. 활성탄에 메탄올을 흡착하는 히트펌프는 프랑스의 BLM사가 시제품(태양열, 냉동, -10℃)을 내놓았고 활성탄에 암모니아를 흡착하는 히트펌프는 미국의 GRI가 10 kW 가스직화 냉방 시스템을 판매 하고 있다.

실리카겔에 물을 흡착하는 방법은 미국의 IGT사와 일본의 Nishiyodo(15~35 kW), Mayekawa (70 kW)가 폐열 및 태양열을 이용하는 시스템을 판매하고 있다.

3. 무기화학반응

(1) $MgO/H_2O/Mg(OH)_2$계

화학반응 시 발열반응의 경우는 그의 역반응은 흡열반응이 된다. 예를 들면 고체 – 기체의 시스템인 $MgO/H_2O/Mg(OH)_2$의 경우

$$발열반응:\ MgO\ +\ H_2O\ \rightarrow\ Mg(OH)_2 \qquad -\Delta H = 81.0\ kJ/mol$$
$$흡열반응:\ Mg(OH)_2\ \rightarrow\ MgO\ +\ H_2O$$

이 경우 100~250℃의 열을 생산할 수가 있다.

일반적으로 반응방식 히트펌프는 높은 온도를 얻을 수가 있다. 시스템의 구조는 흡착식 열펌프의 그림 14.3과 유사하게 꾸밀 수 있다. 그림 14.3의 왼쪽 탑부터 생각해 보자. 아래 밸브를 열면 하부의 증발기의 물이 증기로 올라와 산화마그네슘이 수화반응이 일어나서 수산화마그네슘이 되며 높은 온도의 열이 발생한다. 이 열은 고체층 내부에 설치된 열교환기에 물을 보내서 고온의 열을 증기 등의 형태로 회수한다. 그리고 열적 평형이 되면 왼쪽 흡착탑은 상부 밸브를 열어 진공으로 한다. 그러면 탈착이 일어나는데 이때 탈착에 필요한 열은 폐열로부터 열교환기를 통해서 공급한다. 탈수가 완료되면 상부 밸브를 잠그고 하부 밸브를 다시 열어 증기를 상승시켜 고열의 수화반응열을 발생시켜 고온의 열을 다시 얻는다. 한편 왼쪽탑에서 수화반응이 일어나는 동안에는 반대로 오른쪽 탑은 탈착을 하며 연속성을 만들 수가 있다. 이렇게 계속되면 하부 증발기는 물의 증발로 냉각되기 때문에 여기에는 계속 폐열을 공급해서 증발이 잘 일어나도록 하고 상부는 찬물이나 상온의 물을 보내서 냉각 상태를 유지해야 진공(상온의 물의 증기압 정도의 진공상태 25 torr 이하)을 유지할 수가 있다. 내부에 설치된 열교환기(플레이트식)에는 전열성과 반응성을 향상시키기 위하여 흑연을 혼입하는 경우가 있다. 현재 120~150 kW/m^{3}의 출력을 실제 얻을 수 있다.

이와 같이 고체 기체반응 열화학식 히트펌프의 몇 가지 예를 소개한다.

(2) $CaO/H_2O/Ca(OH)_2$ (400℃의 폐/재생열원 사용/600℃ 발생, 가열목적)

(3) CaO/CO$_2$/CaCO$_3$ (500℃ 폐/재생열원 사용/1,000℃ 발생, 가열목적)

(4) BaO/CO$_2$/BaCO$_3$ (1,000℃ 폐/재생열원 사용/1,500℃ 발생, 가열목적)

4. 암모니아염$_1$/암모니아/암모니아염$_2$

이 시스템은 2개의 고체염, 즉 암모니아 증기를 흡수하거나 탈수할 수 있는 2개의 염이 한 시스템을 구성하는 것이다. 하나는 저온염(LTS, Low Temperature Salt)이고 다른 하나는 고온염(HTS, High Temperature Salt)으로 구성되어 있다. 저온, 즉 폐열이나 태양열에서 얻은 열을 LTS에 보내서 암모니아를 탈착시켜 탈착된 암모니아를 THS에 공급/흡착시켜 고온을 얻는 형식의 열펌프이다. 예를 들면 LTS로 MnSO$_4$/NH$_3$ 그리고 HTS로 NiCl$_2$/NH$_3$계의 반응은 다음과 같다.

$$MnSO_4 \cdot 6NH_3 + Q(\text{폐열 또는 태양열}) \rightleftharpoons MnSO_4 \cdot 2NH_3 + 4NH_3$$

$$\Delta H = +57.6 \text{ kJ/mol } NH_3$$

$$NiCl_2 \cdot 2NH_3 + 4NH_3 \rightleftharpoons NiCl_2 \cdot 6NH_3 + Q(\text{steam})$$

$$\Delta H = -55.3 \text{ kJ/mol } NH_3$$

이 반응을 사이클로 연속화하기 위해서는 냉각수 30℃를 사용해야 하며 80~150℃의 폐열을 이용하여 230℃의 고온을 얻을 수가 있다.

그러면 그림 14.4를 보자. 암모니아의 압력변화와 LTS 및 HTS의 온도 변화를 나타내고 있다. 폐열로 LTS에 열(TM 80~150℃)을 주어 암모니아가스를 발생시켜 HTS로 보내면 여기서 230℃(TH)의 고열을 얻는다. 다음에 열평형이 이루어지면 HTS에 폐열(T_M 80~150℃)

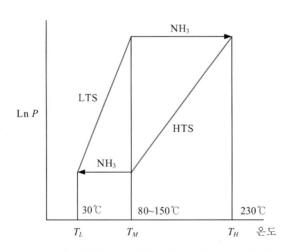

그림 14.4 ┃ 암모니아염/암모니아/염의 압력과 온도관계

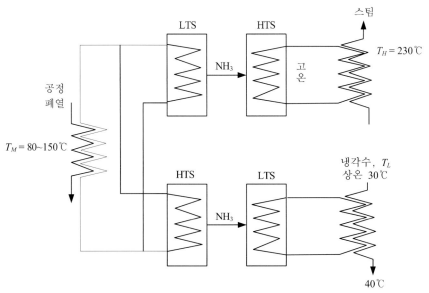

그림 14.5 | 암모니아염/암모니아/염의 연속 히트펌프 작동

을 주어 암모니아를 탈착하여 LTS에 보내면 여기서도 발열하는데 이 열은 30℃의 냉각수로 냉각한다. 그리고 여기에 다시 폐열($T_M = 80 \sim 150$℃)을 주어 가열하여 암모니아를 탈착시켜 HTS에 보냄으로써 다시 고온을 얻으며 반복된다. 이것을 그림 14.5에 공정의 연속성이 있음을 보여주고 있다.

5. MH$_{x+y}$/H$_2$/MH$_y$

이 시스템은 수소를 소량 함유한 금속수소화물(metal hydride)이 다량 함유하는 수소화물을 만들 때 열이 생성되고 반대로 탈수소할 때 열을 흡수하여 온도가 내려가는 하나의 히스테리시스를 이뤄 낮은 열원으로 탈수소하고 높은 열의 수소화열을 얻는 방식의 열펌프이다.

$$MH_{x+y} \rightleftharpoons MH_y + x/2H_2 \qquad \pm \Delta H = 26.8 \sim 38.5 \text{ kJ/mol } H_2$$

금속은 보통 합금이며 금속기준으로 보면 $160 \sim 230$ kJ/kg이 되는데 금속이 Mg의 경우는 이보다 더 높다. 이것도 위에서 다룬 암모니아 염처럼 저온역의 흡열반응인 것과 여기서 나온 수소를 흡장하며 고온을 내는 두 합금의 쌍으로 만들어 연속화 할 수가 있다.

한 예를 들어 보면 Ti·Fe계와 Zr·Fe계의 합금을 조합한 공조용 히트펌프이다. 재생열원은 보일러 폐열(270℃)을 사용한다. 냉방 시에는 15℃의 냉열을 만들어 실내온도를 25℃로 하는데 사용한다. 이때 COP는 $0.3 \sim 0.45$ 정도가 된다. 난방 시에는 32℃의 열을 만들고 실온을 25℃로 할 때 COP의 값은 1.1 정도가 된다.

6. 유기화학반응

유기화학반응을 이용하는 계는 모두 촉매를 사용하는 유체계로 연속운전과 대규모 플랜트에 적용된다. 반응유체를 촉매로부터 분리해서 용이하게 저장하며 수송도 가능하다. 현재 연구 단계이지만 수소화/탈수소반응계가 있다. 수소첨가반응을 보자.

(1) 2-프로판올/수소/아세톤 반응계

$$C_3H_7OH \rightarrow C_3H_6O + H_2 \qquad \Delta H^\circ = 57.3 \text{ kJ/mol}$$

그림 14.6의 예를 보자. 아이소프로판올이 증류탑의 재비기에서 촉매 10 wt% Ru-Pt/활성탄/탈수소촉매 또는 CuCr/수소화촉매에 의하여 폐열(80℃)을 받아 반응하여 아세톤과 수소를 생성한다. 이것을 증류탑에서 증류하여 미반응의 아이소프로판올과 아세톤+수소혼합물을 분리, 유출한다. 이 혼합물은 상부 응축기를 거쳐 냉각되어 일부는 환류하고 압축 펌프에 의하여 열교환기를 거쳐 예열되어 니켈촉매가 든 아세톤의 수소화 반응기에 들어간다. 여기서 수소화가 일어나며 고온을 내어 약 200℃ 정도의 열을 얻는다. 다음에 생성된 아이소프로판올은 열교환기를 거쳐 생성물의 잔여열을 주고 분해 반응/재비기가 붙은 증류탑으로 되돌아와서 폐열에 의하여 분해/증류/분리됨으로써 반복 순환하게 된다.

이 공정의 결점은 순환이 반복되어 감에 따라 부반응의 불순물이 늘어나고 탑정으로 나가는 아세톤+수소 혼합물에 아이소프로판올이 약 1% 정도 분리되지 않고 순환한다는 것

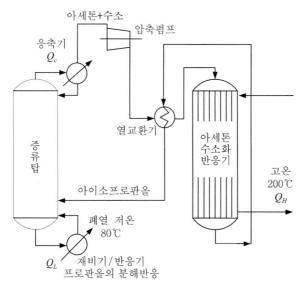

그림 14.6 | 아세톤수소화/2-프로판올 탈수소화 반응계

이다. 증류탑은 높이 12 m, 직경이 2.5 m 정도의 큰 탑이고 수소화 반응기는 비교적 작아 높이 2.4 m, 직경 1.4 m이다. 내부에 순환하는 유체는 이 경우 2,904 kg/h이고 아이소프로판올의 전환율은 30% 정도로 거의 평형조성에 도달한다. 이와 같은 대형이어서 산업공정에서 이용이 합리적이라고 할 수 있다.

재비기/반응기에 공급하는 열은 공장 폐열, 쓰레기 소각 폐열 외에 지열과 태양열, 야간 전력을 이용하는 시스템을 검토하고 있다.

(2) 사이클로헥세인/수소/벤젠계

$$C_6H_{12} \rightarrow C_6H_6 + 3H_2 \qquad \Delta H = 206 \text{ kJ/mol}$$

200℃로부터 350℃를 얻으며 수소화촉매는 Pd이고 COP=4~5 정도 된다. 이 반응계는 200℃ 수준의 공장 폐열을 이용하는 것 외에 메테인을 연료로 한 인산형 연료전지의 개질기 폐열을 이용하는 시스템, UT-3 열화학 사이클(University of Tokyo-3의 약자로 열화학반응에 의한 수소의 제조 사이클)에 결합시켜 폐열을 얻는 시스템에 효과적이다.

(3) Tert-Butanol/H₂O/iso-Butene계

$$(CH_3)_3C-OH \rightarrow (CH_3)_3C=CH_2 + H_2O \qquad \Delta H = 38 \text{ kJ/mol}$$

공정의 구성은 아이소프로판올의 분해반응과 유사하며 탈수반응(촉매 β-zeolite, amberlite-15)은 흡열이고 수첨가반응에서 발열한다. 이때 탈수반응에는 폐열(70℃)을 이용하고 수첨반응에서 고온(110℃)을 얻는다. 연구의 중점 사항은 촉매활성의 향상과 열의 출입에 관계된 촉매반응장치인데 반응 후 혼합물이 생기고 이는 증류에 의하여 분리하며 작동해야 한다.

화학반응식 히트펌프의 기술적인 포인트는 반응속도를 향상시키는 것이며 반응고체의 다공질화, 전열촉진제의 이용이 효과가 있다. 사용의 반복으로 인해서 마모에 의한 분진의 발생, 응집현상, 성능의 감소(열화) 등이 과제이다. 촉매를 사용하는 경우는 전열성, 촉매의 고활성이 실용화에 포인트라고 할 수 있으나 선택성과 내열성도 같이 검토되고 있다.

14.4 태양열을 이용한 히트펌프 시스템의 한 예

히트펌프와 위에서 말하는 태양열의 이용을 결합한 태양열 히트펌프 시스템의 개략도를 그림 14.7에 나타냈다. 겨울철 난방 시에는 태양열 집열기에서 얻은 태양열을 10~20℃의 상태로 히트펌프의 좌측 축열조(1)에 축열하고 이 축열조의 물을 히트펌프를 통해 온도를 올려(약 30~50℃) 우측 축열조(2)에 저장하여 난방으로 쓴다. 태양열의 집열상태가 좋아 온도가 충분히 높으면(약 40℃ 이상) 히트펌프를 통하지 않고 바이패스시켜 우측 축열조(2)로 보내서 저장하고 난방에 쓴다. 태양열이 불충분해서 좌측 축열조의 온도가 너무 내려가면 보조 보일러를 이용해 열을 보충한다. 경우에 따라서는 보일러의 온수를 우측 축열조에 저장할 수도 있고 바로 난방에도 쓸 수 있도록 융통성을 둔다. 여름에 냉방할 경우에는 우측 축열조의 물을 히트펌프에 순환시켜 냉각하고 냉방에 이용한다. 이 방법은 기술적으로 큰 문제는 없으나 설비가 크다.

태양열 대신에 지열을 열원으로 이용하는 난방용 히트펌프도 최근 많이 보급되었다.

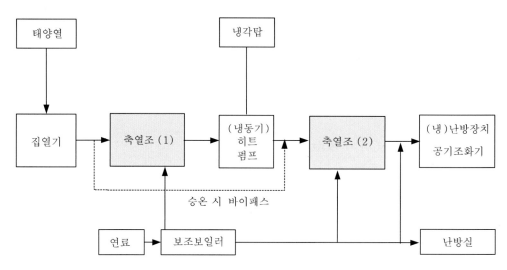

그림 14.7 ┃ 태양열 히트펌프 (냉)난방

1 흡착을 이용한 히트펌프의 보다 효율적인 시스템을 구성(연속적 조작 등)해 보여라.

2 히트펌프에서 증발기, 즉 열을 흡수하는 쪽에 외측 온도가 높을수록 히트펌프의 효율이 올라간다. 그 이유를 설명하여라.

3 히트펌프의 열의 흡수원은 외기, 폐온수, 지열, 태양열 등의 이용이 가능하다. 이들 이용의 설치 시 설치비용의 크기순으로 나열하고 그 이유를 설명하여라.

4 화학식 히트펌프는 다양하다. 농황산을 물로 희석(흡수식)할 때 많은 열을 발생한다. 이를 이용하는 흡수식 히트펌프의 개념을 스케치하여라.

5 압축식과 흡수식 히트펌프의 장단점을 비교하여라.

에너지의 변환과 코제네레에이션

1차 에너지(석유, 석탄, 천연가스, 핵연료, 태양에너지, 지열 등)를 2차 에너지(전력, 가스, 등유, 가솔린 등), 특히 전력으로 변환하는 방법은 표 15.1과 같이 크게 나눌 수 있다.

1차 에너지를 일단 기계적인 에너지와 화학적인 에너지로 변환하고 다시 전력으로 변환하는 기술과, 1차 에너지를 바로 전력으로 가져가는 직접 발전으로 나눌 수가 있다. 현재 상용화되어 있는 대용량의 발전방식은 수력발전, 화력발전, 원자력발전이다. 현재 화력발전이 우리나라의 경우 전체 발전에서 61%(2013년 현재)를 차지하고 있다. 그러나 장차 화석연료로 인한 환경의 영향을 고려해서 원자력의 비중이 늘어날 것으로 생각된다.

표 15.1에서 보는 바와 같이 새로운 발전방식은 크게 세 방향으로 분류해 볼 수 있다.

첫째는 핵에너지(제7장 참조)(핵분열, 핵융합)를 1차 에너지로 하는 발전방식으로 고속증식로 발전, 핵융합발전에 의한 대용량의 발전도 가능하다. 둘째는 깨끗하고 고갈되지 않는 태양에너지와 지열에너지의 자연에너지를 이용한 발전이다. 더구나 태양발전과 지열발전은 중소용량의 발전도 가능한 것이다. 셋째는 발전효율의 향상에 의한 에너지 절약형 발전으로 MHD 발전과 열전자발전 그리고 화력, 원자력발전의 하이브리드형 발전이 이용 가능할 것으로 보고 있다.

↘ 15.1 우리나라 전력생산의 역사

우리나라 전원개발은 제1차 경제개발 5개년계획(1962~1966년)의 일환으로 본격화되기 시작하였다.

정부의 강력한 통합정책에 따라 1961년 6월 23일 한국전력주식회사 출범이 공포되어 1961년 6월 1일 하나의 발·송 전담회사와 두 개의 배전회사가 통합되면서 1차 전원개발이 시작되었다. 당시 발전설비는 36만 7천 kW, 공급가능 최대출력은 28만 8천 kW에 불과하였으나 최대 수요는 43만 5천 kW로 추측되어 15만 kW의 전력이 부족하였다. 1차개발 기간 동안에 43만 2천 kW의 전력 공급능력이 달성되었다. 1964년에는 무제한 송전이 실현 되었고 계통운영에 안정화를 가져 왔다. 그러나 매년 30%에 육박하는 전력수요의 급격한 증가가 있었고 1967년 말 극심한 가뭄으로 수력발전의 차질과 전원건설계획의 지연으로 일시 전력의 송전제한이 다시 발생하였다.

전원개발에 소요되는 막대한 자본을 정부가 담당하기 어렵게 되자 민간자본이 전원개발에 투입되기 시작하여 총 157만 kW의 발전소가 민간기업에 의하여 건설되었는데, 결국 전력사업의 다원화뿐만 아니라 설비의 과잉만 초래하게 되었다. 제2차 5개년 기간(1967~1971년) 중 수력 12만 kW, 기력 157만 kW, 내연력 21만 kW 등 합계 191만 kW의 신규 전원이

표 15.1 | 여러 가지 발전 기술

	1차 에너지	변환과정	비 고
간접 발전	수 력	수차 구동	수력발전
	석 유	터빈 구동	석유화력발전
	천연가스	터빈 구동	LNG화력발전
	석 탄	터빈 구동	석탄화력발전
	핵연료		
	핵분열(우라늄)	터빈 구동	경수로발전
		터빈 구동	중수로발전
		터빈 구동	고온가스로발전
		터빈 구동	고속증식로발전
		터빈 구동	용융염 증식로
	핵융합(중수소)	터빈 구동	핵융합 발전
	태양열	터빈 구동	태양열 발전
		터빈 구동	해양 온도차 발전
	풍 력	풍차 구동	풍력발전
	지 열	터빈 구동	지열발전
		터빈 구동	화산발전
	조 석	수차 구동	조력발전
	조 류	수차 구동	조류발전
	파 력	공기터빈구동	파력발전
	핵연료	수소에너지	연료전지 발전
	태양열	수소에너지	연료전지 발전
직접 발전	석 유		MHD 발전
	석 탄		열전자 발전
	천연가스		열전기 발전
	핵연료		
	태양열		
	태양광		태양광 발전(태양전지)

개발되어 발전설비는 262만 kW로 증가하였다. 최대 수요 177만 kW를 공급하고도 64만 kW의 예비전력을 확보하게 되었다. 이 기간 동안에는 석유를 사용하는 화력발전에 집중적으로 투자되었는데, 이는 당시 석탄이 가격문제와 수송의 지리적인 여건 그리고 생산량의 경직성 등의 제약으로 비롯된 것이다. 특히, 원자력발전소의 건설문제와 양수발전의 기초 조사가 2차 개발기간 동안에 이루어졌다.

제3차 전원개발계획(1972~1976년)에는 종래 석유 위주의 전원개발계획을 발전연료 다원화로 전환하기 시작하였다. 그 이유는 1973년 제1차 석유파동이 일어났기 때문이다. 이 기간의 초기에는 과잉 설비에다 경기침체로 인하여 전력수요의 둔화 현상이 겹쳤다. 그런가 하면

이 기간의 후기에는 석유파동으로 침체되었던 경기가 회복되기 시작하였고, 수출산업의 급격한 신장세에 힘입어 신규 설비 292만 kW를 추가했으나 예비율은 1976년 말 3.9%로 뚝 떨어지게 되었다.

한편, 1976년 연말의 에너지원별 시설용량 및 발전량에서 유류 발전이 각각 85%, 92%를 차지하는 실정이어서 석유 에너지 대체의 필요성이 절실하였다.

1977년부터 1981년 사이의 제4차 전원개발 기간에는 체제정비와 설비확충에 주력하였고 대용량의 대규모 원자력과 화력, 수력, 양수발전이 시작되었다. 1979년 제2차 석유파동을 겪으면서야 원자력과 유연탄 화력발전에 적극적인 자세를 갖게 되었다. 그리하여 1981년에는 시설용량이 983만 5천 kW에 이르렀고 탈 석유개발로의 전환과 기자재 국산화에 박차를 가하기 시작했다. 이 기간에 58.7만 kW의 원자로 1호기가 준공되었는데, 이것이 당시로서는 세계에서 21번째의 원자력발전소였다. 그리고 40만 kW의 양수발전소가 가동되어 피크제어에 기여하게 되었다.

제5차 전원개발은 1982년에서 1986년 사이를 말하는 것으로, 이 기간에는 건설되던 화력발전소를 제외한 새로운 석유화력은 고려하지 않았다. 이에 반하여 유연탄 화력발전소는 경제성뿐만 아니라 유류 수입의 경감과 에너지 다원화 추진 측면이 대폭 반영되어 삼천포 화력, 보령화력이 유연탄 화력발전소로 건설되었다. 또한 서천화력을 건설하여 충남지구의 저품질의 무연탄을 소비할 수 있게 되었다. 그리고 원자력발전소 월성 1호기와 고리 2호기가 1983년에, 그리고 고리 3호기가 1985년에, 고리 4, 영광 1호기가 1986년에 준공되어 원자력

표 15.2 | 우리나라 에너지원별 발전 시설용량 (단위: MW)

연도	수력	원자력	화력	합계
1966	215(28)	–	554(72.0)	769
1970	328(13.1)	–	2,179(87.0)	2,508
1976	711(14.8)	–	4,098(85.2)	4,809
1982	1,201(12.3)	1,265(12.3)	7,836(76.0)	10,304
1992	2,497(10.4)	7,615(31.6)	14,006(58.1)	24,120
1996	3,094(8.7)	9,615(26.9)	23,005(64.4)	35,715
2000	3,148(6.5)	13,715(28.3)	31,586(65.2)	48,450
2004	3,878(6.5)	16,715(27.9)	37,876(63.1)	59,961
2006	5,484(8.4)	17,715(27.0)	40,691(62.1)	65,514
2009	5,514(7.5)	17,715(24.1)	47,493(64.6)	73,469
2014	6,466(6.9)	20,715(22.2)	57,236(61.4)	93,215

2004, 2006, 2009, 2014년도 합계에는 집단, 대체에너지가 포함된 합계임(약 2~2.3%), ( ): %
에너지원별 구입발전단가[단위: 원/kWh(2014년 기준)]: 원자력 54.96, 석탄(유연탄) 65.79, 국내탄 91.19, 석유류 221.32, LNG 156.13, 복합 162.34, 수력 160.91, 양수 171.82, 신재생 117.08

시설용량은 476만 kW에 이르러 1986년 기준 전체 시설용량의 26.4%에 해당하고 발전량면에서는 43.8%에 달하여 기저 공급력으로서 위치를 굳혔다. 한편 피크공급설비로 내연이나 수력에 의존하던 과거의 방식에서 벗어나 심야에 값싼 동력을 활용하는 제2의 양수발전소인 삼량진발전소가 건설되었다.

화력발전은 화석연료의 연소 시 방출하는 열에너지를 이용해서 물로부터 수증기를 얻고 이 수증기가 가지고 있는 에너지를 이용해서 증기터빈을 돌려서 발전하는 랭킨사이클 방식임을 알고 있다.

그림 15.1에 나타낸 바와 같이 석유나 석탄과 같은 연료가 연소할 때 발생하는 열이 보일러 내에 있는 가압수에 전달되어 물을 가열하고 고온고압의 수증기를 만든다. 이 수증기를 증기터빈에 보내서 단열팽창시키고 발전기와 직결된 터빈축을 회전시킨다. 이 회전 운동에너지가 발전기를 돌려서 전기에너지로 변환되며 전력이 발생한다. 터빈에서 나온 압력이 떨어진 증기는 응축기로 들어가 액체로 응축되며 급수펌프에 의하여 다시 보일러로 들어가 압력이 가해지고 증기로 되며 순환한다.

이러한 기력발전의 원리는 앞서 4장의 석탄화력에서 이의 다룬 것이지만 여기서는 일반 기력발전의 정의를 다시 해 두는 것이다.

화력발전에는 에너지 매체로 수증기를 사용하는 기력발전 외에 내연기관을 이용하는 내연력(內燃力)발전(디젤엔진), LNG를 이용하는 가스터빈발전이 있다.

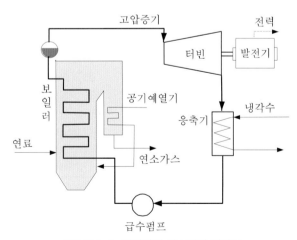

그림 15.1 | 기력발전 시스템의 개략도

표 15.3 | 화력발전소의 연료 종류별 시설용량 (단위: MW)

연 도	석탄혼소	석유화력	LNG 겸용	복합화력	내연력
1966	484(63)	30(3.9)	–	–	39(5.1)
1970	537(21.4)	1,390(55.4)	–	–	252(10.1)
1976	699(14.5)	3,154(65.6)	–	620(10.7)	244(5.1)
1982	650(6.3)	6,072(58.9)	–	920(8.9)	194(1.9)
1988	3,700(18.5)	3,662(18.4)	2,550(12.8)	895(4.5)	235(1.2)
1992	3,700(15.3)	3,662(15.2)	2,550(10.6)	3,706(15.4)	388(1.6)
1996	7,820(21.9)	4,664(12.2)	1,537(4.3)	8,718(24.4)	264(0.7)
2000	14,031(29.0)	4,490(9.3)	1,537(3.7)	11,256(22.6)	270(0.5)
2004	17,465(29.0)	4,308(7.2)	1,537(2.5)	14,313(23.9)	252(0.4)
2006	18,465(28.2)	4,388(6.7)	1,537(2.3)	16,004(24.4)	296(0.5)
2009	24,205(32.9)	4,478(6.1)	887(1.2)	17,574(23.9)	347(0.5)
2014	26,273(28.2)	2,950(3.2)	387(0.4)	27,295(29.3)	329(0.4)

( ): 전발전용량에 대한 %

우리나라는 중유를 연소하는 중유발전소 외에 석탄+석유를 혼소하는 석탄혼소 발전소, 가스로 가스터빈을 돌리고 나온 고온의 가스로 다시 기력발전을 하는 복합화력이 있다. 석유나 석탄화력은 아황산가스와 질소산화물과 같은 대기오염물질을 방출하며 석탄의 경우는 CO_2와 분진을 많이 발생하므로 국제에너지기구(IEA)는 공해가 적고 상대적으로 탄산가스의 발생이 적은 LNG의 사용을 권하고 있다.

이러한 환경문제를 고려할 때 발전효율의 향상이 중요하며 이를 위하여 증기의 온도와 압력을 올리는 고온 고압화, 앞서 석탄편에서 말한 초/초초임계발전 그리고 발전시설의 대형화(scale merit)를 추진하고 있다.

▷ 15.3 열전자발전

금속 내의 원자가(原子價) 전자는 eV 정도의 운동에너지를 가지고 있고 금속이라는 통 속에 가두어져 있으며 핵에 끌려 있는 상태로 있다. 그런데 만일 이 금속에 온도가 충분히 올라가서 1,000~2,500 K 정도가 되면 금속 내에 전자의 전위분포가 생기고 에너지수준이 상위(운동에너지)에 있는 전자가 금속면으로부터 튀어나오게 되며 이를 열이온방출(thermionic emission)이라 한다. 이 전자의 방출량은 온도에 의존할 뿐만 아니라 Fermi 준위(물질이 그곳에 전자가 존재할 확률이 50%가 되는 에너지준위를 나타내는 것으로 n형 반도체는 전도대 근처에 가깝고 p형 반도체는 원자가대 근처에 가깝다)에 따라 달라진다. 금속을 벗어나는

데 필요한 Fermi 전자의 준위는 $e\Phi$(e: 전자전하, Φ: 일함수)로 쓸 수 있고 여기서 일함수 Φ(work function, 금속 표면으로부터 전자를 방출하는 데 필요한 최소한의 에너지)의 크기는 Volt(0.5~1) 정도의 크기를 갖는다. 즉 금속을 벗어나는 데 필요한 에너지는 이 일함수 준위에 관계 된다. 이와 같이 방출되는 열전자가 음극의 이미터 금속의 일함수보다 작은 양극 컬렉터 금속에 포집되며 그림 15.2와 같이 이미터와 컬렉터 사이에 Fermi 전위차가 생기고 이것이 외부 부하에 대하여 기전력을 발생한다. 이러한 현상을 이용하여 열에너지를 직접 전기에너지로 변환하는 방식을 열전자발전이라고 하며 직접 발전의 일종이다.

열전자발전기(thermionic converter)의 구조는 그림 15.3에 나타낸 바와 같이 가열하면 열전자를 방출하는 전극(emitter)과 이 열전자를 포집하는 저온의 전극(collector)을 0.5 mm 정도 접근시켜 놓은 것이다. 그 사이의 공간에 Cs 증기를 채워 놓았다. 이를 세슘 저장기 (cesium reservoir)라고 하여 전자의 진공 중 방출장벽을 낮추어준다(그림 15.2 참조). 상부에 위치한 이미터 금속을 가열하면 이 금속으로부터 열전자가 방출한다. 이 열전자의 단위면적 당 열전자 방출 전력밀도 J는 다음 식으로 나타낸다.

$$J = A T^2 \exp(-e\Phi/kT) \quad (\text{A/m}^2)$$

여기서, A: $4\pi emk/h$ T: 이미터의 절대온도

    e: 전자의 전하 k: Boltzmann 상수

    h: Plank 상수 m: 전자 질량

    Φ: 일함수(work function)

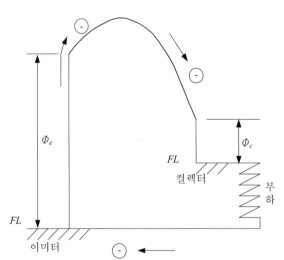

Φ_e, Φ_c : 진공시 이미터, 컬렉터의 일함수(work function)
FL : Fermi 준위

그림 15.2 | 열전자 발생기 내의 전자의 움직임 (potential diagram)

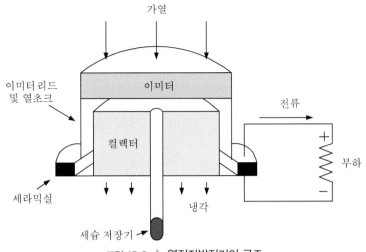

가열

이미터

이미터 리드
및 열초크

전류

컬렉터

+

부하

세라믹실

냉각

−

세슘 저장기

그림 15.3 │ 열전자발전기의 구조

현재 개발 중인 열전자발전기는 음극의 온도가 1,700~2,000 K 정도이고 양극의 온도가 800
~1,100 K 정도이다. 이 정도의 온도에서 동력밀도(power density)는 두 자릿수의 watts/cm^2 크
기를 가지며 효율은 20%를 넘는다.

이 열전자발전기는 원자로를 열원으로 한 열전자발전, 태양열을 이용한 태양열 전자 발전
기 그리고 화염에 의한 열전자발전기에 대해 현재 연구가 활발히 진행되고 있다.

세계 최초로 건설된 열전자발전기는 1970년 러시아의 Topaz 프로젝트로서 전기출력 약
10 kW이다. 현재 총 가동시간은 40,000시간 정도가 된다.

15.4 MHD발전

MHD(Magneto-Hydro-Dynamics; 전자유체역학)발전도 움직이는 기관을 사용하지 않는 발
전기술로 열효율을 올릴 목적으로 개발이 진행되고 있는 발전방식이다. 보통 화력발전에서
는 열에너지로 수증기를 먼저 발생시키고 터빈을 돌려서 전기를 얻는 랭킨사이클 발전방식
으로는 발전효율이 커야 40% 정도가 된다. 이 MHD발전에서도 일단 열이 발생은 하지만
직접 전기를 얻을 수 있으며 열효율을 50~60% 정도까지 올릴 수 있다.

그동안 개발이 진행되고 있는 MHD발전에서는 가스 플라스마에 의한 방식으로 액체 금속
을 사용해서 발전하는데, 두 종류가 있다.

가스 플라스마에 의한 발전방식은 먼저 연료를 태워서 3,000℃ 정도의 고온 가스를 만들
고 이 속에 이 정도의 온도에서 전리하는 칼륨, 세슘 등의 알칼리 금속을 혼입하면 고온에서

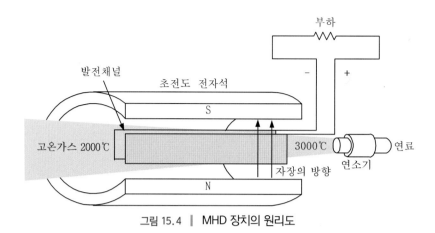

그림 15.4 | MHD 장치의 원리도

전하를 갖는 플라스마 가스류를 만들 수 있다. 그래서 대전된 가스를 고속으로 자장 중을 통과시키면 전류를 발생하게 된다.

이 경우 강력한 자장을 발생시키기 위해서는 −296℃의 극저온에서 전기저항이 제로가 되는 특종 금속, 즉 13장에서 다루고 있는 초전도체(super conductors), 예를 들면 티탄, 니오브, 탄탈의 3종의 금속의 합금으로 된 것 같은 도선을 코일로 사용하고 초전도 전자석을 액체 헬륨에서 냉각한 상태에서 자장을 발생할 필요가 있다.

또 다른 방법으로는 액체 금속을 고온에서 자장 중을 고속으로 운동시켜서 전기를 얻는 것도 고려하고 있지만, 가스 플라스마 방식에 비하여 기술적으로 힘든 문제가 많다.

현재 MHD 발전은 러시아, 미국 등 강대국에서 기술 개발을 하고 있고 러시아에서는 1,000 kW의 출력으로 발전을 하고 있다.

MHD 발전은 연료를 사용해서 얻은 열로부터 효율이 좋은 전기를 만드는 기술이기 때문에 현재 원자력발전에 MHD를 적용할 생각도 하고 있다. 원자력발전의 열효율은 재료의 한계와 랭킨사이클에서 과열 등이 되지 않아서 현재 30% 정도밖에 되지 않고 있다. 화력발전의 효율에 비하여 열손실이 많은 발전방식이다. 여기서 원자로가 얻는 열을 증기발생용으로 사용하지 않고 MHD 발전과 결합해서 발전효율을 올리고자 하는 것이다. 이것도 성공만 한다면 보다 값싼 전기를 생산할 수 있다고 한다.

↘ 15.5 코제너레이션

코제너레이션은 전력생산 시스템의 특성을 살려서 에너지 이용효율을 올려 보려는 노력이라고 할 수 있다.

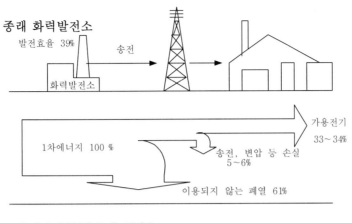

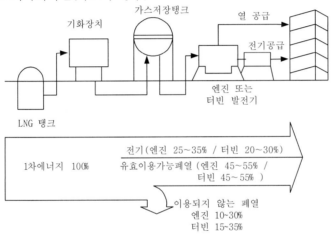

그림 15.5 │ 코제너레이션 개략도

코제너레이션(co-generation)이란 그림 15.5와 같이 열과 전기를 동시에 공급하도록 하는 시스템이다. 보통 전력은 발전소에서, 그리고 열은 열공급 플랜트에서 각각 별도로 공급되지만 코제너레이션 시스템에서는 발전에 사용되고 온도가 낮아진 배출되는 열을 버리지 않고 회수해서 지역난방에 공급하도록 하고 있는데 통상 이러한 시스템을 코제너레이션에 의한 지역난방이라고 한다.

우리나라의 경우(표 15.4) 분당, 일산, 평촌 등 서울 외곽의 신도시 또는 새로 건설된 신도시에 모두 도입하고 있다. 산업체에서 큰 규모의 코제너레이션은 우리나라에서는 열병합발전(CHP, Combined Heat and Power generation)이라고도 한다.

최근에는 열과 전기의 수요변동을 조정하기 위하여 그림 15.6과 그림 15.7과 같이 히트펌프 시스템을 엔진(디젤)식 코제너레이션과 연계하는 복합 시스템으로 발전시켜 나가고 있다.

표 15.4 │ 우리나라 지역난방의 시설용량 및 소비

연도	시설용량 (Gcal/h)	열생산 (Gcal)	총 판매 (Gcal)	주 택 (Gcal)	업무용 (Gcal)	공공용 (Gcal)
1987	387	140,336	104,149	100,507	3,642	–
1989	515	757,168	708,788	650,787	51,263	6,652
1992	1,905	1,629,989	1,426,609	1,342,074(94.1)	2,981(5.1)	1,554(0.8)
1995	3,133	5,998,969	5,587,964	5,324,817(95.2)	200,582(3.6)	62,565(1.2)
1998	4,400	7,488,258	7,135,976	6,655,800(93.3)	380,409(5.3)	99,767(1.4)
2000	3,958	8,987,207	8,611,705	7.884,768(91.6)	569,549(6.6)	157,388(1.8)
2002	–	8,621,293	8,242,784	7,517,560(91.3)	571,981(6.9)	153,202(1.8)
2004	4,944	9,483,681	9,097,355	8,114,021(89.4)	774,157(8.5)	191,177(2.1)
2006	5,477	10,367,601	9,840,027	8,778,237(89.4)	804,568(8.3)	217,222(2.3)
2009	–	11,450,055	11,012,061	9,860,233(89.5)	913,065(8.3)	238,763(2.1)
2015	–	12,125,385	11,595,236	10,021,708(87.9)	1,108,039(9.7)	264,702(2.3)

(   ): %

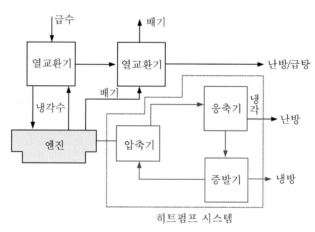

그림 15.6 │ 엔진-히트펌프 시스템

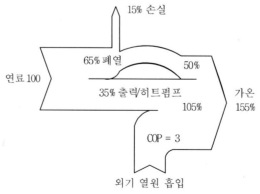

그림 15.7 │ 엔진 히트펌프 시스템의 에너지 밸런스

⤵ **15.6** **코제너레이션의 의미**

유럽이나 미국에서는 코제너레이션 도입의 역사가 오래되었다. 독일의 하이델베르크와 베를린, 핀란드의 헬싱키, 미국의 뉴욕, 프랑스의 파리 등 대도시에서는 시가지의 대부분이 발전 폐열을 이용하는 지역 열공급망으로 구성되어 있다. 아직 전기를 전매로 하는 곳에서는 전기생산을 마음대로 할 수가 없어서 코제너레이션이 아닌 중앙난방식을 사용하고 있지만 코제너레이션의 시스템은 점점 확대되어 가고 있다.

특히 유럽의 내륙지역에서는 해수를 발전소의 냉각수로 끌어들일 수가 없어서 거대한 냉각탑에서 냉각하면서 발전소에서 발생되는 냉각수를 대기로 방열하는 것이 큰 문제로 되어왔다. 그러나 도시 부근의 발전소에서 이 폐열을 도시난방에 이용하게 된 것은 어떻게 보면 하나의 순리라고도 할 수가 있다.

전기와 열은 운반수단이 다르다. 전기는 전선망으로 그리고 열은 배관망에 의하여 공급되지만 그 융통성면에서는 전기 쪽이 유리하다. 또한 운반 효율면에서도 열은 전기에 비하여 불리한 조건을 가지고 있다. 열을 운반하는 배관은 단열재로 감쌀 필요가 있으며 전기는 저항을 작게 하기 위하여 가급적 굵은 전선을 사용하여야 한다. 우리나라의 발전소 대부분은 과거 도시 외곽에 위치하였으나 이제는 점점 멀리 떨어지고 있다.

그 이유는 도시환경오염(대기오염, 수질오염 그리고 소음까지 발생한다)과 부지확보의 어려움, 즉 지가상승과 주민의 반대가 같이 얽혀 있기 때문이다. 전기의 수송선인 전선은 길어지면 그 만큼 수송상의 손실이 발생하기 때문에 이상적이라면 발전소가 도시에 근접해 있는 것이 효율에 좋다. 그런데 코제너레이션은 열도 도시에 공급하여야 한다. 열의 수송은 굵은 배관망(관지름이 1미터 이상)을 사용해야 하고 여기에 단열은 물론이거니와 사용처에서 냉각된 물이 되돌아오는 환수관도 같이 설치해야 하므로 막대한 공간을 차지하게 된다. 부지 매입에 어려움이 있을 뿐만 아니라 땅값이 비싸 많은 경비가 소요된다. 그러면 이러한 어려움이 있는데 왜 코제너레이션을 선택하려고 하는 것일까? 그것은 열역학편에서 본 바와 같이 열의 특성 때문이다.

열은 고온으로부터 저온으로 흐르며 반대로는 흐를 수가 없다. 다시 말해서 발생된 고온은 주변의 온도가 낮을 때는 단열이 100%가 될 수 없기 때문에 열은 흘러 나갈 수밖에 없다.

여기서 엑서지 손실을 다시 말해보자.

연료를 연소해서 욕탕물을 가열할 경우를 생각해 보자. 연소버너에서 생긴 화염의 온도는 1,500℃ 정도이지만 실제 욕수의 온도는 고작 ~40℃ 정도밖에는 되지 않는다. 따라서 저온과 고온 사이에서 막대한 비가역과정이 포함되고 엑서지의 손실이 발생하게 된다. 즉 이러한 에너지 손실을 줄이려면 에너지의 손실이 0이 되는 가역과정으로 열을 이용하면 되나 우리 인간의 손으로 가역과정의 열 이용설비는 만들 수 없기 때문에 높은 온도에서 순차적으로 낮은 쪽으로 몇 개의 온도영역으로 나누어 이용하는 다단이용이 가역과정에 가깝게 하려는 노력이 되는 것이다. 유럽에서 코제너레이션의 이용은 자연발생적이라고 하지만 이러한 열의 다단이용을 하고 있었던 것이다.

일본에서는 이러한 중형 내지는 소형의 코제너레이션에 많은 연구 및 보급이 급속히 진행되어 왔다. 1983년까지만 해도 총 20만 kW 용량이었던 것이 1986년에 30만 kW, 1988년에는 100만 kW로 2년 사이에 3배의 용량이 증가했다.

이러한 코제너레이션 설비를 설치하는 곳을 보면 병원, 호텔, 슈퍼마켓, 종합체육관, 사무빌딩의 상업용과 필름, 식품, 전기, 정유 등 공장에서도 채택하고 있다.

우리나라의 경우는 1985년 목동에서 시작한 열병합발전식 지역난방이 2002년 현재 한국지역난방공사, 부산시, 서울시, 안산 도시개발, 한국CES(주), 인천공항에너지, (주)포스코, LG파워 등 8개사 21개 지역에서 146만 세대에 대하여 9,207 Gcal/h의 열공급능력과 137만 kWe의 전기시설용량을 갖추고 있다. 산업체는 2004년 말 현재 336만 kWe에 발전용량, 업무용 빌딩이 7만 500 kWe로서 총 발전량의 0.2%를 차지한다. 정부는 2013년까지 총 27만 kWe의 소형 열병합시설의 건설을 추진 했는데 대부분 신도시에 적용되었다. 산업체에 도입된 것은 증기터빈(ST)식과 가스터빈(GT)식이 10개, 디젤이 5개 정도 된다. 디젤 시스템은 소형 건물 등에서 앞으로 늘어날 것 같다. 산업체별로 보면 대부분 단지에서 열병합발전을 하고 있으나 개인사업체의 경우는 업체의 특수성에 따라 다르다. 제철소(광양, 포함)는 대부분 공정에서 생성되는 부생가스를 자체에서 많이 이용하고 남해화학같이 열을 많이 필요로 하는 곳은 고온의 증기로 발전을 하고 저온의 증기로 증발공정에 쓰기 때문에 많은 이점을 가지고 있다. 펄프회사(동해)의 경우는 폐목재를 사용할 수 있는 이점이 있다. 다단이용에는 다음과 같은 아이디어들이 있다.

⬊ 15.7 복합발전

3장에서 다룬 바와 같이 복합발전이란 한 개의 열발생 시스템에 두 개 이상의 터빈/발전기를 설치한 경우를 말한다.

복합발전은 에너지효율을 크게 할 수 있는 것이 특징이며, 연료로 LNG 및 LPG가 사용되는 것이 보통이다. 그리고 이 가스들은 청정에너지로 취급된다. 우리나라의 경우도 배관을 통해서 LNG가 보급되고 있고 LPG 또한 탱크로 수송이 가능하여 따라서 최근 가스발전 시스템이 증가 하고 있다.

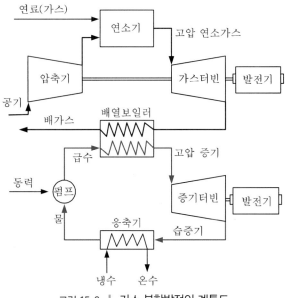

그림 15.8 ┃ 가스 복합발전의 계통도

가스 복합발전이란 그림 15.8과 같이 일단 가스를 연소해서 고온고압의 연소가스(1,100℃)를 만들어 이것으로 가스터빈을 돌리고 터빈과 같은 축에 연결된 발전기에서 발전을 하게 된다.

그러나 가스터빈을 나오는 연소가스는 터빈에서 팽창되고 터빈에서 일을 하게 되므로 온도가 내려가지만 아직 상당한 온도 수준(900℃)에 있기 때문에 터빈 배출가스를 이용해서 보일러에서 고압의 수증기를 발생시켜 이것으로 증기터빈을 돌려서 랭킨사이클을 구성하여 여기에 붙어 있는 다른 발전기로 제2의 발전을 하게 된다. 따라서 고온의 가스터빈(GT)과 이보다 온도 수준이 낮은 저온 ST발전, 즉 다단식의 발전으로 열을 이용하게 되는 것이다. 이렇게 될 경우 두 개의 발전기를 합한 효율은 55% 정도가 된다. 재래의 증기터빈만의 30~40%와 비교하면 효율이 크게 향상됨을 알 수 있다.

그림 15.9에서 '가스–터빈 복합발전'을 다른 열기관과 비교하여 그것의 효율을 보여주고 있다.

발전효율 외에 증기터빈에서 나오는 폐열을 다시 난방에 이용하면 열이 3단계로 이용되는 것으로서 열의 이용까지 합한 종합효율은 80% 이상이 가능하다. 이러한 에너지 손실 저감 노력은 바로 에너지 절약면에서 의미가 크다.

최근 가스터빈 발전기를 소형으로 하여 패키지화하고 있는데, 그 규모는 수 MW(1,000 kW)에서 10 MW(10,000 kW) 정도로 생각하고 있다. 원자력발전소가 1,000 MW(100만 kW)이므로 이것의 1/1,000~1/100 정도로 최근 갑자기 많이 건설되고 있다.

복합발전의 형태는 연료로 가스만 사용할 수 있는 것이 아니라 석유도 물론 사용할 수가 있다. 그리고 열기관으로서 가스터빈 외에 앞에서 본 바와 같이 디젤엔진도 사용하고 있다. 석유를 이용하는 동력발생 시스템은 물론 휘발유를 사용하는 엔진도 사용할 수는 있으나 경제성을 고려하면 디젤 쪽이 우수해서 디젤엔진이 이용된다. 디젤엔진에는 등유와 A중유도 사용된다.

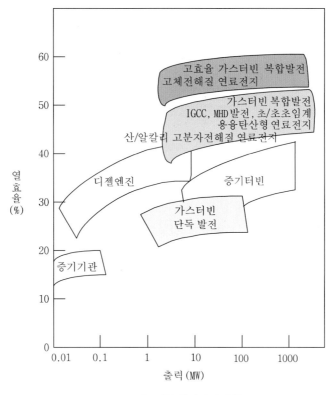

그림 15.9 ┃ 각종 열기관의 효율

1 화석연료를 연소해서 증기를 생산, 증기터빈/발전을 할 때 왜 효율을 올리기 힘든 것일까?

2 가스터빈과 증기터빈의 차이점을 터빈의 구성재료 및 효율면에서 비교하여라.

3 열전자발전의 응용성에 대해서 나름대로 논하여라.

4 코제너레이션이 설치된 현장 몇 곳을 답사하고 사용실태를 조사하여 보고서를 만들어 보아라.

5 코제너레이션 시스템으로 (1) 엔진/폐열 회수/히트펌프와, (2) 터빈/폐열 회수/발전 등으로 구성되는 경우 그 특징을 설명하여라.

6 복합발전에서 가스를 이용하는 경우와 석유를 이용하는 경우의 공정을 그리고 비교 설명하여라.

7 복합발전의 효율은 단일발전보다 높다. 그 이유를 열역학적으로 설명하여라.

8 우리나라의 가스복합발전의 사례를 조사하여라.

9 MHD 발전방식의 연구가 현재 얼마나 발전했는지 조사하여라.

Chapter 16

에너지와
환경

에너지 사용이 환경에 어떤 영향을 주고 있을까? 또 현재 일어나고 있는 환경문제란 어떤 것인가 생각해 볼 필요가 있다. 환경문제는 오염형태에 따라 크게 두 가지 형태를 생각할 수 있다. 하나는 지구 전체의 환경문제이고 다른 하나는 국지환경 문제이다. 지구환경이나 국지환경 모두 우리의 생활과 생산 활동에서 만드는 산물이지만 적어도 지구환경은 얼마 전 까지만 하더라도 사람들이 별로 관심을 갖지 않았던 것이다.

▍지구환경 변화

- 산업과 인간생활 활동
  - 온실효과(에너지와 직접관련)
  - 오존층파괴(에너지와 간접관련)
- 산림파괴: 사막화, 야생생물 종 감소

▍국지환경 오염

- 산업활동에 의한 오염: 대기오염, 수질오염, 토양오염, 소음, 진동, 산업폐기물
- 도시생활에 의한 오염: 대기오염, 수질오염, 소음, 생활오수 및 생활쓰레기(폐기물)

● 지구환경 ●

↘16.1 오존층의 파괴

환경문제는 직접 및 간접적으로 보면 모두 에너지의 사용 행위와 관련이 있다. 오존층을 파괴하는 프레온으로 특히 CFC-11, CFC-12나, CFC-113 같은 것은 표 16.1에서 보는 바와 같이 탄소, 염소, 플루오르(불소)로 되어 있다.

이러한 프레온은 화학적으로 안정해서 분해되기가 힘들고 물에 잘 녹지도 않으며 대류권에 누출되더라도 분해되지 않고 장시간 머무를 수가 있다. 대류권에 축적된 프레온은 대류권을 지나 성층권으로 확산하지만 일단 성층권에 들어간 것은 강력한 자외선을 받아 해리된다. CFC-11의 예를 보면,

$$CCl_3F + h\nu(빛) \rightarrow CCl_2F + Cl$$

와 같이 활성 염소를 방출한다. 즉 CCl_3F로부터 Cl가 해리되고 오존과 반응하며 다음과 같이 ClO로 변화하고 이것이 계속해서 다른 오존분자를 파괴한다.

반응은 다음과 같다.

$$Cl + O_3 \rightarrow ClO + O_2 \text{ (오존층 파괴반응)}$$
$$ClO + O_3 \rightarrow Cl + 2O_2 \text{ (오존층 파괴반응)}$$

즉 프레온으로부터 발생된 Cl가 ClO를 거쳐 다시 Cl로 돌아가며 O_3를 파괴하기 때문에 염소촉매반응 사이클이라고 하며 Cl원자 하나가 오존 100,000분자를 파괴한다고 한다.

표 16.1 | 현재 시판되는 프레온과 용도

사용기호	구조식	분자량	비점 (℃)	주요 용도
CFC-11	CCl_3F	137.4	23.7	발포제, 에어졸, 냉매, 세정제
CFC-12	CCl_2F_2	120.9	−29.8	냉매, 발포제, 에어졸
CFC-13	$CClF_3$	104.5	−81.4	혼합냉매
CFC-112	$CCl_2F\text{-}CCl_2F$	203.8	92.8	세정제
CFC-113	$CClF_2\text{-}CCl_2F$	187.4	47.8	용제, 세정제, 혼합용제
CFC-114	$CClF_2\text{-}CClF_2$	170.9	3.6	발포제, 냉매, 에어졸
CFC-115	$CClF_2\text{-}CF_3$	154.5	−39.1	냉매, 혼합냉매성분, 드라이에칭제
FC-14	CF_4	88.0	−128.0	드라이에칭제
FC-116	$(CF_3)_2$	138.0	−78.2	드라이에칭제, 냉매
FC-C-318	$(CF_2\text{-}CF_2)_2$	200.0	−5.8	드라이에칭제, 냉매
HCHC-21	$CHCl_2F$	102.9	8.9	냉매
HCFC-22	$CHClF_2$	86.5	−40.7	냉매
HCFC-142b	$CH_3\text{-}CClF_2$	100.5	−9.8	발포제, 냉매
HFC-23	CHF_3	70.0	−82.0	드라이에칭제, 냉매
HFC-152a	$CH_3\text{-}CHF_2$	66.0	−25.0	냉매, 세정제(유리)
HFC-134a	$CF_3\text{-}CH_2F$	102.0	−26.3	냉매

표 16.2 | CFC의 공기 중 수명 및 오존 소모능력(ODP)

물질명	Du Pont 예측수명(년)	ODP	물질명	Du Pont 예측수명(년)	ODP
CFC-11	71	1	HCFC-141b	9	0.11
CFC-12	150	1	HCFC-142b	21	0.065
CFC-113	117	0.8	CCl_4	61	1.2
CFC-114	320	1	CH_3CCl_3	6	<0.008
CFC-115	550	0.6	HFC-125	20	0
HCFC-22	16	0	HFC-134a	8	0
HCFC-123	2	0.012	HFC-143a	65	0
HCFC-124	6	0.02	HFC-152a	2	0

ODP(Ozone Depletion Potential): '오존 소모능력'을 CFC-11, 12를 1로 하여 정해진 상대적인 값

표 16.1과 16.2에 현재 시판되는 프레온과 공기 중에서의 프레온의 수명 그리고 오존 소모 능력(ODP)을 나타내었다. 대기 중에 방출된 후에 수명이 긴 것, 즉 CFC-11, 12, 113, 114 및 115는 특정물질로 규정해서 규제되고 있다. 이들 특정물질은 1998년 7월까지 단계적으로 1986년 기준 50% 이하로 줄일 계획이었는데, 이것은 1987년 9월에 캐나다 몬트리올에서 채택된 의정서(프로토콜)에 의한 것이다. 그 후 1989년 5월에 체결국 회의에서 늦어도 2000년까지 가급적 빨리 특정 프레온을 전폐하자는 헬싱키 선언을 하게 되었다.

표 16.2에서 보는 바와 같이 대상의 특정물질은 대기 중에서 71년에서 550년까지의 수명을 갖고 있다. 따라서 프레온이 오랜 기간을 두고 성층권으로 올라가 오존과 반응하여 결국 오존을 소멸시켜 태양에서 오는 자외선이 오존층에 흡수되지 못하고 통과된다. 뿐만 아니라 분자가 커서 탄산가스와 같이 온실가스로도 크게 작용한다.

따라서 오존층 파괴는 투과되는 자외선으로 사람의 피부에 작용하여 피부암 등 건강에 영향을 주고 기후변화에도 중대한 변화를 일으키는 것으로 보고 있다.

표 16.1에서 본 바와 같이 프레온 가스는 냉장고와 에어컨의 냉매로 쓰이거나 전자산업에서 세정제 그리고 단열발포제로도 사용되어 왔다. 대부분 에너지 관련산업에서 쓰이는 물질이다.

⌐ 16.2 온실효과

우리가 주로 쓰는 화석연료 사용 시 발생하는 탄산가스가 지구의 온실화 현상에 80% 정도로 가장 큰 영향을 주고 있다. 이 탄산가스는 옛날에는 인체에 해를 주는 물질로 생각되지 않았다. 오히려 탄산가스는 나무 등 식물의 성장에 필수 불가결한 물질로서 생각해 왔다. 최근 우리나라에서도 온실재배가 한창인데 식물의 성장을 촉진시키기 위해서 오히려 탄산가스를 인공적으로 온실에 불어넣어 주는 경우도 있는데 성장에 큰 효과를 보인다고 한다. 그러나 우리 생활에서 발생되는 탄산가스량이 식물이 이를 제거하는 양, 그리고 바닷물에 흡수되거나 비에 씻겨 내려가는 것까지 포함하여 발생하는 것과 제거되는 양이 같아야 한다. 그럼에도 불구하고 급격한 산업발전으로 생성량이 제거되는 양보다 더 많기 때문에 대기 중에 탄산가스의 양은 1975년에 335 ppm이던 것이 2100년에 가면 560 ppm 정도로 올라갈 것으로 보고 있다. 1967년까지는 직선적으로 증가하던 것이 상승에 커브를 그리며 그림 16.1과 같이 가속적으로 상승하여 매해 1.3 ppm씩 증가하고 있다.

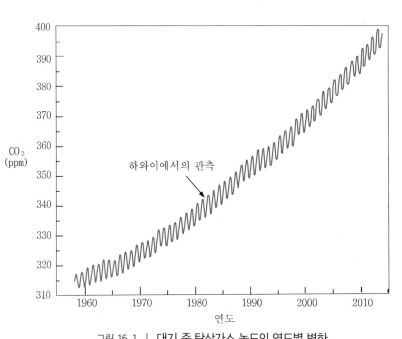

그림 16.1 │ 대기 중 탄산가스 농도의 연도별 변화

↘ 16.3 각국의 탄산가스 배출량

　　탄산가스의 배출량은 에너지 사용에 비례한다. 따라서 탄산가스는 에너지를 많이 사용하는 선진국이라든가 화석연료, 특히 석탄을 많이 사용하는 중국 같은 개발도상국에서 많이 배출된다. 표 16.3은 각국의 탄산가스의 배출량이다. 또한 그림 16.2는 연료의 종류별로 볼 때 연료 단위중량당 발생되는 탄산가스의 상대적인 양을 나타내고 있는데 LNG에서 탄산가스의 양이 가장 적게 배출된다.

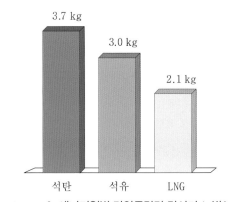

그림 16.2 │ 에너지원별 단위중량당 탄산가스 발생량

표 16.3 ┃ 각국의 탄산가스 배출량(2013년도 기준)

국 명	GDP($)/인	CO$_2$ kg/GDP($)	총 배출량(CO$_2$ 백만 톤)	배출량(CO$_2$ 톤/인)
미 국	54,629	0.30	5,300	16.6
캐 나 다	50,271	0.31	550	15.7
러 시 아	12,836	0.98	1,800	12.6
독 일	47,627	0.21	840	10.2
영 국	45,603	0.16	480	7.5
일 본	36,194	0.29	1,360	10.7
프 랑 스	42,736	0.13	370	5.7
이탈리아	34,960	0.18	390	6.4
중 국	7,594	0.64	10,330	4.9
한 국	27,970	0.45	630	12.7
세계 합계			35,270	

표 16.3에서 보면 탄산가스의 발생은 중국이 가장 커서 전체 배출량의 20% 이상을 차지하고 있다. 또한 미국, 러시아 그리고 일본 등이 매우 큰 탄산가스 발생국인데 석탄을 많이 사용하는 것이 그 원인이다. 특히 러시아의 경우는 추운 지역이라서 겨울에 석탄 소비량이 많다. 전세계에서 대략 290억 톤/년의 탄산가스가 방출된다. 1인 기준으로 볼 때 우리나라도 상대적으로 상당히 큰 것을 알 수 있다.

또한 전력 생산 시 에너지원별로 1 kWh얻는데 생성하는 CO$_2$ g(gCO$_2$/kWh)를 2009~2011 사이의 평균치로 비교한 것을 표 16.4에 나타내었다.

표 16.4 ┃ 전기 1 kWh 생산 시 방출되는 탄산가스량(g) (gCO$_2$/kWh)

국 가	석 탄	석 유	가 스
호주	1,069	796	511
중국	969	794	519
프랑스	833	942	605
독일	925	722	443
인도	1,297	1,462	433
일본	837	644	424
한국	941	661	394
북유럽	842	753	428
영국+아일랜드	903	824	386
미국	954	714	410
캐나다	903	831	467
이태리	903	737	398

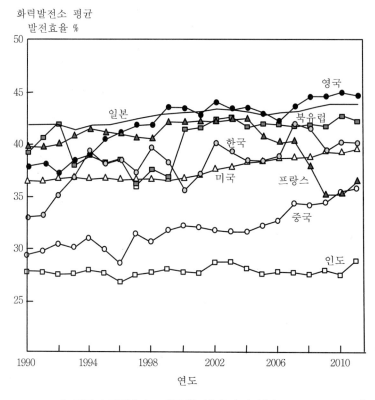

그림 16.3 | 각국의 화력발전소 평균 발전효율의 변화 (자료: ECOFYS 2014)

이 표에서 보면 1 kWh의 전력을 생산 하는데 배출되는 CO_2의 량이 차이가 난다는 것이다. 석탄의 경우 인도, 중국이 딴 나라에 비하여 CO_2 발생량이 큰데 이는 노후화된 시설이 많기 때문이다.

그림 16.3을 보면 1986~2011년 사이 몇 개국의 화력발전소의 평균 발전효율을 나타내고 있다. 인도와 중국 심지어 미국까지도 화력발전 설비의 시설이 낙후 되어 있음을 알 수가 있다. 일본 영국이 좋으며 우리나라도 좋은 편이다. 따라서 1 kWh당 CO_2의 배출량도 적어진다.

배출원에 따른 탄산가스배출량 산정법

배출원에 따른 탄소 배출량은 IPCC(Intergovernmental Panel of Climate Change)에서 제시 하는 다음 식을 사용하여 산정한다.

• 배출원에 따른 배출량

CO_2 배출량(tCO₂)＝에너지 사용량×순발열량×탄소 배출계수×산화율×(44/12)

여기서 에너지 사용량은 kg나 ton을 사용 하고 순 발열량은 kcal/kg 또는 kcal/ton, 탄소 배출계수는 t CO_2/kcal, 산화율은 연료가 얼마나 산화 되었는지를 나타내는 계수로서 나라마다 다를 수 있으나 일반적으로 ~1로 사용한다.

고정 발생원에서 고체연료 사용 시 GHG(혼합가스 형태)로 배출될 때는

$$\text{GHG 배출량} = \text{연료사용량} \times \text{연료별 열량계수} \times \text{연료별 온실가스의 배출계수}^*$$
$$\times \text{연료별 산화계수} \times \text{온실가스별 } CO_2 \text{ 등가 계수} \times 10^6$$

여기서 연료 사용량은 ton, 연료별 열량 계수 MJ/kg연료, 배출계수(kgGHG/TJ연료)와 등가계수**는 IPCC가 제시하는 값을 사용하는데 연도별로 변한다.

문제의 심각성을 깨달은 UN은 1992년 6월 3일~14일 브라질의 리우데자네이루에서 180개국, 102명의 수뇌가 참석한 가운데 "환경과 개발에 관한 리오선언"을 채택하고 "기후변동 조약" 및 "생물 다양성 조약"을 체결함으로써 "아젠다 21" 및 "산림에 관한 원칙"을 채택한 바 있다.

기후변동에 관한 조약은 1990년대 말까지 탄산가스 등 온실효과의 원인이 되는 가스의 배출을 종전 수준까지 묶어 놓아야 한다는 데 인식을 같이 했다. 그리고 배출억제와 흡수원 보전을 위한 정책, 대응조치를 강구함과 동시에 그의 정책 대응조치와 효과 예측 등에 관하여 정보를 제공하며 체결국 간의 회의에서 심사를 받는 등을 주 내용으로 한 국제조약을 채택하고 155개국이 서명한 것이다.

↘ 16.4 탄산가스 이외에 온실효과에 영향을 주는 물질

적외선을 흡수하는 것은 탄산가스뿐만 아니라 앞서 말한 프레온, 메테인, 산화질소(N_2O, NO_2) 그리고 오존도 해당한다. 이들이(GHG) 기온상승을 얼마나 일으킬 것인지를 보면, 2030년에 대략 1.5℃ 증가할 것으로 보고 그 중 탄산가스(CO_2)에 기인한 것이 약 0.7℃, 프레온(CFC)에 의한 것이 0.4℃, 메테인(CH_4)에 의한 것이 0.15℃, 아산화질소(NO)에 의한 것이 0.1℃, 오존(O_3)에 의한 것이 0.14℃, 그리고 기타에 의한 것이 0.01℃로 보고 있다. 프레온은

Footnote

* 배출계수(CEF, Carbon Emission Factor) 연료별로 1 TJ 생성 시 탄소 몇 kg발생 하는지는 IPCC가 제시하는 값이 원유 20.00, 천연액화가스 17.20, 휘발유 18.90, 경유가 20.20, 무연탄 26.8이다.

** 등가계수(지구온난화 지수, Global Warming Potential) 가스별로 지구 온난화에 영향을 미치는 정도를 탄산가스와 비교하여 나타낸 수치로서 이산화탄소 1을 기준으로 메탄 21, 이산화질소 310, 수소불화탄소 140~11700 등으로 이를 가스 중 각성분의 합량에 따라 평균치를 구해서 나타낸다.

농도는 낮다고 하더라도 분자가 커서 탄산가스의 만 배 정도의 온도 상승효과를 발휘한다. 메테인은 탄산가스의 10% 정도, 그리고 아산화질소는 메테인과 거의 같은 수준이다(지구온 난화 지수 참조). 따라서 온실효과를 방지하기 위해서는 단순히 탄산가스만의 대책으로 되는 것은 아니고 프레온, 메테인, 그리고 산화질소의 저감대책도 매우 중요하다는 것을 알 수 있다. 프레온은 적어도 인간이 만들어 사용해 온 것인 만큼 인간의 손으로 감소시킬 수 있다.

16.5 삼림파괴, 사막화, 극지오염

아마존에서는 횡단도로를 건설하기 위하여 열대우림을 크게 파괴하고 있다. 이것은 탄산 가스 문제와 크게 관련이 있다. 아마존이 관련 있는 국가들 중 부라질이 가장 많은 산림 파 괴를 하고 있는데 1990년 13,730 km^2, 2000년 18,165, 2005년 18,845, 2010년 7,000 그리고 2014년 4,848이 파괴되었다. 이제 조금씩 감소하고 있지만 두고 볼일이다. 식물이 광합성에 의하여 탄산가스를 흡수해서 바이오매스가 되기 때문에 삼림을 파괴한다는 것은 결국 대기 중의 탄산가스의 함량을 증가시킨다는 말과 같다. 현재 아직 열대우림이 파괴되고 있고 지구 각지에서 산림이 화재로 감소되고 있지만 육림에 대한 노력은 이러한 파괴/화재를 상쇄하기 에는 아직 역부족이다.

사막화의 진행은 기후변동에도 원인이 있지만, 가축 수의 증가와 인구 증가에 의한 아프 리카 지역의 식물 감소로 대기 중 탄산가스의 축적에도 그 원인이 있다. 염려되는 것은 일단 사막화가 되어 버리면 원상태로 되돌릴 수가 없고, 혹 되돌리더라도 100년 이상이 걸린다고 식물학자들은 말하고 있다.

남극과 북극의 심각한 오염문제는 석유개발로 인해서 얼음의 표면이 검게 오염되는 데서 오는데, 이렇게 되면 지구의 태양광선을 반사하는 능력이 변화하기 때문에 지금까지 반사되 던 태양에너지가 흡수되어 지구의 온도 상승에 기여할 우려가 있다는 것이다. 특히 극지방이 기 때문에 일단 오염이 되면 회복하는 데 매우 오랜 시간이 걸린다. 이는 모두 우리 인간의 에너지의 사용과 에너지를 얻으려는 데서 발생하는 문제들이다.

16.6 온실효과의 기구

일반적으로 온실에서 일어나는 온도상승효과와 같은 현상이 지구 대기에서도 일어나고 있다. 온실의 PE필름이나 유리 대신에 대기에서는 탄산가스가 그 역할을 한다.

지구의 온도는 태양으로부터 지구에 들어온 일사(태양복사)와 지구 표면에서 나가는 적외선, 지구의 대기와 구름으로부터 우주공간을 향하여 나가는 적외선의 수지(밸런스)로 결정된다. 태양의 복사열은 지표면 1 m²당 약 1 kW를 받고 있다. 그리고 이 에너지를 받은 지구 표면으로부터는 온도가 평균 15℃를 유지하면서 적외선을 방사해서 열을 우주공간에 내보내며 밸런스가 유지되고 있다.

태양에너지의 지상에서의 흡수와 방출은 단파장과 장파장으로 나눠서 생각해야 한다. 그림 16.4를 살펴보기로 하자. 태양으로부터 지상으로 들어오는 광선은 주로 단파장으로 되어 있어서 대기 중 입자의 산란에 의하여 6% 정도가 산란되고 구름의 반사에 의하여 20% 정도가 우주로 되돌아간다. 바다에서는 대부분 반사되지 않고 거의 흡수된다. 지표에 의한 반사는 평균 4% 정도가 된다. 즉 지표에 들어온 태양에너지의 30%는 우주공간으로 반사된다. 따라서 들어온 단파장의 70%가 지표와 대기에 흡수된다. 대기가 흡수하는 것이 16%, 구름이 흡수하는 것이 3%, 나머지 51%가 지표에 흡수된다.

다음 지구로부터 우주로 복사되어 빠져나가는 장파장인 적외선 부분에서 보면 지표로 부터는 순반사되어 빠져나가는 양은 21%이지만 이것이 대기와 구름을 통과할 때 15% 정도 흡수되고 그의 차 6%만이 나가게 된다. 그 외 구름에서 나가는 양이 26%, 대기로부터 나가는 것이 38%로 우주공간으로는 전체 70% 방사된다.

이러한 상황에서 대기 중에 탄산가스가 증가되면 어떻게 될까? 현재 탄산가스의 농도는 대략 395 ppm, 이 외에도 오존, 수증기 등도 태양광을 흡수하지만 지표로부터 나가는 적외선이 여기에 흡수된다. 따라서 이러한 가스 등이 대기 중에 늘어나는 만큼 대기를 빠져나가지 못하고 대기 중에 흡수되어 대기의 온도가 상승(온실효과)하게 된다.

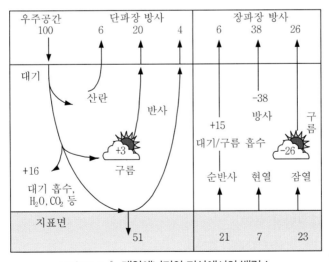

그림 16.4 │ 태양에너지의 지상에서의 밸런스

⬐ 16.7 온실효과 방지를 위한 국제적 대응

1990년 10월 23일 지구환경보전에 관한 국제관계각료회의에서 "지구온실화 방지계획"을 채택했다. 그 내용에서 보면 탄산가스에 관하여 선진국에서 공동 노력을 전제로 하고 1인당 탄산가스의 배출량을 1990년 수준으로 안정화할 것을 목표로 설정했다. 또한 메테인에 관해서도 현 상태의 배출 정도를 초과하지 않도록 하고 아산화질소 등은 배출을 증가시키지 않도록 계속 노력한다는 것이다.

구체적인 지구 온난화 방지대책은

• 탄산가스 배출의 억제대책
 − 탄산가스 배출이 적은 도시지역 구조의 형성
 − 탄산가스 배출이 적은 교통체계의 구성
 − 탄산가스 배출이 적은 산업구조의 조성
 − 탄산가스 배출이 적은 에너지 공급구조의 구성
 − 탄산가스 배출이 적은 라이브 스타일의 실현
• 메테인 및 기타 성분의 배출 억제
 − 메테인의 경우는 폐기물의 처리, 농업 및 에너지 생산/이용에서의 대책
 − 아산화질소 대책, 기타 대책
• 탄산가스의 흡수원 대책
 − 국내 삼림−도시 등의 녹색 보존
 − 목재자원 이용의 적정화
• 기술 개발 및 보급
 − 온실효과 가스배출 억제를 위한 기술
 − 온실효과 가스흡수 고정 등을 위한 기술
 − 온실효과 적응기술
• 과학적인 조사 연구, 관측, 감시
• 정확한 정보의 보급, 환경교육 촉진
• 국제협력
 − 총체적인 지원
 − 기술 이전의 촉진
 − 열대림 등 흡수원의 보전
 − 연구협력, 적정 기술의 개발 촉진

－민간 수준의 국제협력

－국제협력 프로젝트에 온실효과 방지의 배려

로 되어 있고 관계각료회의를 매해 열어 탄산가스 배출총량 등에 대한 대책의 실시상황을 보고받도록 하고 있다. 또한 필요에 따라 보고서 내용의 행동계획을 추진한다는 것이다. 지방공공단체에 대한 지원을 실시하며 사업자에 대해서도 행동계획의 주지를 철저히 하고 지원한다는 것이다.

일본이 내놓은 구체적인 안을 보면, 도시 및 지역구조, 교통체계, 산업구조, 에너지 공급구조, 라이브 스타일의 대책을 그대로 수용·추진하고 기술개발 보급을 촉진해 나가는 것을 포함하고 있다.

특히 에너지 관련분야에서는 에너지 이용 효율의 개선, 원자력의 개발, 수력, 지열, 태양광, 풍력기술 개발에 힘쓴다는 것이다. 또한 연료에서 LNG의 이용을 확대하고 발전효율을 높이기 위하여 복합발전, 초/초초임계압발전 등의 도입, 연료전지, 태양전지 등의 분산형 전원의 도입, 도시가스의 LNG화와 그의 도입 기반의 정비를 새로이 한다는 것이다.

1. 교토의정서(Kyoto Protocol)

지구 온난화를 막기 위해 최근 유엔의 기후변화에 관한 국제연합기본협약(UNFCCC, 또는 FCCC, 기후변화협약, United Nations Framework Convention on Climate Change)으로, 1997년 11월 11일 교토(Kyoto, 일본)에서 최종 채택된 의정서이다.

목표는 온실효과를 일으키는 가스에 대해서 대기 중 그의 수준을 기후시스템에 위험을 주지 않을 정도로 안정화시키고자 하는 것이다. 여기에 서명한 나라는 39개 산업화국과 유럽연합(Annex I 국)인데 그린하우스 가스(GHG, Green House Gas)로 CO_2, CH_4, N_2O, SF_6 4종의 가스를 감축시키는 것은 물론 이들에 의하여 생성되는 HFC와 PFC(과불화탄소)를 포함하고 있다.

Annex I 국은 1990년을 기준해서 GHG를 5.2% 감소시키는 데 합의한 것이다. 배출은 국제 항공과 선박은 포함하지 않으나 1987년 몬트리올의정서에서 채택한 오존층 파괴물질인 CFC와 산업 배출가스는 추가하고 있다. 그동안 배출된 아산화질소, 메탄, CFCs의 연도별 변화량을 보면 그림 16.5 (a), (b) 및 (c)와 같다. CFCs는 감소하는 추세이나 수명은 짧아지지만 이의 대체물질인 HCFC-22와 HFC-134a는 증가를 시작했다.

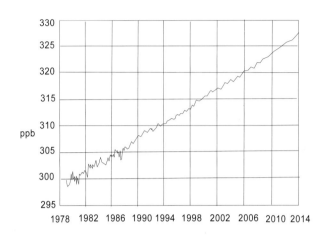

(a) N₂O

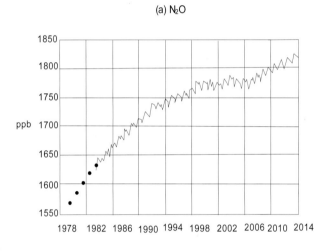

(b) CH₄

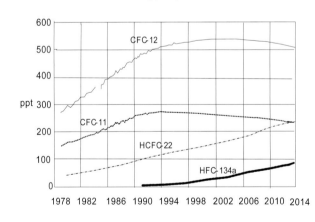

(c) CFC and HCFC

그림 16.5 │ N₂O(a), CH₄(b) 및 CFC(c)의 대기중 농도 변화

그림을 보면 아산화질소의 계속적인 증가와 또 CFC의 증가 등이 6개 대상 화학종에 포함되는 이유임을 알 수 있다.

위의 협약에 신축성을 주기 위해 다음 세 가지 융통성 있는 제도를 도입했다.

- 공동이행제도(JI, Joint Implementation): 선진국의 기업이 투자해서 얻은 온실가스 감축량의 일정량을 자국의 감축실적으로 인정하는 제도.
- 배출거래권제도(ET, Emission Trading): 온실가스 감축의 의무가 있는 나라가 감축목표를 초과 달성할 때는 감축 쿼터를 다른 나라와 거래 판매할 수 있도록 하는 제도.
- 청정개발기구(Clean Development Mechanism): 선진국 기업이 개발도상국에 투자해서 얻은 GHG 감축분을 자국의 감축실적에 반영할 수 있도록 한 제도.

감축 목표는 2008~2012년 사이 1990년 대비 평균 5.2%이며, 표 16.5처럼 그 할당을 부여하고 있다. 또한 55개국 이상이 비준해야 하고 이들의 배출량이 전세계 배출량의 55% 이상 초과되면 90일 이후 발효되는 것으로 되어 있다.

2004년 4월 현재 120개국의 나라가 교토의정서에 비준하였으나 전체 선진국 배출량의 37.4%에 불과하여 발효가 미루어지고 있다. 세계온실가스 배출량의 25%와 선진국 배출량의 36.1%를 차지하는 미국이 불참원칙을 고수하고 있기 때문에 선진국 온실가스의 17.4%를 차지하는 러시아의 비준 여부에 따라 의정서가 발효될 수 있을 것으로 보고 있다.

표 16.5 | GHG 배출감량 대상국과 감축률 목표

감축률(%)	대상 국가
−8	스위스, 벨기에, 불가리아, 오스트리아, 체코, 에스토니아, 핀란드, 프랑스, 독일, 그리스, 아일랜드, 이탈리아, 라트비아, 리히텐슈타인, 리투아니아, 룩셈부르크, 모나코, 네덜란드, 포르투갈, 루마니아, 슬로바키아, 슬로베니아, 스페인, 스웨덴, 영국, 덴마크
−7	미국
−6	일본, 캐나다, 헝가리, 폴란드
−5	크로아티아
0	러시아, 뉴질랜드, 우크라이나
+1	노르웨이
+8	오스트레일리아
+10	아이슬란드

- 미국은 자국의 국익에 맞지 않는다는 이유로 교토의정서에 비준하지 않음. 캐나다도 최근 탈퇴함
- 한국은 개도국으로 분류되어 제외되었으나 2013년부터 270억 ton 감축의무

지난 200년간의 연간 탄산가스 배출량을 지역별로 나타내면 그림 16.6과 같다. 여기서 보면 미국과 캐나다의 방출량이 아직도 계속 증가하고 있고, 서유럽은 최근 주춤한 상태이며 동유럽＋옛 소련이 최근 급격히 떨어졌으나 나머지는 계속 증가 추세이다. 즉 탄산가스의 배출량을 감소하는 것은 이런 다량 배출국이 우선적으로 책임을 져야 한다는 것이 협약의 중요 포인트이다. 표 16.6은 세계 10대 다량 배출국을 보여주고 있다.

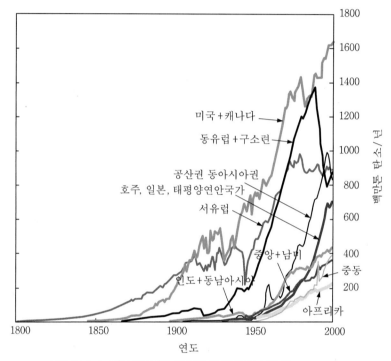

그림 16.6 │ 지난 200년간 지역별 연 배출 탄소의 양

표 16.6 │ 세계 10대 탄산가스 배출국

	국 가	세계 총합에 대한 방출(%) 2014	1인당 배출량(톤 GHG/인) 2013
1	중 국	29	7.4
2	미 국	15	16.6
3	EU	10	7.3
4	인 도	7.1	1.7
5	러시아	5.3	12.6
6	일 본	3.7	10.7
7	독 일	2.2	10.2
8	한 국	1.8	12.7
9	이 란	1.8	5.3
10	사우디아라비아	1.5	16.6

＊ GHG 배출량은 통계기관에 따라 다소 차이가 날 수 있다.

2. UN의 2015년 기후변화에 대한 파리회의

유엔은 1997년 12월 교도 협약(Kyoto Protocol)에 이어 2015년 12월 195개 당사국이 파리에 모여 "기후변화에 대한 유엔 기본 협약"(Paris Agreement)을 만들었다. 그의 중요한 내용은 지구의 평균온도 상승폭을 산업화 이전과 비교해서 2℃ 정도 상승폭을 갖도록 제한하자는 것인데 회원국들은 더 야심차게 2100년 까지 이보다 더 훨씬 작게 1.5℃로 하자는 것이다. 합의의 성격은 법적구속력은 없지만 매 5년마다 당사국이 탄산가스 감축목표를 제대로 이행 한 것인지를 점검(review mechanism)하도록 되어 있는데 이 점검과정이 상당한 구속력의 역할을 할 것으로 보고 있다. 이를 위하여서는 당사국들은 감축에 관한 실증자료를 자세하고 합리적으로 추진해 온 것인지 그 내용을 제시해야한다. 우리나라는 앞서 2장에서 언급한대로 2030년 까지 37%를 감축하겠다고 제시했는데 이것이 제대로 인정을 받도록 실천과 착실한 준비를 해야 한다고 생각한다.

⌐16.8 탄산가스의 처리기술

탄산가스의 배출을 줄이는 방법은 앞서 다룬 바와 같이 사용하는 중에 탄산가스의 발생량을 최소가 되도록 하는 즉 연소효율을 향상 시켜 연료를 절약 하는 방법이 우선이겠지만 이를 할 만큼 했는데도 부득이 하게 되는 경우가 대부분이다. 이럴 경우 발생원에서 즉 화석연료에서 사용 후 나오는 연도가스로부터 탄산가스를 포집하는 방법(post-combustion capture), 그리고 IGCC에서처럼 syngas를 만들고 이중 포함된 $CO_2 + CO$를 모두 CO_2로 해서 사용 전에 CO_2를 포집하는 경우, 즉 수소만을 남겨 연료로 하는 전 단계에서 탄산가스를 제거(pre-combustion capture)하는 방법이 있다. 그리고 다른 하나는 발생 가스의 스트림 중 탄산가스의 농도를 높이거나 거의 순 탄산가스가 되도록 하여 포집을 용이하도록 공기 중 질소를 분리 해내고 순산소를 연소에 사용하는 소위 oxyfuel를 시행해서 타산가스의 포집을 쉽게 하는 방법이 있다.

그리고 포집된 탄산가스는 배관망을 통해서 수송되어 저장소 즉 지하에 주사하여 오랜 세월이 지나도 공기층으로 새어 나오지 않도록 저장 하는 것이다. 이와 같이 "포집-수송-저장" 하는 과정을 임의 언급 된 것과 같이 탄소 포집 및 저장(CCS, Carbon Capture and Storage)기술 이라고 한다. 지하저장소는 유전지대에서 잔존유에 탄산가스를 밀어 넣어 오일의 회수를 향상 시키며 여기에 들어가 탄산가스를 저장 하도록 하는 것, 바다 및 지상에 심층지하에 있는 염수 대수층등에 주입하는 방법, 탄산가스와 반응이 가능한 광상에 밀어

넣어 광물질이 탄산가스와 반응 하도록 하여 화학적으로 안전한 화합물로 만들게 하여 저장 하는 방법 등이 있다.

1. 다량 발생원으로부터 탄산가스의 회수

탄산가스의 포집 및 저장(CCS, Carbon Dioxide Capture & Storage)은 이제 숙명적으로 화석연료를 다루는 이상은 해야 할 일로 다가왔다. 여기에 포집되는 탄산가스는 발전소나 화학공장, 시멘트공장과 같이 일반적으로 배출원에 따라 탄산가스의 농도가 달라지는데 가스연료를 사용하는 경우는 3~4%, 석탄 화력의 경우는 12~14%, 시멘트 산업의 경우는 그 농도가 크며 20%정도가 된다. 연도가스의 조성, CO_2의 농도 그리고 가스의 압력이 흡수 화학물질의 선택에 영향을 주게 된다. 포집방법은 다음과 같다.

(1) 아민/알칼리액에 흡수

탄산가스를 다량 방출하는 곳은 대형 발전소이다. 1,000 MW의 석탄 화력발전소로부터는 700톤/시간의 탄산가스가 발생된다. 이런 경우에 대하여 미국의 스타인버그 박사(M. Steinberg)는 다음과 같은 제안을 했고 현재 실시하고 있다. 연소기에서 발생하는 탄산가스가 포함된 연소가스를 아민의 흡수액에 접촉시켜 탄산가스만을 흡수시킨다. 다음에 이 용액을 가열하면 탄산가스가 탈기되는데 이것을 압축하면 액화탄산가스를 얻는다. 흡수액으로서는 모노에탄올아민(MEA), DEA, TEA 등을 사용하는 방법, 탄산칼리 수용액에 흡수하여 중탄산칼리로 하는 방법, 탄산암모니아액과 접촉하여 중탄산 암모니아로 하면 80~120℃ 정도에서 재생할 수가 있다. 현재 실용화된 것으로는 처리 가스량으로 3,000~30,000 m^3/h 정도가 있으며 다량처리의 경우는 플랜트를 설치해서 탄산가스를 관을 통해서 수송 하거나 탱커에 실어 운송 한다.

그림 16.7은 CANSOLV CO_2 흡수공정으로 아민용액으로 탄산가스를 회수 하고 있다. 좌측 흡수탑의 하단으로 유입된 가스는 상승 하면서 아민용액과 접촉 하며 탄산가스를 흡수 하고 열이 생성 되지만 하단부에서 냉각되어 CO_2 스트립바로 이송된다. 이 스트립바의 하단으로부터 상승하며 재비기에 공급된 열에 의하여 온도가 상승하며 탄산가스는 탑 상부에서 거의 대부분의 탄산가스가 탈기 되어 환류기를 거쳐 빠져나가며 저장탱크로 간다. 탄산가스가 탈기 된 엷은 아민액은 엷은 아민 탱크로 보내지며 다시 흡수탑으로 가서 배기가스 중 포함된 탄산가스를 흡수 제거한다.

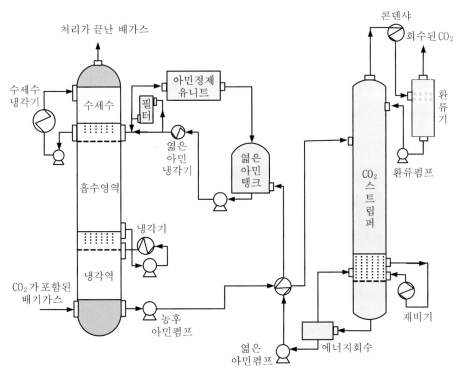

그림 16.7 │ CANSOLV CO_2 흡수 포집공정 (자료: SHELL Global)

(2) 고체흡착(흡수)제에 흡착

또 다른 회수법은 흡착분리이다. 이 방법은 제올라이트와 같은 흡착제에 탄산가스를 흡착시키고 감압해서 흡착된 탄산가스를 회수하는 방법이다. 가장 효율이 좋은 공법으로 알려진 것이 PSA(Pressure Swing Adsorption)법으로 수만 m^3/h 정도까지도 처리가 가능하나 대용량에는 한계가 있다.

또 다른 방법은 유동층 건식흡수로 고체 입자에 유동상태에서 CO_2를 흡수시키고 연속 재생하는 것인데 알칼리 금속, 알칼리토류 금속, 건식 아민의 고체로 된 유동층에 연소가스를 보내서 흡수시키고 연속적으로 이를 순환 열탈착/재생한다(건식법이라고도 하며 운전비가 저렴함). 이는 대용량에 사용할 수 있어 최근 우리나라에서 고효율의 것이 연구되어 주목을 받고 있다.

(3) 압축/냉각에 의한 CO_2의 액화회수

그림 16.8과 같이 대형발전소, 특히 석탄 화력발전소로부터의 배기가스는 입자를 제거한 후 압축기에 의하여 압축/냉각(앞서와 같이 냉열 LNG 사용을 사용하기도 한다)을 4단계 정

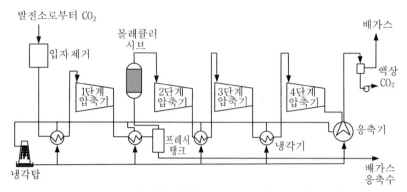

그림 16.8 │ 압축/냉각/응축식 탄산가스(액상)의 회수공정

도 시행하면 배기가스로부터 탄산가스를 액화시킬 수가 있어 위의 아민/알칼리의 흡수처럼 가스 흐름으로부터 분리할 수가 있다. 그리고 액화하지 않는 배가스는 방출한다. 단 공기 중 질소를 분리해 낸 산소만을 사용하는 순산소연소(Oxy-fuel Combustion)에서 효율적으로 가능하다.

또 다른 방법은 탄산가스를 포함하는 연도가스에 암모니아 가스를 직접 투입하여 탄산암모니아의 고체상태로 해서 이를 고체상태로 포집 하는 방법도 있다.

2. 탄산가스의 수송

포집한 탄산가스는 여러 가지 방법으로 수송 할 수가 있는데 도로용 탱커나 철도를 이용할 수가 있다. 그 양이 충분 하다면 배관망과 이와 연결된 선박을 이용하는 것이 가장 경제성이 있는 것으로 평가 되고 있다. 파이프라인 수송은 그동안 LNG의 수송 등 충분한 경험을 가지고 있으나 선박과 그와 다른 수송수단에 대하여서는 이제 앞으로 경험을 얻어야 하는 시작단계이다. 식품공업에서 사용하는 탄산가스의 수송이 경험의 전부라고 할 수 있다. 관은 해저에서는 1,000~1,500 km 이내에서 경제성이 있고 이 거리를 넘으면 배로 그대로 운반해서 저장지점까지 가져가는 것이 경제적일 것이라고 하며 앞으로 경험이 축적되어야 할 것으로 보고 있다.

배로 운반 할 때는 CO_2를 액화하여 적재 하며 하역하는 펌프시스템이 갖춰져야 한다. 관으로 수송 할 때는 액체 탄산가스는 저장지점까지 압력으로 보내고 그림 16.9와 같이 주입하게 된다. 가스의 온도는 적어도 15℃는 되어서 수화물이 되는 것을 방지하는 펌핑을 해야 한다.

배관으로 그대로 보낼 때 에는 CO_2 가스가 액상이나 또는 초임계상태가 되어야 수송이 원활 해 진다. 즉 관을 통한 마찰손실이 오히려 가스나 두상(2相)으로 되어 있을 때 보다 적

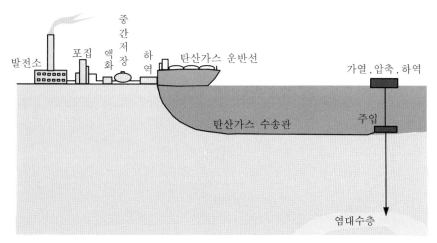

그림 16.9 │ CO_2 발생원에서 이를 저장소를 거처 배에 실어가거나 관으로 주입기로 가져가
바다 대수층에 CO_2를 압으로 밀어 넣고 있다.

탄산가스 운반선(자료: Global CCS Institute)

어지게 된다. 그래서 관의 끝에 도달 했을 때도 압력은 CO_2의 임계압인 ~74 bar는 되어 있어야 액상을 유지 할 수가 있다.

3. 탄산가스의 저장

(1) 육지지하 저장소

위에서 말한 바와 같이 방출원에서 포집된 탄산가스는 배관망을 통해서 저장소 상부에 설치된 주입장비로 와서 임시 저장되고 땅속의 빈 유전공, 가스전공(ㅐㅔ), 석탄층 또는 빈 암염광, 탄산가스와 반응하여 탄산염이 될 수 있는 다공질 토양에 고압으로 주입 흡수 시킨다.

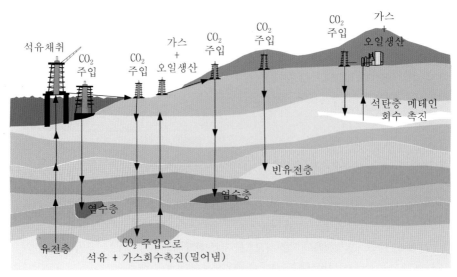

그림 16.10 | 탄산가스의 연안/지하 저장도

(2) 해양의 이용

일종의 아이디어에 해당하지만 심층바다를 이용해서 탄산가스를 고정하고자 하는 것이다. 다행히 지구는 표면의 71%가 바다로 되어 있다. 현재 대기 중에는 탄소로 환산해서 7,000억 톤의 탄산가스가 존재하지만 바다에는 대기 중의 50배의 양이 용해되어 있다. 그러나 아직 해양은 대기 중에 증가하는 탄산가스의 양을 충분히 흡수할 수 있는 용량을 가지고 있다. 또한 바다에는 해조류 등 생물이 광합성에 의하여 연간 290억 톤에 해당하는 탄소(해양식물의 형태)를 흡수하고 있는데, 이 값은 지구상의 탄소생산량 293억 톤과 버금가는 양이다.

공기 중에 탄산가스가 잘 흡수될 수 있도록 인공적으로 바다 표면에 난류를 일으키는 안이다. 그리고 탄산가스의 농도가 낮은 심층의 해수를 표면으로 올리자는 아이디어도 있다.

그러나 과연 이러한 안들이 실현 가능할까? 불가능 하다. 왜냐하면 또 막대한 에너지를 사용해야 이런 일들을 할 수 있기 때문이다. 즉 화석연료가 소비되어야 한다. 그러나 여기에 들어가는 에너지를 자연에서 얻으면 된다는 아이디어도 있지만 이제 힘든 아이디어로 실현 가능성이 없다.

또한 발전소와 같이 탄산가스를 많이 배출하는 곳에서는 이를 공정으로 회수하여 액화하고 이를 바다 500 m 이하에서 기화되지 않도록 압력을 가해서 폐기하는 방법이다. 또는 드라이아이스로 해서 해수보다 밀도를 크게 만들어 바다에 넣는 방법도 생각했는데 이들은 모두 바다를 산성화 시켜 규제에 대상이 되고 있다. 이러한 산성 환경에서 문제가 되는 생물은 굴, 조개, 성게, 얕은 물 및 깊은 물에 사는 산호 그리고 석회질 플랑크톤 등의 손실이 발생할 수가 있는데 인간의 생계에 큰 영향을 줄 수 가 있다.

그래서 바다지하의 염대수 층에 주입하는 방법밖에 없다. 그리고 해양 중에 탄산가스의 고정을 해양식물(조류)로 하여금 보다 활발하게 해서 흡수할 수 있도록 해양식물에 비료와 같은 영양으로 공급하는 것인데 이는 임이 많은 성과를 얻고 있다.

(3) 육상식물에 고정 순환 하는 방식

해상식물에 탄산가스를 고정하는 것 보다는 육상식물 쪽이 훨씬 유리하다. 그 이유는 탄산가스를 식물에 보내서 식물을 성장하게 하면 결국 그 식물로부터 각종 바이오 기술을 통해 에너지로 사용하여 탄산가스가 다시 발생 한다 해도 바이오로 되돌아가기 때문에 탄산가스의 대기로의 방출은 제로(zero)가 된다. 바이오에너지의 이용은 임이 대체에너지의 바이오에너지 편에서 취급한바와 같이 다양 하다.

이러한 탄산가스로 식물의 성장을 촉진 시키는 것은 육지 또는 바다에서 가능하다. 그러나 보통 해수에는 태양광의 유입이 힘들고 또 영양공급이 간단한 문제가 아니기 때문에 특수 조류에 한할 것처럼 보인다. 현재 육지에서의 태양광 이용률은 겨우 1%에 지나지 않는데 탄산가스의 농도가 배 정도 증가하면 육림생태 중 탄소의 양이 1.8배 증가한다는 보고가 있다. 지구상에서 탄산가스가 2013 현재 360억 톤 방출되기 때문에 막대한 육림 면적을 증대할 필요가 있다고 한다. 이것을 만족하려면 사막을 농토로 바꾸고 현재 파괴를 계속하고 있는 산림을 보호하여야 한다.

(4) 탄산가스의 화학고정

탄산가스의 화학고정법은 소량처리에 적합한 방법이다. 그렇기 때문에 지구의 탄산가스 문제를 해결하기 위한 방법이라기보다는 탄산가스의 화학적인 이용이라고 이해하면 좋을 것 같다.

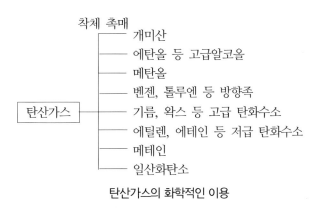

탄산가스의 화학적인 이용

▌ 접촉수소화 반응

탄산가스를 수소와 촉매반응을 시킴으로써 유용한 화학약품으로 전환하는 것은 앞서 다룬 C_1 화학이다. 즉 탄산가스로부터 얻어지는 약품을 윗 페이지 하단에 다시 정리한다.

▌ 전기화학적인 방법

탄산가스는 비활성가스의 일종으로서 반응성이 극히 약하다. 따라서 전기화학적으로도 비활성이므로 수용액의 전기화학 환원반응에서도 반응성이 거의 없다. 그러나 수은, 납, 카드뮴 등 수소 과전압이 높은 전극을 사용하면 개미산이 생성되고 동전극을 사용하면 상온에서도 메테인과 에틸렌, 또는 메탄올이 효과적으로 생성된다.

전기분해에 의한 개미산의 제조는 우리나라 남부발전소에서 폐기되는 탄산가스를 포집하여 300 MW급 발전소에서 개미산 200 t/day 규모를 생산할 예정이다.

▌ 광화학반응

광화학반응으로는 탄산가스의 환원, 삽입, 도입 반응 등 여러 가지 반응에 유기산/착물 촉매를 사용하여 개미산, 메탄올, 아세트알데하이드 등을 역시 합성할 수가 있다.

▌ 고분자 생성 반응

탄산가스를 단량체(monomer)로 하는 고분자 생성 반응도 있다. 탄산가스와 에폭사이드의 공중합체인 지방족 폴리카보네이트의 생성이 가능하여 많은 연구가 진행되었는데 아직 촉매활성에 문제가 있으며 산업생산이 되면 구조재료로 사용될 가능성이 있다.

● 국지환경 ●

↘ 16.9 산성비

유럽이나 미국은 물론, 우리나라에도 산성비(pH < 5.6)가 내리고 있다. 그 원인도 탄산가스와 같이 에너지 사용에서 발생하는 것이다. 즉 공장과 자동차 등에서 발생되어 배출되는 황산화물과 질소산화물이 대기의 상부에서 산화되어 황산염이나 질산염이 되고 이것이 비와 같이 떨어지는 현상이다.

산성비로 타버린 산림(자료: Supergreenme)

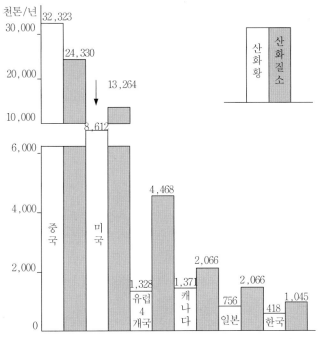

2010년, 중국의 SO_x는 2007년
유럽4개국：영국+독일+이탈리아+프랑스

그림 16.11 │ 각국별 산화황 및 산화질소의 배출량

이와 같이 산성을 나타내는 비는 산림과 수생식물 등의 생태계에 큰 피해를 주어왔다. 최근 수년 동안 유럽, 북미, 중국 등의 지역에서 확대되고 있고 피해도 점점 심각한 상태로 되어 가고 있다. 독일의 피해면적 조사 결과에서는 1982년도에는 8%이던 것이 1983년에는 34%, 1984년에는 52%로 급격히 증가하는 모양을 보였으나 현재도 비슷하다.

피해가 일어나는 현상을 보면 나뭇잎이 갈색으로 변하고, 침엽의 조기손실, 나무뿌리의 변형, 뿌리선단의 고사 등이 있다. 뿐만 아니라 산성비는 하천호소 생태계, 토양 생태계에 대해서도 영향을 미치며 미국 동북부와 캐나다 남서부에서는 연간 50억 달러 정도의 손해를 끼치는 자연 환경파괴가 일어났으나 최근에는 크게 감소하고 있다. 탄산가스는 지구 전체에 영향을 주나 이와 같은 산성비는 국지에 영향을 주는 것으로 유럽 대륙에서는 오염물질의 국경 간 이동이 심각하게 일어나고 있다. 우리나라는 중국의 영향을 받고 있지만 앞으로 더 많이 받게 될 것으로 보기 때문에 쌍무협약 등이 이루어져야 하나 중국이 얼마나 관심을 나타낼지는 의문이다. 예를 들면 산성비의 원인이 되는 황산화물의 감시기구 같은 것이 필요하다.

그림 16.11은 주요 국가의 황산화물과 산화질소의 배출량을 나타내고 있다. 중국의 배출량이 가장 크고 다음은 미국이며, 유럽 4개국을 합한 것의 7배(중국은 15배)를 넘는다.

↘ 16.10 화석연료 사용 시 산성물질의 발생과 그의 낙하 메커니즘

석유나 석탄 중에는 많은 황분이 포함되어 있어 연소될 때 아황산가스(황산화물)를 발생한다. 비가 올 때 아황산가스는 빗속에서 아황산으로 변하고 이것이 산성을 일으켜 pH가 4.2 정도까지 되어 떨어져 내려오는 것이다.

화석연료 중에는 질소화합물도 포함되어 있어서 연소 시에 일산화질소(NO)가 되고 다시 공기 중의 산소에 의하여 산화질소(NO_x)가 된다. 또한 연소가 고온에서 일어날 때는 공기 중의 질소와 산소가 결합해서 산화질소를 만드는데, 전자를 연료-NO_x(fuel-NO_x)라고 하고 후자를 열-NO_x(thermal NO_x)라고 한다. 이와 같은 황산화물과 질소산화물이 비와 같이 떨어지는 것을 습성 침착이라 하고, 가스가 입자에 흡착되어 직접 나무나 삼림에 부착되는 것을 건성 침착이라고 한다. 이외에 폐기물을 소각할 때 굴뚝에서 나오는 염화수소도 소량이지만 산성화에 기여하고 있다.

대기 중의 오존이 자외선에 의하여 분해되어 산소원자가 되면 이것이 수증기와 반응해서 OH·기가 형성된다. 또한 광화학 스모그 중에도 OH·기와 과산화 라디칼이 생긴다. 이 OH·와 과산화 라디칼이 화석연료의 연소 때 생성된 황 및 질소산화물과 작용해서 황산과 질산을 만든다. 그 외에 수적 중에서 과산화수소에 의한 반응 그리고 금속의 촉매작용을 받아서 황산과 질산의 생성이 가속된다.

즉 대기 중에서 SO_x와 NO_x의 황산과 질산을 만드는 반응기구는 다음과 같다.

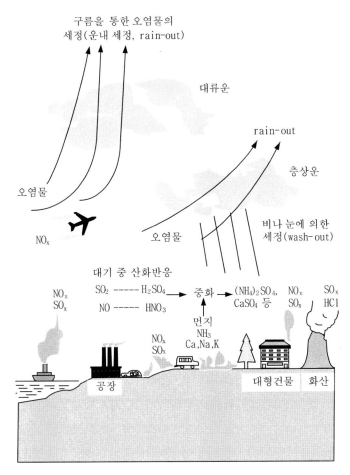

그림 16.12 │ 산성비의 낙하기구

$$SO_2 + OH\cdot \rightarrow HOSO_2\cdot$$
$$HOSO_2\cdot + O_2 \rightarrow HO_2\cdot + SO_3$$
$$SO_3 + H_2O \rightarrow H_2SO_4$$
$$NO_2 + OH\cdot \rightarrow HNO_3$$

황산과 질산은 암모니아와 같은 알칼리성 물질과 반응하여 황산염과 질산염을 형성한다. 이러한 황산염과 질산염이 비와 함께 떨어지는 과정에는 운내 세정(雲內洗淨, rainout)과 운저하 세정(雲底下 洗淨, washout)의 양자가 있다(그림 16.12). 운내 세정은 기류가 상승할 때 공기가 냉각되고 냉각 공기 중에서 수증기가 과포화되어 응결해서 황산염과 질산염 입자를 핵으로 해서 운립(雲粒)을 형성한다. 이때 아황산과 질소산화물 가스도 운립 중에 용해된다. 용해된 아황산가스는 이미 용해되어 있는 오존, 산소, 과산화수소 등에 의하여 산화되어 황산을 형성한다. 이것이 운저하 세정에 의하여 비교적 큰 운적은 낙하하는 도중 적은 운적과

병합해서 물방울이 된다.

이렇게 생성된 황산과 질산은 검댕이, 재, 진눈깨비, 우박, 눈, 안개에 흡착/흡수되거나 용해되어 강력한 산성의 농도를 나타내며 인간의 호흡기관에 들어가 침착하고 피부조직을 파괴하여 염증을 일으킨다.

↘ 16.11 산성비에 의한 피해

산성비(pH 5.6 이하의 비)의 가장 심각한 피해는 호수의 물고기가 죽고 삼림이 파괴되는 것이다. 호수의 피해에 관해서는 스웨덴의 경우 10만 개의 호수 중 20%가 영향을 받았다는 보고가 있고, 노르웨이의 호수에서도 같은 산성화가 보고되어 있다. 캐나다의 온타리오 주에서는 2,000~4,000개, 퀘벡 주에서는 1,300개 이상의 호수에서 송어, 농어가 사라졌으며, 캐나다 전국에서는 2000년대 초까지 4,800개의 호수로부터 물고기가 사라질 것으로 예상했다. 미국 북동부, 캐나다 국경과 인접한 공원에는 많은 호수가 있다. 그림 16.13은 각종 수원의 산성 정도와 캐나다이곳 호수의 pH를 나타내고 있다. 1930년대에는 호수의 pH가 6.5로 물고기가 살고 있었지만, 1975년 이후에는 그림 16.13과 같이 pH가 4.5~5를 나타내어 물고기가 살 수 없게 되어 있었으나 그동안 환경보존정책(Clean Air Acts)에 의하여 20년 동안 많이 개선하였으나 (대략 pH=5 유지)아직 원상태로 돌아오지 않아 사라진 물고기는 돌아오지 않고 있는데 생태학자들은 상당히 오랜 세월이 걸릴 것이라고 한다. 문제는 오염원을 줄여야 하는데(북미 동북부지역) 미국과 캐나다는 오염원의 발생이 상대방국이 원인이라고 분쟁을 일으키고 있다.

산성비는 수도관의 납을 부식시킬 뿐 아니라 청동으로 된 상(像), 조각상, 석조건물 등도 부식시킨다. 이러한 산성비에 의한 많은 피해가 보고되고 있다.

최근에는 유럽 동북부와 미국 동북부뿐만 아니라 미국 내에서도 미네소타, 위스콘신, 플로리다, 캘리포니아 각주, 그리고 중국(시추안 지역 분지의 산림피해 면적이 2,800만 헥타르, 목림지역의 32% 피해)과 우리나라에서도 이미 산성비(서울의 경우 계절에 따라 pH가 4.7)의 보고가 많이 있다. 더구나 우리나라와 일본은 지형상 중국의 영향을 많이 받고 있는데 이는 중국의 석탄 사용에서 오는 아황산가스의 오염이 심각한 상태인 것이다.

표 16.7은 산성비에 의한 유럽 여러 나라의 산림피해를 나타내고 있다. 유럽 국가들은 특히 인접해 있고 한 대륙권 안에 있기 때문에 오염물의 월경이 심각한 문제가 되고 있으며, 특히 산업시설의 배출연돌 높이가 올라가면서 오염물의 확산도 인근이 아니라 멀리 날아가 인접국가에서 문제를 일으키고 있다.

미국의 산성비는 위에서 언급한대로 주로 동북부의 산업 밀집지역에서 발생하며 오하이오 주는 아황산가스 및 산화질소가 모두 문제가 되고 있고, 일리노이, 인디애나, 켄터키, 테네시, 오하이오, 펜실베이니아, 서버지니아의 7개 주가 전 미국의 41%(1997년)를 방출하고 있다.

영국도 오염문제가 심각한데, 이는 주로 유럽 내륙으로부터 오는 것이고, 핀란드나 스웨덴은 자국에서 발생한 것이 원인이 되고 있다.

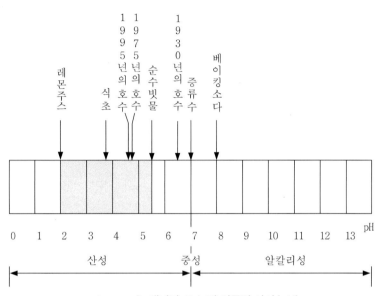

그림 16.13 ┃ 캐나다 호수 및 식품의 산성(pH)

표 16.7 ┃ 산성비에 의한 유럽 여러 나라의 산림피해 예 (단위: 10 km²)

국 가	산림면적	피해면적	피해율(%)
네덜란드	311	171	55
독 일	7,360	3,952	54
스 위 스	1,186	593	49
이탈리아	2,018	979	41
체 코	4,578	1,886	37
오스트리아	3,754	1,397	34
불가리아	3,300	1,112	28
프 랑 스	14,440	4,043	28
스 페 인	11,789	3,313	26
룩셈부르크	88	23	26
노르웨이	6,660	1,712	25
핀 란 드	20,059	5,080	25
헝 가 리	1,637	409	25

자료: UN환경보고서

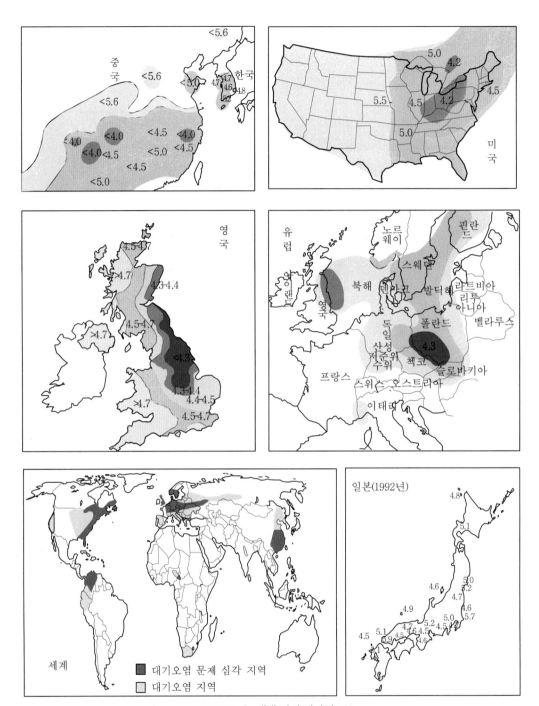

그림 16.14 | 세계 여러 나라의 pH

▷ 16.12 오염방지

대기의 오염원은 일반적으로 고정오염원과 이동오염원으로 나눌 수 있다. 고정오염원은 주택이나 건물의 보일러에서 발생하는 것과 산업체에서 발생하는 것으로 나눌 수 있고 이동오염원은 자동차의 배출가스이다.

고정오염원으로서 특히 최근에 중요시되는 것은 쓰레기 소각시설에서 발생하는 오염원이다. 해양에서는 유조선의 사고 때 확산되는 기름과 부두에서 선박의 청소 등으로 버려지는 기름도 고정오염원이며 내륙에서는 공장의 폐수와 농가의 축산에서 나오는 분뇨 그리고 도시에서는 도시 쓰레기와 폐하수가 고정오염원이다.

최근에는 자동차의 수가 늘어나면서 대기오염문제가 더욱 심각해졌다. 다음 표 16.8은 휘발유차와 디젤차의 오염 배출농도를 나타내고 있으며 표 16.9는 배기량을 나타낸다.

디젤엔진은 휘발유엔진에 비하여 압축비가 크다. 따라서 상대적으로 보면 많은 공기량의 사용으로 산소가 연소과정에 풍부히 개입됨으로써 탄화수소와 일산화탄소의 양이 크게 감소한다. 그러나 산소농도가 높아서 질소산화물의 양은 증가한다. LPG의 가스차도 휘발유차에서 발생하는 것과 유사한 성분을 방출한다.

디젤차는 표 16.8에서 제시한 성분 외에 검은 연기(smoke)가 발생한다. 이 연기는 미 연소분의 디젤유와 불완전연소의 탄화수소 그리고 산소화합물 등의 혼합물로서 악취가 심하고 인체에 매우 해로운 성분을 포함하고 있다.

이러한 자동차의 오염물질을 제거하기 위하여 현재는 대부분의 휘발유차나 가스 차는 백금이 담지(擔持)된 정화용 촉매장치(catalytic converter)를 설치하고 있다. 촉매는 납 성분이 기름 중에 있으면 피독 현상(활성이 떨어지는 현상)이 일어나므로 촉매를 장착한 경우에는 무연휘발유를 반드시 사용하여야 하는데 현재는 유연휘발유는 유통되지 않는다. 디젤차에는 근년에는 매연을 감소시키는 좋은 엔진들이 개발되어 있다.

표 16.8 | 휘발유 및 디젤차의 오염물질의 배출농도 (한 예)　　　　　　　　　　　　　　(단위: 부피%)

성 분	휘발유엔진	디젤엔진
질소(N_2)	80.5	78.7~81.9
산소(O_2)	6.5	9.0~18.8
탄산가스(CO_2)	8.4	1.8~18.8
수소(H_2)	1.1	0.03
일산화탄소(CO)	3.3	0.03~0.05
탄화수소(HC)	0.18	0.02~0.03
질소산화물(NO_x)	0.002	0.008~0.036

표 16.9 | 각종 자동차의 배기량

차 종	종 류	배기량(m^3/km)
승용차	보 통	3.4
	소 형	1.5
트 럭	대형 디젤	7.7
	대형 휘발유	4.5
	소형 휘발유	1.5
버 스	디 젤	6.5
	휘발유	6.5

고정배출원에서는 아직 정화되지 않고 배출되고 있지만 연소성이 좋은 연료(천연가스, LPG 등)의 공급 그리고 탈황된 석유의 사용이 늘어나고 있어 오염물의 발생을 감소시키고 있다.

16.13 탈황(desulfurization)

사용하는 에너지로부터 황을 제거하는 일은 두 가지가 가능하다. 첫째는 석유편에서 다룬 바와 같이 연료로부터 수첨처리에 의하여 화석연료인 탄화수소로부터 황 성분을 황화수소(H_2S)의 형태로 제거하는 것이다. 다음은 황이 포함된 연료를 사용하여 발생된 배가스로부터 아황산가스(SO_2)를 제거하는 연소 후 제거가 그것이다. 수첨처리로 탈황하는 것이 바람직하나 처리비용이 많이 들어가기 때문에 그 나라의 환경기준에 따라서 바람직한 방향을 정해야 한다.

중유나 석탄을 사용하는 대형 발전소에서는 많은 나라들이 연소 생성가스로부터 아황산가스를 제거하는 시설을 설치하고 있다. 우리나라도 90년대 중순부터 대형 발전소에 설치되어 있다. 이 방법은 아황산가스가 산이므로 알칼리를 사용해서 아황산가스를 중화시키는 것이다. 중화제는 탄산칼슘($CaCO_3$)이나 아황산소다(Na_2SO_3)를 사용한다. 탄산칼슘은 아황산가스와 반응하여 다음과 같이 아황산칼슘과 황산칼슘을 만든다.

$$CaCO_3(고체) + 2SO_2 + H_2O \rightarrow Ca^{++} + 2HSO_3^- + CO_2(가스)$$
$$CaCO_3(고체) + 2HSO_3^- + Ca^{++} \rightarrow 2CaSO_3(고체) + CO_2(가스) + H_2O$$

탄산칼슘은 물에 부유시켜 분산시키고 연소 배기가스를 여기로 보내서 흡수시킨다. 아황산소다(Na_2SO_3)는 물에 용해시켜 연소가스와 접촉시켜 중아황산소다($NaHSO_3$)를 만든다.

$$SO_2 + Na_2SO_3 + H_2O \rightarrow 2NaHSO_3$$

중아황산소다는 가열에 의하여 다시 아황산소다로 변하며 SO_2를 발생하는데, 이것을 산화시켜 황산을 제조하거나 환원에 의하여 황을 제조하기도 한다. 다른 방법으로는 흡착법이 있다. 이 방법은 배기가스를 활성탄에 통과시켜서 아황산가스를 흡착시켜 제거하는 것이다. 흡착이 만료된 활성탄은 뜨거운 스팀으로 재생한다. 재생과정에서 나온 아황산 용액은 폐수 처리과정을 거쳐서 방류한다.

↘16.14 탈질소(deNOxing)

연소과정에서 발생되는 산화질소는 열-NO_x가 대부분이고 NO 또는 NO_2의 형태로 발생된다. 현재로는 이러한 열-NO_x의 제거는 화력발전소, 제철소의 소결로와 코크스 그리고 질산공정 등 산업공정에서 실용화되어 실시되고 있다. 우리나라에서는 질산이 포함되는 비료공정 등에서 탈질소를 하고 있으며 제철소의 소결로에서 발생하는 열-NO_x도 탈질공정에 의하여 제거되고 있다.

NO_x를 제거하는 방법은 연소가스 중에 암모니아를 미량 혼합하고 산화질소 환원용 촉매층에 통과시키면 암모니아가 분해하면서 수소를 발생하고 수소가 NO_x를 환원시키며 생성물은 질소와 물이 된다.

$$NO + NH_3 + \frac{1}{4}O_2 \rightarrow N_2 + \frac{3}{2}H_2O \text{ (촉매반응)}$$

촉매는 V_2O_5/TiO_2(Mo, W도 포함)가 사용되고 있는데 반응온도는 300~400℃로서 활성과 선택성 그리고 내구성이 좋아서 먼지가 많이 포함된 배기가스에서도 2년 이상 사용할 수 있다.

암모니아가 사용되기 때문에 산소에 의하여 암모니아가 일부 산화질소를 만들고 이것이 같이 포함된 SO_2를 일부 SO_3로 산화시키는 부반응이 일어나는 등 문제점이 있다.

↘16.15 오염물질의 대기 중 확산기구

국지적으로 보면 아황산가스나 산화질소 등이 발생하면 발생원으로부터 수직 방향으로 올라가 약 1 km 범위에서 영향을 주며 퍼져 나간다. 이러한 오염물질의 확산에 크게 영향을 주는 것이 대기의 '안정도'와 '바람(방향 및 속도)'이다. 대기가 불안정하면 할수록 그리고 풍속이 크면 클수록 대기 중에서 오염물질이 잘 확산된다.

일반적으로 대기는 고도에 따라 기온이 0.98℃/100 m씩 낮아지게 된다. 이러한 온도 강하율을 건조단열 저감률이라고 한다. 상부로 올라감에 따라 공기의 밀도도 증가하기 때문에 상하 방향으로 공기의 움직임, 즉 무거운 공기가 아래로 내려오면서 공기가 뒤바뀌게 된다. 이러한 상태를 불안정 상태라고 한다. 이와 반대인 공기의 안정 상태는 하부 공기가 차고 위로 올라갈수록 공기의 온도가 상승하는 경우이다. 그리고 대기의 중간층에서 온도가 올라가는 형태의 층이 생기면 이 부분을 역전층(inversion zone)이라고 한다.

이러한 역전현상이 일어나는 원인에는 다음의 5가지가 있다.

1. 방사선 역전

낮 동안 가열되었던 지표면이 밤에 열복사에 의하여 냉각되고 접지층의 기온이 내려가기 때문에 일어난다. 역전층의 높이는 약 200 m 이하이다.

2. 침강성 역전

고기압의 기류가 내려앉기 때문에 대기에 단열압축이 일어나 온도가 올라가고 그 결과 접지층으로부터 위로 역전이 일어난다. 지표 1 km 부근에서 생기기 쉽다.

3. 전선성 역전

온난전선과 한랭전선이 접하는 경계면에서 일어난다.

4. 이류(移流)성 역전

따뜻한 기류가 찬 지표면을 따라 흐를 때 지표에 접한 공기가 냉각되며 역전한다. 또한 따뜻한 기류 중 밤중에 냉각된 육지의 바람이 유입되거나 해륙풍이 교체할 때 일어난다.

5. 지형성 역전

계곡이나 분지에 냉기류가 모여 냉기호(冷氣湖, cold lake)를 만들어 하층이 저온이 된다.

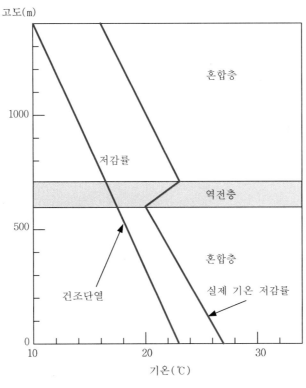

그림 16.15 | 상공 역전층의 형성과 혼합층

실제 일어날 때는 한 가지 현상보다는 몇 가지 효과가 겹쳐서 일어나는 경우가 많다. 그림 16.15에서 상공에 생긴 역전층을 리드(lid)라고 하며, 이것이 대기의 순환을 못하게 하는 대기의 뚜껑 역할을 한다. 이렇게 되면 오염물질이 리드를 통해서 상공으로 확산, 희석되는 것을 방해받게 된다. 리드의 상·하층에서는 수직 방향으로는 혼합이 비교적 잘 일어나기 때문에 도시에서 이런 일이 일어나면 도시 전역에 걸쳐서 오염물질이 확산되고, 이 리드를 빠져나가지 못하게 된다. 이런 현상을 트래핑(trapping)이라고 한다.

이처럼 풍속, 풍향과 안정도 등이 관련되어 발생하는 오염 현황을 해석하는 데는 대기오염에 대한 기상상태를 먼저 아는 것이 필요하다.

↘ 16.16 해상유출유의 방제

최근 기름의 사용량이 늘어나 석유의 수송이 빈번해짐에 따라 배의 파손도 많아졌다. 따라서 해상으로의 석유누출사건도 빈번해지고 있다. 기름은 해상에 부유하여 해변으로 올라와 연안의 생태계를 파괴할 뿐만 아니라 땅속으로 스며들게 된다. 일단 땅속으로 스며들어간 기름은 오랜 세월이 지나야 소멸되므로 인간에게 막대한 해를 끼친다.

유출 방지책으로 현재 여러 가지 방법을 행하고 있다. 첫째는 유조선의 선체를 이중으로 해서 한쪽이 터진다고 하더라도 유출이 일어나지 않도록 하는 방법이다. 그러나 유출될 경우 신속하게 전용 방제선단(de-polluting ship)이 유출된 석유를 제거하는 것이다. 최근에는 이 선단을 로봇화하여 분산이 심하게 일어난 부유유(浮游油)를 찾아다니며 여러 선체가 둘러싸서 제거하는 새로운 방법을 개발했다.

방제선단은 흡유성이 좋은 섬유벨트를 물 위에 띄워 기름을 흡수시키고 이를 선체에서 짜내는 방법으로 제거한다. 또는 양이 많지 않을 때에는 계면활성제를 기름 위에 살포하여 분산시켜 연안으로의 확산을 방지하는 방법도 있다. 또는 모래 같은 것을 부착시켜 비중을 크게 함으로써 바다 속으로 침하시킨다. 그러나 이러한 방법은 해저의 생태계를 파괴하므로 가급적 회수하는 방법을 써야 한다.

2010년 4월 2일 발생한 멕시코 만에서 영국 BP사의 유전의 유정에서 사고로 기름유출이 일어났다. 심해저 1.5 km에서 시추 내부 파이프에 메테인가스가 차고 압력이 올라가 폭발하여 총 400만 bbl의 원유가 유출되어 290억 달러정도의 손해(지역주민의 배상액＝140억 달러)를 가져온 사건이다. 2010년 5월 26일 톱킬(Top Kill)이라는 방법으로 진흙을 쏟아 부어 메우는 듯했으나 실패했고, 8월 말 시추용 파이프 아래쪽 5.5 km 지점에 새로운 파이프를 박아 유정 압력을 낮추어 기름이 위로 뿜어 나오지 못하도록 하는 감압유정법을 써서 막았다. 심해에서 하는 작업은 매우 힘든 작업이다. 영국이 북해 유전에서 개발한 것이 또 있는데 유출관에 새로운 다른 관을 덧씌워 유출유를 계속 받아 사용하는 방법도 있다.

1 오존층의 파괴가 어느 정도 심각한지 알아보고 인간, 동물, 식물에 미치는 영향에 대하여 설명하여라.

2 프레온은 냉동기, 자동차 쿨러 등의 폐기로 인해서 지표에서 발산된다. 이 프레온이 성층권에 도달할 때까지의 확산과정과 화학반응을 설명하여라.

3 프레온은 비교적 안정화된 화합물로 파괴하기가 힘든 편이어서 지상에 노출되어도 긴 수명을 갖는다. 그의 대체물인 HCFC는 수명이 크게 단축되는데 그 이유는 무엇인가? 또 CFC의 대체품으로 만족스러운 것인지, 그렇지 않다면 장차 냉매로 CFC와 HCFC를 어떻게 대체할 것인가?

4 온실효과를 내는 것은 탄산가스 외에도 여러 가지가 있다. 그러나 우리가 탄산가스를 중요시하는 이유는 무엇인가?

5 2013년 현재 탄산가스의 1인당 배출량은 매우 커서 미국은 16.6 탄산가스 톤/인이고 우리나라는 12.7 탄산가스 톤/인 이다. 왜 이런 큰 값을 가지는지 각각의 국가의 사정을 보아 설명하여라.

6 화석연료(탄화수소)가 대기 중에 방출된 후 그 수명이 다할 때까지의 화학반응 변화경로를 설명(대기화학반응)하여라.

7 온실효과를 방지하기 위한 국제적인 대응을 보면 여러 가지가 제시되어 있다. 이 내용을 검토하고 우리의 대응전략을 세워보아라.

8 교토의정서(1997년)와 파리기후협약(2015년)의 핵심은 무엇인가?

9 탄산가스의 회수방법을 현실화시키려면 대형 보일러의 경우 흡수공정이나 압축/액화공정을 건설해야 가능하다고 한다. 그러나 소형 보일러의 경우는 어떻게 하는 것이 좋을지 생각하는 바를 써보아라.

10 산성비의 영향을 가장 많이 받는 지역 중의 하나가 북극지방이다. 그 이유를 설명하고, 산성비의 원인물질을 조사해 보아라.

11 대기오염물질 중 납, NO_x, SO_x, 오존, 입자, 휘발성 유기물(VOC)이 인체에 미치는 해를 조사하여라.

12 SO_x는 석탄연소에서 많이 발생한다. 연소가스 중에서 SO_x의 제거방법을 조사하여라.

13 VOC란 어떤 것들이 있는지 나열하고 그의 발생원을 써라.

14 우리나라의 산성비도 문제가 되고 있다. 어느 지역이 가장 심하며 그의 pH 정도는 얼마나 되는지 지역별로 조사해서 나타내어라. 그리고 식물에 미친 영향을 조사한 사례가 있는지 알아보아라.

15 디젤차와 휘발유차의 차이점을 오염성분의 차이로 설명하여라.

16 대기오염성분의 확산과 관련하여 역전현상이 어떤 문제점을 일으키는지 설명하여라. 미국 LA에서 발생한 재해를 찾아 설명하고 또 우리나라의 역전현상에 대하여 조사하여라.

17 Annex I 국의 리스트를 작성하여라.

Chapter

17

폐기물의
자원화

폐기물, 즉 쓰레기는 옛날에는 모닥불 정도로 태워 버리거나 그대로 매몰하는 경우가 많았으나 지금은 그 양이 막대해서 단순히 사람의 손을 거쳐 처리할 수는 없고 공정처리를 하지 않으면 안 되게 되었다. 더구나 플라스틱의 필름과 같은 것은 오랜 세월이 지나도 분해되지 않고 그대로 남아서 우리 생태계에 영향을 주고 있다. 더구나 땅속에 묻히면 더욱 분해가 곤란해지고 반영구적인 수명을 갖게 된다. 태양광선을 받으면 자외선에 의하여 세월이 지나면 분해는 가능하다. 그래서 인류는 쉽게 분해할 수 있는 플라스틱 개발에 힘쓰고 있으며 시제품이 나와 있다.

그러나 일단 사용한 플라스틱을 잘 분리수거해서 종류별로 회수할 수만 있다면 자원으로서의 재활용이 충분히 가능하다. 종류별로 수거가 잘 되지 않으면 소각해야 하는데, 이렇게 되면 열에너지로만 회수가 되기 때문에 이용 가치가 매우 떨어지게 된다.

그러면 먼저 폐기물을 분류해 보자.

↘ 17.1 폐기물관리법에 의한 분류

폐기물의 정의는 각국의 관례이나 보통 특성에 따라서 가연성 및 불연성 폐기물로, 배출 상태에 따라서는 고형폐기물(고형물의 함량이 15% 이상인 것), 반고형폐기물(고형물의 함량이 5% 이상 15% 미만인 것), 액상폐기물(고형물의 함량이 5% 미만인 것), 기상폐기물로 분류하여 정의하기도 하는데 그림 17.1과 같이 분류되는 것이 일반적이다.

우리나라 폐기물 관리법 제2조에서는 "폐기물이란 쓰레기, 연소재, 슬러지(오니), 폐유, 폐산, 폐 알칼리, 동물의 사체 등으로서 사람의 생활이나 사업 활동에 필요하지 아니한 물질을 말한다."라고 정의하고 있다. 근본적으로 우리나라 폐기물관리법은 폐기물의 특성에 따라 분류하고 있는데 크게 일반폐기물과 특정폐기물로 구분하고 있다.

그러나 이러한 폐기물에는 여러 성상과 종류의 물질이 포함되어 있으므로 폐기물을 배출원에 의하여 분류하느냐, 폐기물의 특성에 따라 분류하느냐에 따라 분류체계를 달리하고 있다.

배출원에 의한 폐기물의 분류는 크게 생활폐기물과 산업폐기물로 분류하고 있다. 일상생활에서 발생되는 생활폐기물은 분뇨와 좁은 의미의 생활폐기물, 즉 쓰레기로 나누어 볼 수 있으며, 사업활동에서 발생되는 산업폐기물은 일반산업폐기물과 특정유해물질이 포함되어 있는 특정산업폐기물로 구분하기도 한다.

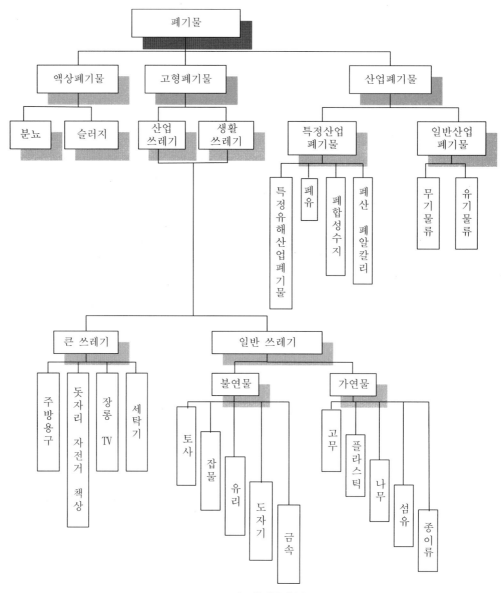

그림 17.1 | 폐기물의 분류

폐기물에는 여러 가지 명칭이 있다. 불연성 폐기물, 가연성 폐기물, 소각부적합 폐기물로 구분하기도 하고, 폐기물이 배출된 후 어떤 처리를 하느냐에 따라 소각폐기물(또는 가연성 폐기물), 매립폐기물(또는 불연 소각부적합 폐기물)이라든지, 다시 자원폐기물(종이, 금속, 유리 등), 유해폐기물(건전지, 형광등, 수은이 든 체온계 등), 큰 폐기물 등으로 구분하기도 한다. 이외에도 혼합폐기물, 분리폐기물, 유기성 폐기물, 무기성 폐기물, 도로청소 폐기물 등도 있다.

표 17.1 | 발생원에 따른 폐기물의 형태

발생원	폐기물이 발생되는 대표적인 시설물, 활동지역	폐기물의 형태
처리장, 소각장	용수, 폐수, 산업폐기물 처리 공정 등	처리장폐기물, 슬러지
도시폐기물	상기한 모든 것	상기한 모든 것
산 업	건설, 제조, 경공업, 중공업, 정유, 화학 공장, 발전소, 건물파괴 등	산업공정폐기물, 음식폐기물, 재, 건설 폐기물, 특별 관리폐기물, 유해폐기물
농 업	논밭작물, 과수원, 포도밭, 목장, 축사, 농장 등	부패성 음식폐기물, 기타 생활폐기물, 농업폐기물, 유해폐기물
생 활	단독 및 다세대주택 저·중·고층 아파트 등	음식폐기물, 종이, 골판지, 플라스틱, 섬유, 가죽, 정원폐기물, 목재, 유리, 캔, 알루미늄, 기타 금속, 재, 낙엽, 특별관리 폐기물(대형쓰레기, 가전제품, 건전지, 기름, 타이어 등을 포함), 가정유해 폐기물
상 업	가게, 음식점, 시장, 사무실, 호텔, 모텔, 인쇄소, 주유소, 자동차 정비소 등	종이, 골판지, 플라스틱, 목재, 음식 폐기물, 유리, 금속, 특별관리 폐기물(위 참조), 유해폐기물 등
공공기관	학교, 병원, 교도소, 정부기관	상업폐기물과 같음
건 설	신축건물, 도로 재보수, 빌딩파괴, 파손 도로	목재, 철, 콘크리트, 흙 등
공공시설 (처리시설 제외)	가로청소, 조경, 집수구청소, 공원, 해변, 기타 위락지역	특별 관리폐기물, 가로 청소물, 나뭇가지, 집수구 찌꺼기, 공원, 해변의 위락 지역에서 발생하는 일반폐기물

도시폐기물: 일반적으로 산업공정 폐기물과 농업 폐기물을 제외한 모든 지역사회에서 발생한 폐기물

⬎ 17.2 폐기물의 발생원

일반적으로 폐기물의 발생원은 토지이용 상태와 지역의 특성에 따라 여러 가지로 분류할 수 있지만, 다음과 같은 우리나라에서 사용하는 공식범주로 나누는 것이 유용하다.

- 생활(residential)
- 상업(commercial)
- 공공기관(institutional)
- 건설(construction and demolition)
- 공공시설(municipal service)
- 처리장(treatment plant site)
- 산업(industrial)
- 농업(agricultural)

이상의 각 발생원에 있어서 대표적인 폐기물 발생시설, 활동, 지역에 관한 내용을 폐기물의 형태와 함께 표 17.1에 나타내었다.

↘ 17.3 도시쓰레기 발생량

일반 가정에서 나오는 폐기물은 종이, 섬유류, 목재, 음식 찌꺼기, 가죽, 플라스틱, 잡초(화분 등에서) 등의 유기물(약 82%)과 금속, 유리, 도자기 등이 18% 정도 된다. 유기물은 대부분 발열량이 평균 3,000 kcal/kg 정도에 이르며 품질이 좋은 것은 이보다 높아 4,000 kcal/kg 이상 되는 것도 있다. 자원화에서 가장 중요한 것은 정확한 분별회수가 있어야 하는 것이다. 음식물 채소류는 나라별로 식성에 따라서 수분의 함량이 변한다. 우리나라의 경우는 국과 찌개를 많이 먹기 때문에 비교적 수분함량이 많았으나 최근에는 종량제가 시행됨에 따라 탈수 내지는 건조해서 내 놓는 경우가 늘어나면서 점점 적어지고 있다. 음식 찌꺼기는 비료나 사료로 만들고 있으나 염분이 많아 문제점을 안고 있다. 특히 우리나라의 겨울철 쓰레기에는 옛날 한때 연탄재가 포함되어 있어서 발열량을 떨어뜨릴 뿐만 아니라 겨울철에 도심지역에 분진이 많아 분산해서 다른 형태의 환경문제도 일으킨 적이 있다.

우리나라 도시쓰레기 배출량을 지역별로 표 17.2에 나타내었다.

표 17.2 | 우리나라 생활폐기물 총량과 가연성 및 불연성량(2012년 기준) (단위: ton/day)

시 도	총 계	1인당 1일 발생량(kg)	가연성 소 계	불연성 소 계	재활용
서 울	9,189	0.88	3,043	215	2,630
부 산	3,189	0.89	888	105	1,417
대 구	2,683	1.06	781	527	779
인 천	2,070	0.73	743	137	496
광 주	1,328	0.90	422	80	382
대 전	1,468	0.96	449	91	491
울 산	1,280	1.11	381	125	441
세 종	74	0.65	36	17	11
경 기	10,428	0.84	4,143	511	2,837
강 원	2,175	1.41	871	290	744
충 북	1,773	1.12	511	226	716
충 남	2,411	1.17	764	279	904
전 북	1,796	0.96	659	129	486

(계속)

시 도	총 계	1인당 1일 발생량(kg)	가연성 소 계	불연성 소 계	재활용
전 남	2,181	1.14	1,052	171	572
경 북	2,623	0.96	1,217	265	583
경 남	3,453	1.02	1,381	368	909
제 주	861	1.47	248	136	277
합 계	48,934	평균 0.95	17,594	3,677	14,781

자료: 환경부 - 전국 폐기물 발생 및 처리 현황(2015)
가연성 폐기물(1일 배출 톤): 음식물/채소류(171), 종이류(5,247), 나무류(1,982), 고무/피혁(1,032), 플라스틱(3,010), 기타(6,151)
불연성 폐기물: 유리(444), 금속류(335), 토사류(737), 기타(2161)
2012년도 우리나라 전국에서 분별 회수되는 재활용 가능물과 그 양(톤/일)을 보면 종이(4,486), 유리병(1,866), 캔류(730), 합성수지(1,266), 플라스틱(1,377), 전자제품(180), 전지(57), 타이어(31), 윤활유(26), 형광등(54), 고철(2,243), 영농폐기물(502), 가구(342), 폐식용유(27), 기타(1,296), 남은 음식류(13,037)

여기서 플라스틱은 가공이 용이한 가소성을 말하고 합성수지는 그이외의 것을 말하는 것으로 보인다.

마구 버려서 떠내려 온 쓰레기

⊒ 17.4 도시폐기물의 자원화

재활용을 위해 도시폐기물에서 분리한 물질의 종류를 알아보고, 회수한 물질의 판매와 가공 그리고 그 회수물질의 품질을 간략하게 소개한다. 왜냐하면 회수한 폐기물에 대한 지식은 폐기물의 재활용을 위해 중요하다.

재활용을 위해 분리하고 있는 물질을 표 17.3에 나타내었다. 도시폐기물로부터 나오는 가장 일반적인 것은 알루미늄, 종이, 플라스틱, 유리, 철, 비철금속, 정원폐기물, 건설폐기물이다.

표 17.3 | 도시폐기물에서 재활용을 위해 회수하는 물질

재활용물질		재활용물질 또는 이용형태
알루미늄		음료수 캔, 맥주 캔
종이	신문	신문 가판대 및 가정으로 배달되는 신문
	골판지	대형포장: 재활용 폐지종이의 가장 큰 단일 배출원
	고급종이	컴퓨터 용지, 흰 사무용지, 재단폐지
	혼합종이	신문, 잡지를 포함한 깨끗한 여러 가지 종이의 혼합물
플라스틱	PET/1	음료수병, 마요네즈병, 야채유병; 사진용 필름
	HDPE/2	우유병, 물병, 세제병, 식용유병
	PVC/3	관개파이프, 음식 포장재 및 병
	LDPE/4	랩, 드라이클리닝 포장필름, 기타 포장용 필름재료
	PP/5	병이나 용기의 마개 또는 라벨, 축전지 케이싱, 빵과 치즈 포장, 상자 라이너
	PS/6	전자제품 포장, 컵, 1회용 식품용기, 식탁용 식기류, 전자레인지용 접시
	기타/7	포장재, 케첩과 겨자병
	혼합 플라스틱	이상의 모든 플라스틱 제품이 혼합되어 있는 경우
유 리		투명, 녹색, 갈색 유리병 및 용기
철제 금속		주석 캔, 대형 가전제품, 기타 금속제품
비철금속		알루미늄, 구리, 납 등
정원폐기물(분리수거)		퇴비, 연료, 매립지 중간 복토 등에 이용
도시폐기물의 유기분		퇴비화(토지, 개량제, 매립지 중간 복토로 이용), 메테인 생산, 에탄올 및 기타 유기화합물 생산, RDF(refuse-derived fuel) 생산
건설폐기물		흙, 아스팔트, 콘크리트, 목재, 벽 및 지붕 자재, 금속
목 재		포장재료, 기타 목재 조각, 건설폐기물 목재
폐 유		자동차·트럭 폐유: 재이용 또는 연료로 사용
타이어		자동차·트럭 타이어: 도로건설 재료, 연료, 열분해
납산 축전지		자동차·트럭 축전지: 산, 플라스틱, 납을 분리하기 위해 파쇄
가정용 건전지		아연, 수은, 은 회수의 잠재성

PET: PolyEthyleneTerephthalate   LDPE(HDPE): Low(high) Density PolyEthylene
PVC: PolyVinylChloride   PP: PolyPropylene

1. 알루미늄

알루미늄 재활용은 알루미늄캔과 2차 알루미늄에 대한 것으로 구분되는데, 2차 알루미늄이란 창문틀, 덧문, 칸막이, 낙수홈통 등의 폐기물을 말한다.

2차 알루미늄은 등급이 다르기 때문에 분리된 것을 높은 가격으로 팔기 위해서는 회수한 알루미늄에 대한 품질을 확인해야 한다. 원광으로부터 알루미늄캔을 생산하는 것보다 회수한 캔으로부터 알루미늄을 생산하는 것이 95%의 에너지 절감 효과를 유발하기 때문에 회수 알루미늄캔에 대한 수요는 높다.

2. 종이

재활용되는 주요 폐지의 종류에는 신문지, 골판지, 고급종이, 혼합종이 등이 있다. 이것들은 각각 섬유질, 발생원에서의 분리 정도, 인쇄 정도 및 물리·화학적 특성에 따라서 등급이 나눠진다. 고급종이는 사무용지, 복사용지, 컴퓨터 용지 등 섬유질의 비율이 높은 용지를 말하며, 혼합지는 잡지, 코팅된 종이 및 특정 등급에 미치지 못하는 저급종이의 함량이 많은 것을 말한다. 생활폐기물에서 발생되는 종이의 종류를 표 17.4에 나타내었다.

표 17.4 ┃ 생활지역 폐기물에서 발견되는 각종 종이류의 분포(한예)

종이의 종류	무 게 (%)	
	범 위	대푯값
신문	10~20	17.7
책, 잡지	5~10	8.7
상업용 인쇄물	4~8	6.4
사무용지	8~12	10.1
판지	8~12	10.1
종이 포장지	6~10	7.8
기타 비포장용 종이	8~12	10.6
티슈, 종이타월	6~8	5.9
골판지	20~25	22.7
총 계		100.0

3. 플라스틱

도시에서 수거되는 폐플라스틱은 필름형의 PE, PP, 병류의 HDPE, 음료수병의 PET 그리고 스티로폼의 PS 등이 많다. 그러나 수거되는 형태를 보면 음식쓰레기 같은 다른 폐기물이 붙어서 혼재되어 있어 깨끗한 회수가 좀 전까지만 해도 불가능하였으나 최근에는 분리수거가 상당한 수준에 이르고 있다. 더구나 종량제 봉투 내부에도 젖은 필름의 플라스틱이 섞여 있어서 분리에 의한 자원화에는 아직 어려운 점이 많이 있다. 깨끗한 스티로폼 같은 것과 PVC는 분쇄해서 용해하고 펠릿화해서 적합한 용도에 사용할 수가 있는데 아파트가 많아짐에 따라 분리가 잘 이루어져 재활용이 증가하고 있다.

4. 유리

유리는 일반적으로 오래 전부터 재활용되어온 물질의 하나로, 유리용기(음식이나 음료용기 등), 판유리(창유리 등), 기타 유리가 도시폐기물에서 발견되는 세 가지의 대표적인 폐유리 형태이다. 유리를 종종 투명, 녹색, 갈색 등의 색에 따라 분리하면 폐유리의 시장 가격을 올릴 수도 있다.

5. 철제 금속

고철이 가장 많이 발생되는 자동차와 대형 구조물은 오래 전부터 고철의 재활용이 일반화되어 왔다. 고철 더미에 다른 비철금속들이 뒤섞여 있으면 상품으로서의 가치가 저하된다. 근래 들어 알루미늄캔보다 철제캔의 재활용도가 더 높아지고 있다. 주스와 같은 일반 음료수, 음식물 용기로 사용된 철제캔은 커다란 자석을 이용하면 혼합된 재활용품이나 도시폐기물로부터 쉽게 분리할 수 있다.

6. 비철금속

재활용 가능한 비철금속은 일반 가정용 물품(실외가구, 취사도구, 부엌용품, 사다리, 연장), 건설용 물품(구리선, 배관 및 연관, 조명시설, 알루미늄벽, 낙수홈통, 문, 창문), 대형 생산품(가구, 자동차, 보트, 트럭, 항공기, 기계) 등으로부터 회수되며 실제적으로 플라스틱, 섬유, 고무 같은 이물질과의 분리가 쉽다면 재활용률은 더욱 높아진다.

7. 정원폐기물

미국의 경우 대부분의 도시에 있어서 정원폐기물은 따로 수거하고 있으며 폐기물 처리방식의 전환 목표 달성을 위해 정원폐기물은 퇴비화하고 있다. 우리나라도 큰 공원 및 도시가로수의 낙엽, 잔디, 잡초, 잡목 등이 일반적으로 퇴비화 되고 있다.

8. 건설폐기물

많은 지역에서 건설폐기물(C&D, Construction and Demolition)은 소각시설의 연료로 사용할 수 있는 나뭇조각과 콘크리트 혼합재, 철 및 비철금속, 성토 재료로 사용할 수 있는 토양 등 시장성이 있는 것을 회수하여 가공 처리되고 있다. 건설폐기물의 매립을 위한 처분비용이 계속 증가하고 있기 때문에 건설폐기물의 재활용이 점점 인기를 얻고 있다. 초기에는 처분 가격이 적어 재활용하는 것은 경제적이지 않았지만 오늘날은 매립장 처분비용이 커져서 가격이 상승하여 건설폐기물의 재활용은 경제적 타당성이 발생하게 되었다.

↘ 17.5 가연성 물질의 처리방법

그러면 수거된 쓰레기 중 가연성 물질의 처리방법에 대하여 알아보기로 하자.

1. 가스화

도시 쓰레기를 처리로(爐) 안에 넣고 고온의 공기나 수증기 또는 조정된 산소공급을 통해서 가연성 가스(CO, H_2, CO_2, CH_4), 즉 합성가스를 발생시키는 것이 가스화 방법이다. 생성가스는 난방, 발전, 내연기관의 연료, 연료전지나 IGCC에 이용이 가능 하다. 가스화에는 저온 즉 700~1000℃ 정도에서 만든 가스는 탄화수소가 많고 열합량이 높아 보일러와 가스화 설비를 바로 연결해서 사용 할 수도 있다. 그런데 고온의 가스화 즉 1200~1600℃에서 생성된 가스는 탄화수소는 적으나 합성가스 즉 CO/H_2(syngas)가 많이 생성됨으로 PT법으로 알코올은 물론 많은 종류의 화학제품 즉 앞에서 설명한바와 같이 C_1 화학의 제품들을 만들 수 있다. 이 가스는 쓰레기에서 생성된 것임으로 쓰레기 생성가스라고 한다.

가스화는 결국 쓰레기량의 부피를 줄여 주기 때문에 매립지의 공간을 절약할 수가 있고 매립지에서 나오는 메탄가스의 감소, 쓰레기 수송비용의 감소 그리고 매립지에서의 침출수를 방지 할 수가 있다. 가스화의 또 다른 방법은 프라즈마 가스화(plasma gasification)가 있다. 이것은 플라즈마 아크나 토취를 이용해서 약 6000℃의 온도를 만들어 쓰레기에 이용하면 가스화 반응은 물론 효율이 크게 증가 하며 공해 물질의 량도 감소하게 된다.

2. 가스화-유화

1.의 가스화에서는 공기를 사용하여 가스화했지만 가스화 – 유화(열분해)에서는 공기를 차

단하고 쓰레기를 가열하면 연소될 수가 없고 휘발분이 분해생성물로 발생하게 된다. 생성가스를 냉각하면 응축성 가스와 비응축성 가스를 발생하는데, 모두 가연성 물질로 연료로 사용하는 것이 가능하다. 액상성분은 경유 정도의 기름으로 얻을 수가 있다. 자세한 것은 다음 폐플라스틱 처리에서 다룬다.

3. 고형화

이것은 쓰레기를 파쇄하고 스크루로 고압으로 압축하면 성형된다. 생성물을 장작처럼 만들어 난로에 사용할 수가 있는데 일반 쓰레기에는 플라스틱이 혼합되어 있어서 연소 시 유해성분을 발생할 수 있다. 즉 PVC 같은 것이 혼재하면 염화수소가스(HCl)를 발생할 수가 있는데 이 가스는 강력한 부식작용은 물론, 인체에 매우 유독하다. 따라서 이들이 포함된 폐플라스틱은 공정을 거쳐 선별해 내거나 연소가스로부터 HCl를 제거하는 시설을 설치해야 한다. 그동안은 우리나라에서는 톱밥을 주로 고형화 하여 왔다. 그러나 이제는 이러한 고형 RDF는 주로 음식쓰레기, 폐지, 쓰레기목재, 폐플라스틱일 경우 수분이 많이 포함된 경우 즉 이런 경우도 건조과정을 거쳐 성형하여 사용 한다. 고형의 형태로 하려면 압출시 덩어리를 형성해야 하기 때문에 가소성플라스틱이 섞여 있으면 자체 성형이 되나 경화성 플라스틱이 많이 섞여 있으면 점결제를 넣어 주어야 한다. 점결제로서의 가소성 수지가 물론 좋은데 적어도 15% 정도 이상은 섞여 있어야 한다. 현재 식당이나 초등학교, 중·고등학교에서 겨울철 난로에 많이 사용하고 있는 고형 RDF는 주로 목재가 대부분이다.

RDF

4. 폐플라스틱의 처리

폐플라스틱은 잘만 분리 수거되면 그대로 재생해서 사용할 수 있을 뿐만 아니라 앞서 바이오매스에서 처럼 가스화 – 열분해(gasification & pyrolysis)를 실시해서 건류시키면 가스와 액상성분으로 된 기름을 얻을 수 있다. 그리고 syngas를 만들어 바이오매스에서처럼 syngas 가스 발효로 알코올류 특히 에탄올을 생산할 수 있다.

현재 폴리프로필렌을 열분해해서 액화하면 휘발유, 등유와 중유 등이 얻어지는 공정이 일부 실용화되어 있다. 예를 들면 어태틱(Attatic) 폴리프로필렌을 500℃에서 분해하여 얻은 액체의 성상은 이란원유보다 경질이 된다. 즉 액화생성물은 30~60%가 등유 이하의 경질유로 얻어진다. 폐플라스틱의 자원화의 의미에서 암모산화반응에 의한 온화한 방법도 있는데 시안화물이 얻어진다.

$$R\text{-}CH_3 + \frac{3}{2}O_2 + NH_3 \rightarrow R\text{-}CN + 3H_2O \text{ (암모 산화식)}$$

그러나 대부분의 플라스틱은 여러 종류가 혼재되어 있기 때문에 위와 같은 처리가 거의 불가능한 실정에 있으며 철저한 분리수거가 요구되지만 그것이 힘든 경우는 대부분 혼합재를 그대로 사용한다. 우리나라와 같이 아파트가 많은 나라는 분리수거가 비교적 쉽게 이루어질 수 있다는 장점이 있다.

직접 액화하지 않고 가스화한 후에 촉매반응으로 액상성분으로 개질할 수가 있다. 소규모일 경우 300 mm 정도로 분쇄한 후 분해 가마에 투입하고 가마 밑 부분에서 중유 버너로 가열하면 내부의 폐플라스틱을 열분해하여 가스화할 수 있다. 이것을 촉매반응기에 통과시키면 액상성분이 합성되어 응축한다. 이때 사용하는 촉매는 보통 제올라이트(X 및 Y형, Mordenite), Silica-Alumina같은 산촉매에 니켈 같은 금속을 담지 한 경우라든가 FCC용 촉매도 사용할 수 있다. 액상 생성물은 증류하여 유분별로 중질유로부터 경질유에 이르기까지 4종류로 분류하여 추출한다. 그의 일부 저급은 중질유와 함께 자체 가마에 사용한다. 분해반응기는 소규모일 경우는 배치(batch) 형을 사용 하나 많은 량을 처리 할 때는 연속식의 유동층(모래 및 촉매)으로 유동물을 유동시키면서 여기에 플라스틱을 투입하여 분해하고 상부에서 나오는 유출유를 응축해서 회수 한다.

또 다른 방법은 폐플라스틱을 고온의 식물유(가정 폐유)와 혼합하여 용융한다. 이렇게 되면 그 부피가 1/10~1/50 정도로 줄어들며 식으면 단단해진다. 다음에 이것을 미분쇄하여 100~700 μm의 미분탄으로 한다. 미분탄 연료는 미분버너(중유버너를 개조해도 가능)로 연소가 가능하다.

이 방법에서 미분탄 가연물질은 공기와의 접촉 면적이 현저히 증가하기 때문에 작은 불꽃의 접촉만으로도 가스연료의 경우와 같이 인화 폭발할 가능성이 있어서 주의를 요한다. 따라서 미분연료는 저장용기에 넣어 이동시키는 것은 위험하며 미분쇄기를 버너 근처에 배치해서 분쇄와 동시에 사용하여야 한다.

또 다른 한 방법은 미분쇄된 플라스틱을 중유와 혼합하여 슬러리 화한다. 이것은 석탄과 중유를 혼합한 혼탄유(COM, Coal and Oil Mixture)와 같은 발상이다. 즉 플라스틱 미분쇄분을 중유와 혼합하여 COM과 같이 된 것을 액체연료로써 기름 버너로 연소시키거나 앞서 석탄편에서 다룬 IGCC에 연료로 사용 가능하다. 슬러리화 된 플라스틱 미분은 일반적인 미분보다는 위험하지 않고 저장과 수송을 중유와 똑같이 행할 수 있다.

5. 폐타이어의 처리

폐타이어는 매우 중요한 자원이 되고 있다. 우리나라는 연간 2천 300만 개(28만 3000톤)의 폐타이어가 나오고 있으며 타이어는 발열량에서도 5,000~8,000 kcal/kg으로 매우 높다. 분쇄하여 재생 타이어로도 만들 수가 있고 연료로 사용이 가능하다. 또는 분말로 해서 도로포장 재로도 사용될 수 있는데 아스팔트 1톤당 타이어 4~6개의 분말을 혼합한다. 이 경우 자동차 소음이 3~10 dB 감소한다고 한다. 또한 현재 일부 타이어를 600~700℃에서 건류 (gasification and pyrolysis)해서 연소성 가스를 얻고 이 가스를 열원으로 사용하고 있다. 그러나 상당량이 자원화에 아직 유용하게 사용되지 못하고 있다.

타이어는 합성고무로서 순 탄화수소이기 때문에 연소 시 현저하게 검은 연기를 발생한다. 또한 고무의 물리적인 성질을 개선하기 위하여 황을 혼합, 즉 가황했기 때문에 잘 타지 않는 면도 있다. 그러나 폐플라스틱 등과 혼소할 때는 플라스틱의 발열량에 의하여 연소성이 생겨서 보일러용이나 시멘트 소성 킬른용(현재 사용), 금속정련용, 또는 코제너레이션(열병합 발전) 등의 연료로 사용하면 유망한 새로운 연료가 된다.

폐타이어를 그대로 연소시킬 때에는 당연히 20 cm 이하의 크기로 절단하여 칩으로 하면 연소가 잘 된다. 그러나 타이어는 금속선과 강한 실이 들어가 있기 때문에 분쇄가 곤란한 점이 있으나 최근에는 금속선을 물리적으로 빼내고 상온에서 분쇄 하여 아스팔트에 사용되기도 한다. 보다 쉽게 하려면 액체 LNG의 냉열을 이용하여 언 상태에서 분쇄하는 방법도 있다.

타이어를 그대로 연소할 때는 물론 화격자 방식으로 연소가 가능하지만 앞 장에서 다룬 유동층 연소방식이 좋다. 이것은 고체연료, 액체연료 그리고 기체연료 어느 것도 사용할 수 있으며 저질의 연료도 가능 하다. 가스 중에 아황산가스가 있으면 유동층에 석회석을 넣어 이를 연소할 때 제거할 수도 있다. 폐타이어를 절단하지 않고도 유동층 내에 그대로 넣으면 연소가 가능하다. 앞서 다룬바와 같이 유동층 방식은 폐타이어 외에 도시쓰레기, 가연성 산업폐기물, 하수 슬러지 등도 연소가 가능하며 중유와 석탄의 혼소도 가능하다.

↘ 17.6 산업폐기물

산업폐기물은 불에 타는 슬러지, 폐유, 폐알칼리, 폐산, 폐플라스틱, 지류, 목재류, 유리, 광물, 건축폐재, 가축분뇨, 동물의 사체, 먼지 등이고, 비교적 엄격히 분리수거가 이루어지고 있기 때문에 이용 가능한 것은 현재도 이용되고 있다. 태울 수가 있는 것은 폐유, 폐플라스틱, 폐지와 목재, 섬유물질과 고무(폐타이어) 등으로 분류할 수 있다.

가연성 산업폐기물을 연료로 이용할 경우에는 폐유류, 폐플라스틱류, 폐타이어류, 목재/종이/섬유류로 분류된다.

목재의 발열량은 3,000 kcal/kg, 플라스틱의 경우는 10,000 kca/kg 정도로 석유 정도의 발열량을 갖는다.

↘ 17.7 우리나라 폐기물의 처리 실태

폐기물 처리는 발생을 최대로 억제하는 것이 최선의 방법이다. 부득이 발생되는 것은 우선 소각을 통해서 폐열을 회수하고 폐기물을 감량화, 안정화시킨 후 나머지를 매립하는 것이 우리나라의 일반적인 방법 이었다.

표 17.5는 생활폐기물 분야에서 연도별 폐기물의 처리방법의 변화를 보여주고 있다. 매립은 감소하고 있으며 재활용이 증가하고 있다.

표 17.5 | 폐기물 처리방식의 연도별 추이 (단위: 톤/일)

구 분	연 도	매 립	소 각	재활용	해역 배출	계
생활 폐기물	1993	54,227	1,480	7,233	–	62,940
	1994	47,166	2,025	8,927	–	58,118
	1995	34,546	1,922	11,306	–	47,774
	1996	34,116	2,725	13,086	–	49,925
	2002	20,724	7,229	21,949	–	49,902
	2004	18,195	7,224	24,588	–	50,007
	2006	12,601	8,327	27,920	–	48,848
	2007	11,882	9,348	29,116	–	50,341
	2013	7,613	12,331	28,784	–	48,728
사업장 폐기물	1993	17,573	1,045	37,351	–	55,965
	1994	29,109	3,912	52,208	–	85,229

(계속)

구 분	연 도	매 립	소 각	재활용	해역 배출	계
사업장 폐기물	1995	31,203	5,691	58,928	–	95,823
	1996	24,743	5,655	66,586	–	96,984
	2002	15,455	7,094	76,956	9,505	99,505
	2004	13,646	7,044	84,328	11,139	105,028
	2006	8,894	7,708	74,750	9,746	101,099
	2007	22,508	7,478	76,740	8,086	114,807
	2013	24,629	9,340	113,238	2,608	149,815
건설 폐기물	1996	10,988	848	16,589		28,425
	2007	3,169	1,131	167,705	–	172,005
	2013	3,362	1,247	178,929		183,538

자료: 전국 폐기물발생 및 처리현황(2015환경부)

≥ 17.8 도시쓰레기 및 산업폐기물의 소각처리

우선적으로 편리한 방법은 쓰레기를 소각 처리하는 것이다. 우리나라는 아직 소각시설이 많지 않지만 선진국에서는 소각처리가 일반화되어 있다. 우리나라의 쓰레기는 그 질이 낮아서 연소성이 나쁘고 계절에 따라서 도시쓰레기의 질이 변한다. 최근에는 음식 찌꺼기도 별도 분리 수거되어 이용되고 있다. 따라서 만일 소각해야 한다면 회분의 양과 수분함량을 고려해서 열량을 조절하든가 연료를 혼소하는 방식을 채택해야 한다. 그러나 분리수거가 잘 될 경우는 음식 쓰레기는 사료를 만들거나 발효시켜 비료를 제조할 수도 있으나 여의치 않으면 열량이 큰 것과 건조 성형해서 사용한다. 소각처리를 해야 하는 쓰레기도 일단은 소각시설에 알맞은 형태로 조절 투입해야 하는 것이 우리나라 쓰레기의 특징이라고 할 수가 있다.

쓰레기는 그림 17.2와 같은 소각시설을 사용한다. 이 시설은 일반적으로 3영역으로 나누어진다. 투입되는 쓰레기는 처리시설에 들어가면서 먼저 (1) 건조영역에서 연소가스에 의하여 쓰레기가 건조된다. 이 영역은 쓰레기의 종류에 맞게 정해진 길이를 통과하면서 건조된 후에 (2) 연소영역으로 들어간다. 연소영역에서는 이동 화격자가 있어서 쓰레기는 끌려가면서 태운다. 이때 연소온도는 750℃ 이상으로 하여 완전연소가 되도록 해야 한다. 그렇지 않으면 제2의 공해물질이 발생하여 대기를 오염시킬 수 있기 때문이다. 여기서 발생된 연소가스는 (3) 후연소 과정으로 들어가게 된다. 연소영역에서는 목재와 종이 등 식물의 폐기물, 열경화성 수지 등 가연성 물질의 대부분이 연소(분해연소)하지만 탄소를 주체로 하는 가연성 물질은 아무래도 미연소의 가연성 물질이 일부 남게 된다. 가연성 물질은 고체 그대로는 잘 타지 않으므로 공기와의 접촉이 잘 이루어지도록 해야 한다.

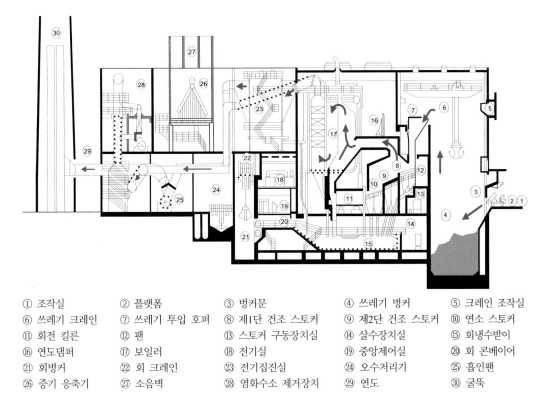

① 조작실	② 플랫폼	③ 벙커문	④ 쓰레기 벙커	⑤ 크레인 조작실
⑥ 쓰레기 크레인	⑦ 쓰레기 투입 호퍼	⑧ 제1단 건조 스토커	⑨ 제2단 건조 스토커	⑩ 연소 스토커
⑪ 회전 킬른	⑫ 팬	⑬ 스토커 구동장치실	⑭ 살수장치실	⑮ 회냉수받이
⑯ 연도댐퍼	⑰ 보일러	⑱ 전기실	⑲ 중앙제어실	⑳ 회 콘베이어
㉑ 회벙커	㉒ 회 크레인	㉓ 전기집진실	㉔ 오수처리기	㉕ 흡인팬
㉖ 증기 응축기	㉗ 소음벽	㉘ 염화수소 제거장치	㉙ 연도	㉚ 굴뚝

그림 17.2 ┃ 도시쓰레기 소각시설(스토커식)

그러나 만족한 결과를 얻을 수가 없으므로 후연소 과정을 거치게 하여 재연소 시킨다. 연소가스 중에는 오염물질이 포함되어 있어서 이를 제거하고 대기 중으로 방출해야 한다.

소각열의 이용은 현재 여러 신도시지역에서 실시하고 있다. 앞으로 모든 중앙난방에서 적용할 수 있을 것으로 보고 있다. 그러나 쓰레기 소각은 일부 주민들의 반대 의견이 있어서 사회적인 문제로 대두된다. 즉, 쓰레기 소각 시 다이옥신의 방출이 가능하다고 하는 것인데 이런 성분을 알고 있으므로 연소조건을 개선하여 정화가 가능하다.

소각열의 이용은 일본 도쿄의 경우는 대부분 노인정이나 복지회관 같은 곳에 보내서 그 지역의 후생사업에 이용되고 있다. 그리고 증기터빈을 돌려서 발전하는 열병합방식을 채택하는 곳도 있다.

1 도시쓰레기 중 음식물 쓰레기의 처리방법에 대하여 그 과정을 써라.

2 폐플라스틱을 종류별로 처리해서 석유를 얻는 방법에 대하여 조사하여라.

3 폐타이어를 아스팔트와 혼합해서 도로 포장을 하면 탄력이 좋은 도로가 된다. 타이어를 분쇄하는 여러 가지 방법을 조사하여라.

4 도시쓰레기 중 가장 많이 발생하는 것이 무엇이며 또 산업폐기물은 산업에 따라 폐기물의 종류를 달리하는데 말해 보아라.

5 우리나라의 폐지수거율(%)과 그의 유통경로를 조사하여라.

6 자동차 엔진으로부터 수거된 엔진오일의 처리방법에 대하여 써라.

7 우리나라 도시쓰레기의 소각에 문제가 있다고 한다. 그 문제가 무엇인지 조사해 보아라.

부 록

↘ A.1 부록 I

1. 에너지의 단위와 환산 관계

에너지량에 관한 단위를 보면 여러 가지가 쓰이고 있고, 나라마다 쓰는 것이 다른 것을 볼 수가 있다.

중량의 단위는 킬로그램(kg), 톤(t) 외에 용적 단위로 킬로리터(kL), 입방미터(m^3), 입방피트(ft^3), 배럴(b 또는 bbl), 갤런(gal)의 단위가 사용된다. 에너지는 기계적인 에너지, 열에너지 그리고 광에너지 등 다양하고 이에 따라 쓰이는 단위도 해당 분야에 따라 적절한 에너지 단위가 쓰이고 있다. 그러나 일반적으로 에너지 공학에서는 열량단위를 쓰는 것이 보편화되어 있다.

공통적으로 사용되는 척도의 열량단위는 다음과 같다.

- 칼로리   cal
- 영국열량단위   Btu
- 섬   Therm
- 줄   Joule
- 쿼드   Quad＝Q

한국에서는 kcal가 흔히 사용되고 있으나 앞으로 J의 사용을 늘려야 한다.

Btu는 1파운드의 순수한 물을 1℉ 올리는 데 필요한 열량으로, 10만 Btu는 1 Therm에 해당한다. 또한 100만 Btu의 단위는 천연가스 1,000 ft^3의 열량에 해당한다. Quad는 Quadrillion의 약자로서 영국에서는 10^{14}, 미국에서는 10^{15}을 의미하나 에너지로서는 주로 미국에서 사용되는 10^{15} Btu가 1 Q이다.

예를 들어 10억 톤/년의 석유를 사용한다고 하면 2,000만 bbl/일 또는 40 Quad가 된다.

계산 1   (1,000,000,000 ton/year)(1/0.850 ton/m^3)(1,000 L/m^3)

(1/365일/year)(1/159 L/bbl) ≒ 2,000만 bbl/일

계산 2   (1,000,000,000 ton/year)(1,000 kg/ton)(10,000 kcal/kg)(3.969 Btu/kcal)

≒ 40 Quad

한국의 2014년도 1차 에너지 소비량은 2억 8,175만 7,000톤으로 11.1 Quad가 된다.

계산 281,757,000 ton × 1,000 kg/ton × 10,000 kcal/kg = 2.81757 × 10^{15} kcal

= 2.81757 × 3.969 × 10^{15} Btu ≒ 11.1 Quad

이들 단위의 환산표는 아래와 같다.

부록 1 | 열량 환산표

kcal	Btu	Therm	Joule	kWh
1,000	3,969	0.03969	4,187 × 10^3	1.163
0.252	1	$1 × 10^{-5}$	$1,055.0^6$	$2.9357 × 10^{-4}$
25,200	$1 × 10^{-5}$	1	105.51 × 10^6	29.3
$0.2388 × 10^{-3}$	$0.9478 × 10^{-3}$	$0.9478 × 10^{-8}$	1	$2.7778 × 10^{-7}$
860	3,414	0.03413	$3.6 × 10^6$	1

표준적인 석탄, 석유의 발열량은 석탄 1 kg이 7,000 kcal, 석유 1 kg이 10,000 kcal로 흔히 쓰이고 있다.

전력 에너지량은 Wh 또는 kWh로 표시되나 이것을 열량으로 환산하는 데는 문제가 있다. 따라서 전력을 생산하기 위하여 필요한 투입 연료량과 이를 이용하여 얻은 전력량 사이에는 큰 차이가 있다.

예를 들어 보자. 전기를 가지고 그냥 열을 발생시키면 1 kWh로 860 kcal의 열이 발생한다. 그러나 1 kWh의 전력을 얻기 위하여 발전소에서 필요한 열량은 발전효율에 따라 다음과 같이 쓸 수 있다.

효율이　22.92%일 때　　3,752 kcal (1963년 우리나라 발전효율)

32.39%일 때　　2,655 kcal (1971년 우리나라 발전효율)

36.39%일 때　　2,363 kcal (1981년 우리나라 발전효율)

36.80%일 때　　2,336 kcal (1989년 우리나라 발전효율)

39.55%일 때　　2,174 kcal (2014년 우리나라 발전효율)

따라서 전력량의 kWh를 열량으로 환산하려 할 때 주의가 필요하다. 그러면 에너지원별로 단위의 환산관계를 알아보자.

2. 석유

석유는 관습상 아직 미국에서는 배럴과 갤론을 쓰고 유럽에서는 톤, 일본에서는 kL 그리고 한국에서는 석유환산 TOE를 많이 쓴다. 석유 부피를 중량으로 환산하려 할 경우는 밀도(또는 비중)를 알 필요가 있고 밀도는 온도에 따라 변하기 때문에 주의를 요한다.

$$1 \text{ kL} = 6.29 \text{ b(또는 bbl)}$$
$$1 \text{ bbl} = 159 \text{ L} \fallingdotseq 160 \text{ L}$$
$$1 \text{ 미 gal} = 3.785 \text{ L} \fallingdotseq 4 \text{ L}$$

3. LNG

$$1 \text{ t} = 1,400 \text{ m}^3 (\text{LNG의 밀도} = 0.425, \text{ 압축비} = 1/595)$$

LNG의 밀도가 원유의 반 정도밖에 안 되기 때문에 10만 t짜리 원유탱크에 LNG 5만 t밖에 실을 수가 없다.

LNG의 발열량은 13,300 kcal/kg이다.

LNG 1 m^{3}는 9,500 kcal이고 LNG 1 kg은 1.4 m^3 이므로
9,500 × 1.4 = 13,300 kcal/kg이 된다.

4. 전력

발전규모가 100만 kW 규모의 화력발전소에서 연간 사용하는 연료의 양은

LNG 100만 톤
중유 140만 톤
석탄 200만 톤(석탄의 발열량 = 7,000 kcal/kg)

여기서 생산된 전력량은 이용률이 70%라고 할 때

계산(석유) (100만 kW)(0.7 × 24시간 × 365일) $\fallingdotseq 6 \times 10^9$ kWh $= 6 \times 2,336 \times 10^9$ kcal
$$= 14,000 \times 10^9 \text{ kcal} = 140만 \text{ ton}$$

계산(가스) (14,000 × 10^9 kcal)(1/13,300 kcal/kg)(1/1,000 kg/ton) $\fallingdotseq$ 100만 톤

계산(석탄) (14,000 × 10^9 kcal)(1/7,000 kcal/kg)(1/1,000 kg/ton) $\fallingdotseq$ 200만 톤

5. TOE 또는 kgoe(석유환산량)

에너지는 여러 형태가 있고 화석연료의 경우 발열량도 다르기 때문에 일정한 열량을 내는 데 필요한 그의 중량은 다르게 된다. 따라서 우리나라는 원유를 10,000 kcal를 기준해서 여러 형의 연료를 원유의 무게로 나타낸다. ton으로 나타낼 때는 TOE 그리고 kg으로 나타낼 때는 kgoe라고 해서 TON OIL EQUIVALENT(TOE) 및 kg oil equivlent(kgoe)라고 쓴다. 다음 표는 여러 연료의 1 ton 또는 1 kg을 석유로 환산한 양이다.

부록 2 ┃ 여러 에너지의 1 ton 또는 kg의 석유로의 환산(량)계수

에너지	발열량 (kcal/kg)	TOE 또는 kgoe	에너지	발열량 (kcal/kg)	TOE 또는 kgoe
원 유	10,000	1	프로페인	12,000	1.2
휘발유	8,300	0.83	뷰테인	11,800	1.18
납 사	8,000	0.8	LNG	13,000	1.3
등 유	8,700	0.87	무연탄	4,500	0.45
경 유	9,200	0.92	유연탄	6,600	0.66
제트유	8,700	0.87	신 탄	4,500	0.45
벙커C	9,900	0.99	전 기	2,500(kg/kWh)	0.25

예) 무연탄 1 ton 또는 kg은 석유로 환산해서 0.45 TOE(또는 kgoe) 밖에 안 된다.

무연탄 같은 것은 품질에 따라 열량이 변하기 때문에 국가에서 발열량을 고시한다.

1. 장기적인 원유가격의 변동(1860~2016, 단위: US$/bbl)

연 도	가 격	연 도	가 격	연 도	가 격	연 도	가 격
1860	9.59	1926	1.88	1980(11월)	40.0	2008	91.48(평균)
1861	0.49	1928	1.17	1981(10월)	34.0	2008(2월)	95.42
1862	1.05	1947(12월)	2.20	1982(12월)	32.0	2008(7월)	133.60(평균)
1863	3.15	1948(7월)	1.99	1983(5월)	29.0	2008(7월 11일)	143.98
1864	8.06	1949(4월)	1.84	1984	29.17	2008(9월)	98.19
1866	3.74	1952)	1.71	1985	27.21	2008(11월)	52.69
1868	3.63	1953(7월)	1.93	1986	13.81	2009(1월)	43.63
1870	3.86	1956	1.93	1987	18.09	2009(5월)	57.56
1872	3.64	1957(6월)	2.08	1988	14.79	2009(9월)	67.45
1874	1.17	1958	2.08	1989	17.92	2010(3월)	78.95
1876	2.56	1960(9월)	1.80	1990	22.76	2010(10월 15일)	82.18
1878	1.19	1961	1.80	1991	19.59	2010(12월 29일)	94.06
1880	0.95	1962	1.80	1992	18.54	2011(1월 31일)	100.1
1882	0.78	1963	1.80	1993	16.58	2011(3월 3일)	114.63
1883	1.00	1964	1.80	1994	15.55	2011(10월 27일)	111.9
1884	0.84	1965	1.80	1995	17.32	2012(1월 31일)	110.6
1904	0.86	1966	1.80	1996	20.21	2013	106.67
1906	0.73	1967	1.80	1997	20.34	2014(11월)	76.42
1908	0.72	1971	2.29	1998	12.28	2015(10월)	46.29
1910	0.61	1973	5.04	1999	17.47	2015(12월 24일)	38.10
1912	0.74	1974	11.25	2000	27.60	2016(1월 19일)	25.56
1914	0.81	1977(1월)	12.0	2001	23.12	2016(5월 12일)	46.7
1916	1.1	1978(7월)	12.7	2002	24.36		
1918	1.98	1978(12월)	15.0	2003	27.67		
1919	2.01	1979(1월)	17.5	2004	37.66		
1920	3.07	1979(5월)	34.0	2005	50.04		
1922	1.61	1979(11월)	40.0	2006	58.30		
1924	1.43	1980(2월)	36.0	2007	64.20		

2. 세계의 에너지 소비량

'BP 에너지 통계' 1988년(2014년)도에 있어서 세계 1차 에너지 소비량은 석유환산 80억 톤(77.6억 톤)이 된다.

국가별로 보면 다음과 같다.

- 미 국   9억 4,080만 톤(22억 9870만 톤)
- 캐나다   2억 5,160만 톤(3억 3270만 톤)
- 러시아   13억 9,660만 톤(6억 8190만 톤)
- 영 국   2억   830만 톤(1억 8790만 톤)
- 중 국   7억 2,670만 톤(29억 7210만 톤)
- 프랑스   1억 9,690만 톤(2억 3750만 톤)
- 일 본   3억 9,990만 톤(4억 5610만 톤)
- 한 국   7,400만 톤(2억 8175만 톤)
- 독 일   2억 6,740만 톤(3억 1100만 톤)

에너지원별로 보면 다음과 같다.

구 분	1988년	2012년
석 유	30억 3,850만 톤(37.6%)	42억 0511만 톤(31.5%)
석 탄	24억 2,800만 톤(30.1%)	39억 6659만 톤(29.7%)
LNG	16억 3,100만 톤(20.2%)	28억 4795만 톤(21.4%)
수 력	5억 3,720만 톤(6.7%)	3억 1581만 톤(2.4%)
원자력	4억 3,880만 톤(5.4%)	6억 4212만 톤(4.8%)
바이오		13억 4171만 톤(10.0%)

석유가 최대로 31.5%의 42억 톤을 차지하고 있다.

지역별로 보면 다음 표와 같다.

부록 3 | 에너지원의 지역별 소비분포 1988년 (2008년)   (단위: %)

지 역	석 유	LNG	석 탄	원자력	수 력
미 국	40.7(38.6)	23.7(26.1)	24.7(24.6)	7.5(8.3)	3.4(2.4)
서유럽	45.3	15.2	20.1	11.2	8.2
일 본	55.6(43.8)	9.8(16.5)	19.0(25.4)	10.9(11.2)	4.7(3.1)
개발도상국	50.0	15.5	21.5	2.0	11.0
러시아	31.5(19.1)	39.3(55.2)	22.2(14.8)	3.0(5.4)	4.0(5.5)
한 국	49.6(43.6)	3.2(14.3)	30.0(27.5)	14.5(14.2)	1.4(0.4)
중 국	(18.8)	(3.6)	(70.2)	(0.8)	(6.5)

> A.3 부록 Ⅲ

1. 단위환산

(1) 길이

1 인치(in)＝25.4 mm

1 피트(ft)＝12 인치＝0.3048 m

1 야드(yard)＝3 ft＝0.9144 m

1 마일(mile)＝1760 야드＝1.60934 km

(2) 면적

1 in^2＝6.452 cm^2

1 ft^2＝0.09290 m^2

1 에이커(acre)＝0.4047 헥타르(hectare)

1 헥타르＝10^4 m^2

1 $mile^2$＝0.4047 헥타르

1 km^2＝0.3861 $mile^2$

(3) 용적

1 ft^3＝0.028317 m^3

1 gallon(US)＝3.78533 L

1 gallon(Imp.)＝4.54609 L

1 바렐(bbl)＝42 gallons(US)＝0.158987 kL≒160 L

(4) 질량

1 lb＝0.4536 kg

1 그레인(grain)＝0.06480 g

1 쇼트톤(short ton)＝2000 lb＝0.907185 ton

1 롱톤(long ton)＝2240 lb＝1.01605 ton

1 슬래그(slug)＝32.17 lb＝14.594 kg

(5) 압력

$1 \text{ Pa} = 1 \text{ N/m}^2(\text{단 } 1 \text{ N} = 1 \text{ kg/m} \cdot \text{s}^2) = 1.020 \times 10^{-5} \text{ kgf/cm}^2$

$\qquad\qquad 1 \text{ kgf} = 9.8 \text{ N}$

$1 \text{ lbf/in}^2 = 0.07031 \text{ kgf/cm}^2(\text{at})$

$1 \text{ bar} = 10^5 \text{ Pa} = 0.1 \text{ MPa}$

$1 \text{ at}(공학기압) = 1 \text{ ata} = 1 \text{ kgf/cm}^2 = 98.0665 \text{ kPa}$

$1 \text{ atm}(표준기압) = 760 \text{ torr} = 1.01325 \times 10^5 \text{ Pa} = 101.3 \text{ kPa} = 1.0133 \text{ bar}$

$1 \text{ kgf/cm}^2 = 0 \text{ kgf/cm}^2 \text{ g}$

$1 \text{ mH}_2\text{O} = 9.8066 \text{ kPa}$

(6) 동력

$1 \text{ W} = 1 \text{ J/s} = 1 \text{ N} - \text{m/s} = 10^7 \text{ erg/s}$

$1 \text{ Btu/h} = 0.2931 \text{ W}$

$1 \text{ kcal/h} = 1.163 \text{ W}$

$1 \text{ HP}(영국) = 745.7 \text{ W}$

$1 \text{ PS}(미터마력) = 735.5 \text{ W}$

(7) 에너지

$1 \text{ kJ} = 1 \text{ kWs} = 0.94783 \text{ Btu}$

$1 \text{ Btu} = 0.252 \text{ kcal} = 1.055 \text{ kJ}$

$1 \text{ kcal} = 4.1868 \text{ kJ} = 1.163 \times 10^{-3} \text{ kWh}$

$1 \text{ Q}(쿠아드) = 10^{15} \text{ Btu} = 293.07 \times 10^9 \text{ kWh} = 1.055 \times 10^{18} \text{ J} = 25.2 \times 10^6 \text{ TOE}$

$\qquad = 1.055 \text{ EJ}$

$1 \text{ TOE}(\text{Ton Oil Equivalent}) = 10^7 \text{ kcal} = 1.33 \text{ kWyear}$

$1 \text{ kL} = 8.62 \times 10^6 \text{ kcal} = 1.118 \text{ kWyear}$

$1 \text{ 억 kL} = 8.62 \times 10^{14} \text{ kcal} = 3.42 \text{ mQ}$

$1 \text{ MBPD}(\text{million barrel per day}) \fallingdotseq 50 \times 10^6 \text{ TOE/year}$

$1 \text{ TCE}(\text{Ton Coal Equivalent}) = 7 \times 10^6 \text{ kcal} = 0.93 \text{ kWyear}$

$1 \text{ MeV} = 1.60 \times 10^{-13} \text{ J} = 3.82 \times 10^{-17} \text{ kcal} = 4.44 \times 10^{-20} \text{ kWh}$

(8) 점도

▎ 유체가 흐를 때 유체층 사이에 걸리는 전단응력(τ, Shear Stress)은 층간의 속도구배($\partial u/\partial y$)에 비례하며 이때 비례상수 μ를 그 유체가 가지는 절대점도(Dynamic viscosity)라고 한다. 따라서 기본 단위는 cgs단위로 g/cm·s로 Poise(단위 : p)라 한다.

$$\tau = \mu(\partial u/\partial y)$$

$$1\ p = 1\ g/cm \cdot s = 100\ cp(센티푸아즈) = 0.1\ Pa \cdot s = 0.1\ N\text{-}s/m^2$$

$$1\ kgf \cdot s/m^2 = 9,806.65\ cp$$

▎ 동점도(Kinematic Viscosity)는 $v = \mu/\rho$로 정의되며 여기서 ρ는 밀도이다. 따라서 단위는 cm^2/s로 stokes(st)라고 한다.

$$1\ st = 100\ cst = 10^{-4}\ m^2/s$$

물의 20℃에서 동점도는 $1\ cst(= 1\ mm^2/s)$이다.

▎ Saybolt 점도 : Saybolt Universal Seconds(SUS) 점도는 석유제품을 60 mL의 플라스크에 Saybolt Universal 점도계의 조정된 오리피스를 통해서 제품이 흘러들어가 이를 다 채우는 데 필요한 시간(second 또는 s)으로 정한다. 석유의 점도가 크면 60 mL 채우는 데 걸리는 시간이 길어진다. ASTM D88에 정하고 있으며 SSU(Seconds Saybolt Universal) 또는 SSF (Saybolt Seconds Furol)라고도 한다.

(9) 밝기

$$록스 = lux,\ lx = 1\ lm/m^2 = 1\ cd\text{-}sr/m^2$$

1 lx = 광원이 1 cd(candela)의 광도로 1 스테라디안(sr=steradian)의 입체각으로 빛을 낸다면 총 광량이 1 lm(= lumen)이다. 등방성의 1 cd의 광원의 총량은 4π lm이다. 루멘은 가시광선의 총량을 잰다. 구 전체의 입체각은 4π이다.

부록 4 ▎ 룩스의 예(인용: 위키백과)

lx	예	lx	예
10^{-5}	가장 밝은 별빛	80	복도/화장실
10^{-4}	하늘을 덮은 완전한 별빛	100	매우 어두운 낮
0.002	대기광이 있는 달 없는 맑은 밤하늘	320	권장 사무실 조명
0.01	초승달	400	맑은 날의 해돋이 또는 해넘이
0.27	맑은 밤의 초승달	1,000	인공조명, 일반적인 TV 스튜디오 조명

(계속)

lx	예	lx	예
1	열대 위도를 덮은 보름달	10,000~250,000	낮(직사광선이 없을 때)
3.4	맑은 하늘 아래의 어두운 황혼	32,000~130,000	직사광선
50	거실		

2. SI 수의 접두사

10^{-1}	deci –	d	10	deca –	da
10^{-2}	centi –	c	10^{2}	hecto –	h
10^{-3}	milli –	m	10^{3}	kilo –	k
10^{-6}	micro –	μ	10^{6}	mega –	M
10^{-9}	nano –	n	10^{9}	giga –	G
10^{-12}	pico –	p	10^{12}	tera –	T
10^{-15}	femto –	f	10^{15}	peta –	P
10^{-18}	atto –	a	10^{18}	exa –	E
10^{-21}	zepto –	z	10^{21}	zetta –	Z
10^{-24}	yocto –	y	10^{24}	yotta –	Y

3. 화합물 표기법

이 책에서는 화합물을 아래와 같이 외래어표기법에 따라 개정된 명칭으로 표기하였다.

- methane   메탄   → 메테인
- ethane   에탄   → 에테인
- propane   프로판 → 프로페인
- butane   부탄   → 뷰테인
- pentane   펜탄   → 펜테인
- hexane   헥산   → 헥세인
- octane   옥탄   → 옥테인

참고문헌

1. Wikipedia, The Free Encyclopedia

2. 한국 에너지경제연구원, 에너지통계연보(2010, 2014, 2015)

3. BP, Statistical Review of World Energy(2010, 2014)

4. I. Dincer, Refrigeration System and Application(2003), Wiley

5. World Energy Association(2009), Generation IV Nuclear Reactor

6. J. T. McMillan et al., Energy Resources & Supply, John Wiley & Son

7. World Energy Outlook(2002), IEA Report

8. International Energy Annual(2009)

9. CO_2 Emission from Fuel Combustion(2009), IEA Report

10. T. Hashomoto et al., Overview of CO_2 Reduction by IGCC Tech.(2008), Mitsubishi Heavy.

11. K. Nath & D. Das, Hydrogen from Biomass, Current Science, 3, 85(2003)

12. Spoelstra S. et al., Applied Thermal Engineering, 22, 1619(2002)

13. 통계청, 환경청, 기상청, 한국원자력연구소 홈페이지

14. World Coal Association(2010)

15. WEC-Survey of Energy Resources(2008)

16. World Nuclear Association(2009)

17. International Geothermal Association, International Energy Annual(2007, 2009)

18. W. D. Greyt et al., Workshop 2nd Generation Biodiesel(2008)

19. Renewable Energy RD & D, IEA(2006)

20. 김동환, 부산테크노포럼(2007)

21. 채인태, 대우엔지니어링기술보, 22권 1호

22. 한국에너지공단, 보고서(1980~)

23. IEA, CO2 Emission from Fuel Combustion(2010)

24. 하백현, 월간 "에너지관리" 기타(1980~), 한국에너지공단

25. Bridgwater, Applied Catalysis A General 116, 5(1994a)

26. European Technology Platform for Zero Emission Fossil Fuel Power Plants

27. 건설업 온실가스 배출량 산정 가이드라인, 국토해양부(2012)

28. 에너지법(2015)

29. Transport Energy Efficiency, IEA(2010)

30. Japanese Smart Grid, Masao et al, IJACSA(2012)

31. Recent Prograss in Hydrogen Storage, Chen. P. and Zhu. M., Materials today(2008)

32. 녹색 성장법(2013)

33. 우리나라 시멘트 콘크리트 기술개발동향과 발전방향, 이승현(2011)

34. Syngas Fermentation, Advanced Biofuel USA(2011)

35. Energy Efficiency. J.J. Patt and W.F. Banholzer(2009)

36. IEA 회원국 에너지 정책(대한민국)(2012)

37. Fast Neutron Reactors, World Nuclear Association(2015)

38. Renewables-Made in Germany 2013/2014

찾아보기

개정판

최신 에너지공학개론

2016년 8월 31일 2판 1쇄 펴냄 | 2021년 8월 31일 2판 2쇄 펴냄
지은이 하백현 · 남인식 · 이영무
펴낸이 류원식 | **펴낸곳 교문사**

편집팀장 김경수 | **표지디자인** 신나리 | **본문편집** 디자인이투이

주소 (10881) 경기도 파주시 문발로 116(문발동 536-2)
전화 031-955-6111~4 | **팩스** 031-955-0955
등록 1968. 10. 28. 제406-2006-000035호
홈페이지 www.gyomoon.com | E-mail genie@gyomoon.com
ISBN 978-89-6364-288-8 (93570)
값 27,000원